普通高等教育"十一五"国家级规划教材

普通高等学校土木工程专业新编系列教材

土 力 学

（第三版）

马建林　主编

刘成宇　主审

中国铁道出版社有限公司

2021年·北京

内 容 简 介

本书系统地阐明了土力学的基础理论和相关知识。主要包括：土的物性指标及工程分类；土的渗透性及水的渗流；土中应力、有效压力、孔隙压力、地基与基础接触应力；土的压缩变形性质、固结理论、地基沉降分析计算；摩尔—库仑强度理论、土的抗剪强度及力学指标、土的本构关系；土地基承载力理论解、原位测试法和"规范"推荐法；土压力分类、朗肯和库仑土压力理论、支挡结构；边坡稳定分析检算，弗兰纽斯原理、圆弧条分法、传递系数法；软土地基加固措施、换填、排水固结、注浆、加桩、加筋等方法；土的动力性质、地震特性等。

本书力求简明扼要，重视基本理论，突出关键内容，展示新观点，追求新发展，图文并茂，便于自学。

本书为高等学校土木工程各专业如土建、铁道、交通、道路、市政、工程地质等专业的教学用书，部分内容可供研究生学习使用，也可供勘察设计院、建筑工程单位等工程技术人员参考。

图书在版编目(CIP)数据

土力学/马建林主编. —3 版. —北京：中国铁道出版社，2011.2(2021.8 重印)
普通高等教育"十一五"国家级规划教材
ISBN 978-7-113-12565-3

Ⅰ. ①土… Ⅱ. ①马… Ⅲ. ①土力学 Ⅳ. ①TU43

中国版本图书馆 CIP 数据核字(2011)第 018528 号

书　　名：	**土力学**	
作　　者：	马建林	

责任编辑：李丽娟	**电话**：(010) 51873240	**电子信箱**：790970739@qq.com
封面设计：薛小卉		
责任校对：张玉华		
责任印制：高春晓		

出版发行：中国铁道出版社有限公司（100054，北京市西城区右安门西街 8 号）
网　　址：http://www.tdpress.com
印　　刷：三河市宏盛印务有限公司
版　　次：1990 年 12 月第 1 版　2011 年 2 月第 3 版　2021 年 8 月第 19 次印刷
开　　本：787 mm×1 092 mm　1/16　印张：20.5　字数：512 千
书　　号：ISBN 978-7-113-12565-3
定　　价：52.00 元

重印说明:重印时,根据《铁路桥涵地基和基础设计规范》(TB 10093—2017)、《土工试验方法标准》(GB/T 50123—2019)、《铁路路基设计规范》(TB 10001—2016)、《土工试验规程》(YS/T 5225—2016)、《建筑地基基础设计规范》(GB 50007—2011)、《铁路工程土工试验规程》(TB 10102—2010)、《岩土工程勘察规范》(GB 50021—2011)等对书中相关内容进行了局部修改。

第三版前言

　　肇始于 1896 年的西南交通大学(原名"山海关北洋铁路官学堂"、"唐山交通大学"、"唐山铁道学院"等)是中国近代建校最早的高等学府之一,素有"中国铁路工程师之摇篮"和"东方康奈尔"之美誉。

　　百年交大、百年土木。正是这百年土木,成就了交大土力学学科的发展。20世纪 30～40 年代,茅以升教授在我校开始讲授土力学和地基基础的课程。新中国成立后,吴炳焜教授主编的《土力学地基和基础》(1958 年)成为国内各铁路高校广为采用的教科书,并成为广大工程技术人员的重要参考书。1980 年根据当时的教学大纲和相关技术规范,刘成宇教授主编了高等学校试用教材《土力学和基础工程》(上、下),成为铁路行业内各高校土木工程等专业的教材。1990 年,《土力学和基础工程》一书一分为二,上册改为高等学校教材《土力学》,仍由刘成宇教授主编。1995 年《土力学》教材被国家教委批准为普通高等教育"九五"国家级重点教材,2000 年刘成宇教授修订后出版了《土力学》第二版,该教材受到交通土建类高校师生和工程技术人员的好评。2006 年《土力学》教材又被教育部批准为普通高等教育"十一五"国家级规划教材。

　　近年来随着土力学的发展和我国相关规范的修订更新,有必要对第二版《土力学》进行修改和扩充,同时引入国内外先进、可靠、成熟的新技术,以满足我国经济建设不断发展和与国际先进水平接轨的需要。本次修订的主要依据是:《土的工程分类标准》(GB/T 50145—2007)、《岩土工程勘察规范》[GB 50021—2001(2009 修订版)]、《土工试验方法标准》(GB/T 50123—1999)、《土工试验规程》(SL 237—1999)、《建筑桩基技术规范》(JGJ 94—2008)、《建筑地基基础设计规范》(GB 50007—2002)等。编写时也参考了国内外一些著名学者的相关专著,在此表示衷心的感谢。

　　鉴于土力学、地基基础工程和岩土工程的特殊性和在实际工作中的推广实用性,上述相关规范的最新修订版没有继续采用"概率极限状态分项系数设计法"。据此,本书也不再包含原有的相关内容。

本教材以满足高等院校土木工程大类培养要求为编写目的,可供工程技术人员参考,部分章节也可供相关专业研究生学习使用。书中有☆号标注的内容可根据需要进行取舍。

　　本教材由西南交通大学马建林主编,刘成宇主审。编写分工如下:马建林执笔绪论、第二、第五、第九章,西南交通大学周德培执笔第一章,中南大学冷伍明执笔第三、第四章,西南交通大学吴兴序执笔第六、第八章,西南交通大学罗书学执笔第七章,西南交通大学邓荣贵执笔第十章。参加改编的还有西南交通大学毛坚强、崔凯、徐华等人,研究生刘妮、张敏、何云勇、张淑媛、朱林、曾锐、王功博等也参与了部分改编工作。在本书的编写过程中得到了西南交通大学、中南大学教务处和土木工程学院的大力支持和帮助,在此表示衷心的感谢。

　　这里,谨向刘成宇学长和参编第一、二版《土力学》的各位作者表示深深的谢意!

马建林

二〇一〇年十二月

第二版前言

本教材是根据国家教委批准的普通高等教育"九五"国家级重点教材立项选题的通知,在 1990 年由刘成宇主编,中国铁道出版社出版的高等学校教材《土力学》的基础上修订的。

第一版教材是按照当时的教学大纲编写的,选材内容符合当时的教学需要。但根据目前高校教学改革和专业调整的需要及国家有关规范和标准的修订,有必要对第一版教材进行适当修改和补充,以满足大学本科土木工程专业拓宽知识面的需要。例如,在第一版教材中,对土的渗透性及渗流问题未能重视,考虑到它们是土力学的主要内容之一,不能偏颇,故在第二版教材中增加了土的渗透性及水的渗流一章,专门讨论土的渗透性和渗流等问题。由于目前国家正在发展重载、高速铁路及高速公路,加上地震灾害频繁,因而有必要了解土的动力性质,以便研究土的动应力—动应变关系,为此修订时增加了土的动力性质一章。目前全国各行业都在采用可靠度理论来修订各自的地基基础设计规范,但修订工作尚未完成。为了使学生掌握一些可靠度理论知识,故在第六章天然地基承载力中,增加了用可靠度理论计算地基承载力的内容。其他各章基本保持原书的内容框架,只作局部的顺序修改和增删。为了便于学生自学和复习,每章都编有例题和复习题。

书中有☆号标注的内容可根据需要进行取舍。

本书由西南交通大学刘成宇主编,长沙铁道学院华祖焜主审。参加编写工作的有:西南交通大学陈禄生(第一章),夏永承(第二、九章),刘成宇(第三、四、五章),吴兴序(第六、八章),罗书学(第七章),李克钏(第十章)。在编写过程中,土力学教研室的赵善锐教授和周京华教授提出了很多宝贵意见,特予感谢。

编　者

一九九九年十月

第一版前言

本教材是根据高等学校铁道工程专业"土力学和基础工程"课程教学大纲,在1980年刘成宇主编,中国铁道出版社出版的《土力学和基础工程》(上)试用教材的基础上修订的。修订后,上册改名为《土力学》,下册改名为《基础工程》。

《土力学和基础工程》试用教材的选材,基本上符合当时的教学需要,但近年来,随着土力学的基本理论及其运用的发展,加之教材内容应能覆盖更宽的专业面,以扩大学生的视野,同时,按教学大纲要求,教材应适用于铁道建筑、桥梁、隧道、工业与民用建筑及工程地质等专业的本科生,故在内容上必须进行必要的补充和深化,使之不仅满足各专业的要求,而且也可作为工程技术人员的参考书,以适应四化建设的需要。

本着上述原则,修订后的教材与原试用教材相比较,在以下几方面作了补充和调整:在第一章土的物理性质中,深化了黏粒表面作用的阐述,在土的分类方面,同时介绍了铁路和建筑部门新编地基设计规范的内容以及国际上常用的分类法;在第二章土中应力及其分布中,补充了孔隙压力系数及非饱和土中孔隙压力和有效压力的分布规律等;在第三章土的变形性质和地基沉降计算,介绍了建筑部门新规范的沉降计算方法和多维固结理论;在第四章土的抗剪强度中,补充了应力路径及其影响,土的主要强度理论和屈服准则;在第五章地基承载力中,补充了建筑部门新规范提出的承载力计算方法以及极限分析法;在第六章土压力中,主要补充了第二破裂面土压力及静止压力;在第七章边坡稳定中,增加了常用的毕肖普简化边坡稳定分析法和传递系数法;最后增加了地基处理的新理论和处理方法。每章均编有算例和习题,以利于复习和自学。

书中,对非共同需要的内容均用☆号标出,以利读者按需要选择取舍。

本书由西南交通大学刘成宇主编,北方交通大学唐业清主审。参加编写的有:西南交通大学陈禄生(第一章),刘成宇(第二、三、四、五章),赵善锐(第六、七章),夏永承(第八章)。

编　者

一九八八年十二月

目 录

绪　　论

一、土力学的研究对象

所有建筑物都修建在地壳上。建筑物的全部重量和传递的所有荷载都由地壳支承。

将建筑物荷载传递到与之相接壤地层的建筑物部分称为基础,也称建筑物下部结构。承受建筑物基础传来荷载的地层部分称为地基。

组成地基的介质有各类土或岩石。土是指地球表面岩体在极为漫长的历史过程中形成的、覆盖在地表上的松散、没有胶结或胶结很弱的颗粒堆积物,是一种特殊的散体材料。由于地面上绝大部分建筑物是修建在土地基之上的,所以本门学科以土作为主要研究对象。

由于土的物质成分、形成过程、历史变迁及其所处自然环境极为复杂多变,使得土的组成和性质也千变万化。在进行地基土强度、承载力、变形、沉降、稳定等的分析计算时,必须事先充分了解和掌握地基土的成因、构造、物理组成、力学性质、变形特征及地下水等基本情况,以及与之相联系的、各类土体特有的应力、变形、强度、稳定和破坏形态等规律。在此基础上,运用成熟的工程数学和力学知识,才能较完善地解决工程实践中所遇到的各种问题。

综上所述,本门学科以研究土的基本物理力学性质和规律,提供地基、基础和土工结构的设计计算方法为主要目的。主要研究内容包括:

1. 土的物理性质。主要研究土的基本物理性质和物理化学性质,如颗粒矿物成分、颗粒形状及组成,土的各相组成部分的相关关系等。

2. 土的渗透性。主要研究土中水的渗透规律及由于渗流而产生的力学作用、渗水计算、冲蚀、潜蚀等。

3. 地基土的变形性质。主要研究在外荷载作用下地基土的沉降变形规律,用以分析计算在修建和使用过程中地基土的沉降变形。

4. 地基土的抗剪强度和稳定性。主要研究地基土在外力作用下的破坏形态和规律,以及地基承载力等问题;同时研究土堤、土坡、支挡结构在重力及其他外力作用下的稳定问题。

5. 土压力。主要讨论在交通、水利、房屋建筑等工程中,大量遇到的各类支挡结构的土压力计算问题,而土压力问题几乎涉及各类地基基础和土工结构的稳定问题。

6. 土动力和地震。主要讨论土体在各类交通、机械、爆破、地震等动荷载作用下的动力性质、强度和变形等的发展变化规律,以及饱和砂土的地震液化等问题。

7. 其他问题。主要讨论诸如不良地基的人工加固措施等。

从上可见,土力学与岩土工程有着密不可分的内在联系。土力学是基础,以地基基础工程、边坡支护结构、软基加固工程等为主要内容的岩土工程则是土力学和其他力学和结构工程的交叉学科。正所谓"土力学是魅力无限的深奥科学,岩土工程是匠心独具的抽象艺术"。

本教材主要讲授土力学以及相关知识,涉及岩土工程或基础工程等方面的内容时,请参考相关教材或专著。

二、土力学沿革简介

穷本溯源,土力学作为一门专业学科存在其形成和发展的过程。奴隶、封建时代,劳动人民在土建工程中创造了许多辉煌业绩,如在公元前 2600 年在今日非洲也门境内就修建了高达 40 m 的拦河土坝,古巴比伦建造的大型供水排水渠道、古埃及金字塔、中国秦长城及郑国渠等。这些工程必然涉及了许多土力学问题。鉴于当时社会生产力发展水平,人们只能凭经验解决。

1724 年,Leupold 发表了"Wasser-Bau-Kunst(水工—建筑—艺术)";1726 年,库仑 (C. A. Coulomb)提出了土的抗剪强度理论,后由摩尔(Mohr)进行了完善。1776 年,库仑发表了建立在滑动土楔平衡条件分析基础上的土压力理论,之后土力学进入古典理论时期。1840 年,彭思莱(Poncelet)对线性滑动土楔作了更完善的解;1857 年,朗肯(Rankine)提出了建立在土体极限平衡条件分析基础上的土压力理论,对后来土力学的发展产生了深远影响;1885 年,布辛纳斯克(Boussinesq)提出了在集中荷载作用下弹性半无限体的应力和位移的计算理论,为计算地基承载力和地基变形建立了理论根据;1856 年,达西(Darcy)通过试验建立了达西渗透公式,这为研究土中渗流和固结理论奠定了基础;1922 年,费南纽斯(Fellenius)在解决铁路滑坡问题时,提出了土坡稳定分析方法。这些古典的理论和方法,直到今天仍不失其理论和实用的价值。

1925 年,太沙基(K. Terzaghi)发表了德文版的《Erdbaumechanik(土力学)》专著,标志着土力学发展到一个新时期(被誉为"太沙基时期")。他所提出的有效压力理论、一维固结理论及地基承载力理论等一系列研究成果,把土力学推向了一个全新的高度,因此太沙基也被公认为现代土力学的奠基人。从此,土力学成为真正意义上的独立学科。

20 世纪 60 年代以前,计算机技术还不成熟,许多复杂的土力学理论及计算问题不能有效地解决。为了便于分析和计算,不得不把土体视为弹性体或刚塑性体,即不考虑土体的本构关系问题。实际上,由于土的组成和与此相关的力学性质非常复杂,对于许多复杂的土层和基础结构的工程情况,不考虑土体的应力—应变关系是难以求得可靠满意结果的。以 1956 年在美国科罗拉多州德尔(Boudler,Colorado)举行的黏土抗剪强度学术会议和 1958 年、1963 年罗斯柯(K. H. Roscoe)等人对伦敦黏土的应力—应变关系的研究为标志,土力学进入到考虑土体多相介质的"本构关系"新时期。从 60 年代起,随着计算机技术的迅速发展和数值分析方法的广泛应用,在岩土工程计算中引入较复杂的弹塑性、黏弹(塑)性等本构模型成为可能。目前已有上百种不同的岩土体本构模型。

应该重点指出,土力学是一门实践性极强的学科。任何土力学理论都离不开土的试验,也就是说,没有试验的支持和验证就没有土力学理论。20 世纪 50 年代,土工试验方法和手段还很简单,近年来已有很大改善。如三轴压力仪,50 年代时国际上很少见,而现在一般土工试验室都有配备,并且有精密的动三轴仪等,同时发展了许多现场原位测试设备,如静/动力触探仪、自钻式旁压仪、孔内土力学参数直接测试仪及光纤测试仪等。可见,随着土力学理论的不断发展,各类试验设备也在向高、精、尖方向发展,而新的试验技术将给土力学的发展带来强有力的推动,必将使土力学向新的高度和广度发展。

三、土力学的发展方向

时至今日,土力学的发展趋势大致可分为如下几方面:

1. 岩土工程设计计算理论研究。考虑到地基土的多介质非均匀性、土力学试验和监测数据的离散性以及理论分析的不确定性,可利用概率统计方法对地基基础的设计进行可靠度分析。目前许多发达国家都在渐进地推进和采用这套理论进行地基基础等岩土工程的设计计算,并对原有地基基础设计规范进行修订。我国相关行业也推出了若干以可靠度理论为基础的设计规范。鉴于地基岩土的特殊性,岩土工程可靠度设计理论的研究和推广应用还有许多工作要探索。

2. 土的本构模型研究。岩土工程设计计算在很大程度上取决于土本构模型的选择。近年来,岩土体本构关系的研究已成为一大热点。到目前为止,已提出各类模型不下百余种,但得到认可和应用的不多。主要原因或者在于理论过于繁琐,运用不便,或者在于模型参数过多,测试不易,或者在于实际应用不够,还需要进一步研究与推广。

3. 土动力学研究。近些年来,高速、重载铁路和高速公路等国家基础设施工程的兴建以及地震频发和造成的巨大破坏,使人们更清楚地认识到,土体静力学理论已不能反映在各种动力条件下土的强度和变形性质。因此必须加快研究土的动力学性质,尤其是在地震和高速列车长期运营动荷载作用下地基土的动应力、动强度、动应变之间的相互关系。这对减小地震危害程度,提高抗震和生命线运输能力,保障高速铁路的长期高平顺性、高稳定性、高舒适度要求等都极为重要。

4. 土力学试验理念和方法创新以及设备的研发和改进。新型试验设备的研发和既有试验设备的改进直接关系到土力学的发展。比如,以前研究土工结构和基础工程往往采用小比例尺模型试验,但模拟技术的关键在于如何模拟土体自重以及由土体自重产生的变形和破坏。目前较有效的办法是利用岩土工程离心试验机,其原理是通过高速旋转产生离心力来模拟土的重力。近几十年土工离心机发展很快,不仅用来研究高坝、深基在土重力作用下的应力状态,而且可以模拟地震力作用下的土与结构之间的相互作用和动力性质。

5. 复合地基和复合土体设计。在软弱地基中置入强度较高的其他工程材料,形成复合地基,如碎石桩、CFG桩、旋喷桩、搅拌桩、夯扩桩、沉管桩等;在软土中铺设人工合成材料,如各类加筋材料等而构成复合土体。这些利用新材料、新工艺对软弱土进行加固的方法,近年来得到广泛推广使用,已产生显著的经济效益。但问题是现行的设计理论尚未能跟上实际应用,尚需深入研究。

四、土力学在我国的成就

新中国成立之前,土力学领域在我国还是一片空白。新中国成立后,一批留学海外的青年学者相继回国,开设了土力学课程并开展土力学方面的科学研究,为国家培养出一大批岩土工程技术人才,在教育、交通、水利、城市建设以及其他土建工程中发挥了重要作用。

1957年,我国土木工程学会开始组建全国土力学及基础工程学术委员会,并于当年参加了国际土力学及基础工程学会组织。1962年,在天津召开了第一届全国土力学及基础工程学术会议。1979年创办学术刊物《岩土工程学报》,到目前为止该学报在国内外已具有较高的影响力。

我国幅员辽阔,地质、气候条件复杂。新中国成立后,国家积极进行基本建设,土建工程大规模开展,这为土力学的发展开辟了广阔天地。以铁路建设为例,在河西走廊及青海修筑铁路时遇到盐渍土,土路基春季翻浆,夏秋松胀,相关科研人员经过多次试验研究,提出了盐渍土地区铁路设计和施工规范,解决了此问题。再如西北地区的湿陷性黄土,其特点是在干燥条件下陡壁可直立数十米,而一旦被水浸湿,则会坍塌滑坡,堵塞交通。经研究,提出关于黄土地层划分和路堑边坡设计标准的研究报告,为该地区的铁路设计找到了科学依据。在西南、中南地区广泛分布着膨胀土,当含水率不高时,土质坚实,路堑可挖成陡坡,一旦遇水,就会膨胀软化,引起路基边坡溜塌、滑坡、路基沉陷等病害。20世纪80年代开始对膨胀土进行研究,找到了病害机理,提供了设计及施工指南。在华北、华东及东南沿海地区分布的深厚软土,对路基等基本建设工程的下沉和失稳一直是棘手问题,五六十年代国家投入了大量人力物力进行研究,在计算理论及各种软土加固方面取得了不少成果。

特别应该指出,21世纪以来我国开展的大规模高速或高等级铁路建设,对土力学和基础工程的理论基础和设计、施工方法提出了极高的要求。它涉及深厚软土、黄土、冻土、艰险山区和复杂条件下的桥梁、隧道和路基的建设。现在,我国科研、设计和施工人员克服了重重困难,使我国建成和即将建成的高速铁路质量和总长度跃居世界第一,从而使我国在高速铁路建设中的整套技术领先于全世界。

第 一 章

土的物理性质

就工程意义而言,土是地表附近各类固体颗粒松散堆积物的总称。它是长期自然生成的,是由不同的固体颗粒(固相)、水(液相)和气(气相)组成的千差万别的三相体,各部分之间的关系十分复杂,且常因外界条件的改变而发生变化。土在受力后是否发生强度破坏或出现大的变形,主要取决于其组成物质的性质、各相之间的相互关系和变化规律。而这些特性与土的物理性质有密切关系。因此可以说,土的物理性质是其力学和工程性质的基础。

为了便于解决工程实际问题,我们应首先学习表示土的物理性质的各种指标和测试方法,并掌握如何根据土的特征、有关指标值和形成年代等对土进行工程分类的方法。

本章主要介绍土的生成、土的组成、土的三相含量指标、土的物理状态及其有关指标,土的膨胀、收缩、冻胀以及土(岩)的分类。

第一节 土 的 生 成

天然土是地壳表层岩石在长期风化、挤压和解体后经地壳运动、水流、冰川、风等自然力的剥蚀、搬运及堆积等作用在各种自然环境中生成的松散堆积物,其主要特点是土颗粒之间的物理化学胶结很弱,甚至完全无联结。

在地质年代中天然土的历史一般较短,多数是在一百万年内,也就是通常所说的"第四纪"堆积、沉积物。不同的物质、不同的胶结、不同的成因、不同的生成环境和不同的形成历史造成了各类天然土复杂多变的三相组成、相互关系与相互作用。

一、风化作用

风化作用是由于气候气温变化、大气、水分及生物活动等自然条件使岩石产生破坏的地质作用。风化作用可分为物理风化、化学风化和生物风化三种类型。

物理风化作用的主要因素是气候气温的变化。在昼夜、晴雨的气温变化中,岩石表面的温度变化比内部大,因而表里缩胀不均,加之所含不同矿物的膨胀性质不同,削弱甚至破坏了岩石中矿物间的结合作用,久而久之,使岩石产生裂隙,由表及里遭到破坏。这种现象在大陆性干燥气候区表现最为显著。在湿冷地区,渗入岩石裂隙中的水由于气温变化而不时地冻结和融化,导致裂隙逐渐扩大,造成岩石崩裂破碎。在干旱地区,大风挟带沙砾对岩石的打磨也可使岩面迅速剥蚀。

物理风化作用只引起岩石的机械破坏,其产物如砂、砾石和其他粗颗粒土的矿物成分与母岩相同。

化学风化作用是岩石在水溶液和大气中的氧、二氧化碳等的化学作用下受到的破坏作用。化学风化作用有水化作用、水解作用、氧化作用、碳酸化作用及溶解作用等。化学风化作用不仅使岩石破碎,而且使其化学成分改变,形成性质不同的新矿物。

生物风化作用是指生物活动过程中对岩石产生的破坏作用,可分为物理生物风化和化学生物风化两种。如植物根部在岩缝中生长,使岩石产生机械破坏;动植物新陈代谢所排出的各种酸类、动植物死亡后遗体的腐烂产物以及微生物作用等,则使岩石成分发生变化,以至达到破坏。

上述风化作用常常是同时存在、互相促进的。但在不同环境中,会有不同的主次关系。岩石成分和结构构造的不同,其风化作用造成的破坏程度也会有差别。

二、土的成因类型

常见的岩石风化产物因经受不同自然力的剥蚀、搬运和堆积沉积作用而生成不同类型的土。不同地质成因的土具有不同的地质特征和工程性质。土的主要堆积类型有:

(1)残积土——岩层表面经风化破坏后残留在原地的碎屑堆积物。残积土未经搬运过程的分选和打磨作用,颗粒大小不均,多棱角。一般干寒地区残积土颗粒较粗,湿热地区颗粒较细。从地表以下到基岩,风化作用逐渐减弱至消失,无明显层理。残积土分布厚度变化较大,表层土常是含有机质较多的土壤,比较疏松。

(2)坡积土——由雨水和融雪将山坡高处的岩石风化产物洗刷、剥蚀、顺坡向下搬运的堆积物。其中有时还混杂有陡坡峭壁风化岩石的坠落破碎物。其矿物成分常与下卧基岩无关。坡积土一般由上而下厚度逐渐变大。新堆积的土质疏松。如基岩倾斜,则斜坡上的坡积土常处于不稳定状态。

(3)洪积土——由暂时性山洪急流将大量泥砂和石块等挟带到沟谷口或山麓平原堆积而形成的堆积物。离沟谷口近处堆积的是夹有泥沙的石块和粗粒碎屑,较远处是分选较好的细粒泥沙。因山洪是周期性发生的,每次大小不同,故洪积土常呈不规则层理构造,如图1-1所示。土的力学性质以近山处较好。

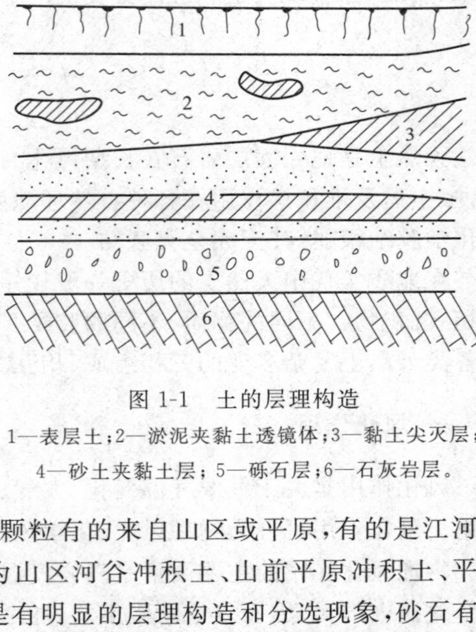

(4)冲积土——由江河水流搬运的岩石风化产物在沿途沉积而形成的堆积物。这些被搬运的土颗粒有的来自山区或平原,有的是江河剥蚀河床及两岸的产物。冲积土分布范围很广,可分为山区河谷冲积土、山前平原冲积土、平原河谷冲积土、三角洲冲积土等类型。冲积土的特点是有明显的层理构造和分选现象,砂石有很好的磨圆度。从山区到平原,因河床坡度大致是由陡转平,水的流速是由急变缓,故堆积物厚度由小到大,粒度由粗变细,土的力学性质一般也逐渐变差。

(5)湖沼积土——在湖泊或沼泽地的缓慢水流或静水中形成的堆积物。如由河流注入湖泊时带来的岩石碎屑、盐类、有机质和由湖浪剥蚀湖岸岸壁所产生的碎屑物质,在湖泊内不同位置沉积而成的,则称为湖积土。淡水湖湖积土的粒度通常自湖边到湖心由粗变细,湖中间主要是黏性土、淤泥类土,常含较多的有机质,土质松软。盐湖湖积土主要是含盐分较多的黏性土和各种盐类。在沼泽地的堆积物称为沼泽土,其主要成分是含有半腐烂的植物残余体的泥炭。其特点是含水率极高,土质十分松软。

(6)海积土——由江河入海带来的或由海浪、潮汐等剥蚀海岸产生的各种物质以及海洋中

图 1-1　土的层理构造

1—表层土;2—淤泥夹黏土透镜体;3—黏土尖灭层;
4—砂土夹黏土层;5—砾石层;6—石灰岩层。

的生物遗体等沉积而形成的堆积物。近海岸一带粒度较粗，土质尚好。离海岸越远，堆积物越细小。深海堆积物主要为有机质软泥等。

（7）冰川积土——在严寒地区由冰川的地质作用生成的堆积物。其中由冰川剥蚀和搬运的碎屑到温度较高处因冰体融化而沉积的，称为冰碛土。如再经融化的冰水搬运后沉积的称为冰水堆积土。冰碛土成分复杂，层理不清，但一般较密实，土质尚好。冰水堆积土以沙砾为主，在山麓分布较广，厚度较大，可能有黏性土夹层和透镜体。

（8）风积土——由于风力的地质作用，包括风夹带沙砾对岩石的打磨和风对岩石风化碎屑的吹扬、搬运及堆积作用而形成的堆积物。主要有砂丘和原生黄土。砂丘是松散而不稳定的堆积物。黄土的主要特征是：大孔性、垂直节理发育、由可溶盐胶结、湿陷性。

三、特　殊　土

在土的堆积过程中，自然地理环境和人为条件对土的性质有重大影响。某些地区的特殊条件形成了土的特殊物质成分和特殊性质，这些土称为特殊土。特殊土主要包括软土、人工填土、湿陷性黄土、红黏土、膨胀土、多年冻土、混合土、盐渍土、污染土等。自然特殊土的分布一般具有明显的区域性，如沿海地区的软土，西北、华北等地区的黄土，以黔滇桂等省为主的红黏土，分布在南部和中部的不少地区的膨胀土（胀缩土、裂土），严寒地区的冻土等。除自然堆积物外，还有人类活动的堆积物，即人工填土和污染土。

四、土的堆积年代的影响

不同堆积土，特别是黏性土的性质，不仅与生成的条件有关，也与形成历史有关。一般生成年代越久，上覆土层越厚，土被压的越密实，受到的化学作用或胶结作用越大，土粒间的联结越强，因而强度也就越高，压缩性就越小。反之，新近堆积的土质较松软，工程性质较差。

现今的常见土大多数生成于第四纪（符号为 Q）。第四纪又可按年代早晚分为早更新世（Q_1）、中更新世（Q_2）、晚更新世（Q_3）和全新世（Q_4）。通常把 Q_3 及以前时期堆积的土层称为老堆积土，把 Q_4 时期内文化期（有人类文化的时期）以前堆积的土层称为一般堆积土，把文化期以后堆积的土层称为新近堆积土。

第二节　　土的粒径组成和矿物成分

土的粒径组成和矿物成分是土的主要物质成分，是决定土的物理性质的基本要素。

一、土的粒径组成

土的粒径组成是指土中不同大小颗粒的相对含量，也称土的颗粒级配或粒度成分。土的工程性质同它的粒径组成有密切的关系。工程界常根据土的粒径组成对土进行分类。事实上，粒径组成是判断土工程特性的关键因素。

（一）土粒粒组划分

天然土中所含的固体颗粒是大小混杂的。为确定土的粒径组成，需要把大小相近的颗粒归入同一"粒组"或"粒径"。我国比较普遍采用的粒组划分法见图1-2。粒组大小用"粒径"（mm）表示，土粒通常被分成六大粒组：漂（块）石、卵（碎）石、圆（角）砾、砂粒、粉粒、黏粒（图1-2）。根据需要，各粒组还可划分成若干亚组。

建筑、铁路等部门	漂石、块石	卵石、碎石		圆砾、角砾		砂粒			粉粒	黏粒
						粗	中	细		
水利部门	漂(块)石粒	卵(碎)石粒		粗砾	细砾	砂 粒			粉粒	黏粒
分界粒径/mm	200		60	20		2 0.5 0.25		0.075		0.005

图 1-2 粒组划分示意图

粒组划分法各国各部门不全相同。如砾组上限,我国工业与民用建筑、铁路等部门采用 20 mm,水利部门则采用 60 mm,国外多采用 60~75 mm;粉粒范围,我国一般采用 0.005~0.075 mm,国外还有采用 0.002~0.063 mm 的;黏粒上限,我国一般采用 0.005 mm,国外也有采用 0.002 mm 的。

(二)粒径分析

对土的粒径组成的测定称为粒径分析或颗粒分析。粒径分析的方法,一般分为筛分法和沉淀法(水分法的一种)两种。筛分法用于测定粒径小于或等于 60 mm 而大于 0.075 mm 的粗土粒,用沉淀法测定粒径小于 0.075 mm 的细土粒。用密度计(比重计)测定细颗粒粒径组成的沉淀法称密度计法(以前称比重计法)。将两部分测定结果合并整理,得到土的粒径组成全貌。

1. 筛分法

将烘干、分散后的土样放进一套标准筛的最上层。各层筛的筛孔自上而下由大到小,最下面接以底盘。经过摇筛机震摇,即可筛分出不同粒组的含量。由此可知,用筛分法得到的土粒粒径是指其刚好能通过筛孔的孔径。自然界存在的岩石碎屑由于生成条件不同,用筛分法得到的相同粒径土粒的形状和体积通常也不相同。

2. 密度计法

不同大小的土粒在水中下沉的速度是不同的。根据斯托克斯定律,一个直径为 d 的圆球状颗粒在黏滞系数为 η 的液体中以速度 v 垂直下沉时受到的阻力大小为 $3\pi\eta vd$。今假定土粒为圆球状,单位体积干土粒重度为 γ_s,当该阻力等于土粒在该液体(单位体积重度为 γ_w)中的重力时,土粒将以匀速 v 下沉。如取 d、η、v 的单位分别为 mm、Pa·s、cm/s,γ_s 及 γ_w 的单位为 kN/m³,则土粒在液体中的受力平衡条件为:

$$3\pi\eta vd \times 10 = \frac{1}{6}\pi d^3(\gamma_s - \gamma_w)$$

由此得

$$d = \sqrt{\frac{180\eta v}{\gamma_s - \gamma_w}} = \sqrt{\frac{180\eta h}{(\gamma_s - \gamma_w)t}} = K\sqrt{\frac{h}{t}} \tag{1-1}$$

此式即为斯托克斯公式。式中 t、h 分别为下沉时间(s)及下沉深度(cm),K 为粒径计算系数,可查表得知。在液体中土粒下沉时刚开始是有加速度的,但在极短时间内即达到匀速 v 值,故可不计加速度影响。由上式可知,计算所得的土粒粒径是与之同速下沉的假想圆球直径,然而两者大小和形状可能都不相同。

斯托克斯公式有其适用范围。当颗粒粒径过大时,在液体中下沉时会产生非等速运动,当颗粒直径过小时,则微粒下沉会受到布朗运动的影响。一般认为斯托克斯公式可用于 0.002~0.2 mm 的粒径范围。

下面简要介绍沉淀法确定粒径的主要过程。图 1-3(a)所示容器盛有均匀分布土粒的悬液,并在 $t=0$ 时让其自由下沉。在土粒下沉至 t 时刻,悬液中深度 h 以上已没有粒径大于 d 的颗粒了,如图 1-3(b)。但在 h 深度的微段内,等于及小于粒径 d 的颗粒数量不变,因为从上面沉至该处的颗粒数量与该处沉下去的数量相等。设下沉前单位体积均匀悬液体积内的土粒重为 q_0($q_0=Q_s/V_L$,Q_s 为全部土粒重,V_L 为悬液体积),下沉开始至 t 时刻在 h 深度单位体积悬液中的土粒重为 q,则小于粒径 d 的土粒重占全部土粒重的百分数为 $p=q/q_0$。

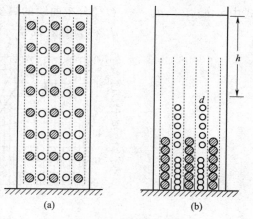

图 1-3 悬液中颗粒的下沉

在土粒开始下沉后的不同时刻 t 在上述容器内放入密度计(图 1-4),测得密度计浮泡中心处悬液相对密度为 G_L,浮泡中心离液面距离为 h,则可将 h、t 代入式(1-1)求得 d,并可如下计算相应于 d 的 p 值。

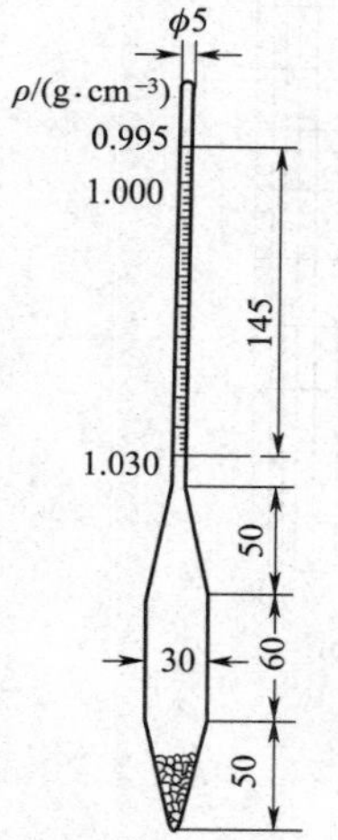

在 t 时刻,距液面为 h 处的单位体积悬液重度 γ_L 为:

$$\gamma_L=q+\gamma_w(1-q/\gamma_s)$$

故

$$G_L=\gamma_L/\gamma_w=pq_0/\gamma_w+1-pq_0/\gamma_s=1+pq_0(1/\gamma_w-1/\gamma_s)$$

令 G_s 为土粒相对密度,$G_s=\gamma_s/\gamma_w$,由上式可得:

$$p=\frac{\gamma_s V_L}{Q_s}\times\frac{G_L-1}{G_s-1}\times100\% \tag{1-2}$$

上式中还应根据密度计的种类,对试验量测到的 G_L 作相应校正。对此,详见相应密度计试验的具体说明。

为保证试验质量,试验前必须把土中细粒聚成的粒团彻底分散。常用方法是煮沸悬液并加六偏磷酸纳或氨水等进行离子交换,以加厚土粒周围的扩散层,使成团土粒相互分开,详见相关土工试验方法。

3. 粒径分布曲线(级配曲线)及应用

土的粒径组成情况常用粒径分布曲线表示。粒径分布曲线的绘制方法是将小于给定粒径的土粒累计质量占土粒总质量的百分数和粒径之间的相互关系绘制在图上。因粒径变化范围大,故通常在半对数坐标纸上标出并联成曲线。国内常将该图横坐标上的粒径由大到小排列,如图 1-5(a)所示。北美西欧等地区则常将粒径由小到大排列,如图 1-5(b)所示。

粒径曲线是对土样进行分析判断的重要工具。它可以对土样的分类、粒径构成、渗透、夯实、压浆加固及回填等工程性质进行综合评估。

如图 1-5(a)所示的四条粒径曲线中,土样①的细粒最多,主要是粉粒和黏粒,为黏性土。其他几个土样粗粒较多,主要是各种砂粒。土样②的曲线较陡,表明颗粒较均匀,大部分集中在粒径变化不大的范围内。土样③的曲线中出现平坡段,表明该范围粒径的颗粒短缺。土样④的曲线坡度较缓和,表明颗粒不均匀,粒径变化范围较大。工程上常用不均匀系数 C_u 和曲率系数 C_c 来评价粗粒土的颗粒级配情况,其定义为:

$$C_u=d_{60}/d_{10} \tag{1-3}$$

$$C_c=d_{30}^2/(d_{60}\cdot d_{10}) \tag{1-4}$$

图 1-4 密度计
(单位:mm)

$\phi 5$

$\rho/(\text{g}\cdot\text{cm}^{-3})$

0.995
1.000

145

1.030

50

30

60

50

式中 d_{60}, d_{10}, d_{30} ——粒径分布曲线的纵坐标上 p 等于 60%、10%、30% 时对应的粒径,其中
d_{10} 称为有效粒径。

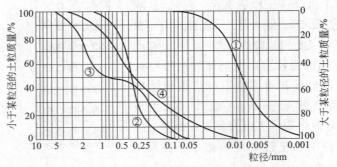

(a) 粒径分布曲线(中国)

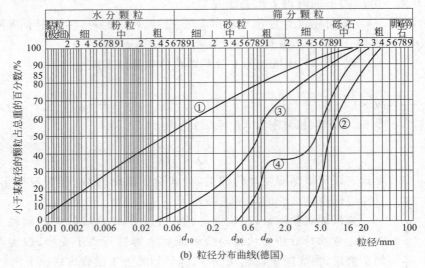

(b) 粒径分布曲线(德国)

图 1-5　粒径分布曲线

不均匀系数 C_u 越大,表明曲线越平缓,粒径分布越不均匀。曲率系数 C_c 反映曲线弯曲的
形状,表明中间粒径和较小粒径相对含量的组合情况。据此可判断土的级配是否良好:

(1)当 $C_u \geq 5$ 且 $C_c = 1 \sim 3$ 时,表明该土的粒径分布范围较广,粒径不均匀且级配良好,大
土粒间的孔隙可由较小土粒填充,图 1-5(a) 的土样④即属于此情况。级配良好的土易被压实,
是较好的工程填料。

(2)不完全符合上述两个条件者,如 $C_u < 5$,即粒径分布均匀,颗粒大小差别不大,图 1-5
(a)中的土样②为一例;如 $C_c < 1$,表明中间粒径颗粒偏少,较小粒径颗粒偏多,图 1-5(a)中的土样
③为一例;如 $C_c > 3$,表明中间颗粒粒径偏多,较小粒径颗粒偏少。这些情况都属级配不良。

二、土的矿物成分

土粒的矿物成分主要取决于母岩的成分及其所经受的风化作用。不同的矿物成分对土的
性质有着不同的影响,其中以细粒组的矿物成分尤为重要。

漂石、卵石、圆砾等粗大土粒是岩石碎屑,它们的矿物成分与母岩相同。

砂粒大部分是母岩中的单矿物颗粒,如石英、长石和云母等。其中石英的抗化学风化能力

强,在砂粒中尤为多见。

　　粉粒的矿物成分是多样性的,主要是石英和 $MgCO_3$、$CaCO_3$ 等难溶盐的颗粒。

　　黏粒的矿物成分主要有黏土矿物、倍半氧化物(如 Al_2O_3、Fe_2O_3)、次生二氧化硅(如 SiO_2)、和各种难溶盐类(如 $CaCO_3$、$MgCO_3$),它们都是次生矿物。黏土矿物的颗粒都很微小,经 X 射线分析证明其内部具有层状晶体构造。

　　倍半氧化物和次生二氧化硅等矿物,都是由原生矿物铝硅酸盐经化学风化后,原结构破坏而游离出的结晶格架的细小碎片。倍半氧化物颗粒很细小,易形成细黏粒或胶粒,亲水性较强。

　　可溶性次生矿物是土中水溶液中的金属离子及酸根离子,因蒸发等作用而结晶沉淀形成的卤化物、硫酸盐和碳酸盐等矿物,大多成为土粒间孔隙中的填充物。根据其溶解度大小可再分为难溶盐、中溶盐和易溶盐。难溶盐主要有方解石($CaCO_3$)、白云石($MgCO_3$),在干旱地区一部分难溶盐也构成粉粒和较粗的黏粒。中溶盐中最常见的是石膏($CaSO_4 \cdot 2H_2O$)。易溶盐主要有岩盐($NaCl$)、芒硝($Na_2SO_4 \cdot 10H_2O$)、苏打($Na_2CO_3 \cdot 10H_2O$)等。易溶盐、中溶盐多数结晶细小,呈黏性,易溶解,以离子存在于溶液中。可溶性次生矿物也称为水溶盐。它有减少土中孔隙,胶结土粒,提高土的力学性质的作用。但当它溶解后,就会使土的性质急剧变坏。土中易溶盐常因土中含水率的多少而改变它的状态(液态或固态)。失水时呈固态,起胶结作用,含水较多时则离解为水溶液中的离子。所以溶解度越大,危害也就越大。

　　腐殖质是高度分解而成分复杂的有机酸及其盐类,与水的相互作用强烈,有很大的比表面积。但腐殖质的性质同溶于水中的物质成分和含量有关,含 Na^+、K^+、NH_4^+ 等的腐殖质呈极强的亲水性,而被 Ca^{2+} 饱和的则呈较弱的亲水性。

　　分解不完全的泥炭具有疏松多孔的纤维结构,孔隙率很高,能保持很多水分,在外荷载作用下或当水分减少时,体积可大大缩小。泥炭的强度由其纤维结构的交织作用提供,不一定随含水率减少而相应增大。

　　土中如含有较多有机质,就可能有强烈的吸水性,相当高的可塑性,明显的湿胀和干缩性,以及高压缩性和低强度。

　　各矿物成分与粒组大小之间的内在联系大致反映在图 1-6 中。

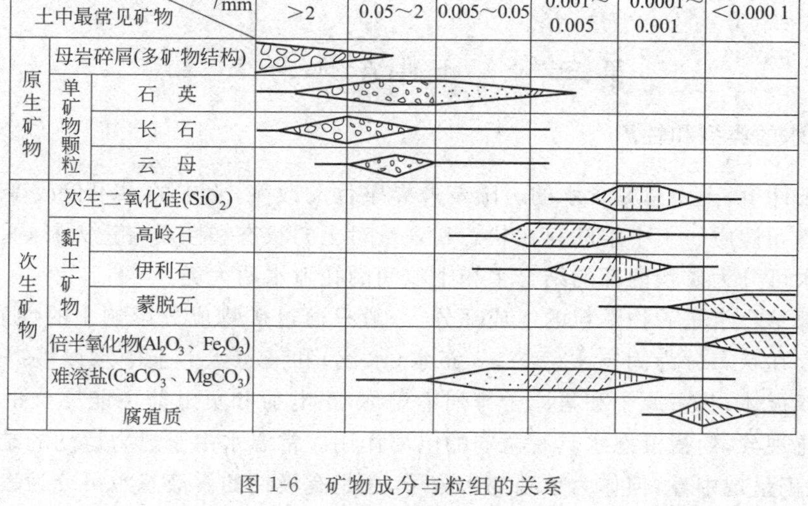

土粒组 名称 直径/mm	卵石、砾石 碎石、角砾	砂粒组	粉粒组	黏粒组		
				粗	中	细
土中最常见矿物	>2	0.05~2	0.005~0.05	0.001~0.005	0.0001~0.001	<0.000 1
原生矿物 母岩碎屑(多矿物结构)						
单矿物颗粒 石英						
长石						
云母						
次生矿物 次生二氧化硅(SiO_2)						
黏土矿物 高岭石						
伊利石						
蒙脱石						
倍半氧化物(Al_2O_3、Fe_2O_3)						
难溶盐($CaCO_3$、$MgCO_3$)						
腐殖质						

图 1-6　矿物成分与粒组的关系

黏土矿物是最重要的次生矿物,有结晶与非结晶两类,结晶类主要由两种原子层(称为晶片)构成。一种是硅氧晶片,它的基本单元是 Si-O 四面体(图 1-7);另一种是铝氢氧晶片,它的基本单元是 Al-OH(图 1-8)。由于晶片结合情况的不同,便形成了具有不同性质的各种黏土矿物,其中主要了解较多的有高岭石、蒙脱石和伊利石三类。

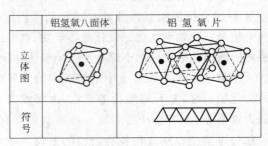

图 1-7　硅氧四面体及硅氧片　　　　　　图 1-8　铝氢氧八面体及铝氢氧片

高岭石由长石及云母类矿物转变而成,容易在酸性介质条件下形成,其颗粒在黏土矿物中相对较粗。高岭石晶胞之间的联结是氧原子与氢氧基之间的氢键,它具有较强的联结力,因此晶胞之间的距离不易改变,水分子不能进入,亲水性较差,是比较稳定的黏土矿物。在细粒土中,黏粒主要是高岭石者,则具有较好的工程性质。

蒙脱石是化学风化的初期产物,其结构单元(晶胞)是由两层硅氧片之间夹一层铝氢氧晶片所组成。由于晶胞的两个面都是氧原子,其间没有氢键,因此联结很弱,水分子可以进入晶胞之间,从而改变晶胞之间的距离,甚至达到完全分散到单晶胞为止。因此,当土中蒙脱石含量较大时,则具有较大的吸水膨胀和脱水收缩的特性。

伊利石的结构单元类似于蒙脱石,所不同的是 Si-O 四面体中的 Si^{4+} 可以被 Al^{3+}、Fe^{3+} 所取代,因而在相邻晶胞间将出现若干一价正离子(K^+)以补偿晶胞中正电荷的不足。所以伊利石的结晶结构没有蒙脱石那样活跃。

有些水溶盐如芒硝、石膏等含结晶水,其体积可因吸水而增大,失水而减小,使土的结构和性质发生变化。许多水溶盐溶于水后对金属、混凝土有腐蚀性和浸蚀性,危害基础工程和地下建筑物。因此,土坝、路堤等的填料土对水溶盐,尤其是易溶盐的含量常有相应的限制。

第三节　土中的水和气体

一、土中水的类型和性质

在自然条件下,土中总是含水的。随着外界条件的改变,土中的水不仅改变其含量,也改变其存在状态和性质。土中水的存在状态和含量对土的状态和性质有重大影响。

土中的水可分为矿物内部的结合水和土粒间的孔隙水两大类。

矿物内部结合水是矿物颗粒的组成部分,一般只通过矿物成分影响土的性质。土粒间的孔隙水按其存在状态分为固态水(冰)、气态水(水汽)和液态水。土中水以液态水最为重要。因水分子为双极体,其氧原子和氢原子排列不对称,正电荷和负电荷不能完全平衡,故有正极和负极的极化现象,使得液态水具有微弱的电离作用。常温水由于热力运动的结果,水分子排列很凌乱,故仍呈现中性,但作为单独的水分子,还是有极性的。液态水可分为表面结合水、毛细水和重力水,其特性以及对土性质的影响有很大不同。工程上习惯把毛细水和重力水合称为自由水,但也有认为自由水即重力水。一般认为,自由水指不受粒面静电引力影响的非结合水。

（一）表面结合水（简称结合水）

结合水是细小土粒因表面静电引力而吸附在其周围的水,它在土粒表面形成了一层水膜,亦称为结合水膜或水化膜。结合水密度较重力水大,具有较高的黏滞性和抗剪强度。不能传递静水压力,不受重力作用而转移,冰点低于 0 ℃。

越靠近土粒表面的结合水被吸附的越紧密牢固,活动性越小。离粒面越远,受到土颗粒的吸引力越弱,活动性越大,水分子排列越杂乱,逐渐形成扩散层。从这个意义上讲,结合水可分为强结合水和弱结合水,参见图1-9。

强结合水是最靠近黏粒表面的结合水。它不仅可在湿土中形成,也可由土粒从空气中吸收水汽形成,也称吸着水。紧贴粒面的强结合水分子受到的吸引力可达 1 GPa,故强结合水很难移动。一般通过长时间高温烘烤(150～300 ℃)才会气化脱离。强结合水没有溶解和导电的能力,密度

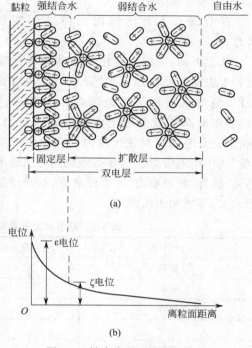

图1-9　结合水的形成与双电层

约为 1.2～2.4 g/cm³,冰点约为－78 ℃,其力学性质类似于固体。

强结合水在砂土中含量极微,最多不到1%(与干土重相比),只含强结合水的砂土呈散粒状态。强结合水在黏性土中的含量最多可达10%～20%,如含较多蒙脱石的黏性土甚至可超过30%。只含强结合水的黏性土呈坚硬的固体状态,磨碎后成粉末。

弱结合水也称薄膜水,位于强结合水外围,占结合水的绝大部分。弱结合水受到的粒面引力随距粒面距离的增大而减弱,并可向引力较大处或结合水层较薄处转移。在某些外因(如压力、水溶液成分及浓度变化、电流、干燥、浸湿、冻结和融化等)影响下弱结合水在土中的含量可发生变化,从而引起黏性土物理力学性质的改变。在工程实践中,这个特性具有重要的意义。

弱结合水在砂土中的含量较低,最多只有几个百分点,在黏性土中含量可高达30%～40%以上,含蒙脱石较多的黏性土弱结合水含量甚至可大于干土的重量;泥炭中的弱结合水其含量可高达干土重的 15 倍。

（二）毛　细　水

在土中固、液、气三相交界面处,地下水在分子引力和水表面张力作用下,克服自身重力后在粒间细缝中滞留或上升至地下水面以上一定高度的自由水,亦称毛细水。毛细水上升高度同土粒粒径的粗细、形状、组成、矿物成分、土的紧密程度及水溶液成分和浓度等有关系。

毛细水按其存在状态可分为毛细上升水和毛细悬挂水。前者的特点是毛细水下部与地下水面相接,后者则是毛细水下部悬空,不与地下水面相连。

毛细水上升高度在粗粒土中很小,在细粒土中较大。如在砾砂、粗砂层中的毛细水上升高度只有几个厘米,在中砂、细砂层中可能上升几十厘米至 1 m 左右,在粉土、黏土中则可上升至几米高(参见图1-10和表1-1)。但毛细水主要存在于孔径为 0.002～0.5 mm 的孔隙中,孔

径小于 0.002 mm 孔隙中的水主要是结合水,毛细水含量很少。

在毛细水上升区域内土体处于饱和状态。

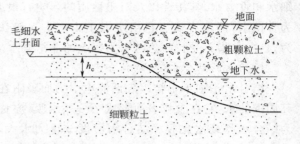

图 1-10　毛细水现象

从上可知,毛细水是由细土颗粒表面吸力和水表面张力将地下水"提升"后形成的。所以,毛细水增加了该范围内土骨架的压力,从而提高了该部分土体中的有效压力。同时,上升毛细水对该区域内的孔隙水产生"负"压作用的吸力。这使得砂粒间可出现不大的黏聚作用。这种作用在砂土完全浸入水中时消失,故称"假黏聚力"。要注意到,这种增加的土骨架"有效压力"和孔隙水"负压"与外荷载作用无关,可增加土的强度。

表 1-1　毛细水上升高度经验值(Smoltczyk,1996/2002)

土的分类	颗粒有效粒径/mm	毛细水上升高度 h_c 经验值
粗砂	0.7	0.08 m
中砂	0.35	至 0.2 m
细砂	0.10	至 0.5 m
粉砂	0.045	至 1.0 m
粉土	0.01	至 5 m
黏土	0.001	达到甚至超过 50 m

注:分类名称与国内不同,这里以国内分类法为准。

当然,在寒冷地区毛细水上升可加剧冻胀、冻融现象,对工程带来不利影响。

（三）重力水

重力水是在重力或压力差作用下能流动的普通水,存在于土粒间较大孔隙中。重力水对水中土粒有浮力作用,可传递静水压力。流动的重力水可带走土中的细小颗粒或使土颗粒处于失重状态而丧失稳定。

重力水还能溶蚀或析出土中的水溶盐和其他可溶性物质,从而改变土的结构。

二、土中的气体

土中气体主要是空气和水汽,在某些有机质土中可含有较多的二氧化碳、沼气及硫化氢等气体。土中气体有不同的存在形式:与外界大气相连通的游离(自由)气体,被土粒表面吸附的结合气体,被孔隙水包围的封闭气体和溶解气体。

土中气体对土的工程性质影响一般较小。但在某些情况下仍不可忽略,如封闭气体的存在会降低土的透水性,使土体不易被压实;在压缩状态下可能会冲破土层逸出,造成突然沉陷;溶解于水的二氧化碳会加剧化学潜蚀等作用;在温度、压力变化时,近地表土体孔隙水中气体的溶解或释放,会改变土体的结构和压缩性。

第四节　土的结构及其联结

土的结构是指由土颗粒单元大小、形状、相互排列以及相互联结和作用等因素构成的结构特征。它综合反映了土的状态、物理和力学性质。

从工程意义上讲，土的结构主要包括土粒的外表特征及粒径组成、土粒的排列和土粒间的联结三个方面。这三个方面相互关联，构成了土的总的结构特征和性状。

一、粗粒土结构及粉土结构

砂、石的颗粒较粗，比表面积较小，颗粒表面含结合水极少。颗粒之间一般为直接接触，相互联结以及毛细水作用极弱，物化胶结物联结的情况也很少，通常是靠重力聚合，成散粒堆积状态，为典型的单粒结构或散粒结构[图 1-11(a)]。

磨圆度较高和级配良好的单粒结构易于在外力作用下形成密实状态[图 1-11(b)]。级配良好的密实状单粒结构砂石，由于其土粒结构排列紧密，在静、动荷载作用下都不会产生较大沉降，所以强度较大，压缩性较小，是较为良好的天然地基。而磨圆度低、级配差的单粒结构在较快速度堆积条件下(如洪水沉积)常成疏松状态[图 1-11(a)]。具有疏松单粒结构的土，其骨架是不稳定的，当受到震动及其他外力作用时，土粒易于发生移动，引起很大的变形。因此，这类土层未经加固处理一般不宜用作建筑物的地基。

以粉粒为主的粉土结构颗粒联结作用也很弱。细粉颗粒质量小，当单颗粒下沉时碰到已沉积的土粒，就可能因粒间引力而停留在接触点上不再下沉，从而形成孔隙很大的蜂窝结构(图 1-12)。蜂窝结构土体骨架不稳定，易沉降变形，大多属于低强度、高压缩性、与水作用敏感、蠕变特点突出的不良地层。一般不经加固处理不能直接作为建筑物地基。

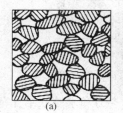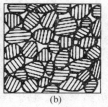　　　　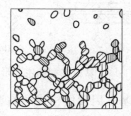

(a)　　　　　　(b)

图 1-11　土的单粒结构　　　　　　图 1-12　土的蜂窝结构

二、黏粒土结构

黏粒含量大的黏性土结构比粗粒土结构复杂很多，这主要是因为黏性土结构的联结十分复杂，对于黏性土而言，这种结构联结将起到很大作用。

黏性土结构的联结主要表现在黏粒之间的黏着和聚合作用。这是由黏粒本身的物理化学特性决定的，属于土粒结构联结的内力。在本学科范围内该内力的总和称为黏聚力(也称内聚力)。黏聚力是黏性土与粗粒土相区别的重要标志。由于黏聚力的存在，黏性土的颗粒可以在没有外界约束的条件下联结在一起而不散开。而在不同含水情况下，表现为或硬如固体，或柔软可塑，或可黏附在其他物体上，或缓慢黏滞流动。

产生黏聚力的基本因素有范德华力、库仑力(即相邻黏粒间静电引力或斥力)和相邻黏粒间公共反离子层的水胶联结等。

黏性土多在水中沉积形成，其结构与形成过程关系很大。悬浮在水中的黏粒相遇时可能相互吸引，凝聚成较大的团聚体或集粒而下沉，也可能不发生凝聚而分散下沉。黏粒多为片状，发生凝聚的接触方式可有面与面接触、面与边接触和其他方式接触。接触方式同黏粒间的作用力有关。

图 1-13 表示了相邻黏粒之间的范德华引力和静电斥力与粒面距离的关系。由图可见,粒面距离减小到一定程度后,范德华力的增大速率要比静电斥力更迅速。

当黏粒周围的水溶液中电解质增加到足够多时,由于黏粒粒面结合水膜减薄和静电斥力减小,黏粒就能互相靠拢。如范德华力超过静电斥力,黏粒间可能发生面—面接触的凝聚[图 1-14(a)]。

面—边接触的凝聚则与静电引力作用有关,即一个黏粒表面的负电荷与另一个黏粒边缘局部的正电荷相互吸引而发生凝聚[图 1-14(b)]。在电解质浓度低的水中,悬浮黏粒因静电斥力大而不能凝聚,主要表现为分散缓慢下沉,并大致平行地堆积。在上覆压力(如后期沉积的上覆土自重)的作用下,前期沉积的黏粒或团聚体间距逐渐被压缩减小,因而它们的反离子层有部分同时处在相邻黏粒的静电引力范围内,形成了兼有楔入和黏结作用的水胶联结,使它们保持一定距离的凝聚状态(图 1-15)。

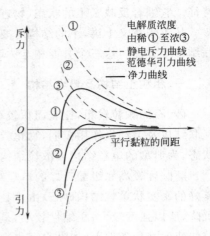

图 1-13　电解质浓度对黏粒间作用力的影响

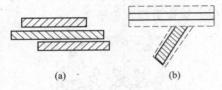

图 1-14　黏粒接触的主要形式

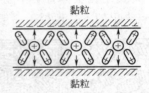

图 1-15　共有反离子的水胶联结

由上述基本因素所构成的黏聚力一般统称为原始黏聚力。其中库仑力和水胶联结比范德华力更易受环境的影响而变化。除电解质浓度外,离子成分、溶液的 pH 值和温度等的变化也会使它们发生变化,使结构联结被削弱或加强。

此外,天然土中常常存在一些化学胶结物质,如碳酸盐、铁和铝的氧化物、硅酸盐及某些有机物等。在一定条件下这些物质能使细粒土形成胶合联结。胶结的联结作用一般较强,但呈脆性,被浸湿或扰动破坏后短时期内难以恢复。故这种联结力一般称为固化黏聚力。

由于矿物成分、组成、形成/搬运过程、环境、水文、历史时间等因素所致,使得黏土结构形式呈复杂多样性。根据黏性土形成过程的沉积特点,大致可认为存在两种典型的结构类型,即分散结构和絮凝结构(图 1-16)。

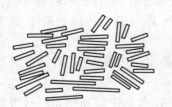

(a) 分散结构(两维)

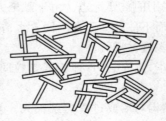

(b) 絮凝结构(两维)

(c) 絮凝结构(三维)

图 1-16　黏性土的典型结构类型

分散结构是黏粒在河、湖淡水中沉积形成的。在足够的上覆压力作用下，颗粒的排列有部分定向性。结构一般较为紧密，稳定性相对较高。

以面—边接触凝聚为主的絮凝结构一般是黏粒在盐类含量较多的海水及某些河湖中凝聚沉积形成的。黏粒排列定向性较差或无定向性，土的性质较均匀，各向异性不明显。孔隙含量大，结构较疏松，稳定性较低。

应该指出，黏土结构常常要比上述典型结构的土粒组合复杂得多。

三、不均匀土的混合结构

粗细土粒混杂的不均匀土也是常见的，主要是块石＋卵/碎石＋砂砾＋粉土＋黏土的混合体，其两种典型的混合结构示于图 1-17 中。

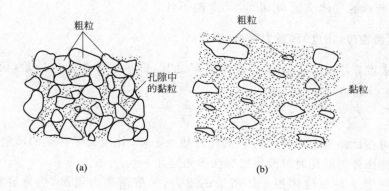

图 1-17　不均匀土的混合结构

图(a)是粗粒构架，即由粗粒组成的主体骨架结构，其中含有的黏粒不受压力，未经压密，起着黏聚、填充和减少空隙的作用。

图(b)是黏粒结合体，其中粗粒互不接触，由黏粒组成承压结构，故具有黏性土特性。

自然状态下，常常可能是多种结构形式同时出现，体现出岩土结构的多样性、复杂性、不均匀性和不确定性的显著特点。

第五节　土的三相比例指标

对生成特点、矿物成分和结构特性的了解有助于正确评估土的工程性质，但这仍然是定性的分析。为了进行工程的具体设计和施工，还必须进行相关的定量计算。就土而言，首先需要确定土的一系列物理性质指标。

如前所述，土是由颗粒、水和气三相组成的。这三相组成部分的质量和体积之间的比例关系，是确定土体性质状态的关键指标。

表示土的三相组成比例关系的指标，称为土的三相比例指标，包括密度、含水率、土粒密度、孔隙比、孔隙率和饱和度等。其中，前三个可通过实验室有关试验直接测得，称为基本指标，其他指标可通过相关关系求得。

为了便于阐述和计算，工程上用图 1-18 所示的三相组成示意图来表示各部分之间的数量关系，图中符号的意义如下：

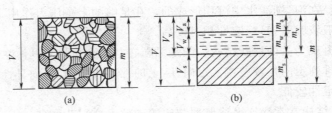

图 1-18   土的三相含量及计算

m_s——土粒质量 m_w——土中水的质量

m——土的总质量，$m = m_s + m_w$ V_s——土粒体积

V_w——土中水的体积 V_a——土中气体的体积

V_v——土中孔隙体积，$V_v = V_w + V_a$ V——土的总体积，$V = V_s + V_w + V_a$

图 1-18 中所示的气体质量 m_a 很小，可忽略不计。

一、土的质量密度（密度）和重力密度（重度）

土的质量密度 ρ 是土的质量 m 与其体积 V 之比，即单位体积土的质量，简称土的密度。单位多用 g/cm³、kg/m³ 或 t/m³。

$$\rho = \frac{m}{V} \tag{1-5}$$

土的密度可在试验室中用容积为 V 的环刀切取土样，并用天平称土的质量 m 求得，此法称环刀法。不能用环刀取样时可改用蜡封法等测定。

土的重力密度 γ 是单位体积土体所受的重力，一般简称为重度（也称容重），单位多用 kN/m³。如土受到的总重力为 W，则

$$\gamma = \frac{W}{V} \tag{1-6}$$

显然，土的重度即土的密度乘以重力加速度 g。天然土的重度一般为 16~22 kN/m³。因有机质和水的含量高，有机软黏土的重度较小，一般小于 15 kN/m³，可在 10.4~13 kN/m³ 之间。

二、含 水 率

土的含水率 w 是土中水的质量 m_w 与土粒质量 m_s 之比，也是两者所受的重力比。含水率常用百分数表示，即

$$w = \frac{m_w}{m_s} = \frac{W_w}{W_s} \times 100\% \tag{1-7}$$

测定含水率的方法最简单的是烘干法。将土样称重后在 105~110 ℃ 的温度下烘干，由失去水的质量与烘干土质量之比求得含水率。上述烘干温度只是统一的温度，实际上可能有部分强结合水没有除去，而矿物内部的结合水则可能减少，但数量很少，一般不予考虑。若土中含有超过 5% 的有机质，为避免因烘干时分解损失而致过大误差，应在 65~70 ℃ 下烘干。

粉土的湿度按其含水率 w（%）可分为稍湿（$w < 20$）、湿（$20 \leqslant w \leqslant 30$）和很湿（$w > 30$）三种状态。

天然土的含水率差别很大。砂土通常不超过 40%，黏性土多在 10%~80%，近代沉积的松软黏性土天然含水率可达 100% 以上。国外介绍的一种有机粉土的含水率为 680%，泥炭含

水率可达 $50\% \sim 2\,000\%$。

三、土粒密度、土粒重度和土粒相对密度

土粒密度 ρ_s 是土颗粒质量 m_s 与土颗粒体积 V_s 之比,即

$$\rho_s = \frac{m_s}{V_s} \qquad (1\text{-}8)$$

土粒重度 γ_s 是土颗粒所受重力 W_s 与土颗粒体积 V_s 之比,即

$$\gamma_s = \frac{W_s}{V_s} \qquad (1\text{-}9)$$

土粒相对密度 G_s 是土粒密度与 4 ℃时纯水的密度之比。

土粒相对密度的测定较多采用比重瓶煮沸法。将干土粒放入比重瓶,加蒸馏水煮沸除气,测得土粒排开水的体积,代入式(1-9)求得。如土中含有较多水溶盐、亲水性胶体,特别是有机质时,求得土粒排开水的体积偏小,因而所得土粒相对密度偏大,此时应以苯、煤油等中性液体替换蒸馏水。

土粒相对密度多在 $2.65 \sim 2.75$ 之间。砂土约为 2.65,黏性土变化范围较大,以 $2.65 \sim 2.75$ 最常见。如土中含铁锰矿物较多时,相对密度较大。含有机质较多的土粒相对密度较小,可能会降至 2.4 以下。

四、孔隙比和孔隙率

孔隙比 e 是土中孔隙体积 V_v 与土粒体积 V_s 之比,即

$$e = \frac{V_v}{V_s} \qquad (1\text{-}10)$$

孔隙率 n 是土中孔隙体积与(三相)土的体积 V 之比,一般用百分数表示:

$$n = \frac{V_v}{V} = \frac{V_v}{V_s + V_v} \times 100\% \qquad (1\text{-}11)$$

孔隙比或孔隙率的大小反映了土的松密程度。e 或 n 越大,土越松,反之则土越密。

土体受压力后,土粒体积几乎没有减小,主要是土体孔隙的减小。由式(1-10)可知土体积的减少量(可看作孔隙体积的减少量)与孔隙比减小量成正比。

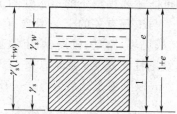

孔隙比或孔隙率不能直接测得。现用土粒体积 V_s 为 1 的单元土三相简图(图 1-19)推导孔隙比与基本指标的关系式。根据 γ_s 及 w 的定义,当土粒体积为 1 时,其重 $W_s = \gamma_s \cdot 1 = \gamma_s$,这时水重为 $W_s \cdot w = \gamma_s \cdot w$,故其和为 $\gamma_s(1+w)$。又根据 e 及 γ 的定义,此单元土的体积应为 $1+e$,土重为 $\gamma(1+e)$。故 $\gamma_s(1+w) = \gamma(1+e)$,由此得

图 1-19 单元土的三相简图

$$e = \frac{\gamma_s(1+w)}{\gamma} - 1 \qquad (1\text{-}12)$$

孔隙率也可以用同法得到。但孔隙率与孔隙比有固定关系,从它们的定义可得到:

$$n=\frac{e}{1+e} \quad 或 \quad e=\frac{n}{1-n} \tag{1-13}$$

孔隙比的变化范围很大,多在 0.25~4.0 之间。砂土一般为 0.5~0.8;黏性土一般为 0.6~1.2。粉土 $e<0.75$ 为密实,$0.75 \leqslant e \leqslant 0.90$ 为中密,$e>0.90$ 为稍密。少数近代沉积未经压实黏性土的 e 可大于 4,泥炭一般为 5~15,有的高达 25。

鉴于孔隙比或孔隙率是通过其他指标转换得到,故受到其他指标可靠性和误差的影响。工程实践中应首先采用非转换得到指标,其次再来考虑采用转换指标。

五、饱 和 度

土的饱和度 S_r 是土中水的体积 V_w 与孔隙体积 V_v 之比。其表达式为:

$$S_r=\frac{V_w}{V_v}=\frac{wG_s}{e} \tag{1-14}$$

饱和度多用小数表示,也有用百分数表示的。砂土的潮湿程度可根据其饱和度划分为稍湿($S_r \leqslant 0.5$)、很湿($0.5<S_r \leqslant 0.8$)、饱和($S_r>0.8$)三种情况。完全饱和时 $S_r=1$。

六、土的饱和重度、浮重度、干重度

土的饱和重度是指 $S_r=1$ 的饱和土重度 γ_{sat}。根据定义并按三相简图可得:

$$\gamma_{sat}=\frac{\gamma_s+e\gamma_w}{1+e} \tag{1-15}$$

式中　γ_w——水的重度,$\gamma_w \approx 10 \text{ kN/m}^3$。

土的浮重度 γ' 是土浸入水中受到浮力作用后的重度。据其定义可得:

$$\gamma'=\gamma_{sat}-\gamma_w=\frac{\gamma_s-\gamma_w}{1+e} \tag{1-16}$$

土的干重度 γ_d(也有采用干密度 ρ_d 的)是单位体积土中的干土粒重。由三相简图可得:

$$\gamma_d=\frac{W_s}{V}=\frac{\gamma_s}{1+e}=\frac{\gamma}{1+w} \tag{1-17}$$

在工程计算中,应根据具体情况采用不同状态的土的重度。例如,作为天然地基土在地下水位以上部分应采用原状土的重度,在地下水位以下部分,有的部门常采用浮重度,有的部门则可能还要根据土的透水性和工程特点等因素确定采用浮重度或者采用饱和重度。

与工程有关的土一般含有水分。但由式(1-17)可知:γ_d 越大 e 越小(γ_s 不变),即土越密实,故堤坝、路基、机场、填土地基等工程常以土压实后的干重度作为保证填土质量的指标。如填筑黏性土路堤,堤面以下 1.2 m 内的 γ_d 一般应达到压实试验所得最大值的 90%~95%,1.2 m 以下要求达到 85%~90%;而在填土地基,则一般应达到 94%~97%。

七、最大干重度和最优含水率

土的干重度越大,表明土体中颗粒含量越高,土体的承载力等工程性质越好。

土的干重度与其含水率有关,过干过湿都不能达到最大干重度。工程实践表明,其他条件(压实土的方法、土的组成等)相同,在一定含水率时,干重度将达到最大值,即为最大干重度 $\gamma_{d,max}$,此时的含水率称为最优(佳)含水率 w_{op}。

图 1-20 为某黏性土采用各种压实方法测得的含水率—干重度曲线。由图可见,含水率较低时,黏粒间水浸润不够使得相对移动摩阻较大,一定的外加压实功不足以使土达到更紧密的状态。增加含水率会使粒面结合水膜变厚,粒间相对移动和靠拢的阻力减小,此时土体更易于被压密,故干重度增大。当含水率超过相应的最优含水率时,土已接近饱和状态,空气所占孔隙很小,且在孔隙中被水包围而处于封闭状态,在瞬间夯击或短时间碾压时孔隙水和气体来不及排出,黏性土难以被进一步压密。这时含水率的增加将引起孔隙量的增加,即干重度的降低。可见,含水率对干重度的影响显著。

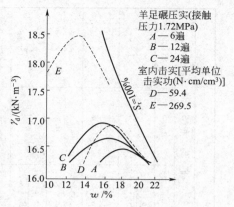

羊足碾压实(接触压力1.72MPa)
A——6遍
B——12遍
C——24遍
室内击实[平均单位击实功(N·cm/cm³)]
D——59.4
E——269.5

图 1-20 含水率—干重度曲线

同时,图 1-20 也表明不同压实方法对最大干重度和最优含水率的影响。在工地常用机械碾压或夯实等方法,在试验室则用击实试验法。击(压)实功越大,所得最大干重度也越大,最优含水率则越小。但击实功较大时,引起最大干重度的增加量越来越小,故要选择与现场碾压机械压实能量相匹配的、合理的压实方法。

粒径级配较好的粗粒土、黏粒含量和亲水性矿物含量较少的黏性土具有较大的最大干重度和较低的最优含水率,也容易达到其最大干重度。

【例 1-1】 某工地需压实填土 7 200 m³,从铲运机卸下的松土重度为 15 kN/m³,含水率为 10%,土粒密度为 2.7 t/m³。求松土孔隙比。如压实后含水率为 15%,饱和度为 95%,问共需松土多少立方米,并求压实土重度及干重度。

【解】 土粒密度为 2.7 t/m³,则土粒重度 $\gamma_s = 2.7 \times 10$ kN/m³。由式(1-12)可得松土孔隙比

$$e_{松} = \frac{\gamma_s(1+w)}{\gamma} - 1 = \frac{2.7 \times 10 \times (1+10\%)}{15} - 1 = 0.98$$

由式(1-14)可得压实土孔隙比 $e_{实} = \frac{wG_s}{S_r} = \frac{0.15 \times 2.7}{0.95} = 0.426$

另外,松土孔隙比 $\qquad e_{松} = \frac{V_v}{V_s} = \frac{V_{松} - V_s}{V_s} \Rightarrow V_s = \frac{V_{松}}{1+e_{松}}$ （a）

同理得压实土孔隙比 $\qquad e_{实} = \frac{V_v}{V_s} = \frac{V_{实} - V_s}{V_s} \Rightarrow V_s = \frac{V_{实}}{1+e_{实}}$ （b）

联解式(a)及式(b),可得 $\qquad V_{松} = \frac{1+e_{松}}{1+e_{实}} \times V_{实}$

所以,共需松土 $\qquad V_{松} = 7\ 200 \times \frac{1+0.98}{1+0.426} = 9\ 997.2\ (\text{m}^3)$

压实土重度 $\qquad \gamma = \frac{\gamma_s(1+w)}{1+e} = \frac{2.7 \times 10 \times (1+15\%)}{1+0.426} = 21.77\ (\text{kN/m}^3)$

压实土干重度 $\qquad \gamma_d = \frac{\gamma_s \cdot 1}{1+e} = \frac{2.7 \times 10 \times 1}{1+0.426} = 18.93\ (\text{kN/m}^3)$

八、各物理指标相互关系

各物理指标之间的相互转换关系见表 1-2。

表 1-2　各物理指标之间的转化关系一览表

未知＼已知	基本指标					已知土粒密度 ρ_s 和水的密度 ρ_w					
						饱和($S_r=1.0$)		非饱和($S_r<1$)			
	n	e	S_r	ρ_d	ρ_s	$w(=w_{sat})$	ρ_{sat}	ρ	w	$n(n_w)$	$e(e_w)$
孔隙率 n	n	$\dfrac{e}{1+e}$	—	$1-\dfrac{\rho_d}{\rho_s}$	—	$\dfrac{w_{sat}\cdot\rho_s}{w_{sat}\cdot\rho_s+\rho_w}$	$\dfrac{\rho_s-\rho_{sat}}{\rho_s-\rho_w}$	$1-\dfrac{\rho}{(1+w)\cdot\rho_s}$	—	—	—
孔隙比 e	$\dfrac{n}{1-n}$	e	—	$\dfrac{\rho_s}{\rho_d}-1$	—	$\dfrac{w_{sat}\cdot\rho_s}{\rho_w}$	$\dfrac{\rho_s-\rho_{sat}}{\rho_{sat}-\rho_w}$	$\dfrac{(1+w)\cdot\rho_s}{\rho}-1$	—	—	—
饱和度 S_r	—	—	S_r	—	—	1	1	$\dfrac{w\cdot\rho\cdot\rho_s}{[(1+w)\cdot\rho_s-\rho]\cdot\rho_w}$	—	—	—
干密度 ρ_d	$(1-n)\rho_s$	$\dfrac{\rho_s}{1+e}$	—	ρ_d	—	$\dfrac{\rho_s\cdot\rho_w}{\rho_w+w_{sat}\cdot\rho_s}$	$\rho_{sat}-\dfrac{(\rho_s-\rho_{sat})\rho_w}{\rho_s-\rho_w}$	$\dfrac{\rho}{1+w}$	—	—	—
土粒密度 ρ_s	—	—	—	—	ρ_s	—	—	—	—	—	—
含水率 $w(=w_{sat})$	$\dfrac{n\cdot\rho_w}{(1-n)\cdot\rho_s}$	$\dfrac{e\cdot\rho_w}{\rho_s}$	—	$\dfrac{(\rho_s-\rho_d)\rho_w}{\rho_d\cdot\rho_s}$	—	w_{sat}	$\dfrac{(\rho_s-\rho_{sat})\rho_w}{(\rho_{sat}-\rho_w)\rho_s}$	$\dfrac{[(1+w)\rho_s-\rho]\rho_w}{\rho\cdot\rho_s}$	—	—	—
饱和密度 ρ_{sat}	$(1-n)\rho_s+n\cdot\rho_w$	$\dfrac{\rho_s+e\cdot\rho_w}{1+e}$	—	$\rho_d+\left(1-\dfrac{\rho_d}{\rho_s}\right)\rho_w$	—	$\dfrac{(1+w_{sat})\rho_s\cdot\rho_w}{\rho_w+w_{sat}\cdot\rho_s}$	ρ_{sat}	$\dfrac{\rho}{1+w}+\left[1-\dfrac{\rho}{(1+w)\rho_s}\right]\rho_w$	—	—	—
含水率 w	—	—	—	—	—	w_{sat}	—	—	w	—	—
含水孔隙率 n_w	—	—	—	—	—	$\dfrac{w_{sat}\cdot\rho_s}{w_{sat}\cdot\rho_s+\rho_w}$	$\dfrac{\rho_s-\rho_{sat}}{\rho_s-\rho_w}$	$\dfrac{w\cdot\rho}{(1+w)\rho_w}$	—	n_w	—
含水孔隙比 $e_w=\dfrac{V_w}{V_s}$	—	—	—	—	—	$\dfrac{w_{sat}\cdot\rho_s}{\rho_w}$	$\dfrac{\rho_s-\rho_{sat}}{\rho_{sat}-\rho_w}$	$\dfrac{w\cdot\rho_s}{\rho_w}$	$\dfrac{w\cdot\rho_s}{\rho_w}$	—	e_w
土密度 ρ	—	—	—	—	—	ρ_{sat}	ρ_{sat}	ρ	—	—	—

注：工程上多取 $\rho_w=1.0\ \text{t/m}^3=1.0\ \text{g/cm}^3$。

第六节 土的物理状态及相关指标

土的物理状态主要是指土的松、密和软、硬状态，它对工程性质有十分重要的影响。对无黏性土主要是评定其密实程度，对黏性土则主要是评定其软硬程度，也称稠度。显然，密实、硬塑状土具有较高的强度和较低的压缩性，可作为良好的天然地基。

一、粗粒土密实度

评定粗粒土、砂土等非黏性土密实程度的指标通常有相对密实度 D_r、超重型圆锥动力触探锤击数 N_{120}、重型圆锥动力触探锤击数 $N_{63.5}$、标准贯入试验锤击数 N。

对于同一种砂土，孔隙比可以反映土的密实度：孔隙比大，说明土的密实度小，孔隙比小，说明土的密实度大。但对于不同的砂土，相同的孔隙比却不能说明其密实度也相同，因为砂土的密实度还与土粒形状、大小及粒径组成有关。例如粗细颗粒兼有、级配良好的砂土在达到最大密实度时的孔隙比，即最小孔隙比 e_{min}，会小于土粒大小均匀、级配不良的砂土所达到的 e_{min}。因此国际上和国内一些行业部门采用相对密实度作为判定指标，其定义如下：

$$D_r = \frac{e_{max} - e}{e_{max} - e_{min}} \tag{1-18}$$

式中　e_{max}，e_{min}——土的最大、最小孔隙比，分别相应于最疏松、最紧密状态的孔隙比；

　　　　e——土的天然状态孔隙比。

e_{max} 和 e_{min} 可在试验室内分别用漏斗法、量筒倒转法或振动锤击法测定。求 e_{max} 的砂土应是干燥土样，而求 e_{min} 不宜用烘干砂土，可使用含水率约为最优含水率（约 $4\% \sim 10\%$）的砂土样。

相对密实度值在 $0 \sim 1$ 之间。当 $e = e_{max}$，$D_r = 0$；当 $e = e_{min}$，$D_r = 1$。故 D_r 越大，砂土越密实。

相对密实度的概念比较合理。但测定 e_{max} 和 e_{min} 的方法不够完善，且砂土的原状土不易取得，尤其是在地下水位以下时更是困难，故天然孔隙比较难准确测定。

《铁路桥涵地基和基础设计规范》（TB 10093—2017）按相对密实度划分砂土密实度的有关规定见表1-3。

表1-3　砂类土密实程度的划分

密实程度	标准贯入试验锤击数 N	相对密实度 D_r
密实	$N > 30$	$D_r > 0.67$
中密	$15 < N \leqslant 30$	$0.4 < D_r \leqslant 0.67$
稍密	$10 < N \leqslant 15$	$0.33 < D_r \leqslant 0.4$
松散	$N \leqslant 10$	$D_r \leqslant 0.33$

动力触探和标准贯入适用于砂类土和碎石类土密实度的现场测定。其基本原理是，将一定质量重锤提升到指定高度后自由下落，利用重锤下落冲击力将探头击入土中。配合钻孔资料，通过贯入深度为一定值时的锤击数来评判土的密实度和状态。

动力触探可在地面或坑底进行，可获得锤击击数与贯入深度之间连续变化的关系。在我国动力触探仪器可分轻型 DPL、重型 DPH 和超重型 DPSH 三种。国外有 DPL-5、DPL、DPM-A、DPM 和 DPH 等类型,主要区别在于探头截面面积、穿心锤质量和穿心锤提升高度。

标准贯入则在钻孔底部进行,可得到锤击击数与贯入深度(≤30 cm)之间的关系,同时通过特制的对开式标准贯入器(图1-21)取得相应土样。在国外,常用类似动力触探的探头代替国内的对开式贯入器。

在国内,动力触探试验适用于软岩、碎石土、砂土、粉土和一般性黏土,标准贯入试验适用于砂土、粉土和一般性黏土。在国外,动力触探和标准贯入试验均适用于软岩、碎石土、砂土、粉土、残积土、硬塑/坚硬黏土、一般性黏土和软塑~流塑状黏土。

国内动力触探和标准贯入试验的主要指标见表1-4。

对于不同的土,可根据标准贯入和动力触探击数判别土层的密实程度,详见表1-3、表1-5和表1-6。

标贯试验结果也受其他因素影响,如饱和粉细砂、地下水、上覆土、探杆侧向摩阻、贯入设备和试验钻进方法等。国内有些规范提供了杆长为3~21 m时的杆长修正值 α。但国内外对修正系数的研究还存在较大异议。因此,应根据岩土工程问题和场地实际情况综合考虑,是否需要修正和怎样修正。

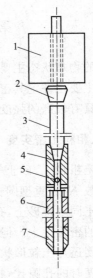

图 1-21　标准贯入试验设备
1—穿心锤;2—锤垫;3—触探杆;
4—贯入器头;5—出水孔;6—由两半圆形管并合而成贯入器身;
7—贯入器靴。

表 1-4　动力触探设备类型和规格

类型及 代号	重锤质量 /kg	重锤落距 /cm	探头截面积 /cm²	探杆外径 /mm	动力触探击数	
					符号	单位
轻型 DPL	10±0.2	50±2	13	25	N_{10}	击/30 cm
重型 DPH	63.5±0.5	76±2	43	42、50	$N_{63.5}$	击/10 cm
超重型 DPSH	120±1.0	100±2	43	50	N_{120}	击/10 cm
标准贯入	63.5±0.5	72±2	对开圆筒,外径 100~140 mm	42	N^*	击/10 cm

*:将贯入器垂直打入土层中 15 cm 后,记录后续 3×10 cm 锤击数。

表 1-5　碎石土密实度按 N_{120} 分类

超重型圆锥动力触探锤击数 N_{120}	密实度	超重型圆锥动力触探锤击数 N_{120}	密实度
$N_{120} \leqslant 3$	松　散	$11 < N_{120} \leqslant 14$	密　实
$3 < N_{120} \leqslant 6$	稍　密	$N_{120} > 14$	很　密
$6 < N_{120} \leqslant 11$	中　密		

表 1-6　碎石土密实度按 $N_{63.5}$ 分类

重型圆锥动力触探锤击数 $N_{63.5}$	密实度	重型圆锥动力触探锤击数 $N_{63.5}$	密实度
$N_{63.5} \leqslant 5$	松　散	$10 < N_{63.5} \leqslant 20$	中　密
$5 < N_{63.5} \leqslant 10$	稍　密	$N_{63.5} > 20$	密　实

碎石土为粗粒土,既难取原状土样,又不易打下标准贯入器,故一般在现场可根据土体及

钻探情况综合评定其密实程度,见表1-7。

表1-7 碎石类土密实程度的现场划分

密实程度	结构特征	天然坡和开挖情况	钻探情况
密实	骨架颗粒交错紧贴连续接触,孔隙填满、密实	天然陡坡稳定,坎下堆积物较少。镐挖掘困难,用撬棍方能松动,坑壁稳定。从坑壁取出大颗粒处,能保持凹面形状	钻进困难。钻探时,钻具跳动剧烈,孔壁较稳定
中密	骨架颗粒排列疏密不均,部分颗粒不接触,孔隙填满,但不密实	天然坡不易陡立或陡坎下堆积物较多。天然坡大于粗颗粒的安息角。镐可挖掘,坑壁有掉块现象。充填物为砂类土时,坑壁取出大颗粒处,不易保持凹面形状	钻进较难。钻探时,钻具跳动不剧烈,孔壁有坍塌现象
稍密	多数骨架颗粒不接触,孔隙基本填满,但较松散	不易形成陡坎,天然坡略大于粗颗粒的安息角。用镐较易挖掘。坑壁易掉块,从坑壁取出大颗粒后易塌落	钻进较难。钻探时钻具有跳动,孔壁较易坍塌
松散	骨架颗粒有较大孔隙,充填物少,且松散	锹可以挖掘。天然坡多为主要颗粒的安息角。坑壁易坍塌	钻进较容易,钻进中孔壁易坍塌

二、粉土密实度

《岩土工程勘察规范》(GB 50021—2001)给出了按孔隙比 e 对粉土进行密实度分类的标准,见表1-8。

应当指出,当有经验时,也可用原位测试(触探、标贯)或其他方法划分粉土的密实度。

除此之外,还可利用静力触探、旁压仪、十字板剪切等现场试验对相关土层密实度和状态进行划分。

表1-8 粉土密实度分类

孔隙比 e	密实度
$e<0.75$	密实
$0.75{\leqslant}e{\leqslant}0.90$	中密
$e>0.9$	稍密

静力触探(CPT)适用于砂土、粉土和黏性土等非粗颗粒土和非硬塑/坚硬状黏性土的现场测试。其工作原理是:通过静压力将探头匀速垂直压入土中。结合现场钻孔取样,通过测试探头端阻 p_s 和侧阻 f_s 的大小可对土层密度、塑性状态、抗剪强度等指标进行评判。

图1-22 为静力触探试验结果实例。

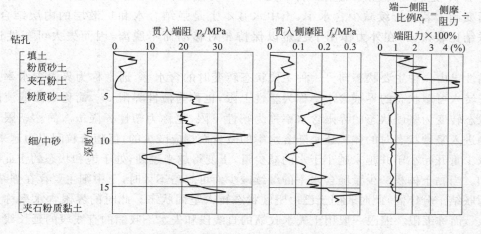

图 1-22 静力触探试验结果实例(Smoltczyk,1996)

荷兰 Fugro 公司给出了根据探头端阻力 p_s 和侧阻力 f_s 判断土性的关系图,见图 1-23。

G. Sanglerat(1972)给出了当探头端阻力 $p_s > 1.5$ MPa 时,黏性土呈现软塑—可塑状态的实例。K. Weiss(1978)认为,当探头端阻力 $p_s > 5$ MPa 时,黏性土表现为硬塑状态。

应当注意,国外所用静力触探的设备和规格有别于国内。

三、黏性土物理状态和可塑性

与砂类、粉土类土不同,黏性土常用其状态指标进行分类。这主要是因为黏性土性质并非仅仅由颗粒大小决定,而是首先取决于黏性土颗粒矿物质成分及其与水的作用。由于矿物成分确定困难,工程上就常用测定黏性土与水的作用来表示其物理状态及可塑特性,进而对其工程性质加以描述。

(一)黏性土的状态及界限含水率

黏性土在不同含水率时呈现不同的物理状

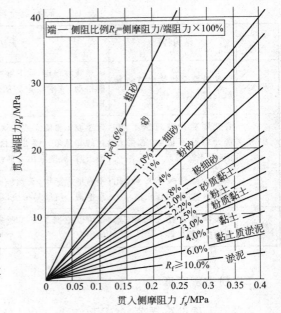

图 1-23 不同土层中静力触探端阻和
侧阻之间关系图(Fugro)

态,它反映了黏粒表面与水的作用程度以及土粒间联结强度或相对活动的难易程度。黏性土的状态直接影响到它的力学性质。随着含水率的改变,黏性土物理状态逐渐变化,不同阶段会呈现不同的状态特征。工程上常根据黏性土随水含量的增加由硬变软的过程,将其划分为几种基本物理状态,如坚硬、硬塑、可塑、软塑和流塑。

当含水率足够高时,黏性土处于流动、流塑状态,此时黏性土可黏附在其他材料上。若含水率减少,土的黏附性将会消失,进而由流塑转入可塑状态,此时土粒间存在一定的引力作用,足以克服本身的重力影响而具有保持形状基本不变的能力。只有在一定外力作用下才发生相对移动而不脱离,土可被改变形状而不裂、不断。当外力解除后,土仍能保持其改变后的形状,这就是黏性土的重要特征之一——可塑性。若含水率继续减小,可塑状态由软逐渐变硬。若再继续减少含水率,土中水基本上是强结合水和扩散层的内层结合水,土粒间联结比较牢固,在外力作用下已难以保持相对移动而不脱离,因而失去可塑性进入坚硬状态。

黏性土由一种主要状态向另一种主要状态转变时的含水率,通常称为界限含水率。由流塑状态转入可塑状态的界限含水率称为塑性上限,也称为液性界限 w_L,简称液限或流限。由塑性状态转变为坚硬状态的界限含水率称为塑性下限,也称为塑性界限 w_P,简称塑限。黏性土在刚进入坚硬状态时的体积还是随含水率的减少而相应减少的,但随着粒间引力越来越大,体积减少量开始小于并越来越小于水的减少量,土变得越来越硬,处于饱和状态的土此时已不再饱和。当黏土体积减少量随着水率的继续减少而可忽略不计时,土中则主要存在强结合水,土粒间联结十分牢固,此时表明土已由坚硬状态转入坚固状态。此时的界限含水率称为收缩界限 w_s,简称缩限。缩限一般用土失水收缩的直线段和失水不收缩的直线段的延长线交点确定,参见图 1-24。

上述三个界限含水率——液限、塑限、缩限由瑞典农学家阿特堡(Atterberg A.)首先提出,国际上称为阿特堡界限,其中以确定塑性状态范围的液限和塑限对工程建设最为重要。

（二）液限和塑限的测定方法

实验室测定黏性土液限的方法主要有锥式液限仪法和碟式液限仪法。锥式(瓦氏)液限仪(图 1-25)主要由一个质量为 76 g 的平衡锥组成,其锥角为 30°。平衡锥在重塑黏性土样表面借自重下沉,经 5 s 后的沉入深度是 10 mm 和 17 mm 时的含水率分别称为 10 mm 和 17 mm 液限。我国较普遍采用的是锥式液限仪和 10 mm 液限法。但各国采用的平衡锥及沉入深度不都相同。

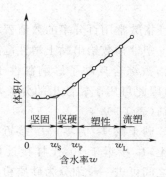

图 1-24　静力触探试验结果实例

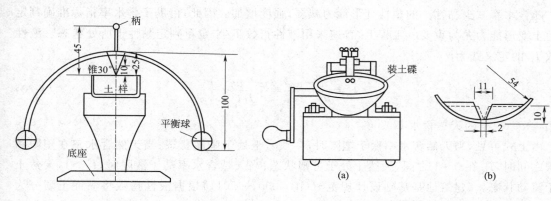

图 1-25　锥式液限仪(单位:mm)　　　　　图 1-26　碟式液限仪(单位:mm)

碟式(卡氏)液限仪[图 1-26(a)]在国外应用较多,它是一个由偏心轮带动装土碟不断上升下落、碰击底板的装置。先用切槽器将碟中厚 10 mm 的重塑土切出底宽为 2 mm 的 V 形槽[图 1-26(b)],摇转偏心轮,使装土碟与底板碰击 25 次。如此时土样槽底两侧土合拢长度为 13 mm,则对应的含水率取为其液限。

因测定液限的仪器与方法不同,测定结果也会有差别。一般认为 17 mm 液限与碟式液限仪测得的结果大致相同,10 mm 液限一般小于碟式液限仪测定结果。

测定塑限的方法是用人工和机械搓条法。人工搓条法主要步骤为:把毛玻璃上的重塑黏土小圆球(球径小于 10 mm)用手掌滚成小土条,若土条搓至 3 mm 时恰好产生开裂并开始断裂,此时土条的含水率取为塑限 w_P。搓条法受人为因素影响较大,成果不稳定。为改善此不足,国内外也采用机械搓条法。同时,很多研究者也在探索更可靠的方法,如联合法测定液限和塑限。此方法采用锥式液限仪测定,以电磁放锥法对不同含水率的黏性土试样进行若干次试验,并将测定结果在双对数坐标纸上绘出。根据大量资料统计,圆锥体入土深度与含水率之间的关系接近于直线。故做几次试验后,把不同含水率对应的入土深度连成直线,从直线上可直接获得入土深度分别为 10 mm 及 2 mm 的含水率,即为该黏土的液限和塑限。

（三）塑性指数和液性指数

1. 塑性指数

塑性指数 I_P 是指液限和塑限之差值,即:

$$I_P = w_L - w_P \tag{1-19}$$

塑性指数常用百分率的数值表示，如 $w_L = 40\%$，$w_P = 22\%$，则 $I_P = 18$。

塑性指数给出黏土塑性范围的大小。塑性指数越大，可塑范围也越大。在一定意义上塑性指数综合反映了影响黏性土特性的主要因素，因此可用于黏性土的分类及其工程性质的评估（表 1-9）。

砂土的 I_P 为零。I_P 接近于零，土样接近砂土，I_P 接近于 10，土样接近粉质黏土。在二者之间可进一步细分为砂质粉土、低塑性黏土、粉土、粉质低塑性黏土等"亚类土"。

表 1-9　粉黏土分类

土的名称	塑性指数 I_P
粉土	$I_P \leqslant 10$
粉质黏土	$10 < I_P \leqslant 17$
黏土	$I_P > 17$

2. 液性指数

随含水率减少黏性土的塑性变形能力减弱，强度增加。因此，借助于含水率指标准确判定黏性土变形能力尤为重要。工程上，普遍采用液性指数 I_L 来定量判定黏性土所处状态。液性指数 I_L 的定义式为

$$I_L = \frac{w - w_P}{w_L - w_P} = \frac{w - w_P}{I_P} \tag{1-20}$$

式中　w——土的天然含水率。

由上式可见，当天然含水率低于塑限时，$I_L < 0$，土处于坚硬状态；当天然含水率在塑限和液限之间时，I_L 在 $0 \sim 1$ 之间，天然土处于可塑状态；当天然含水率高于液限时，$I_L > 1$，天然土处于流动状态。《建筑地基基础设计规范》（GB 50007—2011）根据液性指数将黏性土划分为五种软硬状态，其划分标准见表 1-10。

表 1-10　黏性土状态分类

液性指数	状　态	液性指数	状　态
$I_L \leqslant 0$	坚　硬	$0.75 < I_L \leqslant 1$	软　塑
$0 < I_L \leqslant 0.25$	硬　塑	$I_L > 1$	流　塑
$0.25 < I_L \leqslant 0.75$	可　塑		

3. 液性指标

国外常用液性指标 I_c 来代替液性指数 I_L。液性指标 I_c 的定义是：

$$I_c = \frac{w_L - w}{w_L - w_P} = 1 - I_L \tag{1-21}$$

图 1-27 给出黏性土界限含水率棒状图，各国对塑性范围内黏土状态的划分和指标不完全相同。

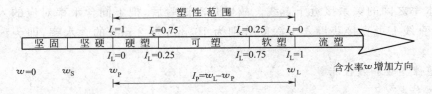

图 1-27　黏性土界限含水率棒状图和塑性范围

（四）影响黏性土可塑性的因素

黏性土的可塑性与黏粒同水溶液的表面作用密切相关，影响黏性土可塑性的因素与影响扩散层厚度和弱结合水含量的因素是一致的。这些因素主要包括黏性土的粒径组成、矿物成分、交换离子成分及浓度、溶液 pH 值等。降低黏性土的可塑性可改善其工程性质。

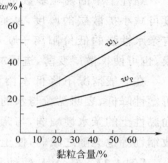

1. 粒径组成的影响

可塑性的大小或强弱与粒径大小的关系见表 1-11。显然，黏粒含量，特别是细黏粒含量的增高会增强其可塑性。根据试验资料统计，黏粒含量与塑性指数大致呈线性关系，随着黏粒含量增加，液限与塑限都在增长（图 1-28），但液限更为敏感，故塑性指数也在增加。

2. 矿物成分和交换离子成分的影响、活性指数

黏粒矿物成分和交换离子成分对黏性土的影响很大。表 1-12 提供了主要黏土矿物不同阳离子饱和时各项塑性指标的测定值。表中数据表明：黏土矿物亲水性越强，其液限和塑限也越高，但液限提高的幅度比塑限提高的幅度要大，故塑性指数也随之明显提高。由表 1-12 可见，交换离子成分对可塑性的影响则主要体现在亲水性强的蒙脱石中。

图 1-28　黏粒含量对 I_P 影响

表 1-11　可塑性与粒径的关系

粒径/mm	＞0.005	0.002~0.005	0.001~0.002	＜0.001	＜0.000 5
可塑性	一般没有	微弱	不大	强烈	特强

表 1-12　主要黏土矿物不同阳离子饱和的塑性指标测定值

矿物种类	蒙脱石					伊利石					高岭石				
交换离子种类	Na^+	K^+	Ca^{2+}	Mg^{2+}	Fe^{3+}	Na^+	K^+	Ca^{2+}	Mg^{2+}	Fe^{2+}	Na^+	K^+	Ca^{2+}	Mg^{2+}	Fe^{3+}
液限/%	710	660	510	410	290	120	120	100	95	110	53	49	38	54	59
塑限/%	60	100	80	60	70	57	58	40	45	51	32	29	27	31	37
塑性指数	650	550	430	350	220	63	62	60	49	59	21	20	11	23	22

此外，有机质，特别是腐殖质也有很强的亲水性，有机质含量的增加会明显提高液限和塑限值，液性指数也会随之增高。

对于含有不同数量、不同矿物成分黏粒的黏性土来说，塑性指数是两者综合的结果。或者说，塑性指数和黏粒含量也可反映黏粒矿物成分的性质。图 1-29 给出几种主要黏土矿物的黏粒含量 $p_{0.002}$（粒径小于 0.002 mm 的颗粒质量/颗粒总质量）与塑性指数 I_P 的线性关系。从图中可见，黏性土①所含黏粒的矿物成分主要是伊利石，而黏性土②的矿物成分主要是高岭石。这些线的坡度（坡角的正切）称为胶体活动性指数，简称活性指数 A，即：

$$A = I_P / p_{0.002} \qquad (1-22)$$

按活性指数可将黏性土的活动性划分为三类：

$$A < 0.75 \qquad 非活性$$
$$A = 0.75 \sim 1.25 \qquad 一般$$
$$A > 1.25 \qquad 活性$$

黏性土①属于活性一般,黏性土②则属于非活性。活性指数越大,黏性土所含矿物黏粒的亲水性越强。

3. 改变黏性土可塑性的因素

黏性土中的黏粒多数带负电。增大水溶液中的阳离子浓度可减小扩散层的厚度,从而降低黏性土的可塑性。对于含有亲水性强的低价阳离子矿物黏性土,通过高价阳离子去置换,也可使扩散层变薄,进而减弱可塑性。

在一般情况下降低水溶液 pH 值会减弱黏性土可塑性。可塑性降低,表明黏粒与水的表面作用减弱和扩散层减薄,因而黏性土的亲水性减弱,与亲水性相关的性质如可塑性、膨胀收缩性等也会随之减弱,使土的工程性质得到改善。

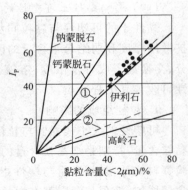

图 1-29　矿物成分对 I_P 影响

【例 1-2】　有 A、B 两种黏性土,其部分物理特性如下表。试比较两种土的物理状态并简单说明。

物理特性 土类	孔隙比 e	含水率 w/%	液限/%	塑限/%	小于 0.002 mm 黏粒含量/%
A 土	0.75	28	31	18	35
B 土	0.73	27	87	31	36

【解】　这两种黏性土的孔隙比、含水率基本相同,但液限、塑限不同,通过计算塑性指数分别为 13 和 56,液性指数分别为 0.769 及 -0.071,故 A 土处于软塑状态,B 土则处于坚硬状态。注意到两土中小于 0.002 mm 黏粒的含量基本相同,故可认为其矿物的亲水性差别较大。活性指数分别为 0.37(非活性的)及 1.56(活性的)。参考图 1-29 可认为:A 土中内的黏粒矿物成分相当于高岭石,而 B 土的黏粒矿物成分相当于钙蒙脱石。

第七节　土的膨胀、收缩及冻融

土的膨胀、收缩和冻融是在特定条件下土中水物理状态发生的变化。在部分地区这些种现象十分严重,给工程建设带来了严重影响。

一、土的膨胀和收缩

和非黏性土不同,黏性土可吸水膨胀,也可失水收缩,这是黏性土特性之一。如果黏性土的膨胀和收缩现象十分严重,就会导致建筑物因地基强度降低和不均匀变形而出现不良现象,引起土坡崩裂坍滑、路面结构开裂、挡土结构破坏等工程危害。

(一)膨胀性和收缩性

在外界干燥条件下,含水率较高的黏性土可因水分蒸发而引起水溶液中电解质浓度增加,其结果是结合水膜变薄,粒间引力作用增强,土粒相互靠拢,黏性土体积缩小,同时伴随产生失水龟裂、裂缝、崩解,甚至完全沙漠化。反之,在具备供水条件(如降水、地表水或地下水浸润)时,含水率较低的黏性土会吸水膨胀。吸水膨胀可能是因黏粒间接触处结合水膜增厚,也可能是因水分子被吸进黏粒的矿物晶胞层(如蒙脱石)之间,使晶胞层分开所致。

膨胀或收缩一般从黏性土表面开始。浸水膨胀时,土外层膨胀量大,导致土粒间的联结强度降低,严重时会出现不均匀膨胀、开裂甚至解体,称为崩解(也称湿化)。如此由外向里发展,直到完全崩解。天然土中胶结物的遇水溶解,如可溶盐,会加速土的崩解作用。

(二)膨胀性和收缩性指标

描述土体膨胀性的指标是膨胀率和膨胀力。膨胀率是指土体膨胀量与原有体积的百分比。试验测定方法有两种:一种是将过筛后的干土浸入水中,使之充分吸水膨胀得到自由膨胀率 e_{FS},若 $e_{FS}>40\%$,且 $w_L>40\%$,该土可能属于膨胀土。另一种方法是利用环刀切取原状土样,然后在无荷载条件下浸水膨胀得到膨胀率 e_P。膨胀力是土体吸水膨胀时内部产生的最大胀力,可通过制止土膨胀所需的外荷载来测定。有些黏性土膨胀力大于 100 kPa,强膨胀性土甚至大于 1 000 kPa。

表征土体收缩性的指标是体积收缩率(简称收缩率)和线收缩率(线缩率),其定义分别是收缩减少的体积和高度与原来的体积和高度的百分比。

(三)影响黏性土胀缩性的因素

影响胀缩性的因素,除了有黏性土粒径组成、矿物成分、可交换离子成分及浓度、溶液 pH 值等外,土的天然含水率也起到很大作用。天然含水率越小,膨胀性越大;反之,则收缩性越大。扰动土的胀缩性比原状土大,主要因为抵抗胀缩的联结强度变小。

二、土的冻融

当气温降到零度以下时,地面土开始冻结。此时,受冻部分土体中的孔隙水将出现结冰现象。随着从液态向固态转换,水的体积要增加约 9%(工程上,$\gamma_{冰}\approx9$ kN/m³),故冻结后土的体积有不同程度的膨胀,称为冻胀。当气温上升回暖时,由于冻土的解冻会造成土层的软化,强度降低。

冻胀和融化产生的变形与沉降通常是不均匀的,常常对建筑物、路基造成严重破坏。严寒地区铁路桥梁冻害调查统计资料表明,不少桥梁、路基和建筑物遭受冻融损害,冻胀高度常常大于 50 mm,最大为 150 mm,严重时桥梁墩身被拔断。

(一)冻胀原因及冻胀力

土的冻胀主要与土颗粒构成、孔隙和地下水情况有关。

当土层为非黏性碎石等粗颗粒土时,土中孔隙开放并彼此相互联系,孔隙水主要为自由水,毛细水作用很弱。这类地基土的冻结主要是自由水的冻结,冻结区水分不会增加,即使在饱和状态下,这类土层冻结后的结构也不会产生明显变化,地下水面处率先冻成的冰面甚至可将冰面以下的水挤出、排走。此类土的冻胀系数很小,冻结后产生的体积变化可忽略不计,融化时也是如此,所以工程上将这类土划分为冻结安全的土类,或称冻结不敏感土类。

当冻结发生在湿润粉、黏性土等细黏粒类土中时,情况则完全相反。在一定的冻结时间、冻结温度和土质情况条件下,冰冻贯入至一定深度范围后不继续发展,此深度称为冻结深度。在此范围内的孔隙水和部分弱结合水首先成冰,并向上冻胀隆起。此时,在冻结深度处冻结与非冻结土层温差的驱动下,相邻区域内未冻结的液态和气态水能克服重力从温度较高区域向冰冻区域运动,再加上毛细水作用,使深处地下水能源源不断地向冰晶体运动补给(图 1-30),逐渐形成地下冰凌或冰土夹层并不断膨胀、增大。由于土层孔隙大小与形状、毛细通

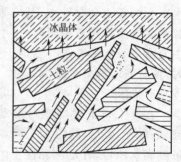

图 1-30　冻结时的水分迁移

道、深部水源分布的离散型,使得地下冰凌或冰土夹层厚度不均匀,地面出现不均匀隆起,严重时给地面建筑物带来较大损害。

可见,冻胀主要是近地面处土中水分的积聚、增加和冰冻隆起的结果。冻胀时土内会产生很大的内应力,称为冻胀力。冻胀力可使建筑物基础受到不均匀的压力,甚至超过一般建筑物基底压力(表 1-13)。因此设计建筑物时,基础必须置入该地区冻结深度之下,以保障建筑物基础安全。关于冻结深度的取值可参考《铁路桥涵地基和基础设计规范》(TB 10093—2017)。

表 1-13 冻胀力参考值(Willams,1967)

土的名称	冻胀力/kPa	土的名称	冻胀力/kPa
粗粒土、粗砂	0	细粉土	15.0～50.0
中砂、细纱、粗粒粉砂	0～7.5	粉质黏土	50.0～200.0
弱黏土质中砂	7.5～15.0	黏土	>200.0

当气温转暖时土体冻结部分将融化。在吸收热量后地基土首先从地面开始解冻,然后向地下逐渐扩展。在冻结深度范围内,由于深处地基仍处于冻结状态,地表附近冰凌融化后的大部分水不能流向地下。若是黏性土类地基,则因渗透排水不畅出现吸水、积水等现象,地基将变得非常潮湿、软化,甚至出现流塑状的翻浆冒泥现象。伴随软化过程的出现,地基土承载力会明显降低,不均匀沉降凸显。因此在解冻过程中,黏性地基土承载力会大大下降,而且远远低于冻结过程产生前的数值。

(二)冻胀的主要影响因素及分类

1. 粒径组成及矿物成分

根据上述冰晶体形成和扩大的原因可知,土体产生显著冻胀现象首先是要有一定数量的亲水性矿物细小黏粒土,它能吸附较多的结合水;其次要具备大量结合水、孔隙水及毛细水迁移和聚集的条件。若黏粒含量过多,孔隙相对封闭,孔隙中主要是结合水,则水分的继续供应完全依靠结合水的移动。此时水分移动速度慢,距离稍远便供应不上,冻胀将受到限制。若土中还有相当数量的粉粒或砂质粉土,能提供足够的毛细水通道,则因供水速度较快,上升高度较大,可形成较充分的水源补给条件。可见,冻胀系数随粒径小于 0.05 mm 颗粒含量的增加而增加,含量小于 15% 时不会有明显的冻胀现象。中砂以上的粗粒土,冻胀系数很小。

2. 水源

冻胀的水源包括本身水源和外来水源。本身水源是指土中水的天然含量。显然,天然含水率大的粉土和黏性土,其冻胀隆起和融化沉陷也会较大。若天然含水率较小,则冻胀系数也较小。含水率接近塑限时,土中水分都是受静电引力较大的结合水,土几乎没有冻胀。外来水主要由地下水源补给。当地下水位距当地冻结深度不超过 1.5 m(粉砂)至 2.0 m(黏性土)时,便具备了较好的水源条件。

3. 温度

在 0 ℃ 以下时,黏性土中仍有部分未冻结水,如在 -0.3 ℃ 时,未冻结水含量约为 6%～35%;在 -10 ℃,约为 4%～16%;在 -30 ℃ 时,约为 4%～13%。塑性指数越大,未冻结水含量越高。所以,在已冻黏性土中,若含水率较大,仍会有结合水的迁移和冻胀的增长现象。

细粒土在冻结时会产生使结合水向冻结区迁移的引力,温差越大,引力也越大。若温度迅速降低,可使扩散层水分子的活动能力降低,导致水的迁移速度降低。如果负温很低,可使土中弱结合水和毛细水迅速被冻结,冰晶会堵塞供水通道。反之,如是缓慢降温,且负温不是很低,持续期长,则在有水源供给情况下会发生连续的水分迁移集聚,冻胀就会加剧。因此,不是温度越低,冻胀越严重,而是存在一个冻胀最严重的临界温度。根据经验,此临界值一般在−8℃至−10℃之间。

冻结深度与温度有关。温度越低,冻结时间越长,则冻结深度越大。

4. 冻胀的分类

工程上将单位冻结深度的冻胀量定义为冻胀率 η(%)。实践中常用冻胀率对地基土冻胀性分类,即Ⅰ级不冻胀土($\eta<1\%$)、Ⅱ级弱冻胀土($\eta=1\%\sim3.5\%$)、Ⅲ级冻胀土($\eta=3.5\%\sim6\%$)、Ⅳ级强冻胀土($\eta=6\%\sim12\%$)和Ⅴ级特强冻胀($\eta>12\%$)。

为了便于现场应用,有关设计规范制订了地基土冻胀分类表,主要考虑了土的颗粒组成、天然含水率及稠度、地下水位距冻结深度的距离等影响因素。

第八节　土(岩)的工程分类

工程上常将土(岩)根据不同的用途进行不同的分类。合理的分类有利于正确选择定量分析指标和合理评价土(岩)的工程性质,以便能充分利用土的特性进行工程设计和施工。

作为建筑材料和地基的土(岩)常被分为岩石、碎石土、砂土、粉土、黏性土和特殊土等几大类。岩石除按地质成因分类外,还可按其强度、风化程度、岩体结构类型或节理发育程度等特征进行分类,粗粒土多按其级配分类,细粒土可按其塑性指数分类。对于特殊地质成因和年代的土,应结合其成因和年代特征确定土名。对特殊性土,应结合颗粒级配或塑性指数综合确定土名。确定混合土名称时,应根据主要含有的土类来命名。

本节还将简要介绍塑性图细粒土分类法和水利部的粗、巨粒土分类法。

由于我国幅员辽阔,各地土(岩)性质有很大差别,从事工业与民用建筑、铁路、交通、水利等工程建设的行业各自都有其明显的行业特点和侧重点,所以在土(岩)工程分类方面各有其特点,具体指标的划分和命名有所不同。

一、岩　石

岩石作为建筑场地和地基时,可按下列分类法进行分类。

（一）按强度分类

按饱和单轴极限抗压强度进行岩石分类的建筑、铁路、公路等部门标准见表1-14。

表 1-14　相关行业岩石强度分类

饱和单轴抗压强度(MPa)	$f_r>60$	$60\geq f_r>30$	$30\geq f_r>15$	$15\geq f_r>5$	$f_r\leq5$
工业与民用建筑行业分类	坚硬岩	较硬岩	较软岩	软岩	极软岩
铁路行业分类	坚硬岩	硬岩	较软岩	软岩	极软岩
公路行业分类	硬质岩			软质岩	极软岩
水利行业分类	坚硬岩	中硬岩		软质岩	

（二）按完整性程度、风化程度、节理发育程度等分类

借助岩石完整性指标 K_v——即岩体压缩波速度与岩块压缩波速度之比的平方,工业与民

用建筑、铁路部门将岩石分为完整($K_v > 0.75$)、较完整($0.55 < K_v \leqslant 0.75$)、较破碎($0.35 < K_v \leqslant 0.55$)、破碎($0.15 < K_v \leqslant 0.35$)和极破碎($K_v \leqslant 0.15$)共五类。

水利、铁路等部门对岩体按其风化程度分为未风化、微风化、弱风化、强风化、全风化五类。铁路部门将岩体按节理发育程度分为四级:节理不发育、节理较发育、节理发育和节理很发育。

此外,还有按岩体基本质量、坚硬程度、抗风化能力、岩矿成分、地质构造、结构类型等进行分类的,详见相关行业的相关规范。

二、碎石土

在我国,碎石土是指粒径大于 2 mm 的颗粒质量超过总质量 50% 的土。《岩土工程勘察规范》(GB 50021—2001)中的分类法见表1-15。

表 1-15　《岩土工程勘察规范》对碎石土的分类

土的名称	颗粒形状	颗粒级配
漂石土	圆形及亚圆形为主	粒径大于 200 mm 的颗粒质量超过总质量的 50%
块石土	棱角形为主	
卵石土	圆形及亚圆形为主	粒径大于 20 mm 的颗粒质量超过总质量的 50%
碎石土	棱角形为主	
圆砾土	圆形及亚圆形为主	粒径大于 2 mm 的颗粒质量超过总质量的 50%
角砾土	棱角形为主	

铁路部门将 2 mm 至 200 mm 的碎石土进行了细化,增加了 60 mm 一类,见表1-16。

表 1-16　铁路部门碎石土分类

土的名称	颗粒形状	颗粒级配
漂石土	圆形及圆棱形为主	粒径大于 200 mm 的颗粒质量超过总质量的 50%
块石土	棱角形为主	
卵石土	圆形及圆棱形为主	粒径大于 60 mm 的颗粒质量超过总质量的 50%
碎石土	棱角形为主	
粗圆砾土	圆形及圆棱形为主	粒径大于 20 mm 的颗粒质量超过总质量的 50%
粗角砾土	棱角形为主	
细圆砾土	圆形及圆棱形为主	粒径大于 2 mm 的颗粒质量超过总质量的 50%
细角砾土	棱角形为主	

三、砂　　土

砂土是指粒径大于 2 mm 的颗粒质量不超过总质量的 50%,且粒径大于 0.075 mm 的颗粒质量超过总质量 50% 的土,分类见表1-17。

四、粉　　土

工业与民用建筑、铁路等部门对粒径大于 0.075 mm 的颗粒质量不超过总质量的 50%,且塑性指数 $I_P \leqslant 10$ 的土定为粉土,参见图1-2和表1-9。

表 1-17 砂 土 分 类

土的名称	颗 粒 级 配
砾砂	粒径大于 2 mm 的颗粒质量占总质量的 25%～50%
粗砂	粒径大于 0.5 mm 的颗粒质量超过总质量的 50%
中砂	粒径大于 0.25 mm 的颗粒质量超过总质量的 50%
细砂	粒径大于 0.075 mm 的颗粒质量超过总质量的 85%
粉砂	粒径大于 0.075 mm 的颗粒质量超过总质量的 50%

五、黏性土和黏土

工业与民用建筑、铁路等部门规定,当塑性指数 $I_P > 10$ 时为黏性土,其中当 $10 < I_P \leqslant 17$ 时为粉质黏土;当 $I_P > 17$ 时为黏土,参见图 1-2 和表 1-9。

六、特殊性土

除了下面给出的土外,特殊性土还包含混合土、风化岩和残积土、工业和民用污染土、垃圾土等。尤其是后两种土,已给岩土力学和工程带来新的问题和挑战。

(一)黄 土

黄土以粉土为主,可细分为砂质黄土、黏质粉土等。按生成年代可分为老黄土及新黄土。老黄土的大孔结构退化,土质密实,一般无湿陷性。新黄土大孔发育,通常有湿陷性。湿陷性可分自重湿陷和非自重湿陷两种。工程上当湿陷系数 $\delta \geqslant 0.015$ 时判为湿陷性土。湿陷性黄土主要为第四纪堆积黄土,土质松软,垂直节理发育,孔隙率高,压缩性高,湿陷性沉降不均,承载力较低,为工程性质不良的地基土。

(二)软 土

软土是天然含水率大于液限,天然孔隙比 $e \geqslant 1.0$ 的细粒土,且具有压缩性高(压缩系数 $a \geqslant 0.5$ MPa^{-1})和强度低(静力触探贯入阻力 $P_s < 800$ kPa)等特点,对工程建筑十分不利。其中有机质含量 $w_u < 3\%$,$e \geqslant 1.0$ 者为软黏性土;$3\% \leqslant w_u < 10\%$ 且 $1.0 \leqslant e \leqslant 1.5$ 者为淤泥质土,$e > 1.5$ 者为淤泥;$10\% \leqslant w_u \leqslant 60\%$,$e > 3$ 者为泥炭质土;$w_u > 60\%$,$e > 10$ 为泥炭。我国软土多属灵敏度高的黏性土,完全扰动后强度降低 70%～80%。

(三)冻 土

冻土可分为季节性冻土和多年冻土。季节性冻土为在冬季结冻的冻土,它在春夏天暖时即会融化。对季节性冻土常以冻胀性为评价分级标准。多年冻土指冻结状态持续 $\geqslant 2$ 年的岩土层。对多年冻土以含冰情况不同、融沉性不同等指标进行评价分级。

(四)膨胀土(胀缩土、裂土)

膨胀土具有明显的吸水膨胀软化、失水收缩开裂、反复变形与强度变化等特征。自由膨胀率 $40\% \leqslant e_{FS} < 60\% \sim 65\%$ 时为弱膨胀土,$60\% \sim 65\% \leqslant e_{FS} < 90\%$ 时为中等膨胀土,$e_{FS} \geqslant 90\%$ 时为强膨胀土。自然条件下多呈硬塑或坚硬状态,裂隙较发育。

(五)红 黏 土

红黏土是指亚热带暖湿地区碳酸盐类岩石经强风化后残积、坡积形成的褐红色(或棕红、褐黄等色)高塑性黏土,其液限等于或大于 50%。红黏土经搬运、沉积后仍保留其基本特征,且液限大于 45% 的土称为次生红黏土。在我国西南等地区颇为常见。

红黏土黏粒含量很高,矿物成分则以石英和伊利石或高岭石为主,塑性指数一般为 20～40,天然含水率接近塑限,虽然孔隙比大于 1.0,饱和度大于 85%,但其强度仍较高,压缩性低,遇水容易迅速软化。有些地区红黏土也具有胀缩性,厚度分布不均,岩溶现象较发育。

(六)盐 渍 土

盐渍土是指地表土层中易溶盐含量大于 0.3%[《岩土工程勘察规范》(GB 50021—2001,2009 年修订版)]或者大于 0.5%[《铁路工程特殊岩土工程勘察规程》(TB 10038—2012)]的土。一般深度不大,多在 1～1.5 m 以内。其性质与所含盐分成分和含盐量有关。易溶解氯盐易使土被泡软。硫酸盐溶解度随温度升降而增减,使盐分溶解或结晶,导致土体积减小或增大,引起土结构的破坏。碳酸盐土的水溶液呈碱性反应,含有较多钠离子,吸水膨胀性强,透水性小。

路堤填料对土中易溶盐含量一般有限制性规定。但在西北极干旱地区,路基堤料和基底土不受氯盐含量限制。盐渍土对混凝土和金属管道有腐蚀性,应采取防护措施。

(七)人 工 填 土

人工填土是因人类活动而形成的堆积物。其成分乱杂,均匀性差。人工填土可分为素填土、杂填土和冲填土。素填土是由碎石、砂土、黏性土等组成的填土。经分层压实后统称为压实填土。杂填土是含有大量建筑垃圾、工业废料、生活垃圾等杂物的填土。冲填土是由水力冲填泥沙形成的沉积土。

七、塑性图细粒土分类法

用塑性指数 I_P 对细粒土进行分类虽然较简单,但分类界限值最高为 17,不能区别高塑性土,而且相同塑性指数的细粒土可有不同的液限和塑限,液限在塑性指标中是最敏感的,故相同塑性指数土的性质也可能会不同。因此,用塑性指数 I_P 和液限 w_L 两个指标对细粒土分类比仅用塑性指数更加合理。卡萨格兰德(A・Casagrande)统计了大量试验资料后首先提出了按 I_P 和 w_L 对细粒土进行分类定名的塑性图,其基本原则为许多国家所采用。

我国水利部主编的《土的工程分类标准》(GB/T 50145—2007)对细粒土分类提出了适用于锥尖入土 17 mm 的液限瓦氏圆锥仪塑性图(图 1-31)。图中土名的第一字母表示土的名称,C 为黏土,M 为粉土。第二字母代表液限高低,H 为高液限,L 为低液限,如 ML 为低液限粉土。第三字母表示次要土属性,O 表示有机质土;G 和 S 分别表示砾粒或砂粒,称为含砾或含砂细粒土。如图中的 CLO 和 MH 分别为有机质低液限黏土和高液限粉土。

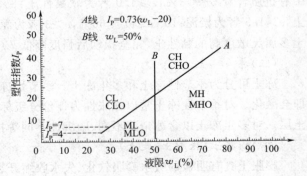

图 1-31 塑性图

塑性图中,A 线以上为黏土,A 线以下为粉土,非黏性土 w_L 取零;左下角主要是砂质粉土、粉土和粉质黏土的混合区域,塑性指数不大,塑性弱,界限含水率不明确;上部则是塑性指数高的黏性土。

《铁路路基设计规范》(TB 10001—2016)对细粒土填料采用塑性图进行分类,见表 1-18 和图 1-32,图中直线 A 的方程是:$I_P = 0.63(w_L - 20)$。

表 1-18　细粒土填料组别分类

一级分类定名	二级分类定名		三级分类定名			填料组别
主成分	定名	液、塑限描述	粗粒含量	粗粒成分	定名	
细粒土(粒径小于 0.075 mm 颗粒含量≥50%)	粉土(M) —— 低液限粉土(ML)	A线以下, $I_p<10$, $w_L<40$	<30%		低液限粉土	C3
			30%～50%	砾	含砾的低液限粉土	C3
				砂	含砂的低液限粉土	C3
	高液限粉土(MH)	A线以下, $I_p<10$, $w_L≥40$	<30%		高液限粉土	D2
			30%～50%	砾	含砾的高液限粉土	D1
				砂	含砂的高液限粉土	D1
	黏土(C) —— 低液限黏土(CL)	A线以上, $I_p≥10$, $w_L<40$	<30%		低液限粉土	C3
			30%～50%	砾	含砾的低液限粉土	C3
				砂	含砂的低液限粉土	C3
	高液限黏土(CH)	A线以上, $I_p≥10$, $w_L≥40$	<30%		高液限粉土	D2
			30%～50%	砾	含砾的高液限粉土	D1
				砂	含砂的高液限粉土	D1
	软岩土	A线以下, $I_p<10$, $w_L<40$			低液限软岩粉土	C3
		A线以下, $I_p<10$, $w_L≥40$			高液限软岩粉土	D2
		A线以上, $I_p≥10$, $w_L<40$			低液限软岩黏土	C3
		A线以上, $I_p≥10$, $w_L≥40$			高液限软岩黏土	D2

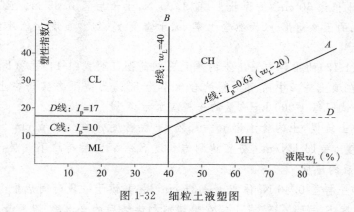

图 1-32　细粒土液塑图

比较《土的工程分类标准》和《铁路路基设计规范》可知,两者在 B 线、低液限粉土(ML)等的确定上有所不同,且后者还明确给定了 C、D 线。

八、《土的分类标准》中巨粒土、粗粒土分类法

该分类法包括巨粒土和含巨粒土、砾类土、砂类土三部分。

第一部分根据巨粒($d>60$ mm 的漂石、卵石)含量分类:若含量等于或大于 75% 时,以漂石粒含量大于 50% 者为漂石(代号 B),否则为卵石(Cb);若含量在 50%～75% 之间时,以漂石粒含量大于 50% 者为混合土漂石(BSI),否则为混合土卵石(CbSI);若含量在 15%～50% 时,以漂石含量大于卵石含量者为漂石混合土(SIB),否则为卵石混合土(SICb);若含量小于 15%,可酌情按粗粒土或细粒土相应规定分类定名。

第二部分砾类土是指砾粒含量超过 50% 的土,根据其细粒含量及级配优劣分类,细粒(即粉粒、黏粒)含量小于 5%、级配良好者为级配良好砾(GW),否则为级配不良砾(GP);细粒含量在 5%～15%,为含细粒土砾(GF);细粒含量不超过 50% 而大于 15% 时,细粒为黏粒土者叫黏土质砾(GC),细粒为粉土者叫粉土质砾(GM)。

第三部分砂类土是指砂粒含量不超过 50% 的土,其分类法与砾类土相同,同样是以上述三种细粒含量情况和级配优劣或所含细粒类型对砂类土分类,把第二部分各砾类土名称中的"砾"(G)改成"砂"(S)即可。

复习题

1-1　化学风化和物理风化的区别是什么? 各种堆积土的工程性质与其分布位置有怎样的关系?

1-2　根据图 1-5(a) 中四根粒径分布曲线,列表写出各土的各级粒组含量,估算②、③、④土的 C_u 及 C_c 值并评价其级配情况。

1-3　黏性土中如何区别含有蒙脱石矿物和高岭石矿物的黏粒,在黏粒含量接近的情况下,前者的工程性质常不如后者好,说明其原因。

1-4　何谓电渗现象? 如要减少黏性土中水分以加固地基,如何利用电渗现象?

1-5　为什么离子交换作用能用于土的加固?

1-6　触变现象的特征是什么? 有什么工程意义?

1-7　有一块体积为 60 cm³ 的原状土,重 1.05 N,烘干后重 0.85 N。已知土粒密度 $\rho_s = 2.67$ g/cm³。求土的天然重度 γ、天然含水率 w、干重度 γ_d、饱和重度 γ_{sat}、浮重度 γ'、孔隙比 e 及饱和度 S_r。

1-8　根据式(1-12)的推导方法用土的单元三相简图证明式(1-14)、式(1-15)、式(1-17)。

1-9　某工地在填土施工中所用土料的含水率为 5%,为便于夯实需在土料中加水,使其含水率增至 15%,试问每 1 000 kg 质量的土料应加水多少?

1-10　用某种土筑堤,土的含水率 $w = 15\%$,土粒密度 $\rho_s = 2.67$ g/cm³。分层夯实,每层先填 0.5 m,其重度 $\gamma = 16$ kN/m³,夯实达到饱和度 $S_r = 85\%$ 后再填下一层,若夯实时水没有流失,求每层夯实后的厚度。

1-11　某饱和土样重 0.40 N,体积为 21.5 cm³,将其烘干一段时间后重为 0.33 N,体积缩至 15.7 cm³,饱和度 $S_r = 75\%$,试求土样在烘烤前和烘烤后的含水率、孔隙比和干重度。

1-12　设有悬液 1 000 cm³,其中含土重 0.50 N,测得土粒重度 $\gamma_s = 27$ kN/m³。当悬液搅拌均匀,停放 2 min 后,在液面下 20 cm 处测得悬液相对密度 $G_L = 1.003$,并测得水的黏滞系数 $\eta = 1.14 \times 10^{-3}$ Pa·s,试求相应于级配曲线上该点的数据。

1-13　某砂土的重度 $\gamma = 17$ kN/m³,含水率 $w = 8.6\%$,土粒重度 $\gamma_s = 26.5$ kN/m³。其最大孔隙比和最小孔隙比分别为 0.842 和 0.562,求该砂土的孔隙比 e 及相对密实度 D_r,并按规范定其密实度。

1-14　试证明 $D_r = \dfrac{\gamma_{d,max}(\gamma_d - \gamma_{d,min})}{\gamma_d(\gamma_{d,max} - \gamma_{d,min})}$。式中 $\gamma_{d,max}$、γ_d、$\gamma_{d,min}$ 分别为相应于 e_{min}、e、e_{max} 的干重度。

1-15　河岸边坡黏性土的液限 $w_L = 44\%$,塑限 $w_P = 28\%$,取一试样,重 0.401 N,烘干后重 0.264 N,试确定土的名称并讨论土的物理状态和结构特点。

1-16　黏性土有哪些特殊的物理性质? 基本原因是什么?

1-17　请给图 1-5(a) 中的四个土样定出土名,其中①土的 $w_L = 39\%$,$w_P = 21\%$。

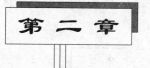

第二章

土的渗透性及水的渗流

土中孔隙相互连通时可形成透水通道。虽然这些通道很不规则,且往往很狭窄,但水可以靠其重力沿着这些通道在土中流动。水在土孔隙通道中流动的现象,叫做水的渗流;土可以被水透过的性质,称为土的渗透性或透水性,它是土的力学性质之一。工程中常常会遇到水的渗流问题,例如开挖基坑当需要排水时排水量的计算及坑底土的抗渗流稳定性验算等等。因此,土的渗透性和水的渗流是土力学中很有实用意义的课题。

第一节 土的渗透定律

一、土中渗流的总水头差和水力梯度

水在土中流动遵从水力学的连续方程和能量方程。后者即著名的伯努利(D. Bernoulli)方程,根据该方程,相对于任意确定的基准面,土中一点的总水头 h 为

$$h = z + h_w + h_v \tag{2-1}$$

式中 z——势水头,或称位置水头;

h_w——静水头,又叫做压力水头或压强水头;

h_v——动水头,又称速度水头或流速水头。

z 与 h_w 之和叫做测压管水头,它表示该点测压管内水面在基准面以上的高度。静水头 $h_w = u/\gamma_w$,其中 u 为该点的静水压力,在土力学中称为孔隙水压力。动水头 h_v 与流速的平方成正比。由于水在土中渗流的速度一般很小,h_v 可以忽略不计,这样,总水头 h 可用测压管水头代替,即

$$h = z + h_w = z + \frac{u}{\gamma_w} \tag{2-2}$$

如果土中存在总水头差,则水将从总水头高处沿着土孔隙通道向总水头低处流动。图 2-1 示出土中 A 和 B 两点的势水头 z_A 和 z_B、静水头 h_{wA} 和 h_{wB} 及总水头 h_A 和 h_B。由于 $h_A > h_B$,故水从 A 点流向 B 点。引起这两点间渗流的总水头差 Δh 为

$$\Delta h = h_A - h_B \tag{2-3}$$

图 2-1 中 A、B 两点处测压管水头的连线叫做测压管水头线或总水头线,两点间的距离 L 称为流程,也叫做渗流路径或渗流长度。式(2-3)的总水头差 Δh 亦即从 A 点渗流至 B 点的水头损失,单位流程的水头损失即为渗流水力梯度 i:

$$i = \frac{\Delta h}{L} \tag{2-4}$$

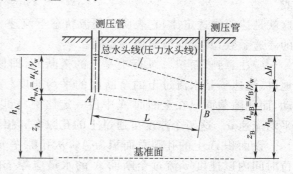

图 2-1 势水头、静水头、总水头和总水头差

i 也叫做水力坡度或水力坡降,研究土的渗透性和渗流问题时,i 是一个重要的物理量。

【例 2-1】 渗流试验装置如图 2-2 所示。试求:①土样中 $a-a$、$b-b$ 和 $c-c$ 三个截面的静水头和总水头;②截面 $a-a$ 至 $c-c$,$a-a$ 至 $b-b$ 及 $b-b$ 至 $c-c$ 的水头损失;③水在土样中渗流的水力梯度。

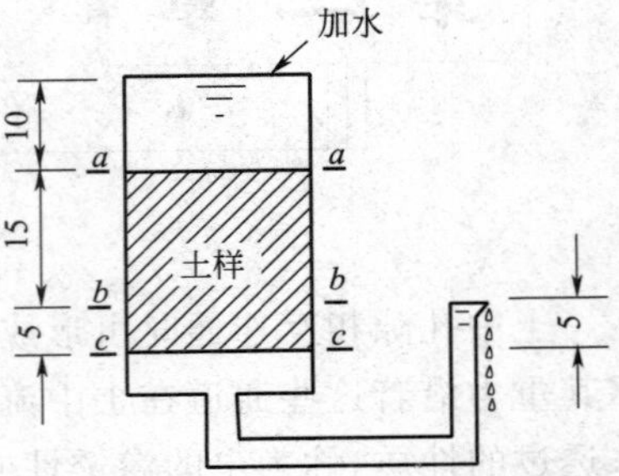

【解】 取截面 $c-c$ 为基准面,则截面 $a-a$ 和 $c-c$ 的势水头 z_a 和 z_c、静水头 h_{wa} 和 h_{wc} 及总水头 h_a 和 h_c 各为

$$z_a=15+5=20(\text{cm}), \quad h_{wa}=10 \text{ cm}$$
$$h_a=20+10=30(\text{cm})$$
$$z_c=0, \quad h_{wc}=5 \text{ cm}, \quad h_c=0+5=5(\text{cm})$$

从截面 $a-a$ 至 $c-c$ 的水头损失 Δh_{ac} 为

$$\Delta h_{ac}=30-5=25(\text{cm})$$

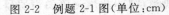

图 2-2　例题 2-1 图(单位:cm)

截面 $b-b$ 的总水头 h_b、势水头 z_b 和静水头 h_{wb} 分别为

$$h_b=h_c+\frac{5}{15+5}\Delta h_{ac}=5+\frac{5}{20}\times25=11.25(\text{cm})$$
$$z_b=5 \text{ cm}, \quad h_{wb}=11.25-5=6.25(\text{cm})$$

从截面 $a-a$ 至 $b-b$ 的水头损失 Δh_{ab} 及截面 $b-b$ 至 $c-c$ 的水头损失 Δh_{bc} 各为

$$\Delta h_{ab}=30-11.25=18.75(\text{cm}), \quad \Delta h_{bc}=11.25-5=6.25(\text{cm})$$

水在土样中渗透的水力梯度 i 可由 Δh_{ac}、Δh_{ab}、Δh_{bc} 及相应的流程求得:

$$i=\frac{\Delta h_{ac}}{15+5}=\frac{25}{20}=1.25$$

二、达西渗透定律

流速是表征水等液体运动状态和规律的主要物理量之一。水在土中的流动大多缓慢,属于层流。由于土孔隙通道断面的形状和大小极不规则,难以像研究管道层流那样确定其实际流速的分布和大小,只得采用单位时间内流过单位土截面积的水量这一具有平均意义的渗透速度 v 来研究土的渗透性。设单位时间内流过土截面积 A 的水量为 q,则平均流速为

$$v=\frac{q}{A} \tag{2-5}$$

在 19 世纪 50 年代,达西(H. Darcy)通过室内试验发现,当水在土中流动的形态为层流时,水的渗流遵循下述规律:

$$q=kAi \tag{2-6}$$

或

$$v=ki \tag{2-7}$$

这就是达西渗透定律,它表明在层流状态下流速 v 与水力梯度 i 成正比。比例系数 k 称为土的渗透系数,其量纲与流速 v 相同。

应注意到,面积 A 实际上是土的全断面,即该面积为土颗粒截面和孔隙截面之和。确切地讲,流速 v 是水流过土的全断面的平均速度。但土颗粒是不透水的,水只能在土孔隙中流动,而孔隙截面只在全断面 A 中占一定比例,所以水在土孔隙通道中渗流的速度 v' 大于上述平均流速 v。这两个速度可通过土的孔隙率 n 相互联系。

设面积 A 上的孔隙总面积为 A_v,从孔隙率 n 的定义知 $A_v=nA$。根据水流连续原理,单位时间内以速度 v 流过全断面 A 的水量应等于同一时间内以速度 v' 流过孔隙面积 A_v 的水量,即

$$q = vA = v'A_v$$

从而得

$$v' = \frac{A}{A_v}v = \frac{v}{n} \tag{2-8}$$

因土的孔隙率 n 小于 100%，可见 $v' > v$。

达西定律描述的是层流状态下的渗透规律，对大多数工程中的渗透问题均适用。但在某些砾石和卵石等粗粒土中，当水力梯度较大时，水的流速大而呈紊流形态，v 与 i 表现为非线性关系。但对于工程而言，除去特殊情况外，仍可近似地采用上述达西定律。

【例 2-2】 试验装置如图 2-3，其中土样横截面积 $A = 300\ \text{cm}^2$，土样 1 和土样 2 的渗透系数分别为：$k_1 = 2.5 \times 10^{-2}\ \text{cm/s}$，$k_2 = 1.5 \times 10^{-1}\ \text{cm/s}$。试求渗流时土样 1 和土样 2 的水力梯度 i_1 和 i_2 以及单位时间的渗流量 q。

【解】 从图 2-3 得总水头损失 $\Delta h = 40\ \text{cm}$。该水头损失应为水流经土样 1 得水头损失 Δh_1 与流经土样 2 得水头损失 Δh_2 之和，即

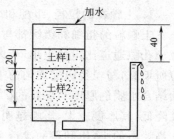

图 2-3 例题 2-2 图（单位：cm）

$$\Delta h = \Delta h_1 + \Delta h_2 = 40\ (\text{cm})$$

根据水流连续原理，土样 1 和土样 2 内的渗流速度 v_1 和 v_2 应相等，即 $v_1 = v_2$。又由式(2-7)的达西定律，并注意到 i 按式(2-4)计算，得

$$k_1 \frac{\Delta h_1}{L_1} = k_2 \frac{\Delta h_2}{L_2}$$

式中 $L_1 = 20\text{cm}$，$L_2 = 40\ \text{cm}$，分别为水在土样 1 和土样 2 内的流程。将 $\Delta h_2 = \Delta h - \Delta h_1$ 代入上式，整理后得

$$\Delta h_1 = \frac{k_2 L_1}{k_1 L_2 + k_2 L_1} \Delta h$$

从而解得 $\Delta h_1 = 30\ \text{cm}$，则 $\Delta h_2 = \Delta h - \Delta h_1 = 10\ (\text{cm})$。水力梯度 i_1 和 i_2 计算如下：

$$i_1 = \frac{30}{20} = 1.5, \quad i_2 = \frac{10}{40} = 0.25$$

单位时间的渗流量 q 按式(2-6)计算：

$$q = 2.5 \times 10^{-2} \times 300 \times 1.5 = 11.25\ (\text{cm}^3/\text{s})$$

或

$$q = 1.5 \times 10^{-1} \times 300 \times 0.25 = 11.25\ (\text{cm}^3/\text{s})$$

第二节 渗透系数及其测定

一、渗透系数的实用意义及影响因素

从上一节已经知道，渗透系数 k 是层流状态下流速 v 与水力梯度成正比的比例系数。在水力梯度一定的情况下，流速 v 大则 k 值大，反之 k 值小，而流速大小反映了土的渗透性强弱，故渗透系数 k 可用作评价土的渗透性的指标。k 值大的土，渗透性强，即易透水；反之则渗透性弱，不易透水。在渗流计算、饱和黏性土地基变形计算等与水的渗流有关的工程问题中，土的渗透系数是必然用到的基本参数。各种土的渗透系数取值可参见表 2-1。

表 2-1　土的渗透系数 k

土的名称	渗透系数 $k/(\text{cm} \cdot \text{s}^{-1})$	土的名称	渗透系数 $k/(\text{cm} \cdot \text{s}^{-1})$
黏　　土	$<1.2 \times 10^{-6}$	中　砂	$6.0 \times 10^{-3} \sim 2.4 \times 10^{-2}$
粉质黏土	$1.2 \times 10^{-6} \sim 6.0 \times 10^{-5}$	粗　砂	$2.4 \times 10^{-2} \sim 6.0 \times 10^{-2}$
粉　　土	$6.0 \times 10^{-3} \sim 6.0 \times 10^{-4}$	砾砂、砾石	$6.0 \times 10^{-2} \sim 1.8 \times 10^{-1}$
粉　　砂	$6.0 \times 10^{-4} \sim 1.2 \times 10^{-3}$	卵　石	$1.2 \times 10^{-1} \sim 6.0 \times 10^{-1}$
细　　砂	$1.2 \times 10^{-3} \sim 6.0 \times 10^{-3}$	漂石(无砂质填充)	$6.0 \times 10^{-1} \sim 1.2 \times 10^{0}$

在工程实际中,当土层渗透系数 $k < 1.0 \times 10^{-5}$ cm/s 时则可视作不透水层或隔水层。

土的渗透系数与土和水两方面的多种因素有关,下面介绍其中的主要因素及其影响。

1. 土颗粒的粒径、级配和矿物成分

土颗粒的粗细和级配都与孔隙通道的大小有关,从而直接影响土的渗透性。一般来讲,细粒土孔隙通道比粗粒土小,所以渗透系数也小;粒径级配良好的土,粗颗粒间的孔隙可为细颗粒所填充,与粒径级配均匀的土相比,孔隙通道较小,故渗透系数也较小。在黏性土中,黏粒表面结合水膜的厚度与颗粒的矿物成分有很大关系,而结合水膜可以使土的孔隙通道减小,渗透性降低,其厚度越大,影响越明显。已有资料表明,在含水率相同的情况下,蒙脱石的渗透系数比高岭石的小,伊利石的渗透系数居于两者之间。

2. 土的孔隙比或孔隙率

同一种土,孔隙比或孔隙率大,则土的密实度低,过水断面大,渗透系数也大;反之,则土的密实度高,渗透系数小。

3. 土的结构和构造

土的结构和构造对黏性土的渗透性影响很大。当孔隙比相同时,开放状孔隙的渗透系数要大于封闭状;具有絮凝结构黏性土的渗透系数比分散结构者大。其原因在于絮凝结构的粒团间有相当数量的大孔隙,而分散结构的孔隙大小则较为均匀。

另外,宏观构造上的成层性及扁平黏粒在沉积过程中的定向排列,使得黏性土在水平方向的渗透系数往往大于垂直方向,两者之比可达 10~100。这种渗透系数各向异性的特点,在层积状的砾石砂土层中也可存在。

4. 土的饱和度

如果土不是完全饱和而是有封闭气体存在,即使其含量很小,也会对土的渗透性产生显著影响。土中存在封闭气泡不仅减少了土的过水断面,更重要的是它可以填塞某些孔隙通道,从而降低土的渗透性,还可能使渗透系数随时间变化,甚至使流速 v 与水力梯度 i 之间的关系偏离达西定律。如果有水流可以带动的细颗粒或水中悬浮有其他固体物质,也会对土的渗透性造成与封闭气泡类似的影响。

5. 水的动力黏滞度

水的渗透速度 v 与其动力黏滞度 η 有关,而 η 是随温度变化的,所以土的渗透系数也会受到温度的影响。由于 η 随温度上升而减小,而 η 小则 v 大,故温度升高使渗透系数增大。为有一个统一的衡量标准,我国国家标准《土工试验方法标准》(GB/T 50123—2019)规定以 20 ℃ 作为标准温度,此时的渗透系数用 k_{20} 表示,任一温度 T 下的渗透系数 k_T 按下式换算成 k_{20}:

$$k_{20} = k_T \frac{\eta_T}{\eta_{20}}$$

(2-9)

式中　η_T,η_{20}——水在 T 和 20 ℃时的动力黏滞度,可从国家标准 GB/T 50123—1999 中查得。

二、成层土的平均渗透系数

成层性是大多数天然土的构造特征,对土的渗透系数有影响。图 2-4 表示在厚度 H 内有 m 层土,各层的厚度分别为 H_1、$H_2\cdots H_m$,渗透系数各为 k_1、$k_2\cdots k_m$。研究这种情况下的渗流问题,可以根据渗流方向采用各土层的平均渗透系数 k_x 或 k_y。其中 k_x 和 k_y 分别为沿图中 x 轴和 y 轴方向渗流时的平均渗透系数。

设平行于 y 轴的两个截面间的水力梯度为 i,在其作用下水沿 x 轴方向渗流,则 k_x 可由总流量等于各土层流量之和的条件求得。在垂直于 $x-y$ 平面方向取单位厚度,根据上述条件和式(2-6)的达西定律,可得

$$k_x i H = i \sum_{j=1}^{m} k_j H_j$$

则
$$k_x = \frac{1}{H} \sum_{j=1}^{m} k_j H_j \qquad (2\text{-}10)$$

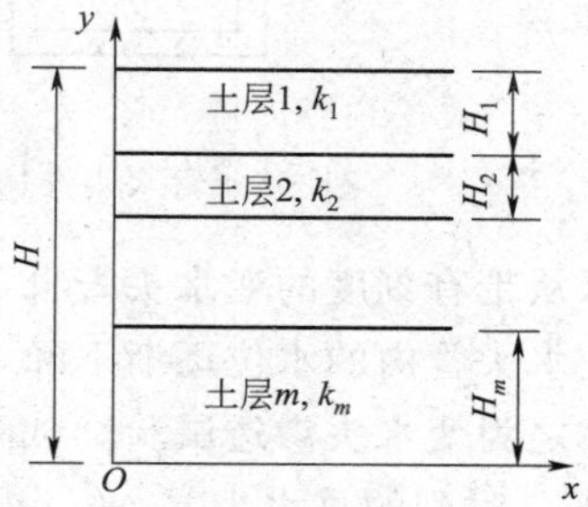

图 2-4　成层土的平均渗透系数

如果渗流方向平行于 y 轴,则流经每一土层的流速相等,且渗流的总水头损失等于流经各土层时的水头损失之和。设渗流速度为 v_y,根据上述公式和式(2-7)的达西定律,可得

$$\frac{v_y H}{k_y} = v_y \sum_{j=1}^{m} \frac{H_j}{k_j}$$

上式左端为渗流的总水头损失,右端为渗流通过各土层的水头损失之和。由此得 k_y 如下:

$$k_y = \frac{H}{\sum_{j=1}^{m} \dfrac{H_j}{k_j}} \qquad (2\text{-}11)$$

从式(2-10)和式(2-11)可知,如果各土层的渗透性相差很大,则 k_x 主要取决于 k 值大的土层,而 k_y 则主要由 k 值小的土层决定。

三、渗透系数的室内测定方法

取土样在室内进行渗透试验,可以测定其渗透系数。室内渗透试验有常水头和变水头两种试验方法,分别适用于砂土和黏性土。下面介绍这两种试验方法的基本原理。

(一)常水头渗透试验

常水头渗透试验装置如图 2-5 所示。土样高 L,横截面面积为 A,将其置于圆筒形容器内不断向筒内加水,使其中水位保持不变。在总水头差 Δh 之下,水从上向下透过土样而从筒底排出,排水管内水位也保持不变。这样,试验过程中总水头差 Δh 是恒定的,故称之为常水头或定水头渗透试验。

从试验测得 t 时间内透过土样的水量 Q 及试验时的水温 T,由达西定律得土样的渗透系数 k_T 为

$$k_T = \frac{QL}{At \cdot \Delta h} \qquad (2\text{-}12)$$

(二)变水头渗透试验

变水头渗透试验装置如图 2-6 所示,土样高度为 L,面积为 A。在起始水头差 Δh_0 作用下,

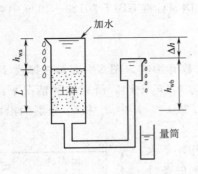
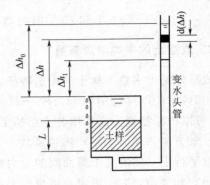

图 2-5　常水头渗透试验　　　　　　　　　图 2-6　变水头渗透试验

水从带有刻度的变水头管自下而上透过土样。试验过程中,土样顶面以上的水位保持不变,而变水头管内的水位逐渐下降,渗流的总水头差随之减小。由于试验时总水头差随时间而变,故称之为变水头渗透试验。试验时,记录起始时刻 t_0 和相应的总水头差 Δh_0,经过一定时间后记录 t_1 时刻的总水头差 Δh_1,并记下水温 T。

设任意时刻 t 的总水头差为 Δh,当时间从 t 增至 $t+\mathrm{d}t$ 时,总水头差从 Δh 减小至 $\Delta h-\mathrm{d}(\Delta h)$,则 $\mathrm{d}t$ 时间内的渗流量 $\mathrm{d}Q$ 为

$$\mathrm{d}Q=a\cdot[\Delta h-\mathrm{d}(\Delta h)-\Delta h]=-a\mathrm{d}(\Delta h) \tag{2-13}$$

式中 a 为变水头管的内截面积。右边的负号是因为总水头差 Δh 随时间增加而减小,同时也说明渗流量随 Δh 减小而增大。

从水流连续原理可知,$\mathrm{d}Q$ 也就是 $\mathrm{d}t$ 时间内流过土样截面积 A 的水量。因此,t 时刻的 q 为

$$q=\frac{\mathrm{d}Q}{\mathrm{d}t}=-a\,\frac{\mathrm{d}(\Delta h)}{\mathrm{d}t} \tag{2-14}$$

根据式(2-6)的达西定律,得

$$-a\,\frac{\mathrm{d}(\Delta h)}{\mathrm{d}t}=kA\,\frac{\Delta h}{L} \tag{2-15}$$

将上式改写为

$$-\frac{\mathrm{d}(\Delta h)}{\Delta h}=\frac{kA}{aL}\mathrm{d}t$$

等号两边分别积分,其中 Δh 的积分区间为 $\Delta h_0\sim\Delta h_1$,t 的积分区间为 $t_0\sim t_1$,可得

$$\ln\left(\frac{\Delta h_0}{\Delta h_1}\right)=\frac{kA}{aL}(t_1-t_0) \tag{2-16}$$

根据式(2-16),得水温为 T 时土样的渗透系数 k_T 如下:

$$k_T=\frac{aL}{A(t_1-t_0)}\ln\left(\frac{\Delta h_0}{\Delta h_1}\right) \tag{2-17}$$

上述两种试验方法都是通过试验直接测定土样的渗透系数 k_T,按式(2-9)换算可得标准温度(20 ℃)下的 k_{20}。当对渗透性很弱的某些黏性土进行试验时,会因渗流缓慢而需要很长时间,在此过程中水的蒸发、温度的变化等因素都可能影响试验结果的可靠性。遇到这种情况,可通过土样的压缩试验间接求算其渗透系数。

【例 2-3】　在图 2-7 的装置中,土样横截面积为 78.5 cm²。沿土样竖向相距 20 cm 的两个高度处各引出一根测压管,试验开始后第 10 min 测得两测压管的水位差为 4 cm,其间渗流量

为 120 cm³,求土样的渗透系数 k。

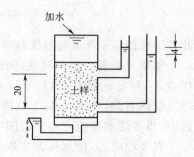

【解】　这是常水头渗透试验,根据式(2-12)得

$$k = \frac{120 \times 20}{78.5 \times 10 \times 60 \times 4} = 1.27 \times 10^{-2} (\text{cm/s})$$

【例 2-4】　在变水头渗透试验中(图 2-6),土样高 3 cm,其横截面积为 32.2 cm²,变水头管的内截面积为 1.11 cm²。试验开始时总的水头差为 320 cm,1 h 后降至 315 cm,求土样的 k 值。

【解】　根据式(2-17)得

图 2-7　例题 2-3 图(单位:cm)

$$k = \frac{1.11 \times 3}{32.2 \times 1 \times 3\ 600} \times \ln\left(\frac{320}{315}\right) = 4.52 \times 10^{-7} (\text{cm/s})$$

上面两个例题虽然简单,却可从中进一步领会前述两种渗透试验的适用性。

四、渗透系数的原位测定方法

原位试验是在现场对土层进行测试,能获得较为符合实际情况的土性参数,对于难以取得原状土样的粗颗粒土有重要的实用意义。工程上应首推现场抽水渗透或回灌水试验。渗透系数的原位测定方法有多种,下面只介绍较为常用的抽水试验法。

抽水试验有几种方法,其中之一如图 2-8 所示。在测试现场打一个抽水孔,贯穿所要试验的所有土层,另在距抽水孔适当距离处(≥1.5倍常水位高度为好)打两个及以上的观测孔。然后以不变的速率从抽水孔连续抽水,使其四周的地下水位随之逐渐下降,形成以抽水孔为轴心的漏斗状地下水面。当该水面稳定后,测量观测孔内的水位高度 h_1 和 h_2,同时记录单位时间的抽水量 q。根据这些数据及观测孔至抽水孔的距离 r_1 和 r_2,可按下述方法求得土的渗透系数。

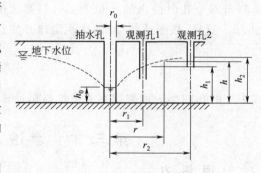

假设抽水时水沿着水平方向流向抽水孔,则土中的过水断面是以抽水孔中心轴为轴线的圆柱

图 2-8　抽水试验示意图

面。用 h 表示距抽水孔 r 处地下水位高度,则该处的过水断面积 $A = 2\pi rh$。设过水断面积 A 上各点的水力梯度为常量,且等于该处地下水位线的坡度:

$$i = \frac{dh}{dr}$$

于是,根据式(2-6)的达西定律可得

$$q = 2\pi krh \frac{dh}{dr}$$

将上式改写为

$$q \frac{dr}{r} = 2\pi kh\,dh$$

等式两边分别积分,r 的积分区间为 $r_1 \sim r_2$,h 的积分区间为 $h_1 \sim h_2$,然后求 k,得

$$k = \frac{q}{\pi(h_2^2 - h_1^2)} \ln\left(\frac{r_2}{r_1}\right) \qquad (2\text{-}18)$$

此式即按图 2-8 所示抽水试验测定 k 值的计算公式。

如果只设置一个观测孔,例如图 2-8 只有观测孔 1,则上式的 h_1 和 h_2 近似地可用 h_0 和 h_1 代替,r_1 和 r_2 分别代之以 r_0 和 r_1,其中 h_0 为抽水孔内稳定后的水位高度,r_0 为抽水孔的半径。应该看到,在抽水孔 r_0 范围内不符合达西定律假定,这里的代替尚存疑问。但在工程实践中,当渗透水流速在一定范围内时,也可近似地这样处理。

在实践中,若抽水孔并非像图 2-8 那样置于非透水层处,而是位于透水土层中,则地下水从孔侧壁和孔底同时涌入抽水孔内。此时抽水量要比由式(2-18)反算出的抽水量大约高 20%。

对于渗流速度较大的粗颗粒土层,还可以通过测量地下水在土孔隙中的流速 v' 来确定 k 值。如图 2-9 所示,沿着地下水流动方向隔适当距离 L 打两个不带套管的钻孔,或者挖两个深坑,均深入地下水位以下。在上游孔(坑)内投入染料或食盐等易于检验的物质,然后观测检验下游孔(坑)内的水。当出现所投物质的颜色或成分时,记下所经历的时间 t,则

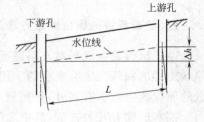

图 2-9　渗流速度测定试验

$$v' = \frac{L}{t}$$

再测出两个孔(坑)内的水位差 Δh,得渗流的水力梯度 $i = \Delta h / L$。这样,按照式(2-7)的达西定律并注意到式(2-8)v' 与 v 的关系,得

$$k = \frac{n v' L}{\Delta h} \qquad (2\text{-}19)$$

式中土的孔隙率 n 可根据有关土性指标换算而得。

第三节　渗透力及临界水力梯度

一、渗 透 力

水是具有一定黏滞度的液体,当在土中渗流时,对土颗粒有推动、摩擦和拖曳作用。这种作用所表现出来的力效应,称为渗透力。现结合图 2-10 的渗透试验装置对渗透力作进一步分析。

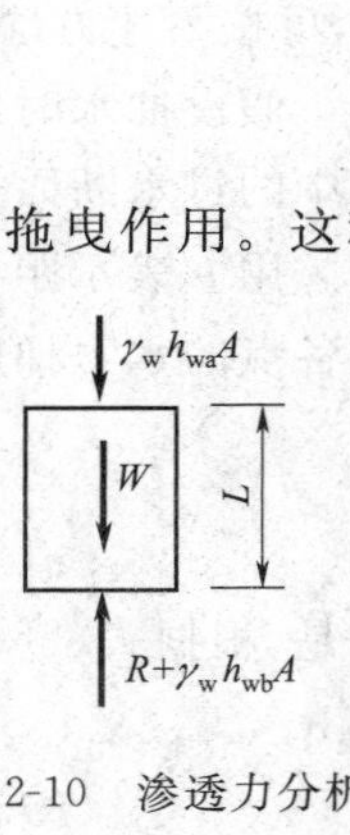

在图 2-10 中,土样截面积为 A,在总水头差 Δh 的作用下,水自上而下渗流。取土样为脱离体,作用于其上的力如图 2-10 所示。其中 $\gamma_w h_{wa} A$ 和 $\gamma_w h_{wb} A$ 分别为土样顶面和底面的总静水压力;$W = \gamma_{sat} L A$,是土样自重;R 为土样底面所受总反力。由脱离体垂直力的平衡条件,并注意到 $h_{wb} = h_{wa} + L - \Delta h$,得

图 2-10　渗透力分析

$$R = (\gamma_{sat} - \gamma_w) L A + \gamma_w \Delta h A \qquad (2\text{-}20)$$

或

$$R = \gamma' L A + \gamma_w \Delta h A \qquad (2\text{-}21)$$

上式表明,土样底面的总反力除其浮重引起的 $\gamma' L A$ 以外,还增加了 $\gamma_w \Delta h A$。该项附加值与渗流的总水头差 Δh 成正比,当 $\Delta h = 0$,即水不渗流时,其值为零。可见,这个附加项是由渗流引起的,故称之为总渗透力。为便于应用,一般采用单位土体积所受的渗透力 j 表

示，即

$$j = \frac{\gamma_w \Delta h A}{LA} = \gamma_w i \tag{2-22}$$

可见 j 与 i 成正比，其量纲与 γ_w 相同；当 $i=1$ 时，$j=\gamma_w$。还需注意到，渗透力是由渗透水流施加于土骨架的力，其作用方向必与渗流方向一致。

二、临界水力梯度

在图 2-10 中，若水自下而上流动，则渗透力向上作用而与土重力方向相反。此时，土样底面的总反力则应为土体浮重减去总渗透力。若某一 Δh 恰好使总渗透力等于土样浮重，即

$$\gamma' LA = \gamma_w \Delta h A \tag{2-23}$$

此时，向上的渗透力已使土颗粒处于失重或悬浮状态，此水力梯度称之为临界水力梯度，用 i_{cr} 表示。

式（2-23）等号两边同除以 LA，其中的 $\frac{\Delta h}{L}$ 即为 i_{cr}：

$$i_{cr} = \frac{\gamma'}{\gamma_w} \tag{2-24}$$

这表明 i_{cr} 在数值上等于土的浮重度 γ' 与水的重度 γ_w 的比值。与式（2-22）比较可看出，当水流向上渗透时，临界水力梯度时的渗透力 j 等于 γ'。

工程中常用 i_{cr} 评价土是否会因水向上渗流而发生渗透破坏。

综上，在水的渗透力作用下土的有效重度变化见表 2-2。

表 2-2　在渗透力作用下土的有效重度变化情况表

	有效水重 $\overline{\gamma_w}$	有效土重 $\overline{\gamma}$	特　点
水渗流方向与土自重方向一致时	$\gamma_w - j$	$\gamma' + j$	土变重
水渗流方向与土自重方向相反时	$\gamma_w + j$	$\gamma' - j$	土变轻
临界状态时	—	0	土失重

注：水渗透力 $j = \gamma_w \cdot i$。

三、土的渗透破坏

在渗流作用下土体"失重"所引发的破坏，称为土的渗透破坏，其主要表现形式有流土（或称流砂、翻砂）和管涌两种。工程中发生土的渗透破坏，往往会造成严重、甚至是灾难性的后果。如在南京长江大桥某桥墩的基础施工中，因在围堰内抽水引发砂土渗透破坏，约 3 000 m³ 泥沙涌入围堰，高达 10 m，使直径为 20 m 的围堰从内向外挤垮。因此，工程中应力求避免发生土的渗透破坏。

（一）流土破坏

流土是指水向上渗流时，在渗流出口处一定范围内，土颗粒或其集合体随之浮扬而向上移动或涌出的现象。从颗粒开始浮扬到出现流土经历的时间一般均较短，发生时一定范围内的土体会突然被抬起或冲毁。

理论上各种土都可能发生流土现象。实际上，由于土体颗粒大小、组成和亲水性不同，渗透作用也不同。对于漂石、卵石、碎石、砾石、粗砂类土，由于其亲水性弱和有足够的孔隙通道，

渗透水能顺利通过，一般不易发生流土现象；对于黏土类细颗粒土，由于其黏聚力大，细颗粒团相互集合能力强，能阻止被水冲走，同时孔隙细小且不联通，水几乎不能渗过，故也难以发生流土现象；对于细砂土、粉砂土、砂质粉土、粗粒粉土等，则最容易发生流土状渗透破坏。

工程上可根据渗流的水力梯度 i 和土的临界水力梯度 i_{cr} 按下述原则来判断：若 $i < i_{cr}$，不会发生流土破坏；若 $i = i_{cr}$，处于临界状态；若 $i > i_{cr}$，会发生流土破坏。设计计算时不仅应使 $i < i_{cr}$，还需有一定的安全储备，即 i 应满足下列条件：

$$i \leqslant \frac{i_{cr}}{F_s} \qquad (2\text{-}25)$$

式中 F_s 为安全系数，一般情况应不小于 1.5。对于深开挖工程或特殊工程，建议 F_s 应不小于 2.5～3.0。

计算流土破坏安全系数时应取最大的水头差和最短的渗透路径，如图 2-11 所示，安全系数 F_s 为

$$F_s = \frac{i_{cr}}{i_{max}} = \frac{\gamma'/\gamma_w}{\Delta h/(L+h)} \qquad (2\text{-}26)$$

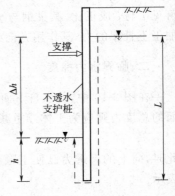

图 2-11 渗流安全系数计算简图

（二）管涌破坏

管涌是土在渗流作用下，细颗粒在粗颗粒间的孔隙中移动，或在抗管涌稳定土层之间的细粉砂夹层中细颗粒被压力水流带出的现象。它可发生在渗流出口处，也可出现在土层内部，因而又称之为渗流引起的潜蚀。管涌破坏一般有一个发展过程，不像流土那样具有突发性。

图 2-12 管涌现象示意图

发生管涌的土一般为无黏性土。产生的必要条件之一是土中含有适量的粗颗粒和细颗粒，且粗颗粒间的孔隙通道足够大，可容粒径较小的颗粒在其中顺水流翻滚移动；或者在黏性土中存在细、粉砂夹层。研究结果表明，不均匀系数 $C_u < 10$ 的土，颗粒粒径相差尚不够大，一般不具备上述条件，不会发生管涌。对 $C_u > 10$ 的土，如果粗颗粒间的孔隙为细颗粒所填满，渗流将会遇到较大阻力而难以使细颗粒移动，因而一般也不会发生管涌；反之，如果粗颗粒间的孔隙中细颗粒不多，渗流遇到的阻力较小，就有可能发生管涌。这是从土的颗粒组成分析管涌的可能性。发生管涌的另一个必要条件是水力梯度超过其临界值。但应注意，管涌的临界水力梯度与式(2-24)流土的水力梯度不同，有关的研究工作还不够，尚无公认合适的计算公式。一些研究者提出了管涌水力梯度容许值：致密黏性土的水力梯度容许值为 0.40～0.52；粉质黏土 0.20～0.26；细砂 0.12～0.16；中砂 0.15～0.20；粗砂/砾石土 0.25～0.33。其他学者也有如下建议值：颗粒级配连续土的水力梯度容许值为 0.15～0.25；级配不连续（即级配曲线出现水平段）的土 0.1～0.2。设计时可以参考采用，但重要工程应通过渗透破坏试验确定。

【例 2-5】 设河水深 2 m，河床表层为细砂，其颗粒相对密度 $G_s = 2.68$，天然孔隙比 $e = 0.8$。若将一井管沉至河底以下 2.5 m，并将管内的砂土全部挖出，再从井管内抽水（图 2-13），问井内水位降低多少时会引起流土破坏？

【解】 设井内水位降低 x 时达到流土的临界状态,即 $i = i_{cr}$。从图 2-13 可知:

$$i = \frac{x}{2.5}$$

故得

$$\frac{x}{2.5} = \frac{\gamma'}{\gamma_w}$$

则

$$x = 2.5 \frac{\gamma'}{\gamma_w}$$

已知土的 G_s 和 e,则其 γ' 为

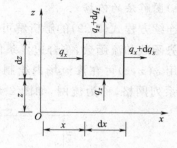

图 2-13 例题 2-5 图(单位:m)

$$\gamma' = \frac{\gamma_w(G_s - 1)}{1 + e} = \frac{10(2.68 - 1)}{1 + 0.8} = 9.33(\text{kN/m}^3)$$

于是得

$$x = 2.5 \times \frac{9.33}{10} = 2.33 \text{ m}$$

根据上述计算结果,井内水位降低 2.33 m 时达到流土的临界状态,若再降低,就会发生流土破坏,即井外的砂土涌入井内。若考虑安全系数的话,井内水位降低高度还得减小。

第四节 二维稳定渗流问题

一、二维稳定渗流的连续方程

前面所研究的渗流情况比较简单,属一维渗流问题,可直接根据达西定律建立计算公式求解。然而,工程中遇到的渗流问题常常较为复杂,土中各点的总水头、水力梯度及渗流速度都与其位置有关,属二维或三维渗流问题,需用微分方程来描述。

工程中二维渗流的情况较为常见。例如,长度较大的板桩墙或混凝土连续墙[图 2-14(a)]下的渗流,土坝下及坝体内[图 2-14(b)]的渗流等,均可看成发生在平行于渗流方向的垂直平面内的二维渗流问题(图 2-14)。如果土是完全饱和的,并且可以认为渗流中的土和水均不可压缩,则水流的状态不随时间而变,这种渗流即为稳定渗流。

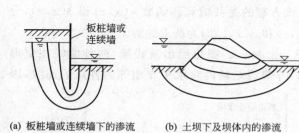

(a) 板桩墙或连续墙下的渗流   (b) 土坝下及坝体内的渗流

图 2-14 二维渗流的例子

图 2-15 通过二维元体的水流

在二维渗流平面内取一微元体如图 2-15 所示,其边长为 dx 和 dz,厚度为 1。图中示出了单位时间内从微元体四边流进或流出的水量。在 x 轴方向,当 $x = x$ 时的水力梯度为 i_x,$x = x + dx$ 时为 $i_x + di_x$;同样,z 轴方向当 $z = z$ 时的水力梯度为 i_z,$z = z + dz$ 时为 $i_z + di_z$。于是,根据式(2-6)的达西定律可得

$$q_x = k_x i_x dz \cdot 1, \quad q_x + dq_x = k_x(i_x + di_x)dz \cdot 1$$

$$q_z = k_z i_z dx \cdot 1, \quad q_z + dq_z = k_z(i_z + di_z)dx \cdot 1$$

式中　　k_x, k_z——土在 x 轴和 z 轴方向的渗透系数。

对于稳定渗流，单位时间内流入微元体的水量应等于流出的水量，即

$$q_x + q_z = q_x + \mathrm{d}q_x + q_z + \mathrm{d}q_z$$

由此得
$$k_x \mathrm{d}i_x \mathrm{d}z + k_z \mathrm{d}i_z \mathrm{d}x = 0 \qquad (2\text{-}27)$$

若二维渗流平面内 (x, z) 点处的总水头为 h，则

$$i_x = \frac{\partial h}{\partial x}, \quad i_z = \frac{\partial h}{\partial z}$$

因而
$$\mathrm{d}i_x = \frac{\partial^2 h}{\partial x^2}\mathrm{d}x, \quad \mathrm{d}i_z = \frac{\partial^2 h}{\partial z^2}\mathrm{d}z$$

代入式(2-27)，可得
$$k_x \frac{\partial^2 h}{\partial x^2} + k_z \frac{\partial^2 h}{\partial z^2} = 0 \qquad (2\text{-}28)$$

对于各向同性的均质土，$k_x = k_z$，上式可简化为

$$\frac{\partial^2 h}{\partial x^2} + \frac{\partial^2 h}{\partial z^2} = 0 \qquad (2\text{-}29)$$

式(2-28)和式(2-29)均为二维稳定渗流的连续方程，分别描述了 x、z 轴向渗透系数不同和相同两种情况下渗流场内总水头的分布。式(2-29)亦即著名的拉普拉斯(Laplace)方程，又称调和方程。

二、连续方程的解及流网

已知边界条件，可以解连续方程。求解的方法有数学解析法、数值解法、模拟实验法及图解法等。其中数学解析法往往因为边界条件复杂而难以或甚至无法求得解答。而其他方法虽然是近似的，但却可以避开数学解析法遇到的困难，所得结果的误差亦能保证在容许范围内，故实际上数学解析法常常为各种近似方法所代替。其中尤以图解法应用最为广泛，下面介绍这种方法。

随着计算机技术的日益发展，这些问题的计算机解答已完全实现。

(一)图解法的依据

从连续方程式(2-29)的解析解可知，满足该方程的是共轭调和函数 $\varphi(x, z)$ 和 $\psi(x, z)$，分别叫做势函数和流函数，符合边界条件的 $\varphi(x, z)$ 和 $\psi(x, z)$ 即为所求的解。

利用 $\varphi(x, z)$ 可在渗流场内绘制等势线簇，由 $\psi(x, z)$ 则可绘出流线簇，两种曲线相交形成的一系列网格，称为流网，如图 2-16 所示。等势线是场内总水头 h 相等的各点的连线，因

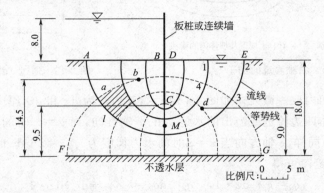

图 2-16　流网(单位:m)

而又叫做等水头线,图中用虚线表示。流线是渗流时水的质点在场内运动的路径,互不相交,每一流线均连续且在同一土层内是光滑的,图中用实线表示。相邻两流线间的区域称为流槽或流带,每一流槽由等势线划分为若干网格。除边界附近的少数网格外,大多数网格由流线和等势线围成曲边四边形,其中两相对的等势线之差即为该四边形内渗流的水头差。

从上述可以想到,在满足渗流场边界条件的前提下,可通过直接绘制流网来求连续方程式(2-29)的近似解。这就是求解该方程的图解法。

（二）流网的绘制

前面曾经提到,流网应满足渗流场的边界条件,这是绘制流网必须遵守的一个原则,否则不能保证解的唯一性。绘制流网时考虑的边界条件,包括根据渗流场的边界确定边界等势线和边界流线。一般来讲,建筑物地下部分的外轮廓线及土体内透水层与不透水层的分界线为边界流线,渗流入口和出口的土面线为边界等势线。

绘制流网时应注意其特征。由于势函数 φ 与流函数 ψ 共轭,二者满足著名的柯西—黎曼(Cauchy-Riemann)方程:

$$\frac{\partial \varphi}{\partial x}=\frac{\partial \psi}{\partial z}, \quad \frac{\partial \varphi}{\partial z}=-\frac{\partial \psi}{\partial x} \tag{2-30}$$

从上式可得
$$\frac{\partial \varphi/\partial x}{\partial \varphi/\partial z}=-\frac{1}{\frac{\partial \psi/\partial x}{\partial \psi/\partial z}} \tag{2-31}$$

式中等号左端为 φ 在 (x,z) 点的斜率,右端为 ψ 在该点的斜率的负倒数。这表明 φ 与 ψ 是正交的,因而流网中的等势线应与流线正交。

此外,绘制流网时一般使各流槽单位时间的流量相等,且任意两相邻等势线间具有相同的差值。在这种情况下,流网中各四边形网格沿等势线和流线两个方向的边长之比应相等。其证明如下:

先看图 2-16 画有阴影线的网格,其在等势线和流线方向的边长分别为 a 和 l（两者均按网格对边中线度量）。若该网格的两条等势线之间差值为 Δh,土的渗透系数为 k,则根据达西定律求得单位时间内流过该网格横截面的水量 Δq 为

$$\Delta q=k\frac{\Delta h}{l}a \cdot 1 \tag{2-32}$$

式中 1 表示网格在垂直于纸面方向的厚度。

再研究其他任一四边形网格,设其沿等势线和流线方向的边长各为 a_1 和 l_1,两等势线间差值为 $\Delta h'$,土的渗透系数为 k',则单位时间内流过其横截面的水量 $\Delta q'$ 为

$$\Delta q'=k'\frac{\Delta h'}{l_1}a_1 \cdot 1 \tag{2-33}$$

由于绘制流网时使 $\Delta q=\Delta q'$、$\Delta h=\Delta h'$,渗流场内的土又被看成是各向同性的,故 $k=k'$,因而从式(2-32)和式(2-33)可知 $a/l=a_1/l_1=$ 常量。

实际上,一般取四边形网格的边长比 $a/l=1$,使流网中的四边形网格呈曲边正方形,图 2-16 即为这种流网,此时

$$\Delta q=k\Delta h \tag{2-34}$$

归纳以上所述,绘制流网时应注意:

（1）应满足渗流场的边界条件;

（2）等势线与流线应相互正交；

（3）宜使流网中四边形网格沿等势线和流线两个方向边长之比值相近，且最好取为1。

现以图 2-16 板桩或连续墙下的渗流为例，说明绘制流网的步骤。在该例中，板桩或连续墙插入透水土层一定深度，假设该土层是各向同性的，其下为不透水层。在总水头差 ΔH 作用下，水从板桩或连续墙左边绕过其底部向上渗流。其流网的绘制按以下步骤进行：

（1）根据渗流场的边界条件确定边界流线和边界等势线。在本例中，渗流的水不可能透过板桩或连续墙及不透水层顶面，但可以沿其表面渗流，因而 BCD 和 FG 均为边界流线；渗流的入口 AB 和出口 DE 为边界等势线。

（2）根据前面所述的绘制流网时的注意事项初步绘制流网。绘制流线时，从围绕边界流线 BCD 的第一条流线开始，逐步过渡到边界流线 FG；等势线则从中间开始绘制，然后向两侧扩展。

（3）检查流线与等势线的正交性及四边形网格两个方向边长的比值 a/l。本例取该比值为 1.0，至少应使大部分四边形网格的边长比达到这一要求。一般要经过多次反复修改，才能绘出合乎要求的流网。

（三）渗透系数 $k_x \neq k_z$ 时的流网

前面关于流网的讨论基于连续方程式（2-29），适用于各向同性的稳定渗流。如果土在水平和垂直方向的渗透系数不相等，则需按下述方法进行转换。

当 $k_x \neq k_z$ 时，稳定渗流的连续方程为式（2-28），该式可改写如下：

$$\frac{\partial^2 h}{\partial\left(\sqrt{\dfrac{k_z}{k_x}}\,x\right)^2}+\frac{\partial^2 h}{\partial z^2}=0 \tag{2-35}$$

令

$$\xi=x\sqrt{\frac{k_z}{k_x}} \tag{2-36}$$

则式（2-35）又可改写为

$$\frac{\partial^2 h}{\partial\xi^2}+\frac{\partial^2 h}{\partial z^2}=0 \tag{2-37}$$

这是将连续方程式（2-28）的 x 坐标转换为 ξ 所得到的方程，形式上与式（2-29）相同，前面所述绘制流网的要求和方法均适用于该式描述的渗流问题。

因此，对于 $k_x \neq k_z$ 的土，先以式（2-37）为根据，按照前述要求和方法在 $\xi-z$ 坐标上绘制流网，然后根据式（2-36）将其中的 ξ 坐标转换为 x 坐标即可，通常把 $\xi-x$ 坐标的流网叫做变态流网，ξ 坐标转换为 x 坐标后则为实际流网。显然，坐标转换仅限于水平方向，垂直坐标 z 保持不变。在变态流网中，流线与等势线正交，实际流网则不再维持这种关系。

应注意到，从式（2-28）转换为式（2-37），意味着把 $k_x \neq k_z$ 的土转换为各向同性的均质土，其渗透系数由原土的 k_x 和 k_z 换算而得，并称之为等效渗透系数，用 k_e 表示：

$$k_e=\sqrt{k_x k_z} \tag{2-38}$$

上式可由图 2-17 导得。该图示出一个变态网格及与之相应的实际网格，单位时间内沿水平方向流过两者横截面的水量应相等，如图所示均为 Δq_x，于是根据达西定律得

$$k_e\frac{\Delta h}{l\sqrt{\dfrac{k_z}{k_x}}}a\cdot l=k_x\frac{\Delta h}{l}a\cdot l$$

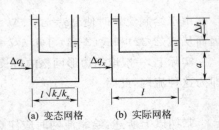

(a) 变态网格　　(b) 实际网格

图 2-17　等效渗透系数的计算

所以
$$k_e = k_x \sqrt{\frac{k_z}{k_x}} = \sqrt{k_x k_z}$$

变态流网任意四边形网格的单位时间流量 Δq 仍按式(2-34)计算,但其中的渗透系数 k 应代之以等效渗透系数 k_e。

三、流网的应用

流网既然是二维稳定渗流连续方程的解,渗流场内各点的总水头 h 便可从中求得,此外还可据之计算渗流的水力梯度、流速、流量及渗透力。由于水力梯度一经求出,便可分别根据达西定律和式(2-22)计算渗流速度和渗透力,所以下面仅就总水头、水力梯度和渗流量的计算,以图 2-16 的流网为例加以说明。

1. 总水头的计算

从前面所述流网的绘制可知,对于图 2-16 所示的曲边正方形流网,任意相邻两等势线间的总水头差相等。设该水头差为 Δh,渗流场的总水头差为 ΔH,每一流槽的网格数(包括四边形和非四边形网格)为 N,则

$$\Delta h = \frac{\Delta H}{N} \tag{2-39}$$

按上式算出 Δh 后,确定基准面,就可以计算渗流场内任一点的总水头。

例如,图 2-16 中 b 和 d 是在不同等势线上的两点,试求总水头 h_b 和 h_d。对于该图的渗流场和流网,$\Delta H = 8.0$ m,$N = 8$,按式(2-39)得 $\Delta h = 1.0$ m。以不透水层顶面 FG 为基准面,先来看 h_b 的计算。因 b 点所在的等势线上总水头比边界等势线 AB 的总水头低 Δh,而后者总水头为势水头 18.0 m 与静水头 8.0 m 之和,故

$$h_b = 18.0 + 8.0 - \Delta h = 25.0 \text{(m)}$$

从流网知,b 点的总水头比 d 点高 $5\Delta h$,故

$$h_d = h_b - 5\Delta h = 20.0 \text{(m)}$$

如果需要计算 b 和 d 两点的静水头 h_{wb} 和 h_{wd},则按比例从图中量出两者至基准面 FG 的距离,得出它们的势水头 z_b 和 z_d 为

$$z_b = 14.5 \text{ m}, \quad z_d = 9.0 \text{ m}$$

于是得
$$h_{wb} = h_b - z_b = 10.5 \text{(m)}$$
$$h_{wd} = h_d - z_d = 11.0 \text{(m)}$$

2. 水力梯度的计算

从流网可以求得任一网格的平均水力梯度 i:

$$i = \frac{\Delta h}{l} \tag{2-40}$$

式中 l 为所计算得网格流线的平均长度,可按比例从图中量得。例如图 2-16 的网格 1234,从图中量得 $l = 5.2$ m,故该网格的平均水力梯度为

$$i = \frac{1.0}{5.2} = 0.19$$

因流网中各网格的 Δh 相同,i 的大小只随 l 而变,故在网格较小或较密的部位,i 值较大。据此可从流网图中判定土体最易发生渗透破坏的部位,以便进行检算。对于图 2-16 所示板桩或连续墙下的渗流,CD 段渗流出口处的水力梯度常对土的渗透稳定性起控制作用。

3. 渗流量的计算

由于绘制流网时使各流槽的单位时间流量 Δq 相等,若流网的流槽数为 F,则在垂直于纸面方向的单位长度内,单位时间的总流量 q 为

$$q = F\Delta q \tag{2-41}$$

对于曲边正方形流网,Δq 按式(2-34)计算,故其 q 为

$$q = Fk\Delta h \tag{2-42}$$

在图 2-16 中,$F=4$,若流场内土的渗透系数 $k=2.0\times10^{-3}$ m/h,则

$$q = 4\times2.0\times10^{-3}\times1.0 = 8.0\times10^{-3}\ (\text{m}^3/\text{h})$$

 复 习 题

2-1 两种黏性土分别具有分散结构和絮凝结构,试问当二者的孔隙比相同时,它们的渗透性是否相同?为什么?

2-2 两种砂土按颗粒级配均属中砂,但两者的有效粒径 d_{10} 有显著差别,问这是否会使它们具有不同的渗透系数?为什么?

2-3 如图 2-18 所示,在恒定的总水头差之下水自下而上透过两个土样,从土样 1 顶面溢出。

(1)以土样 2 底面 c—c 为基准面,求该面的总水头和静水头;

(2)已知水流经土样 2 的水头损失为总水头差的 30%,求 b—b 面的总水头和静水头;

(3)已知土样 2 的渗透系数为 0.05 cm/s,求单位时间内土样横截面单位面积的流量;

(4)求土样 1 的渗透系数。

2-4 在习题 2-3 中,已知土样 1 和 2 的孔隙比分别为 0.7 和 0.55,求水在土样中的平均渗流速度和在两个土样孔隙中的渗流速度。

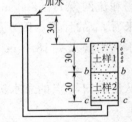

图 2-18 习题 2-3 图
(单位:cm)

2-5 如图 2-19 所示,在 5.0 m 厚的黏土层下有一砂土层厚 6.0 m,其下为基岩(不透水)。为测定该砂土的渗透系数,打一钻孔到基岩顶面并以 10^{-2} m³/s 的速率从孔中抽水。在距抽水孔 15 m 和 30 m 处各打一观测孔穿过黏土层进入砂土层,测得孔内稳定水位分别在地面以下 3.0 m 和 2.5 m,试求该砂土的渗透系数。

2-6 如图 2-20 所示,其中土层渗透系数为 5.0×10^{-2} cm/s,其下为不透水层。在该土层内打一半径为 0.12 m 的钻孔至不透水层,并从孔内抽水。已知抽水前地下水位在不透水层以上 10.0 m,测得抽水后孔内水位降低了 2.0 m,抽水的影响半径为 70.0 m,试问:

(1)单位时间的抽水量是多少?

(2)若抽水孔水位仍降低 2.0 m,但要求扩大影响半径,应加大还是减小抽水速率?

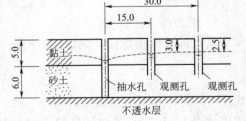

图 2-19 习题 2-5 图(单位:m)

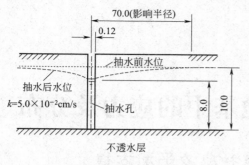

图 2-20　习题 2-6 图(单位:m)

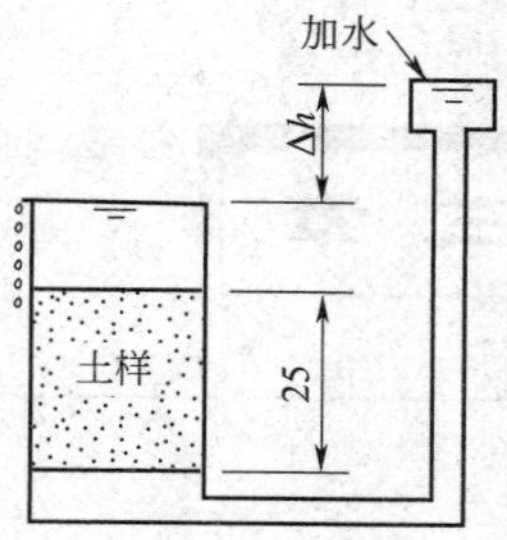

图 2-21　习题 2-7 图(单位:cm)

2-7　在图 2-21 的装置中,土样的孔隙比为 0.7,土粒相对密度为 2.63,求渗流的水力梯度达临界值时的总水头差和渗透力。

2-8　在图 2-18 中,水在两个土样内渗流的水头损失与习题 2-3 相同,土样的孔隙比见习题 2-4,又知土样 1 和 2 的土粒相对密度分别为 2.7 和 2.65,如果增大总水头差,问当其增至多大时哪个土样的水力梯度首先达到临界值? 此时作用于两个土样的渗透力各为多少?

2-9　试验装置如图 2-22 所示,土样横截面积为 30 cm²,测得 10 min 内透过土样渗入其下容器的水重为 0.018 N,求土样的渗透系数及其所受的渗透力。

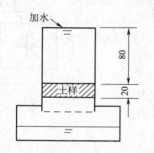

图 2-22　习题 2-9 图(单位:cm)

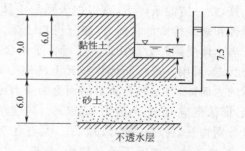

图 2-23　习题 2-10 图(单位:m)

2-10　某场地土层如图 2-23 所示,其中黏性土的饱和重度为 20.0 kN/m³;砂土层含承压水,其水头高出该层顶面 7.5 m。今在黏性土层内挖一深 6.0 m 的基坑,为使坑底土不致因渗流而破坏,问坑内的水深 h 不得小于多少?

2-11　何谓稳定渗流? 简述二维稳定渗流流网的特征和用途。

2-12　试求图 2-16 的流网中 C 和 M 两点的总水头和静水头。

第三章

土和地基中的应力及分布

第一节　土中应力状态和应力平衡方程

当土工结构和天然地基承受外部荷载作用时,土体要发生变形。因此需要确定土体的强度和变形,以确保土工结构或位于地基上建筑物的安全。为此,必须研究荷载作用下土中各点的应力状态和分布,从而进行土的强度、变形和稳定的检算。

与一般均匀连续介质不同,土是三相体,在外力作用下的应力状态非常复杂。但从大体上看,在小变形范围内,力和变形大致成直线关系。超过这个范围,力和变形成非线性关系,或力不增加,而变形继续发展,这就是所谓的弹性和塑性性质。严格地讲,在自然界中不存在理想的弹性和塑性材料。但为了简化计算,在一定的条件下,可以把天然岩土体近似于具有理想的弹性和塑性性质的材料,以便分析和计算。

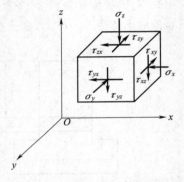

图 3-1　土中体积元上的应力

当土体受到外力作用而处于静力平衡状态时,土中一点的应力状态,可用一正六面体体积元上的应力来表示。如图 3-1所示的六面体,与 x 轴相垂直的面上的应力可分解为 3 个应力分量,即法向应力 σ_x,剪应力 τ_{xy} 和 τ_{xz},同理在其它面上的应力分量分别为 σ_y、τ_{yx}、τ_{yz} 和 σ_z、σ_{zy}、σ_{zx},共有九个应力分量。在土力学中,由于土基本上不承受拉力,故取压力为正,拉力为负,这是土力学中的特殊规定,与一般固体力学不同。根据剪应力互等原理,即 $\tau_{xy}=\tau_{yx}$、$\tau_{xz}=\tau_{zx}$ 和 $\tau_{yz}=\tau_{zy}$,则作为独立应力分量的只有 6 个,即 σ_x、σ_y、σ_z、τ_{xy}、τ_{xz} 和 τ_{yz}。当体积元缩小到一点时,这 6 个应力分量就表示该点的应力状态。如果在该点的任一方向取一切面元,则面元上的法向应力和剪应力都可用这 6 个独立应力分量来表示。

在空间坐标中,存在这样一个方向,该方向上六面体中三个正交面上的剪应力均为零,剩下三个法向应力 σ_1、σ_2 和 σ_3,这三个相互垂直的应力称为主应力。假定 $\sigma_1>\sigma_2>\sigma_3$,则它们分别称为大、中和小主应力,所作用的面称为主应力面。

在土体中取一直角坐标系,如果沿一个坐标轴方向土中应力不随位置的改变而变化,而沿另外两个轴向则不相同,应力将随位置的改变而变化,这就是二维的平面问题。如果在应力不变的坐标轴上,应变为零,这就是平面应变问题。在土力学问题中,这种情况是经常遇到的。这时土中一点的独立应力分量只剩 3 个了。如图 3-2,在 $x-z$ 平面上设取一直角三棱柱体积元,其顶面为直角三角形 ABC,其厚度为 1,厚度方向与 y 轴平行。设在 y 轴方向应力不变,而应力仅在 x、z 轴向变化,因此这是平面问题。由图上看出,在直角三角形 ABC 上,作用在斜边 AC 上的应力 σ

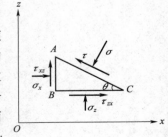

图 3-2　两维问题土中
一点的应力

和 τ 可通过作用在 AB 和 BC 边上的应力 σ_x、τ_{xz} 和 σ_z 来表示。在这里，$\angle C = \theta$，如令 $\cos\theta = n$，$\sin\theta = l$，则不难证明：

$$\sigma = \sigma_x l^2 + \sigma_z n^2 + 2\tau_{xz} nl \tag{3-1a}$$

$$\tau = (\sigma_x - \sigma_z)nl + \tau_{xz}(n^2 - l^2) \tag{3-1b}$$

在以上方程中，没有考虑体积力，因为体积元为无限小，而体积力与体积成正比，与方程中的其他量对比，其量级是高次的，可忽略不计。

当改变 θ 角时，AC 面上的剪应力 τ 值在某一角度可变成零。此时截面 AC 为主应力面，其方向可由式(3-1b)求得。令 $\tau = 0$，则：

$$\tan 2\theta = \frac{2nl}{n^2 - l^2} = \frac{2\tau_{xz}}{\sigma_z - \sigma_x} \tag{3-2}$$

上式为主应力面方向(以 θ 表示)与其他方向应力间的关系式。若采用摩尔应力圆，则土中应力的相互关系更能清楚地表达出来。令法向应力以压为正，剪切应力以逆时针方向旋转为正，如图 3-3(b)所示，取一直角三角形元素体 ABC，在 AC、BC 边上应力 σ_x、σ_z 和 τ_{xz} 为已知，而斜边 AB 为大主应力 σ_1 作用面，其与水平面夹角为 θ，其正交面 $A'B'$ 为小主应力 σ_3 作用面，通过已知应力可作出摩尔应力圆，如图 3-3(a)。图上 a 点的坐标(σ_z, τ_{xz}) 表示 BC 面上的应力，而 a' 点的坐标$(\sigma_x, -\tau_{xz})$ 代表 AC 面上的应力，以 aa' 为直径，中点 O' 为圆心，在 $\sigma-\tau$ 直角坐标上作圆，则圆上任一点 P 的坐标$(\sigma_x, -\tau_{xz})$ 代表某一对应切面上的应力。若 P 点落在横轴1、3两点上，则 $\tau = 0$，σ 为 σ_1 和 σ_3，即大、小主应力，对应的大主应力作用面 AB 与水平面夹角 θ，从图上可得出，圆心角 $\angle aO'1 = 2\theta$，由 $\angle aO'b$ 中可看出：$\tan 2\theta = 2\tau_{xz}/(\sigma_z - \sigma_x)$，与式(3-2)完全一致。

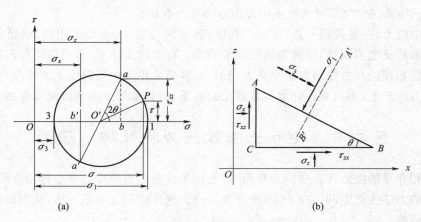

图 3-3　摩尔应力圆

至于主应力与其他方向应力之间的关系也不难由应力圆上求出：

$$\left.\begin{array}{r}\sigma_1\\\sigma_3\end{array}\right\} = \frac{1}{2}(\sigma_x + \sigma_z) \pm \left[\left(\frac{\sigma_x - \sigma_z}{2}\right)^2 + \tau_{xz}^2\right]^{1/2} \tag{3-3}$$

或者：

$$\left.\begin{array}{r}\sigma_x\\\sigma_z\end{array}\right\} = \frac{1}{2}(\sigma_1 + \sigma_3) \mp \frac{1}{2}(\sigma_1 - \sigma_3)\cos 2\theta \tag{3-4a}$$

$$\tau_{xz} = \frac{1}{2}(\sigma_1 - \sigma_3)\sin 2\theta \tag{3-4b}$$

从式(3-4b)可以看出最大剪应力 $\tau_{max}=\frac{1}{2}(\sigma_1-\sigma_3)$，作用面与大主应力作用面的夹角 $\theta=45°$，由摩尔应力圆更容易得出圆的半径为 τ_{max}。

利用摩尔应力圆可以很方便地把一点的应力状态表达出来，这对相关力学的计算非常有用。在研究由于外力作用而产生的土中应力变化时，往往先在土体中取一自由体体积元，如图3-1，并进行静力平衡分析。考虑到土中应力的连续变化性和平衡条件，并假定土中仅存在垂直方向(令为 z 轴向)体积力，即土的重度 γ，从而可导出如下应力连续方程：

在 x 轴方向

在 y 轴方向

在 z 轴方向

$$\left.\begin{array}{l}\dfrac{\partial \sigma_x}{\partial x}+\dfrac{\partial \tau_{yx}}{\partial y}+\dfrac{\partial \tau_{zx}}{\partial z}=0\\[2mm]\dfrac{\partial \tau_{xy}}{\partial x}+\dfrac{\partial \sigma_y}{\partial y}+\dfrac{\partial \tau_{zy}}{\partial z}=0\\[2mm]\dfrac{\partial \tau_{xz}}{\partial x}+\dfrac{\partial \tau_{yz}}{\partial y}+\dfrac{\partial \sigma_z}{\partial z}=\gamma\end{array}\right\} \quad (3\text{-}5)$$

以上方程适用于任何静止的、仅在 z 轴向存在体积力的连续介质材料，与材料的物理力学性质及变形状态等无关。

当应力沿 y 轴向的变化为零时，则上述方程尚能进一步简化如下：

在 x 轴方向

在 z 轴方向

$$\left.\begin{array}{l}\dfrac{\partial \sigma_x}{\partial x}+\dfrac{\partial \tau_{zx}}{\partial z}=0\\[2mm]\dfrac{\partial \sigma_{xz}}{\partial x}+\dfrac{\partial \sigma_z}{\partial z}=\gamma\end{array}\right\} \quad (3\text{-}6)$$

式(3-6)即为平面问题方程，对求解土中应力分布极为有用。

关于土中应力，还要强调一点：土是三相体，各相的性质、大小均不相同，因而各相所承担的荷载和变形特征也不一样，这样的研究异常困难。在实际工作中，若要借用各向同性均匀连续介质力学成熟理论和方法研究土中应力状态，则只能采用土中某截面上各相应力的平均值。

土中应力的产生，不仅来自外加荷载和土的自重，而且也与土中的渗流等作用有关。

第二节　饱和土有效应力和孔隙水压力

土是三相介质的混合体。在外力作用下，土体单位截面上的应力将由各相介质分别承担。由于各介质的力学性能不同，它们本身变形和对应力的传递形式也不一样，从而影响到整个土体的变形和强度。

构成土体的主要部分是固相，即固体颗粒，它们堆积成具有孔隙的构体，称为骨架。骨架的轮廓尺寸也就是土体体积。在一般非饱和情况下，骨架孔隙由部分空气和水填充；在饱和情况下，孔隙则完全由水填充。上述两种不同饱和情况的土在受外力作用时的变形特征各异。本节内容将从土的变形角度来讨论饱和土在外力作用下，各相的应力特征和相互关系。

假定饱和土样在外力作用下，土颗粒骨架和孔隙水分别承担了部分外力。骨架所受的力将通过颗粒及其相互接触点，按一定方向传递。由于受力的不平衡，颗粒之间将发生错动和压缩，造成土中孔隙减小，土骨架收缩。相对于孔隙变形，固体颗粒本身变形和压缩可忽略不计。因此，土骨架或者土体的变形收缩量只是孔隙的变化量。使土骨架产生形变的压力，称为有效应力，常用 σ' 表示，它可源于外部荷载和土自重。孔隙水所承担的压力称为孔隙水压力或孔隙压力，它包含水面以下的水柱压力和作用在水面上的外力，并按静水压向四面传递。由于土颗粒四周都将受到同样的水压作用,颗粒之间不会产生相对移动,土骨架不会变形,故静水压力又称中性压力,一般用 u 表示。在工程范围内,一般认为水和固体颗粒一样,是不可压缩的。

现在讨论土在外力作用下,随着孔隙水的渗出,有效应力和孔隙水压力之间的变化关系。根据太沙基的有效应力理论,作用在饱和土体上的总应力 σ,等于作用在土骨架上的有效应力 σ' 与孔隙水压力 u 之和,即

$$\sigma = \sigma' + u \tag{3-7}$$

当总应力 σ 不变时,u 的增加就意味着 σ' 的减少,反之亦然。当土体受到 σ 突然作用时,土中孔隙压力将随土的渗透情况发生变化。在 σ 刚作用的瞬间,孔隙水来不及渗出,孔隙压 u 迅速增加。这种由外力引起附加的孔隙水压力称为超静水压力。不论是静水压或超静水压,它们都具有传递静水压的能力,一般都用 u 表示。所不同的是超静水压与外荷载作用的形式、大小和时间有关,不稳定且随着土中渗流的发生而逐渐降低消失,这种现象称为消散;而静水压与外荷载无关,通常与地下水位情况有关。当孔隙水压消散时,孔隙减小,土骨架将产生压缩,有效应力也随之提高。当超静水压消散完毕时,孔隙水的外渗也停止,垂直有效应力则等于垂直总应力。

上面所述的有效应力,是指作用在土骨架单位截面上的压力。还有一种作用在骨架单位体积上的力,它同样能使骨架变形,这是一种体积力,一般称为有效力。如土的重度 γ、浮重度 γ',水在土中渗流而产生的渗透力,都属于这种力的范畴。在海港工程中,为了清理航道,填筑码头,往往用水力机械把海底泥砂和水的混合体抽到岸上,泥砂在自重和排水作用下慢慢沉淀压密形成所谓"吹填土"。

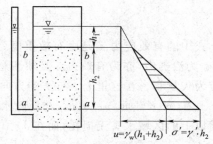

$$u = \gamma_w(h_1 + h_2) \qquad \sigma' = \gamma' \cdot h_2$$

图 3-4　无渗流时的有效压力和孔隙水压

图 3-4 展示孔隙水处于静止状态时,饱和砂土中的有效应力和孔隙水压随深度的分布情况。图中一盛满饱和砂土的容器,水面高出砂面 h_1。根据力的平衡,在砂土中任何水平截面上的总应力 σ_z 等于孔隙水压 u 和有效应力 σ' 之和,即 $\sigma_z = u + \sigma'$。在砂面以下 h_2 处取一水平截面 $a-a$,在该截面上引出一水压管,其水压头必与容器水面同高,即该截面上的孔隙水压可由水压管的水压头来衡量,其孔隙水压 $u = \gamma_w(h_1 + h_2)$。根据式(3-7),有效应力 σ' 应为总应力 σ_z 和孔隙水压 u 之差。现总应力为 $\sigma_z = \gamma_w h_1 + \gamma_{sat} h_2$,故在 $a-a$ 截面上的有效应力为

$$\sigma' = \sigma_z - u = \gamma_{sat} h_2 + \gamma_w h_1 - \gamma_w(h_1 + h_2) = (\gamma_{sat} - \gamma_w)h_2 = \gamma' h_2$$

而在砂面 $b-b$ 截面处的有效应力 $\sigma' = 0$。显然,在 γ' 为定值的情况下,σ' 随 h_2 成线性变化,故有效应力在砂土中随深度成三角形分布(见图中阴影部分)。关于孔隙水压力,在水面处 $u = 0$,在 $a-a$ 处,$u = \gamma_w(h_1 + h_2)$,故随水深也成三角形分布(见图中非阴影部分)。

当孔隙水处于流动状态时,有效应力和孔隙水压力的分布会发生新的变化。

图 3-5(a)表明孔隙水在向下渗流时,有效应力和孔隙水压力随深度的分布情况。在 $a-a$ 截面处引出一水压管,管口水面较容器水面低 h。令 $a-a$ 截面为基准面,则由水压管可得该截面的总水头高 $h_a = h_1 + h_2 - h$,而在 $b-b$ 截面处的势水头为 h_2,水压头为 h_1,总水头为 $h_b = h_1 + h_2$,则 $b-b$ 和 $a-a$ 之间的水头差 $\Delta h = h_b - h_a = h$。在压力差 $\gamma_w h$ 的作用下,水由 $b-b$ 渗流到 $a-a$,其渗流长度为 h_2,共消耗水头 h,故两截面间的水力梯度 $i = h/h_2$。至于 $a-a$ 截面上的总应力 σ_z 应等于该截面上水柱重量和土柱重量之和,即 $\sigma_z = \gamma_w h_1 + \gamma_{sat} h_2$,而该截面上的孔隙水压,可由该处水压管测得,$u = \gamma_w(h_1 + h_2 - h)$。该处的有效应力可按式(3-7)求得:

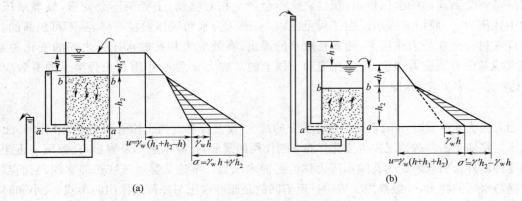

图 3-5　在有渗流时的有效压力和孔隙水压

$$\sigma' = \sigma_z - u = \gamma_w h_1 + h_2(\gamma' + \gamma_w) - \gamma_w(h_1 + h_2 - h)$$

$$= \gamma' h_2 + \gamma_w h = h_2\left(\gamma' + \frac{h}{h_2} \cdot \gamma_w\right) = h_2(\gamma' + i\gamma_w) \qquad (3\text{-}8)$$

上式中的有效应力 σ' 是由有效重度 $(\gamma' + i\gamma_w)$ 引起的。其中 γ' 为浮重度,为有效力;而体积力 $i\gamma_w$ 为渗透力,亦为有效力。必须注意,渗透力的作用方向与孔隙水的流向一致,所以它与 γ' 应为矢量和。在这里 $i\gamma_w$ 与 γ' 的方向一致,都是向下作用,故两者应相加。

在 $b-b$ 截面,$u = \gamma_w h_1$,与孔隙水处于静止状态时的孔隙水压相同,见图 3-4,说明在此截面以上的区域水头无损耗;而在 $a-a$ 截面则有 $u = \gamma_w(h_1 + h_2 - h)$,与图 3-4 相比,压力减小了 $i\gamma_w h_2$。至于有效应力,在 $b-b$ 处 $\sigma' = 0$,与图 3-4 相同,但在 $a-a$ 处 $\sigma' = \gamma' h_2 + i\gamma_w h_2$,与图 3-4 比较,压力增加了 $i\gamma_w h_2$,但总应力 σ_z 不变。同时也可以看出,有效应力 σ' 在砂中是随深度增加的,其分布仍然成三角形(见图中阴影部分);而孔隙水压则由水面到 $a-a$ 处成折线分布(图中非阴影部分)。上述孔隙水压力和有效应力与图 3-4 的差异,主要是由渗透力 $i\gamma_w$ 引起的。

图 3-5(b)表明孔隙水向上渗流时有效应力和孔隙水压力随深度的分布。在 $a-a$ 截面上的孔隙水压力 $u = \gamma_w(h_1 + h_2 + h)$,而该处总应力 σ_z 为土柱和水柱重量之和,即 $\sigma_z = \gamma_w h_1 + \gamma_{sat} h_2$。故该处有效应力按式(3-7)应为:

$$\sigma' = \sigma_z - u = \gamma_w h_1 + (\gamma' + \gamma_w)h_2 - (h_1 + h_2 + h)\gamma_w = \gamma' h_2 - \gamma_w h = h_2(\gamma' - i\gamma_w) \qquad (3\text{-}9)$$

上式中的有效应力 σ' 来自有效重度 $(\gamma' - i\gamma_w)$。这里,渗透力 $i\gamma_w$ 的作用方向与 γ' 的重力方向相反,故其合力为两者之差。由图 3-5 可以看出,孔隙压力由 $b-b$ 开始向下以更大的斜率成线性增加,到 $a-a$ 处,较静止状态时高出 $i\gamma_w h_2$。有效应力则相反,在 $a-a$ 处较静止状态时减少了 $i\gamma_w h_2$。这是由于水在土中渗流产生的渗透力,与土的重力方向相反,抵消了一部分土的自重力的结果。至于各种压力的分布图形,与前面情况基本相似,只不过有效应力的三角图形有所减小,而孔隙水压力的下段折线部分有同样幅度的增大。

从式(3-9)可看出,在渗透力作用下有效应力的大小取决于水力梯度 i。当 i 增加时,σ' 减小;当 i 增大到某一临界值时,有效重度 $(\gamma' - i\gamma_w)$ 等于零,即 $\sigma' = 0$。这时,土颗粒处于失重状态,将发生所谓"管涌"或"流砂"现象。在基础施工的排水过程中,流砂现象会导致灾难性事故。所以在进行基坑排水时,必须控制水力梯度 i,使其小于临界水力梯度 i_{cr}。而 i_{cr} 可由 $\gamma' - \gamma_w i = 0$ 求得,即

$$i_{cr} = i = \frac{\gamma'}{\gamma_w}$$

此式与式（2-24）相同。

第三节　非饱和土孔隙压力及有效应力

在岩土工程中大量遇到的是非饱和土，孔隙中不仅含有水，也含部分气，为三相体（固相、液相、气相）。近年来人们对非饱和土有了深入的研究，认为液相与气相的交接面是一层薄的水膜，具有表面张力，能直接影响到土的力学性征，所以有人认为应该把水膜视为一个独立相，与液相、固相、气相区别开来，使非饱和土形成四相体。由于水膜很薄，所占体积很小，其影响一般可忽略不计。因此在建立土体各相的体积—质量关系时，仍可按三相对待。

当土处于非饱和状态时，孔隙中不仅有水、空气，还有水膜。当饱和度 S_r 接近于 1 时，则孔隙中会形成许多小气泡，为孔隙水所包围，互相不连通，其孔隙气压 u_a 与孔隙水压 u_w 并不相等，而且 u_a 大于 u_w。其道理不难由图 3-6 加以说明：设土中孔隙气体为水所包围，形成孤立的小气泡，示于图 3-6(a)，r_m 为气泡半径，孔隙水承受着水压 u_w，气泡承受气压 u_a，包围气泡的水膜将产生表面张力 T。设气泡处于静力平衡状态，通过气泡中心取一截面 $a-a$，如图所示，则可建立如下平衡方程：

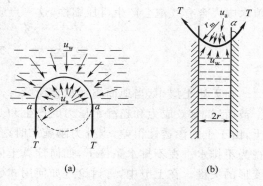

$$\pi r_m^2 u_w + 2\pi r_m T = \pi r_m^2 u_a$$

或
$$u_a - u_w = \frac{2T}{r_m} \tag{3-10}$$

如果孔隙中的气体相互贯通，并与大气相连，则孔隙气压 u_a 约为 0.1 MPa，这样的孔隙可假想为一半径为 r 的毛细管，如图 3-6(b)所示。孔隙

图 3-6　孔隙水压与孔隙气压平衡图

水与气体的接触面为一曲面水膜，设其曲率半径为 r_m，水膜的张力 T 与管壁成 α 角，根据水与土颗粒材料分子力的相互作用，α 一般小于 $90°$，因此按照力的平衡原理，力平衡方程为

$$r^2 \pi u_a = r^2 \pi u_w + 2r\pi T\cos\alpha$$

或
$$u_a - u_w = \frac{2T\cos\alpha}{r} = \frac{2T}{r_m}$$

此式与式（3-10）完全相同。由该式可发现，等式的右边为正值，故表示 u_a 大于 u_w。同时，也可看出孔隙水压和气压差与水膜曲率半径成反比，或者与孔隙平均半径成反比，这说明压力差与土的孔隙大小有关。根据试验观测，由于砂土的孔隙较大，水与气的压力差很少超过 5 kPa，而在黏土中，孔隙非常小，压力差往往可超过 10 MPa。

关于非饱和土在外力 σ 作用下的有效应力 σ'、孔隙水压 u_w 和孔隙气压 u_a 的分配关系，按照毕肖普（Bishop）提出的关系式为

$$\sigma = \sigma' + \chi u_w + (1-\chi)u_a \tag{3-11}$$

式中，χ 为试验系数。当土处于完全干燥时，$\chi=0$；当土处于完全饱和时，$\chi=1$，这时式（3-11）将简化成式（3-7）；当土处于非饱和状态时，χ 值则与饱和度 S_r 以及土的性质等因素有关，在 0 与 1 之间变化。χ 值的影响因素，可以用图 3-7 加以说明。设想土孔隙中存有气泡和水，通过颗粒之间接触点作一截面 $b-b$，设截面积为 1，其中颗粒接触面为 a，水截面积为 a_w，气体截面积为 $1-a_w-a$。由于 a 相对较小，仅为总截面的百分之几，故可忽略不计，这样，空气截面积

将变为 $1-a_w$。现作用在单位截面颗粒之间的平均有效应力为 σ',而总应力为 σ,则

$$\sigma=\sigma'+(1-a_w)u_a+a_w u_w-\sum t \qquad (3\text{-}12)$$

式中 $\sum t$——气泡水膜的总张力。

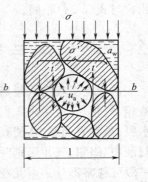

如果把式(3-12)换成式(3-11),则式(3-11)中的 χ 就相当于 $a_w+\sum t/(u_a-u_w)$。其中水的表面总张力 $\sum t$ 与水溶液的性质有关,压力差 u_a-u_w 与土的类别有关,a_w 表示单位孔隙断面中水所占的面积,在一定程度上能反映土的饱和度 S_r,故 χ 值与上述各因素密切相关。

图 3-7 单位截面上有效压、孔隙水压和孔隙气压的分布

由于影响 χ 值的因素较多,使得式(3-11)的使用很不方便。为了简化,可近似地仅考虑 S_r 的影响,当 S_r 较大时,孔隙中仅存在小气泡和水,此时,图 3-7 中的假想不规则截面仅穿过孔隙水,而不通过气泡,这样在实用中就可以运用式(3-7)来计算有效应力而不会带来过大误差,但此时的孔隙水中因含有气泡会产生可压缩性,这一点应予以注意。

第四节 孔隙压力系数

在天然土层中,当地面施加垂直荷载时,地基土中将产生垂直有效应力和超静水压力。如上节所述,有效应力和超静水压力的产生和变化,与土的排水性能和排水条件有关。对于黏性土,由于土的渗透性很差,当外力刚施加时,孔隙水来不及排出,在实用上,往往把此时的土体视为不排水。在不排水条件下,如何计算土体的有效应力和孔隙压力,常常成为计算瞬间土体变形的关键。在上节中,曾讨论过如何用式(3-7)和式(3-11)来表达总压力与有效应力和孔隙压力的相互关系,但是在不同应力条件下,在不排水土体中引起孔隙压力和有效应力的计算将是一个需要解决的问题。为此,斯开勃墩(Skempton)提出孔隙压力系数法,该方法按照地基土的受力条件,用原状土样在实验室测出相关系数,乘上总应力增量,即为所引起的孔隙压力增量。下面将讨论这些系数的意义及确定方法。

一、孔隙压力系数 B

如图 3-8 所示取不排水立方体土样,在三个主轴方向预先施加三个主应力 σ_1、σ_2 和 σ_3,并产生相应的孔隙压力 u_0。然后在三个主轴向施加相同的应力增量,即围压增量 $\Delta\sigma_3$,由此产生的孔隙压力增量为 Δu_3。

假定土颗粒是不可压缩的,则土样受围压作用后,土骨架体积变化量等于土孔隙体积的变化量。根据这个原则,先求骨架体积变化量,使土骨架产生压缩变形的是有效应力,而土样在围压 $\Delta\sigma_3$ 作用下所引起的有效围压应为 $\Delta\sigma_3'=\Delta\sigma_3-\Delta u_3$,则骨架体积的压缩量 ΔV_g 为

$$\Delta V_g=C_g V(\Delta\sigma_3-\Delta u_3)$$

式中 C_g——土骨架在围压作用下的压缩系数;

V——土骨架体积。

孔隙空间体积(包括水和空气)在孔隙压力

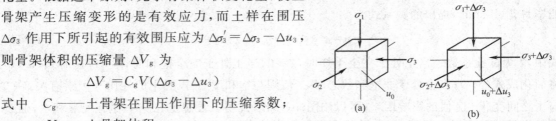

图 3-8 围压 $\Delta\sigma_3$ 引起孔隙压 Δu_0

Δu_3 作用下的压缩量 ΔV_n 为

$$\Delta V_n = C_n \cdot nV \cdot \Delta u_3$$

式中　C_n——在压力作用下,孔隙中流体(包括水和空气)的体积压缩系数;

　　　n——孔隙率。

现令土骨架体积压缩量等于孔隙空间压缩量,即 $\Delta V_g = \Delta V_n$,得

$$C_g V(\Delta\sigma_3 - \Delta u_3) = C_n nV \Delta u_3$$

经过整理后,可写成:

$$\Delta u_3 = \left[\frac{1}{1+n\dfrac{C_n}{C_g}}\right]\Delta\sigma_3 \tag{3-13}$$

如令

$$\frac{1}{1+n\dfrac{C_n}{C_g}} = B$$

则上式将写成:

$$\Delta u_3 = B\Delta\sigma_3 \tag{3-14}$$

式中　B——孔隙压力系数,其值等于在一单位围压增量作用下,不排水土体中所产生的孔隙
　　　　　压力增量。

对于饱和土,孔隙中几乎充满水,这时 C_n 接近孔隙水的压缩系数(≈ 0),它与土骨架的压缩系数 C_g 相比,可以略去不计,故 $C_n/C_g \to 0$,而 $B \to 1$。对于非饱和土,由于孔隙中含有一定空气量,其孔隙流体的压缩系数 C_n 相对较大,这时比值 $C_n/C_g > 0$,因此 $B < 1$。显然,B 的变化与土的饱和度 S_r 有关,B 值随 S_r 的增加而增大,当 $S_r = 1$ 时,$B = 1$。但两者不是线性关系,其变化规律随土性质而异,可通过三轴试验来测定。

例如,在试验室中对已知饱和度 S_r 的土样预先施加初始压力(相当于原位应力状态),并同时测定初始孔隙压力,然后在不排水条件下,按设计要求对土样施加围压增量 $\Delta\sigma_3$,并同时测定孔隙压力增量 Δu_3,再借助式(3-14)即可算出 B 值,如不断改变 S_r 值进行同样试验,可求得一系列 B,这样就可建立 S_r 和 B 的变化关系,图 3-9 为特定应力水平下的 B 与 S_r 之间的关系曲线。

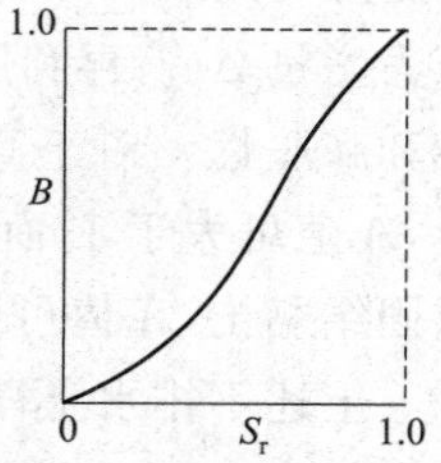

图 3-9　$B-S_r$ 关系曲线

二、孔隙压力系数 A

设土样预先承受初始应力 σ_1、σ_2 和 $\sigma_3(=\sigma_2)$,在不排水条件下,沿最大主应力 σ_1 方向增加应力增量 $\Delta\sigma_1$,而在其他两个垂直方向应力维持不变,如图 3-10 所示,则土样中的孔隙压力将由原来的 u_0 增加到 $u_0 + \Delta u_1$,即增添了 Δu_1,与此同时,在三个主应力方向的有效应力将有所变化,在大主应力方向的增减量为

$$\Delta\sigma_1' = \Delta\sigma_1 - \Delta u_1$$

在其他主应力方向的增减量为

$$\Delta\sigma_2' = \Delta\sigma_3' = -\Delta u_1$$

按照一般固体力学理论,促使土骨架产生体积变化的是三个相互垂直的有效法向应力的平均值,即所谓平均有效应力,或称球形有效应力 σ_m'。如把土骨架

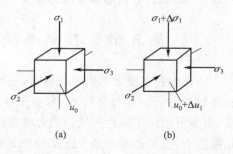

图 3-10　单轴压力 $\Delta\sigma_1$ 引起的孔隙压力 Δu_1

当成弹性介质,则在上述应力

$$\sigma'_m = \frac{1}{3}(\Delta\sigma'_1 + \Delta\sigma'_2 + \Delta\sigma'_3) = \frac{1}{3}(\Delta\sigma_1 - 3\Delta u_1)$$

的作用下,土骨架体积的改变量为

$$\Delta V_g = \frac{1}{3} C_g V(\Delta\sigma_1 - 3\Delta u_1)$$

而土中孔隙体积的改变量为

$$\Delta V_n = C_n n V \cdot \Delta u_1$$

因假定土颗粒本身不可压缩,故上述 ΔV_g 应与 ΔV_n 相等,则

$$\Delta u_1 = \frac{1}{3}\left[\frac{1}{1 + n\dfrac{C_n}{C_g}}\right]\Delta\sigma_1 = \frac{1}{3}B\Delta\sigma_1$$

但土骨架并非理想弹性介质,上述公式不能完全反映土受力后孔隙压力变化的真实情况,所以为了具有普遍意义,把上式改写成:

$$\Delta u_1 = AB\Delta\sigma_1 \tag{3-15}$$

式中　A——孔隙压力系数。

当土处于完全饱和状态时,$B=1$,则上式为

$$\Delta u_1 = A\Delta\sigma_1 \tag{3-16}$$

和系数 B 一样,系数 A 也由试验确定。例如对完全饱和土样,在不排水条件下按预定要求施加初始压力,并测定初始孔隙压 u_0,然后在大主应力方向施加压力增量 $\Delta\sigma_1$,并测出孔隙压力增量 Δu_1,再利用式(3-16)算出 A 值。A 值的变化很大,并在很大程度上取决于土的压缩性和膨胀性。对于高压缩性土如软黏土,A 值常处于 0.5 至 1.0 之间,对于灵敏度很高的黏土,A 值可大于 1,而对于低压缩性土如硬黏土和密实砂,A 值较低,常在 0 到 0.5 之间,对于超固结黏土,A 值可以为负值。

上述不排水土样的孔隙压力增量,都是在围压增量 $\Delta\sigma_3$ 和单轴压力增量 $\Delta\sigma_1$ 的分别作用下求得的。如果对该土样在 σ_2 和 σ_3 方向施加 $\Delta\sigma_3$ 的同时,又在 σ_1 方向施加 $\Delta\sigma_1$,则由此引起的孔隙压力增量 Δu 可利用式(3-14)和式(3-15)求得:

$$\Delta u = B\Delta\sigma_3 + AB(\Delta\sigma_1 - \Delta\sigma_3) = B[\Delta\sigma_3 + A(\Delta\sigma_1 - \Delta\sigma_3)] \tag{3-17}$$

在上述各公式的推导中,把系数 A 和 B 当作常数对待。由于土的非线性性质,实际上系数 A 和 B 并非常数,它们随试验应力水平的变化而变化。

第五节　在简单受力条件下地基中的应力分布

地基中各点应力的大小与分布,主要与上覆土层的自重应力、作用于地面上的外荷载和土自身特性有关。在具体计算中,为了使应力计算简化,往往把土层假定为各向同性的弹性介质,进而可借助于弹性连续介质力学进行分析计算。如前所述,土中总应力可分为有效应力和孔隙压力,直接影响地基土强度和变形的主要是有效应力。下面讨论在简单受力条件下,地基中总应力和有效应力的计算与分布。

一、垂直总应力 σ_z

如图 3-11(a)所示，假定地基土界面为伸展到无限远的水平面。采用直角坐标系表示，x、y 轴位于土界面，z 轴与界面垂直，方向朝下。当 x、y 轴指向正负无限远，z 轴指向正无限远（向下）时，所确定的土空间称为半无限空间。如果在界面上作用有匀布垂直荷载 q，土的体积力为重度 γ，在土体中作任一垂直截面 $a-a'$，则 $a-a'$ 为对称面，两边的受力条件相同，在截面上不会产生剪切变形，因而任何垂直截面上的剪应力均为零，即 $\tau_{xy}=\tau_{xz}=\tau_{yz}=0$。由于剪应力的对称性，故水平截面上的剪应力也为零。这说明垂直截面和水平截面均为主应力面，而 σ_x、σ_y 和 σ_z 均为主应力。把以上所有剪应力和法向应力都代入式(3-5)的最后一个方程中，可得到

$$\frac{\partial \sigma_z}{\partial z}=\gamma$$

由于 q 是均匀满布荷载，而且土质均匀，故 σ_z 将不随 x、y 坐标而变，上式可写成

$$\frac{\mathrm{d}\sigma_z}{\mathrm{d}z}=\gamma$$

对上式进行积分，得

$$\sigma_z=q+\gamma\cdot z \qquad (3\text{-}18)$$

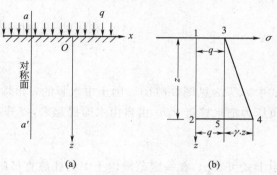

图 3-11　半无限土体简单应力状态

σ_z 为垂直总应力，它的数值随深度 z 而变。当在地表面 $z=0$ 时，$\sigma_z=q$；当在地表下 z 处时，$\sigma_z=q+\gamma\cdot z$，因此 σ_z 随深度成梯形分布，如图 3-11(b)中压力图形 1243。如 $q=0$，则 $\sigma_z=\gamma z$，应力随深度成三角形分布，如图中压力图形 354，这时土中应力主要由土的重度 γ 产生。由于水平截面为主应力面，故 σ_z 为主应力。在垂直满布荷载 q 和土的重力作用下，地基变形方向与 σ_z 方向一致，故 σ_z 为大主应力（$\sigma_z=\sigma_1$），σ_x 和 σ_y 为小主应力（$\sigma_x=\sigma_y=\sigma_3$）。而 $\sigma_x=\sigma_y=\frac{\nu}{1-\nu}\sigma_z$（$\nu$ 为泊松比），其推导见第四章第一节。

二、垂直自重有效应力 q_z

如不考虑地表荷载，在土中自重作用下地基任一深度 z 处的垂直压力 $\sigma_z=\gamma\cdot z$，γ 为有效重度，这个压力也就是自重有效应力 q_z，即

$$q_z=\gamma z \qquad (3\text{-}19)$$

为简洁，以后省去"有效"二字，简单地称 q_z 为自重应力。

土的自重应力取决于土的有效重度。对于位于地下水以下的砂土、碎石土等透水粗颗粒土，孔隙中充满着自由水，颗粒受到水的浮力作用，所以它们的有效重度为浮重度 γ'。如果自由水面与土面同高或高于土面，则在土面以下 z 处的土自重应力 q_z 应为

$$q_z=\gamma' z \qquad (3\text{-}20)$$

对于颗粒较细的土，如细砂、粉砂及粉质黏土等，由于孔隙较细，孔隙中的自由水会产生毛细作用。当土层中存在着地下水时，在毛细作用下，自由水顺着连通的微细孔隙上升到一定高度，离地面 h 深，如图 3-12 所示。毛细水上升高度可由式(3-10)导出，也可参考第二章相关章节。

若以大气压为基准，设 $u_a=0$，则

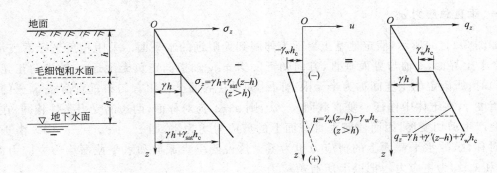

图 3-12　毛细作用下的有效压力分布

$$u_{\mathrm{w}}=u=-\frac{2T\cos\alpha}{r}$$

式中 r、T、α 见图 3-6(b)。因土中水膜的 α 角均小于 90°，故毛细液面下之静水压 u 为负，这个负压力把水柱重 $\gamma_{\mathrm{w}}h_{\mathrm{c}}$ 由自由水面提起来，提升高度 h_{c} 为

$$h_{\mathrm{c}}=\frac{-u}{\gamma_{\mathrm{w}}}=\frac{2T\cos\alpha}{r\cdot\gamma_{\mathrm{w}}} \tag{3-21}$$

由上式可看出，在一定范围内土中的孔隙直径 $(2r)$ 越小，毛细水上升越高。水柱重量是通过水膜张力传递到土骨架上的，使土骨架受到向下的水柱重力作用，形成有效应力。这种情况下的自重应力分布，可从研究静水压分布入手。由于水膜的提升作用，使孔隙水中产生负孔隙压力 $-\gamma_{\mathrm{w}}h_{\mathrm{c}}$，它相当于把高出地下水面 h_{c} 的水柱悬挂起来的拉力。设地面为原点，在毛细水面以下任意深度的静水压力将等于该处截面的水柱压力 $\gamma_{\mathrm{w}}(z-h)$ 加上一个负压力 $-\gamma_{\mathrm{w}}h_{\mathrm{c}}$，即

$$u=\gamma_{\mathrm{w}}(z-h)-\gamma_{\mathrm{w}}h_{\mathrm{c}}\quad z\geqslant h \tag{3-22}$$

上式为一线性分布函数，见图 3-12。当 $z=h$ 时，即在毛细水面处，$u=-\gamma_{\mathrm{w}}h_{\mathrm{c}}$，可理解为在该处只受到水膜提升力 $(-\gamma_{\mathrm{w}}h_{\mathrm{c}})$ 的作用，故为负值；当 $z=h+h_{\mathrm{c}}$ 时，即在地下水面处，$u=0$，可理解为在该处水膜产生的提升力 $-\gamma_{\mathrm{w}}h_{\mathrm{c}}$，正好与该处的水柱自重 $\gamma_{\mathrm{w}}h_{\mathrm{c}}$ 相抵消，故静水压力为零；当 $z>h+h_{\mathrm{c}}$ 时，即在地下水面以下某深度，$u>0$，按式(3-22) u 随深度成线性增加，故为正值。总之，u 的分布可概括为：由于毛细压力的作用，在地下水面以上者，u 为负值，以下者，u 为正值。

总应力 σ_z 的分布为

$$\sigma_z=\begin{cases}\gamma z & (z<h)\\ \gamma h+\gamma_{\mathrm{sat}}(z-h) & (z\geqslant h)\end{cases} \tag{3-23}$$

上式中 σ_z 随 z 成折线分布，$z=h$ 为转折点，在该处 $\sigma_z=\gamma h$，当 $z<h$ 时，压力分布成三角形，$z>h$ 时，成梯形分布。

对于有效应力或自重应力 q_z，应为上述 σ_z 和 u 之差，即

$$q_z=\sigma_z-u=\begin{cases}\gamma z & (z<h)\\ \gamma h+\gamma'(z-h)+\gamma_{\mathrm{w}}h_{\mathrm{c}} & (z\geqslant h)\end{cases} \tag{3-24}$$

上式为土自重应力随深度的分布函数。在毛细水面以上，即 $z<h$，q_z 成三角形分布；在毛细水面处，即 $z=h$，q_z 突然增加 $\gamma_{\mathrm{w}}h_{\mathrm{c}}$（图 3-12），这是由于水柱重力 $\gamma_{\mathrm{w}}h_{\mathrm{c}}$ 被水膜悬挂在土粒上形成有效应力之故；当深度大于 h，即 $z>h$，q_z 将成梯形向下分布。总之，由于毛细水位的上升，将会提高土层的自重应力。

对于塑性指数很高而液性指数很低的饱和黏土，孔隙和渗透系数非常小，土中能自由流动

的自由水极少,可以近似地认为是不透水土,不会出现毛细水提升现象。由于土中缺乏自由水,土粒不受浮力作用。在计算 q_z 时,可直接采用饱和重度 γ_{sat} 作为有效重度。由于 $u=0$,故

$$q_z = \sigma_z = \gamma_{sat} \cdot z \tag{3-25}$$

对于一般黏性土,在地下水面以下可认为是透水土,土粒受浮力作用,计算 q_z 宜用浮重度。由于天然土层性质很复杂,透水与否常取决于土的性质和荷载作用下所研究地基土的工作状态等。例如,饱和黏性土地基,在研究它承受剪切破坏的能力时,往往假定它是不透水的;但要计算其长期沉降,就应当假定它是透水的。

天然地层往往是成层土,每层土的性质不一样。现假定地基在深度 z 以上含有 n 层性质不同的土,第 i 层土的厚度为 h_i,有效重度为 γ_i,则在 z 处的自重应力 q_z 的一般表达式为

$$q_z = \sum_{i=1}^{n} h_i \gamma_i \tag{3-26}$$

上式中的 q_z 也可以根据深度 z 处的总应力 σ_z 和孔隙压力 u 的差值求得。

【例3-1】 现有一由两层土组成的地基(图3-13),上层为粉砂,厚6 m,下层为软塑粉质黏土,地下水面以上土的天然重度为17 kN/m³,而饱和重度为19 kN/m³,粉质黏土的饱和重度为20 kN/m³,试求算10 m深范围内的自重应力的分布。如果砂土中出现毛细水,毛细水面上升1.0 m,土的自重应力分布将出现怎样的变化?

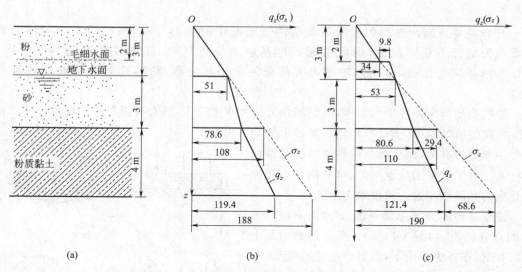

图3-13　地层自重压力分布(单位:kPa)

【解】 在无毛细水的情况下,土自重应力完全来自土本身的有效重度。很显然,砂土在水下受浮力作用,应采用浮重度,而处于软塑状态的粉质黏土也应看成是透水的,宜用浮重度,这样,土自重应力 q_z 的分布可由式(3-26)求得,如各点之 q_z 再加上静水压 u,即成为总自重应力 σ_z。它们分别计算如下:

在3 m处: $q_z = 3 \times 17 = 51$(kPa);　$\sigma_z = 51 + 0 = 51$(kPa)

在6 m处: $q_z = 51 + 3 \times (19 - 9.8) = 78.6$(kPa);　$\sigma_z = 78.6 + 3 \times 9.8 = 108$(kPa)

在10 m处: $q_z = 78.6 + 4 \times (20 - 9.8) = 119.4$(kPa);　$\sigma_z = 119.4 + 7 \times 9.8 = 188$(kPa)

因此,可以得到 q_z 和 σ_z 的分布图,见图3-13(b)。

在毛细水上升1.0 m的情况下,毛细压力应计入有效应力中。按照有效应力等于总应力

与静水压力之差的计算原则,可先计算总应力 σ_z 和静水压 u,再计算自重应力 q_z,即

在 2.0 m 偏上:$\sigma_z = q_z = 2.0 \times 17 = 34$(kPa)

在 2.0 m 偏下:$\sigma_z = 2.0 \times 17 = 34$(kPa);　$u = -1.0 \times 9.8 = -9.8$(kPa)

$q_z = 34.0 - (-9.8) = 43.8$(kPa)

在 3 m 处:$\sigma_z = 34 + 1.0 \times 19 = 53$(kPa);　$u = 0$

$q_z = 53 - 0 = 53$(kPa)

在 6 m 处:$\sigma_z = 53 + 3 \times 19 = 110$(kPa);　$u = 3 \times 9.8 = 29.4$(kPa)

$q_z = 110 - 29.4 = 80.6$(kPa)

在 10 m 处:$\sigma_z = 110 + 4 \times 20 = 190$(kP);　$u = 7 \times 9.8 = 68.6$(kPa)

$q_z = 190 - 68.6 = 121.4$(kPa)

上述 q_z 和 σ_z 的分布图见图 3-13(c)所示。q_z 在 2 m 处有一增量 $\Delta q_z = 9.8$ kPa,这是毛细水压产生的。从以上有无毛细水作用计算结果对比看出,毛细水上升 1 m,水下各点的 q_z 仅增加 2 kPa,影响不大。所以在工程上无特殊情况和要求时,一般不考虑毛细水影响。

第六节　地基的接触应力

上节主要是阐述在均匀满布荷载条件下地基中的应力分布,情况简单。实际上地表荷载多为局部不规则荷载,由此引起的地基应力分布复杂,计算时常借助于弹性理论。在计算地基应力之前,首先要知道地表荷载的大小和分布规律,这就是基底与地基的接触应力。

若把地基当作弹性半无限体,基础当作另一种刚度较大,具有有限尺寸的弹性介质。两种介质之间的接触应力,不仅与作用在基础上的荷载大小和分布有关,而且也与两种介质的弹性性质有关。对于这样的接触问题,可从两个不同弹性介质的共同作用这一角度来考虑。

设地基界面为 x、y 轴平面,z 轴向下,作 $y = y_0$ 的垂直截面,如图 3-14(a)所示。从此截面上可以看出,在外力作用下,基础产生垂直变形,见图 3-14(b)。作用在基底 AB 上的接触应力为 $\sigma(x, y_0)$,如图 3-14(c)所示。对基础来说,接触应力是地基对它的反力 $\sigma(x, y_0)$,它和基础荷载处于静力平衡;对地基来说,接触应力是地面上的基底压力 $\sigma(x, y_0)$,如图 3-14(d)。这里,基底 AB 和地基表面的垂直变形相等,借助这个边界条件,可解出接触应力 $\sigma(x, y_0)$ 的应力分布函数。换言之,接触应力 $\sigma(x, y_0)$ 的求解,是通过接触面上基础和地基的相互作用和共同变形而求得的。

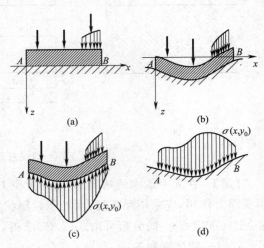

图 3-14　基础和地基的共同作用

基础刚度是影响基础与地基接触应力的重要因素。任何基础都不可能是绝对刚性(刚体)或绝对柔性的。为此在工程上为设计计算方便,通常把基础底面积较小而厚度较大、不

易产生挠曲变形者视为刚体（称刚性基础），而基底面较大，厚度较薄易产生挠曲变形者视为柔性基础。在研究地基沉降时，不论基础的刚、柔度如何，一般可近似地视为刚性基础。这是因为基础材料主要是砖、石、混凝土和钢筋混凝土等，其刚度比土大得多。此外，对于在同样荷载作用下刚度在一定范围内变化的基础，除距离接触面较近范围内应力存在差异外，其他范围的应力大小与分布大致相等，地基的平均沉降相差不大。因此对于有限基底面积的建筑物，在计算地基沉降时，若无特殊情况和要求，可不考虑基础刚性变化，统一采用刚性基础进行计算。

刚性基础基底接触压力的分布规律，可以由理论分析和试验观测来讨论。

一、理论分析

设有一如图 3-15(a)所示的实体矩形基础之上作用一集中荷载 R，作用点在 x 轴上且距 y 轴有偏心距 e。R 力可以分解为垂直力 P 和水平力 H，如图 3-15(b)所示。对于一般基础荷载，当水平力不大时，可被基底和土之间摩擦力所克服，对沉降不会产生多大影响，在计算沉降时可不予考虑，而只考虑垂直分力 P。如 $e=0$，则 P 成为中心荷载；如 $e\neq0$，则 P 称为偏心荷载。偏心荷载可转换成中心荷载和力矩 M，如图 3-15(c)所示。

在中心荷载 P 作用下位于弹性地基上的刚性基础，其沉降将是均匀的，即基础底面各点的下沉量相等，如图 3-16(a)。由于基础是对称的，它的接触应力也对称。

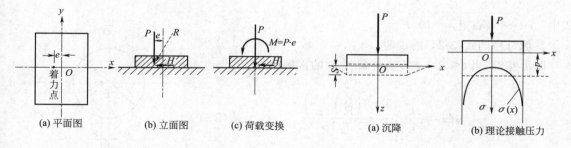

(a) 平面图　　(b) 立面图　　(c) 荷载变换	(a) 沉降　　(b) 理论接触压力
图 3-15　作用于刚性基础底上的荷载	图 3-16　受中心荷载作用的刚性基础

设地基表面作为 x、y 坐标平面，z 轴向下为正，在地表上置一条形或圆形刚性基础，基底中心位于坐标原点上，过中心作 $y=0$ 的垂直截面，如图 3-16(b)所示。当基础在中心荷载 P（线状或集中的）的作用下，运用前述基础与地基共同作用原理，可在理论上求出基底的如下接触压力 $\sigma(x)$。

条形基础
$$\sigma(x)=\frac{2P}{\pi\sqrt{b^2-4x^2}}=\frac{p}{\pi\sqrt{\frac{1}{4}-(x/b)^2}} \tag{3-27}$$

式中　P——沿 y 轴均匀分布的线状荷载；

　　　b——条形基础宽度；

　　　p——换算均布荷载，$p=P/b$。

圆形基础
$$\sigma(x)=\frac{P}{2\pi R\sqrt{R^2-x^2}}=\frac{p}{2\sqrt{1-(x/R)^2}} \tag{3-28}$$

式中　P——中心集中荷载；

　　　　R——圆形基础半径；

　　　　p——换算均布荷载，$p=\dfrac{P}{\pi R^2}$。

由式(3-27)和式(3-28)可看出，在基底中心点处，$x=0$，$\sigma=2p/\pi$ 和 $\sigma=p/2$，接触压力为最小，但在基础边缘上，$x=b/2$ 或 $x=R$ 处，接触压力为无限大，其压力分布大致成马鞍形，如图3-16(b)所示。实际上压应力为无限大是不可能存在的。

如果是偏心荷载，刚性基础除受中心荷载 P 作用外，还受力矩 M 的作用，如图3-17(a)所示，基础沉降将是不均匀的，而有所倾斜。这时接触压力必然是不对称的，其分布形式示于图3-17(b)。此时有如下解答。

条形基础：当 $e \le b/4$ 时，基底某点 N 的接触压力为

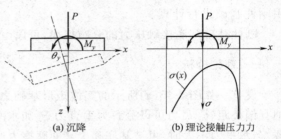

(a) 沉降　　　　(b) 理论接触压力力

图3-17　受偏心荷载作用的刚性基础

$$\sigma(x)=\frac{2p}{\pi}\times\frac{1+8\left(\dfrac{e}{b}\right)\left(\dfrac{x}{b}\right)}{\sqrt{1-(2x/b)^2}} \tag{3-29}$$

式中　e——偏心矩，$e=M/P$。

其他符号同式(3-27)的说明。

圆形基础：当 $e \le R/3$ 时，基底某点 N 的接触压力：

$$\sigma(x)=\frac{p}{2}\times\frac{1+3\left(\dfrac{e}{R}\right)\left(\dfrac{x}{R}\right)}{\sqrt{1-(r/R)^2}} \tag{3-30}$$

式中　e——偏心矩；

　　　　r——所求应力点距基础中心的距离，示于图3-18中。

其他符号同式(3-28)的说明。

从式(3-29)和式(3-30)中可见，当 $e>b/4$ 和 $e>R/3$ 时，基础一端的 σ 值将为负，这意味着出现拉应力。由于地基与土之间不能承受拉力，在出现拉应力处将出现脱开现象，这样，基底压力将

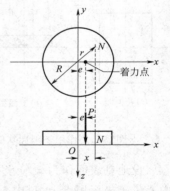

图3-18　偏心荷载作用下的
圆形刚性基础

重新分布，不能再用式(3-29)和式(3-30)。由于修正公式过于繁琐，在地基基础设计中较少采用。

由图3-17(b)或由式(3-29)、式(3-30)可发现，在偏心荷载下，刚性基础的最小接触压力不是出现在基础中心，而在偏心矩 e 的另一侧，至于基础边缘的压应力理论上仍然为无限大，这和中心荷载的接触压力情况是一样的。

不论是中心荷载或偏心荷载，上述接触压力都是由弹性理论推导出来的。由于土是散体介质，就其应力应变关系而言更接近弹塑性性质，故由弹性理论推出的结果不能完全与实际相符。但在小应力水平下，土的应力应变关系还能保持一定的线性关系，故弹性理论结果在荷载不大的情况下可以较为理想地反映实际接触应力的分布规律。

二、实际观测

大量实测资料表明,当基础荷载较小时,基底压力基本上为马鞍形分布,与理论应力图形较接近,见图 3-19(a)。当荷载增加时,基底两端压力不增大,而中间部分的压力水平增大,成为较平缓的马鞍形,见图 3-19(b)。荷载再增大,基底中部压力继续增大,形成抛物线形,见图 3-19(c)。当荷载更大时,基底压力就成钟形分布了,见图 3-19(d),此时上部荷载已接近地基土的破坏荷载了。这种压力随荷载增加而变化的情况,在理论上可以定性地予以解释。由于土具有一定的抗剪强度(详见第五章),当土中剪应力达到抗剪强度时,土中产生剪切破坏。基础两端点附近剪应力最大,中间较小,在荷载作用下,基础边缘上土的剪应力首先达到抗剪强度,基底土开始被剪坏,应力不再提高而处于塑性状态,因此不可能像弹性理论解那样达到无限大。但其他部分仍然处于弹性应力状态,所以当荷载较小时,基底压力分布如图 3-19(a),与理论图形接近。当基底压力随基础荷载增加而提高时,由于两侧端部压力已不能再增加,应力需要重新分配,并向中部转移,所以中间部位压力提高较快,而成为较平缓的马鞍形,如图 3-19(b)。随着荷载的不断增加,靠近两侧边缘处土的塑性区范围逐渐扩大,应力增加向中间集中,因而形成抛物线形和钟形分布,如图 3-19(c)和(d)所示。

$$P_1 < P_2 < P_3 < P_4$$

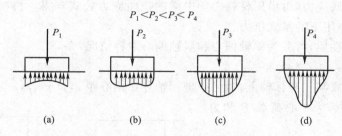

图 3-19　刚性基础下实测基底压力分布

研究证明,刚性基础接触压力的分布,不仅与荷载大小,而且还与土性、基础埋深和基础面积等有关。

若把上述因素都考虑进去,则刚性基础接触压力的确定非常复杂。出于对建筑物使用时安全稳定的考虑,设计时不仅不允许出现临近地基破坏荷载的情况,而且必须具有足够的安全系数。这样使得地基承载力水平保持在允许的、不大的应力水平范围内。所以在进行地基基础设计时通常可采用简化计算法,即假定基底压力 p 与基底的沉降 S 成正比,即 $p = K \cdot S$。对于刚性基础而言,基底总是保持平面状态。根据上述假定,不论是中心荷载还是偏心荷载,基础沉降是均匀的还是倾斜的,基底压力总是成直线分布。实践证明,这样的简化计算与实际情况比较接近,是可行的。

第七节　刚性基础基底压力简化算法

刚性基础基底压力的分布可采用简化计算方法,一般采用文克勒(Winkler)地基弹簧模型,即把地基土当作与基底相连的、许多垂直的且互不相连的弹簧,基底垂直位移与弹簧反力成正比,这些反力也就构成了基底压力。根据这个假定,可进行中心荷载和偏心荷载作用下刚性基础基底压力分布的简化计算。

一、中心荷载

根据基底各点的压力与其沉降大小成正比的关系可知,在中心荷载作用下,基础产生均匀沉降,基底压力均匀分布,如图 3-20 所示。

设基底面积为 A,垂直中心荷载为 P,则基底单位面积的压力 p 为

$$p = \frac{P}{A} \qquad (3\text{-}31)$$

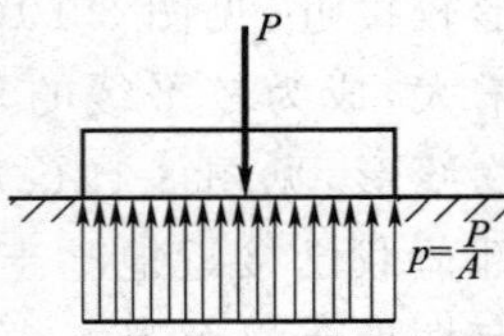

如为条形基础,则可垂直于基础纵向切取一单位长度进行计算。假定基础横向宽度为 b,在中心线状荷载 P 作用下,基底均布压力 p 为

$$p = \frac{P}{b} \qquad (3\text{-}32)$$

图 3-20 中心荷载下
基底压力

二、偏心荷载

当荷载作用点距基底中心存在偏心矩时,基底压力将为不均匀分布。此时可把荷载分解为中心荷载和力矩两部分。在中心荷载作用下的基底压力,可用式(3-31)和式(3-32)求得,而在力矩作用下的基底应力,可借用材料力学中梁的挠曲应力公式求得。再将两种应力叠加起来,即为偏心荷载作用下的基底压力。

根据荷载偏心性质,可分为单轴偏心和双轴偏心两种情况。

(一)单轴偏心

荷载作用在基底某一坐标轴上,对另一坐标轴存在偏心距 e,且 $e \leqslant \rho$(ρ 为基础核心半径),则可把偏心荷载分解为中心荷载 P 和力矩 $M = Pe$。

以图 3-21 所示两个不同形状的基础为例。图 3-21(a)为矩形基础,面积为 $A = ab$,b 为宽度,对称轴为 x、y 轴。荷载作用在 x 轴上,对 y 轴存在偏心距 e。基础对 y 轴的惯性矩为 I,截面模量为 W,核心半径为 ρ。显然,基底压力在 x 轴向是成斜线分布的,最大压力 p_1 和最小压力 p_2 将根据中心荷载 P 和力矩 M 作用而求得:

$$\left.\begin{array}{c} p_1 \\ p_2 \end{array}\right\} = \frac{P}{A} \pm \frac{M}{W} = \frac{P}{A}\left(1 \pm \frac{e}{\rho}\right) \quad (3\text{-}33)$$

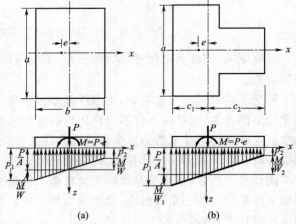

(a)　　　　(b)

图 3-21 单轴偏心荷载下基底压力分布

式中 $W = \frac{1}{6}ab^2$,$\rho = \frac{W}{A} = \frac{b}{6}$,$e \leqslant \rho$。

图 3-21(b)为单轴对称的 T 形基础。若荷载作用在对称轴 x 轴上,对非对称轴产生偏心距 e,y 轴距基础两端的距离分别为 c_1 和 c_2,基础对 y 轴的惯性矩为 I,则对 y 轴两侧的截面模量分别为 $W_1 = \frac{I}{c_1}$ 和 $W_2 = \frac{I}{c_2}$,而核心半径也将分别为 $\rho_1 = \frac{W_1}{A}$ 和 $\rho_2 = \frac{W_2}{A}$。基底的最大压力 p_1

和最小压力 p_2 可由下式求得：

$$p_1 = \frac{P}{A} + \frac{M}{W_1} = \frac{P}{A}\left(1 + \frac{e}{\rho_1}\right)$$
$$p_2 = \frac{P}{A} - \frac{M}{W_2} = \frac{P}{A}\left(1 - \frac{e}{\rho_2}\right)$$

(3-34)

以上两例中，荷载对 x 轴是对称的，故在 y 轴方向上的压力是均匀分布的。

应用上述公式的条件是偏心距 $e \leqslant \rho$，这样能保证最小压力 $p_2 \geqslant 0$。从式（3-33）和式（3-34）可看出，当 $e < \rho$ 时，$p_2 > 0$，基底压力成梯形分布（图3-21）；当 $e = \rho$ 时，$p_2 = 0$，则基底压力成三角形分布（图3-22）；若 $e > \rho$ 时，则 p_2 为负，这意味着基底出现拉力，这必然引起基底与地基脱开，压力将重新进行分布。此时需要另觅公式进行计算。

如图3-23，当单轴偏心距 $e > \rho$ 时，基础一侧边缘部分面积将与地基脱离（图中阴影部分面积）。与地基接触部分的压力分布为三角形，其顶点正是基底开始脱离的那一点（$p_2 = 0$）。基底为矩形，面积为 $A = a \cdot b$。当 $e > \rho$ 时，基底与地基的接触面积将缩减为 $A' = a \cdot b'$。显然 $b' < b$，压力图形呈直角三角形。按照静力平衡原理，压力图体积和外荷载 P 应相等，两者对基础中心轴的力矩也应相等。换言之，两者作用力的方向相反，大小相等，而且作用在同一直线上。设压力三棱体底宽为 b'，高为 p_1，长为 a，它的体积为 $p_1 b' a/2$。根据压力相等原则，可建立平衡方程：

$$P = p_1 b' a/2$$

此外，压力体积的合力穿过其重心，与 P 作用在同一直线上，P 距基础边缘的距离为 $b/2 - e$，压力体积重心距基础边距为 $b'/3$，两者应相等，即 $b/2 - e = b'/3$，或 $b' = 3(b/2 - e)$，把 b' 代入以上方程解得

$$p_1 = \frac{2P}{3a\left(\dfrac{b}{2} - e\right)}; \quad p_2 = 0 \qquad (3-35)$$

对于非矩形基础，例如圆形，当 $e > \rho$ 时，仍可通过荷载 P 与压力图体积相等且作用在同一直线上的原则建立两个方程式，解出最大压力 p_1。

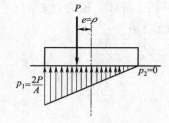

图3-22　$e = \rho$ 时基底压力分布

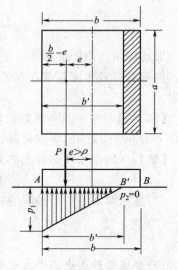

图3-23　$e > \rho$ 时基底压力的分布

当 $e > \rho$ 时，采用公式（3-35）所求得的 p_1 大于用式（3-33）计算的结果，这是由于在偏心过大的情况下，一部分基底脱离地基，使基底承压面积减小，造成边沿最大压力增大。这样的基础对安全或经济都是不利的，设计时应尽量使偏心距小于核心半径。

（二）双轴向偏心

如荷载对基底两个垂直中心轴都有偏心，但作用点落在基底核心范围以内，基底压力将产生不均匀分布，但基底不会脱开地基。如图3-24(a)所示，基底面积为 LB，在 x 轴上的核心半径 $\rho_x = L/6 = \overline{Ob} = \overline{Od}$，在 y 轴上的核心半径 $\rho_y = B/6 = \overline{Oa} = \overline{Oc}$，因而 $abcd$ 围成截面核心区。

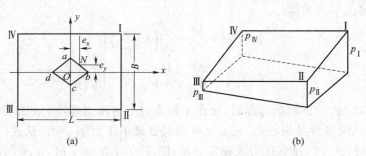

图 3-24 双轴偏心基底压力分布

若偏心荷载作用点 N 落在核心范围内,则可把偏心荷载分解为中心荷载 P、对 y 轴的力矩 $M_y = Pe_x$ 和对 x 轴的力矩 $M_x = Pe_y$。将它们所引起的基底压力叠加起来,可求得基底四角的压力如下:

$$
\left.
\begin{aligned}
p_{\text{I}} &= \frac{P}{A} + \frac{M_x}{W_x} + \frac{M_y}{W_y} = \frac{P}{A}\left(1 + \frac{e_y}{\rho_y} + \frac{e_x}{\rho_x}\right) \\[6pt]
p_{\text{II}} &= \frac{P}{A} - \frac{M_x}{W_x} + \frac{M_y}{W_y} = \frac{p}{A}\left(1 - \frac{e_y}{\rho_y} + \frac{e_x}{\rho_x}\right) \\[6pt]
p_{\text{III}} &= \frac{P}{A} - \frac{M_x}{W_x} - \frac{M_y}{W_y} = \frac{P}{A}\left(1 - \frac{e_y}{\rho_y} - \frac{e_x}{\rho_x}\right) \\[6pt]
p_{\text{IV}} &= \frac{P}{A} + \frac{M_x}{W_x} - \frac{M_y}{W_y} = \frac{P}{A}\left(1 + \frac{e_y}{\rho_y} - \frac{e_x}{\rho_x}\right)
\end{aligned}
\right\}
\tag{3-36}
$$

上述四角压力图形都在一平面上,其中 p_{I} 最大,而 p_{III} 最小,其分布图形如图 3-24(b)所示。如偏心荷载作用点落在基础核心范围以外,则基底压力将按上述式(3-35)所述原则进行确定。

【例 3-2】 有一圆环形基础,圆环外径为 12 m,内径为 8 m,离基础中心点 2 m 处作用有一合力为 9 000 kN 的垂直荷载,试求基底最大和最小压应力。

【解】 (1)作用在基础上的为偏心荷载,偏心距为 2 m,则偏心力矩 M 为

$$M = 9\,000 \times 2 = 18\,000 (\text{kN} \cdot \text{m})$$

(2)基底对水平中心轴线的转动惯量 I 为

$$I = \frac{\pi}{4}(6^4 - 4^4) = 816.8(\text{m}^4)$$

(3)基底最外边点离中心点的距离为 6 m,故基底截面模量 W 为

$$W = \frac{816.8}{6} = 136.1(\text{m}^3)$$

(4)基底面积 $\qquad\qquad A = \pi(6^2 - 4^2) = 62.3(\text{m}^2)$

(5)基底最大和最小压力为

$$\sigma_{\text{大}} = \frac{9\,000}{62.83} + \frac{18\,000}{136.1} = 143.2 + 132.3 = 275.5(\text{kPa})$$

$$\sigma_{\text{小}} = 143.2 - 132.3 = 10.9(\text{kPa})$$

第八节　弹性半无限体内的应力分布

假定地基为各向同性半无限体，在地表荷载作用下，地基中所引起的应力，可用弹性理论求解。为了区别于土的自重应力，把由外加荷载引起的应力称为荷载应力或附加应力。

在满布荷载 q 的作用下，地表以下深度 z 处的垂直压应力按式(3-18)为 $\sigma_z = q + \gamma h$（γ 为土的有效重度，坐标原点在地表处），应变仅在 z 轴方向发生，这是一维应变问题，其水平应力 $\sigma_x = \sigma_y = \dfrac{\nu}{1-\nu}\sigma_z$（$\nu$ 为泊松比）。若地表作用局部荷载，可根据荷载的分布状态，按弹性力学法则计算地基中某一点的应力和应变。

上节中讨论了基底接触应力，这种应力正好是作用在地基上的荷载。以下将讨论在不同荷载作用下地基中荷载应力的计算。

一、垂直集中荷载

垂直集中荷载 P 作用在地表面上，地基中任一点 N 处所引起的附加应力已由布辛纳斯克（Boussinesq，1885）所解出。

设坐标原点选在作用点上，采用圆柱坐标如图 3-25 所示，z 轴向下为正，土中任一点 $N(r,\theta,z)$ 离原点 O 的距离为 R，R 与 z 的夹角为 β。可以看出，这是轴对称问题，只要 z 和 R 不变，在任何 θ 位置处应力状态都应相等。在 N 点上取单元体，该单元两垂直边是过 z 轴的两个辐向截面，因为是对称面，其上剪应力为零，而只剩下法向应力 σ_θ，另外两垂直边是以 z 轴为轴心的同心圆弧面，上下边为水平面，其上分别作用法向应力 σ_r 和 σ_z，以及剪应力 τ_{rz}。因此在单元体上只有四个独立应力分量，

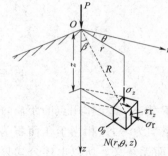

图 3-25　集中荷载下地基中的应力

其中最重要的是 σ_z，它对地基垂直变形或沉降起主要作用，其表达式为

$$\sigma_z = \frac{3}{2}\frac{P}{\pi R^2}\cos^2\beta = \frac{3}{2}\frac{P}{\pi}\frac{z^3}{R^5} = \frac{P}{z^2}\cdot\frac{3}{2\pi[1+(r/z)^2]^{5/2}} = \frac{P}{z^2}\cdot k \tag{3-37a}$$

式中　k——集中力的无量纲应力系数，取决于比值 r/z，可由表 3-1 查得；
　　　$R = (r^2 + z^2)^{1/2}$。

表 3-1　集中荷载下应力系数 k

$\dfrac{r}{z}$	k	$\dfrac{r}{z}$	k	$\dfrac{r}{z}$	k	$\dfrac{r}{z}$	k
0.00	0.477 5	0.50	0.273 3	1.00	0.084 4	1.50	0.025 1
0.05	0.474 5	0.55	0.246 6	1.05	0.074 4	1.55	0.022 4
0.10	0.465 7	0.60	0221 4	1.10	0.065 8	1.60	0.020 0
0.15	0.451 6	0.65	0.197 8	1.15	0.058 1	1.65	0.017 9
0.20	0.432 9	0.70	0.176 2	1.20	0.051 3	1.70	0.016 0
0.25	0.410 3	0.75	0.156 5	1.25	0.045 4	1.80	0.012 9
0.30	0.384 9	0.80	0.138 6	1.30	0.040 2	1.90	0.010 5
0.35	0.357 7	0.85	0.122 6	1.35	0.035 7	2.00	0.008 5
0.40	0.329 4	0.90	0.108 3	1.40	0.031 7	2.50	0.003 4
0.45	0.301 1	0.95	0.095 6	1.45	0.028 2	3.00	0.001 5

其余应力分量为

$$\sigma_r = \frac{P}{2\pi}\left[\frac{3zr^2}{R^5} - \frac{1-2\nu}{R(R+z)}\right] \tag{3-37b}$$

$$\sigma_\theta = \frac{P}{2\pi}(1-2\nu)\left[-\frac{z}{R^3} + \frac{1}{R(R+z)}\right] \tag{3-37c}$$

$$\tau_{zr} = \frac{3P}{2\pi}\frac{z^2 r}{R^5} \tag{3-37d}$$

如果采用直角坐标，则除 σ_z 的表达同式（3-37a）外，其余应力分量 σ_x、σ_y、τ_{xz}、τ_{yz} 和 τ_{xy} 表达如下：

$$\sigma_x = \frac{3P}{2\pi}\left\{\frac{x^2 z}{R^5} + \frac{1-\nu}{3}\left[\frac{1}{R(R+z)} - \frac{(2R+z)x^2}{R^3(R+z)^2} - \frac{z}{R^3}\right]\right\} \tag{3-38a}$$

$$\sigma_y = \frac{3P}{2\pi}\left\{\frac{y^2 z}{R^5} + \frac{1-\nu}{3}\left[\frac{1}{R(R+z)} - \frac{(2R+z)y^2}{R^3(R+z)^2} - \frac{z}{R^3}\right]\right\} \tag{3-38b}$$

$$\tau_{zx} = \frac{3P}{2\pi} \cdot \frac{xz^2}{R^5} \tag{3-38c}$$

$$\tau_{zy} = \frac{3P}{2\pi} \cdot \frac{yz^2}{R^5} \tag{3-38d}$$

$$\tau_{xy} = \frac{3P}{2\pi}\left\{\frac{xyz}{R^5} + \frac{1-2\nu}{3}\frac{(2R+z)xy}{R^3(R+z)^2}\right\} \tag{3-38e}$$

式中 R 为 N 点至作用点的距离，$R = (x^2 + y^2 + z^2)^{1/2}$。由以上各式可见，当 $R=0$ 时，所有应力分量均为 ∞，这相当于在面积为零的点上作用一集中力所产生的应力，实际上这是不存在的，因而无意义。所以上述公式只适用于距离集中荷载作用点有一定距离，即 $R \neq 0$ 的情况。在集中荷载作用下土中任一点所产生的垂直位移 w 可由下式表达：

$$w = \frac{P(1+\nu)}{2\pi E_0}\left[\frac{z^2}{R^3} + \frac{2(1+\nu)}{R}\right] \tag{3-39}$$

如果在地面上作用有若干集中荷载，如图 3-26 所示，土中某点 N 所受到的荷载应力，可根据叠加原理通过以上公式分别计算，最后叠加而成。现以求解 σ_z 为例：

$$\sigma_z = k_1 \frac{P_1}{z^2} + k_2 \frac{P_2}{z^2} + k_3 \frac{P_3}{z^2} + \cdots = \frac{1}{z^2}\sum_{i=1}^{n} k_i P_i \quad (3\text{-}40)$$

式中 $k_1, k_2, k_3 \cdots k_i$ 为集中荷载 $P_1, P_2, P_3 \cdots P_i$ 的应力系数，可根据 $\frac{r_1}{z}, \frac{r_2}{z}, \frac{r_3}{z} \cdots \frac{r_i}{z}$ 之比值从表 3-1 中查得，或由式（3-37a）计算确定。

由地面处若干集中荷载作用而产生的 N 点垂直位移，也可采用叠加原理进行计算。

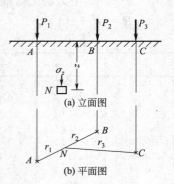

(a) 立面图

(b) 平面图

图 3-26 多个集中荷载下
地基中的应力

二、垂直线状荷载

如图 3-27 所示，作用在地面上的垂直线状荷载 p_0（kN/m）

沿 y 轴均匀分布。若在任意位置作一与 y 轴垂直的截面,则截面两侧的荷载条件对称,该对称面上无剪应力,即在 y 轴方向应变为零,只有在 x 轴和 z 轴方向有应变,这类问题称为平面应变问题。

对于线性荷载作用下土中任一点 N 的垂直压力 σ_z 的解答,可通过对微分段 dy 上的荷载所引起的应力进行积分求得。设作用在 dy 段上的荷载为 $p_0 dy$,它在 N 点所引起的垂直压应力为 $d\sigma_z$,根据式(3-37a)得

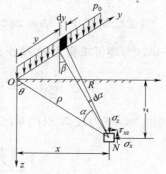

$$d\sigma_z = \frac{3}{2}\frac{p_0 dy}{\pi R^2}\cos^2\beta \tag{3-41}$$

从图上可知,$R=\dfrac{r}{\cos\alpha}$,$dy=\dfrac{r}{\cos^2\alpha}d\alpha$,$\cos\beta=\dfrac{r}{R}=\dfrac{r\cos\theta}{r}\cos\alpha$,把这些关系式代入上式并对 $d\sigma_z$ 沿着 y 轴进行积分,得

图 3-27 垂直线状荷载下
地基中的应力

$$\sigma_z = \int_{-\infty}^{\infty} d\sigma_z = \int_{-\infty}^{\infty}\frac{3}{2}\frac{p_0 dy}{\pi R^2}\cos^3\beta = \frac{3}{2}\frac{p_0}{\pi r}\cos^3\theta\int_{-\pi/2}^{\pi/2}\cos^3\alpha d\alpha$$

$$=\frac{2p_0}{\pi r}\cos^3\theta = \frac{2p_0}{\pi z}\cos^4\theta = \frac{2p_0}{\pi}\frac{z^3}{(x^2+z^2)^2} \tag{3-42a}$$

关于 N 点水平应力 σ_x 和剪应力 τ_{xz} 也可以利用式(3-38a)和式(3-38c)进行同样积分,其值为

$$\sigma_x = \frac{2p_0}{\pi}\cdot\frac{x^2 z}{(x^2+z^2)^2} = \frac{2p_0}{\pi z}\cos^2\theta\cdot\sin^2\theta \tag{3-42b}$$

$$\tau_{xz} = \frac{2p_0}{\pi}\cdot\frac{xz^2}{(x^2+z^2)^2} = \frac{2p_0}{\pi z}\cos^3\theta\cdot\sin\theta \tag{3-42c}$$

若干集中线荷载同时作用在地基面上,则土中任意点 N 的应力 σ_z、σ_x 和 τ_{xz} 均可采用叠加原理,按上述公式分别计算各集中线荷载所引起的应力,再进行叠加而成。

三、垂直带状荷载

若在地表上顺着一个方向,分布着具有相同宽度的垂直荷载,则称之为垂直带状荷载。和线状荷载一样,这属于平面应变问题。设荷载纵向与 y 轴一致,只需研究与 y 轴相垂直的任一截面即 $x-z$ 轴平面上的应力状态即可。图 3-28 表示带状荷载在 x 轴向的分布,设带状荷载为 $p(x)$,宽度为 b。带状荷载对土中某一点 N 所引起的应力,可理解为许多线荷载分布在 b 宽度内,对 N 点所引起的应力之和,可通过积分而求得。设分布在 dx 段内的荷载为 $p(x)dx$,它对 N 点引起的垂直压力 $d\sigma_z$,可用式(3-42a)求得

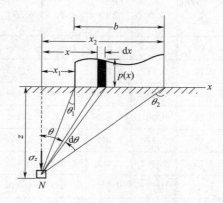

$$d\sigma_z = \frac{2p(x)dx}{\pi r}\cos^3\theta$$

$$\sigma_z = \int_{x_1}^{x_2}\frac{2p(x)dx}{\pi r}\cos^3\theta \tag{3-43}$$

图 3-28 带状荷载下土中的应力

根据荷载 $p(x)$ 的分布规律,可得出 σ_z 的解,同理可求 σ_x。

（一）带状均布荷载

当带状荷载在 x 轴向均匀分布时,$p(x)$ 为常数 p,$\mathrm{d}x = \dfrac{r}{\cos\theta}\mathrm{d}\theta$,把这些关系式代入式 (3-43) 中,即可求得土中 N 点的垂直压力 σ_z 为

$$\sigma_z = \frac{2p}{\pi}\int_{\theta_1}^{\theta_2}\cos^2\mathrm{d}\theta = \frac{p}{\pi}\left[\sin(\theta_2-\theta_1)\cdot\cos(\theta_2+\theta_1)+(\theta_2-\theta_1)\right] \tag{3-44a}$$

式中 θ_1 和 θ_2 为过 N 点的垂线与 N 点至荷载两侧连线的夹角,如图 3-29 所示。

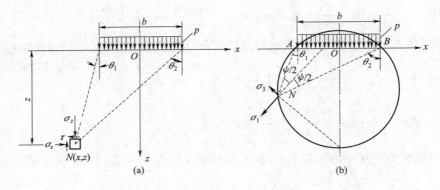

图 3-29 带状均布荷载下土中应力

由垂线按顺时针方向转动到连线者,夹角取正号,反之,取负号。为便于制表,可把上式改写成:

$$\sigma_z = \frac{p}{\pi}\left\{\arctan\frac{1-2(x/b)}{2(z/b)}+\arctan\frac{1+2(x/b)}{2(z/b)}-\frac{4\frac{z}{b}\left[4\left(\frac{x}{b}\right)^2-4\left(\frac{z}{b}\right)^2-1\right]}{\left[4\left(\frac{x}{b}\right)^2+4\left(\frac{z}{b}\right)^2-1\right]^2+16\left(\frac{z}{b}\right)^2}\right\}=k\cdot p \tag{3-44b}$$

式中 k——无量纲系数,为 x/b 和 z/b 的函数,可由表 3-2 中查得。

表 3-2 带状均布荷载下应力系数 k

z/b \ x/b	0.00	0.10	0.25	0.50	0.75	1.00	1.50	2.00	3.00	4.00	5.00
0.00	1.000	1.000	1.000	0.500	0.000	0.000	0.000	0.000	0.000	0.000	0.000
0.10	0.997	0.996	0.986	0.499	0.010	0.005	0.000	0.000	0.000	0.000	0.000
0.25	0.960	0.954	0.905	0.496	0.088	0.019	0.002	0.001	0.000	0.000	0.000
0.35	0.907	0.900	0.832	0.492	0.148	0.039	0.006	0.003	0.000	0.000	0.000
0.50	0.820	0.812	0.735	0.481	0.218	0.082	0.017	0.005	0.001	0.000	0.000
0.75	0.668	0.658	0.610	0.450	0.263	0.146	0.040	0.017	0.005	0.001	0.000
1.00	0.542	0.541	0.513	0.410	0.288	0.185	0.071	0.029	0.007	0.002	0.001
1.50	0.396	0.395	0.379	0.332	0.273	0.211	0.114	0.055	0.018	0.006	0.003

续上表

z/b \ x/b	0.00	0.10	0.25	0.50	0.75	1.00	1.50	2.00	3.00	4.00	5.00
2.00	0.306	0.304	0.292	0.275	0.242	0.205	0.134	0.083	0.028	0.013	0.006
2.50	0.245	0.244	0.239	0.231	0.215	0.188	0.139	0.098	0.034	0.021	0.010
3.00	0.208	0.208	0.206	0.198	0.185	0.171	0.136	0.103	0.053	0.028	0.015
4.00	0.160	0.160	0.158	0.153	0.147	0.140	0.122	0.102	0.066	0.040	0.025
5.00	0.126	0.126	0.125	0.124	0.121	0.121	0.121	0.095	0.069	0.046	0.034

查表计算 x/b 和 z/b 时，注意坐标原点是在荷载的中点。N 点的水平压力 σ_x 和剪应力 τ_{xz} 也可以利用式(3-42b)和式(3-42c)依同样方法积分求得。

$$\sigma_x = \frac{2p}{\pi}\int_{\theta_1}^{\theta_2}\sin^2\theta\,\mathrm{d}\theta = \frac{p}{\pi}\left[-\cos(\theta_2+\theta_1)\cdot\sin(\theta_2-\theta_1)+(\theta_2-\theta_1)\right] \qquad (3\text{-}44c)$$

$$\tau_{xz} = \frac{2p_0}{\pi}\int_{\theta_1}^{\theta_2}\cos\theta\cdot\sin\theta\,\mathrm{d}\theta = \frac{p}{\pi}(\sin^2\theta_2-\sin^2\theta_1) \qquad (3\text{-}44d)$$

而 N 点的大小主应力 σ_1 和 σ_3 也不难通过式(3-3)得到。把式(3-44a)、式(3-44c)和式(3-44d)中之 σ_z、σ_x 和 τ_{xz} 代入式(3-3)，整理后大小主应力可表达如下：

$$\left.\begin{array}{c}\sigma_1\\\sigma_3\end{array}\right\} = \frac{1}{2}(\sigma_x+\sigma_z)\pm\left[\frac{1}{4}(\sigma_x-\sigma_z)^2+\tau_{xz}^2\right]^{\frac{1}{2}} = \frac{p}{\pi}\left[(\theta_2-\theta_1)\pm\sin(\theta_2-\theta_1)\right] \qquad (3\text{-}45)$$

如令 $\psi(\psi=\theta_2-\theta_1)$ 为 N 点到荷载两端点的连线的夹角，一般称为视角，把 ψ 角代入上式中，则上式可写成：

$$\left.\begin{array}{c}\sigma_1\\\sigma_3\end{array}\right\} = \frac{p}{\pi}(\psi\pm\sin\psi) \qquad (3\text{-}46)$$

不难证明大主应力 σ_1 的方向，正好是视角 ψ 的分角线。令 σ_1 方向与 σ_z 方向（垂直向）的夹角为 Φ，则把式(3-44a)、式(3-44c)和式(3-44d)中之 σ_z、σ_x 和 τ_{xz} 代入式(3-2)，即关系式 $\tan2\Phi=\frac{2\tau_{xz}}{\sigma_z-\sigma_x}$ 中，可证明 $\Phi=\frac{1}{2}(\theta_2+\theta_1)$。这说明 σ_1 的方向正好是 ψ 角的分角线，如图 3-29 (b)所示。由式(3-46)可看出，式中唯一变量是 ψ，故不论 N 点位置如何，只要视角 ψ 相等，其主应力也相等。如过荷载两端点 A、B 和 N 作一圆，则在圆上的大小主应力都相等，因为它们的视角都是同一 ψ，如图 3-29(b)所示。

N 点最大剪应力 $\tau_{\max}=\frac{1}{2}(\sigma_1-\sigma_3)=\frac{p}{\pi}\sin\psi$，当 $\psi=\frac{\pi}{2}$ 时，$\tau_{\max}$ 为最大。通过荷载边沿点作一半圆，在半圆上的 $\tau_{\max}$ 较其他位置上的 $\tau_{\max}$ 都要大，其值为

$$\max(\tau_{\max})=\frac{p}{\pi} \qquad (3\text{-}47)$$

（二）带状三角形分布荷载

带状荷载在宽度方向成三角形分布，土中任何一点 N 的应力也可利用式(3-43)求得。如图 3-30，坐标原点选在三角形荷载的顶点，三角形终端荷载为 p，荷载分布

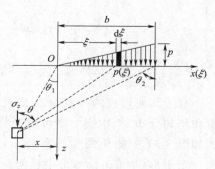

图 3-30　带状三角形分布荷载下土中一点应力

宽度为 b。在 x 轴上取变量 ξ，ξ 处荷载强度为 $p(\xi)=\dfrac{\xi}{b}p$。在微分段荷载 $p(\xi)\mathrm{d}\xi$ 的作用下，土中点 N 的荷载垂直压力 $\mathrm{d}\sigma_z$ 可按式（3-42a）求得：

$$\mathrm{d}\sigma_z = \frac{2p(\xi)}{\pi}\frac{z^3}{[(x-\xi)^2+z^2]^2}\mathrm{d}\xi$$

对此式积分，得 σ_z 表达式如下：

$$\sigma_z = \frac{2p}{\pi b}\int_0^b \frac{z^3\xi}{[(x-\xi)^2+z^2]^2}\mathrm{d}\xi$$

$$= \frac{p}{\pi}\left[\frac{x}{b}\left(\arctan\frac{\dfrac{x}{b}}{\dfrac{z}{b}} - \arctan\frac{\dfrac{x}{b}-1}{\dfrac{z}{b}}\right) - \frac{z}{b}\frac{\dfrac{x}{b}-1}{\left(\dfrac{x}{b}-1\right)^2+\left(\dfrac{z}{b}\right)^2}\right] = k\cdot p \qquad (3\text{-}48\mathrm{a})$$

式中 k——无量纲应力系数，是 x/b 和 z/b 的函数，可根据这两个比值由表 3-3 中查得。

在使用表 3-3 时，要注意表中的坐标原点是在三角形顶点上，x 轴的方向以荷载增长的方向为正，反之为负。

表 3-3 带状三角形分布荷数的应力系数 k

z/b ＼ x/b	−1.5	−1.0	−0.5	0.0	0.25	0.50	0.75	1.0	1.5	2.0	2.5
0.00	0	0	0	0	0.25	0.50	0.75	0.50	0	0	0
0.25	—	—	0.001	0.075	0.256	0.480	0.643	0.424	0.015	0.003	—
0.50	0.002	0.003	0.023	0.127	0.263	0.410	0.477	0.363	0.056	0.017	0.003
0.75	0.006	0.016	0.042	0.153	0.248	0.335	0.361	0.293	0.108	0.024	0.009
1.0	0.014	0.025	0.061	0.159	0.223	0.275	0.279	0.241	0.129	0.045	0.013
1.5	0.020	0.048	0.096	0.145	0.178	0.200	0.202	0.185	0.124	0.062	0.041
2.0	0.033	0.061	0.092	0.127	0.146	0.155	0.163	0.153	0.108	0.069	0.050
3.0	0.050	0.064	0.080	0.096	0.103	0.104	0.108	0.104	0.090	0.071	0.050
4.0	0.051	0.060	0.067	0.075	0.078	0.085	0.082	0.075	0.073	0.060	0.049
5.0	0.047	0.052	0.057	0.059	0.062	0.063	0.063	0.065	0.061	0.051	0.047
6.0	0.041	0.041	0.050	0.051	0.052	0.053	0.053	0.053	0.050	0.050	0.045

关于 N 点的水平应力 σ_x 和剪应力 τ_{xz}，也可采用同样方法，引入式（3-42b）和式（3-42c），并通过积分而求得。

$$\sigma_x = \frac{2p}{\pi b}\int_0^b \frac{(x-\xi)^2 z\xi}{[(x-\xi)^2+z^2]^2}\mathrm{d}\xi = \frac{p}{\pi}\left[\frac{z}{b}\ln\frac{(x-b)^2+z^2}{x^2+z^2} - \right.$$

$$\left. \frac{x}{b}\left(\arctan\frac{x-b}{z}-\arctan\frac{x}{z}\right) + \frac{z(x-b)}{(x-b)^2+z^2}\right] \qquad (3\text{-}48\mathrm{b})$$

$$\tau_{xz} = \frac{2p}{\pi b}\int_0^b \frac{(x-\xi)z^2\xi}{[(x-\xi)^2+z^2]^2}\mathrm{d}\xi = \frac{p}{\pi}\left[\frac{z^2}{(x-b)^2+z^2} + \frac{z}{b}\left(\arctan\frac{x-b}{z}-\arctan\frac{x}{z}\right)\right] \qquad (3\text{-}48\mathrm{c})$$

对于其他形式的带状分布荷载，可分解成若干个三角形分布和均匀分布，土中应力则可根据分解出的荷载应力进行叠加。例如图 3-31 中的荷载为梯形分布，它可分解成一个三角形 aec 和一个矩形（均布）$ebdc$，土中任何一点的应力 σ_z，均可用三角形分布荷载的应力系数（表3-3）和均布荷载的应力系数（表3-2）求得 $\sigma_{z(aec)}$ 和 $\sigma_{z(ebdc)}$，把这些 σ_z 叠加起来，就是所求梯形分布荷载作

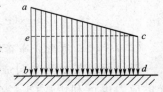

图 3-31 带状梯形分布荷载

用下的 σ_z。

　　在工程实践中,常遇到房屋墙基、挡土墙基础、铁路公路路基、水坝基础等基底压力,它们都是带状荷载,其在土中引起的荷载应力均可用上述方法求得。

　　前面提到,影响地基沉降最重要的荷载应力是 σ_z,对它在地基中的分布图形应该有一个明确的概念。现以带状均布和三角形分布荷载为例来进行说明。在均布带状荷载作用下,把地基中具有相同荷载压力 $\sigma_z = k \cdot p$ 的点连接起来,形成灯泡形的等压线,如图 3-32(a)。每个压力泡都有相应的应力系数 k 值,所有不同 k 值等压线的起始点都出自荷载两端点,因为在两个端点上压力由 0 突变到 p。随着 k 值的减小,等压线逐渐向外增加,当 $k = 0.1$ 时(即 $\sigma_z = 0.1p$),其等压线的最低点达到 $6b$ 的深度(b 为荷载宽),而等压线或等压泡的宽度则扩大到 $4b$。对于三角形分布荷载如图 3-32(b)所示,等压线的图形也成灯泡形,不过所有等压泡的出发点与均布带状荷载略有不同,右边的出发点在最大荷载端部,而左边的出发点则出自压力泡的压力与荷载值相等的位置上,如 $k = 0.5$ 的等压线,其等压线的左端出自 $p(x) = 0.5p$ 的点。而 $\sigma_z = 0.1p$ 的等压线的扩展深度和宽度与均布带状荷载为 $0.2p$ 者大致相同。这一特点可用圣文南(St. Venant)原理来解释。根据这个原理,当一个力系作用在弹性介质上时,可由另一个大小相等而分布规律不同的力系代替,除作用点附近的应力有所改变外,较远处的应力状态改变很小。令三角形带状荷载的合力为均布者之半,则相同等压泡之比值亦应为 0.5。此外,从图 3-32 中还可得出这样的结论,同为 p 的均布荷载,但作用宽度不同时,宽基础应力影响深度要大于窄基础。这有助于对建筑物基础沉降的估计。

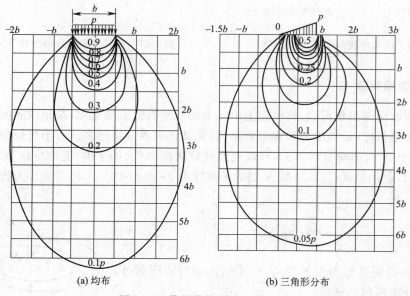

(a) 均布　　　　　　　　　　　(b) 三角形分布

图 3-32　带状荷载下 σ_z 的等压线

　　下面讨论在带状荷载作用下,地基土中垂直和水平截面上 σ_z 的分布规律。

　　由图 3-33(a)中可看出,当垂直截面位置分别为 $x = 0$ 和 $0.5b$ 时,σ_z 在截面顶点的值为最大,向下逐渐缩小;当垂直荷载位置分别为 $x = b$ 和 $1.5b$ 时,σ_z 在截面顶部为零,向下逐渐增大,以后又渐渐减小。在所有截面中,以 $x = 0$ 的截面上的 σ_z 值为最大,与 $x = 0.5b$ 的截面上的 σ_z 值比较,在 $z = 0$ 处,前者为 $\sigma_z = p$,后者为 $0.5p$,随着 z 的增加,两者的 σ_z 就渐渐地接近。在水平截面上,σ_z 的分布是在中心位置上者最大,然后向两侧对称递减,如图 3-33

(b)所示。离地表近的水平截面上,中间部分的应力比较集中,中间的 σ_z 较以下各截面者大,但两侧分布的 σ_z 递减得很快,越向下,水平截面中的 σ_z 越小,向两侧分布的 σ_z 递减得也越慢,压力分布趋于宽阔而平缓。根据压力平衡原理,各水平截面上的总应力应相等,且等于总应力 bp。至于三角形分布带状荷载的 σ_z 在垂直和水平截面上的分布规律,与均布荷载趋势相近,如图3-34所示。其中水平截面上的 σ_z 分布不是对称的,重心偏向荷载强度大的一端,与三角形荷载重心一致。随着水平截面的降低,其上最大压力位置逐渐接近 $2b/3$ 的位置。这一现象也可用圣文南原理来解释,它相当于用一相等的集中荷载作用在三角形荷载重心上所引起的 σ_z 的分布。

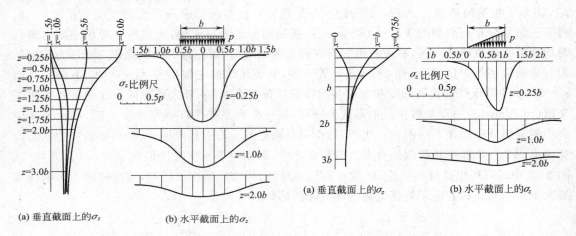

图 3-33　均布带状荷载下 σ_z 的分布　　　　图 3-34　带状三角形分布荷载下 σ_z 的分布

四、局部面积荷载

　　地面上施加局部面积荷载,将引起土中三个相互垂直的应变变化,这是空间问题。与带状荷载的平面问题相比,虽然应力计算原则相同,但其计算要复杂得多。对于任何分布形式的面积荷载,求土中 N 点的垂直压力 σ_z,可取地面微分面积($dA = d\eta \cdot d\xi$)上的荷载 pdA 作为集中荷载(图 3-35),利用公式(3-37a)得 N 点的荷载压力 $d\sigma_z = kpdA/z^2$,再对此压力进行面积积分得

$$\sigma_z = \frac{1}{z^2}\iint_A kp\,d\eta d\xi \qquad (3-49)$$

式中的 k 和 p 是随坐标而变的变量,除个别的轴对称问题外,这样的重积分求解相当复杂。

　　下面就几种常见的局部荷载进行讨论。

　　(一)圆形均布荷载

　　荷载 p 均匀分布在以 R 为半径的圆面积上,如图 3-35 所示。如果采用圆柱坐标,原点在荷载圆心上,求 z 轴上一点 N 的垂直应力 σ_z。可在圆面积荷载中切取一个面积元荷载 pdA,从图上看到 $dA = rd\varphi dr$,其中 r 为面积元到圆心的距离,$d\varphi$ 为两半径之夹角。令 ρ 为该元荷载到 N 点的距离,β 为 ρ 与 z 轴

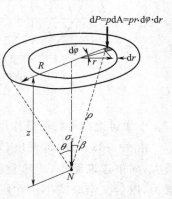

图 3-35　圆形均布荷载
中心轴线上 N 点的 σ_z

的夹角,而 θ 为荷载边沿到 N 点连线与 z 轴的夹角,则在面积元荷载作用下,N 点的垂直应力为

$$d\sigma_z=\frac{3p\cdot dA}{2\pi\rho^2}\cos^3\beta=\frac{3pr d\varphi\cdot dr}{2\pi\rho^2}\cos^3\beta=\frac{3p}{2\pi}\sin\beta\cdot\cos^2\beta\cdot d\beta\cdot d\varphi$$

对上式进行面积积分,得

$$\sigma_z=\frac{3p}{2\pi}\int_{\varphi=0}^{\varphi=2\pi}\int_{\beta=0}^{\beta=\theta}\cos^2\beta\cdot\sin\beta\cdot d\beta\cdot d\varphi=p(1-\cos^3\theta)$$

$$=p\left\{1-\left[\frac{z/R}{\sqrt{1+(z/R)^2}}\right]^3\right\} \tag{3-50}$$

只要给定比值 z/R,就可从上式计算出 σ_z。

对于离 z 轴一定水平距离 r 之 N 点的垂直应力 σ_z,与上述原则和求解过程相似。但由于不是轴对称问题,结果不能用初等函数表达出来,故这里就不介绍了。

（二）矩形均布荷载

目前对矩形面积均布荷载作用下,土中任一点 N 的 σ_z 已有解,是由公式(3-49)推导出来的,但公式计算比较复杂,计算时常用图表来进行。下面来讨论如何用表计算矩形面积角点下的 σ_z。矩形均布荷载角点下深度 z 处的 σ_z 可用下式表示

$$\sigma_z=k\cdot p$$

其中 $k=f\left(\frac{a}{b},\frac{z}{b}\right)$,$a$ 和 b 为面积荷载的长和宽,见图 3-36(a)。根据 $\frac{a}{b}$ 和 $\frac{z}{b}$,从表 3-4 中可查到矩形面积荷载角点下的应力系数 k,从而可算出 σ_z。有了角点下的应力计算公式,其他任意点下的应力可用叠加原理求得。如图 3-36(b)所示,为求矩形($a\cdot b$)面积荷载中心点下的 σ_z,可把矩形面积分成四等分,先由表 3-4 找四分之一面积角点下的应力系数 $k=f\left(\frac{a}{b},\frac{2z}{b}\right)$,则中心点下 σ_z 为 $\sigma_z=4f\left(\frac{a}{b},\frac{2z}{b}\right)p$。又如图 3-36(c)所示,求矩形面积外点 M 下的 σ_z,可按图上虚线过 M 点分成若干面积,M 点下的 σ_z 可由几个矩形面积角点下的 σ_z 相叠加而成,即

$$\sigma_z=(k_{13M6}-k_{23M5}-k_{74M6}+k_{84M5})p$$

上式中 k 的脚标表示所代表的面积,如 k_{13M6} 表示矩形面积 13M6 的角点应力系数,按每个面积的长边和短边比及深度和短边之比,由表 3-4 中查得。用表时要注意表中 b 代表荷载面积的短边。上述求矩形面积荷载角点下应力的方法称为"角点法"。

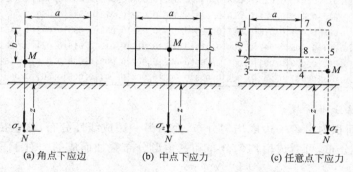

(a) 角点下应边　　(b) 中点下应力　　(c) 任意点下应力

图 3-36　矩形均布荷载角点下和任意点下的应力

表 3-4 矩形均布荷载角点下应力系数 k

$\dfrac{z}{b}$ \ $\dfrac{a}{b}$	1.0	1.2	1.4	1.6	1.8	2.0	2.2	2.4	2.6	2.8	3.0	4.0	6.0	8.0	10.0
0.0	0.250	0.250	0.250	0.250	0.250	0.250	0.250	0.250	0.250	0.250	0.250	0.250	0.250	0.250	0.250
0.2	0.249	0.249	0.249	0.249	0.249	0.249	0.249	0.249	0.249	0.249	0.249	0.249	0.249	0.249	0.249
0.4	0.240	0.242	0.243	0.243	0.244	0.244	0.244	0.244	0.244	0.244	0.244	0.244	0.244	0.244	0.244
0.6	0.223	0.228	0.230	0.232	0.232	0.233	0.233	0.234	0.234	0.234	0.234	0.234	0.234	0.234	0.234
0.8	0.200	0.208	0.212	0.215	0.217	0.218	0.218	0.219	0.219	0.310	0.220	0.220	0.220	0.220	0.220
1.0	0.175	0.185	0.181	0.196	0.198	0.200	0.201	0.202	0.203	0.203	0.203	0.204	0.205	0.205	0.205
1.2	0.152	0.163	0.171	0.176	0.179	0.182	0.184	0.185	0.186	0.187	0.187	0.188	0.189	0.189	0.189
1.4	0.131	0.142	0.151	0.157	0.161	0.164	0.167	0.169	0.170	0.171	0.171	0.173	0.174	0.174	0.174
1.6	0.112	0.124	0.133	0.140	0.145	0.148	0.151	0.153	0.155	0.156	0.157	0.159	0.160	0.160	0.160
1.8	0.097	0.108	0.117	0.124	0.129	0.133	0.137	0.139	0.141	0.142	0.143	0.146	0.148	0.148	0.148
2.0	0.084	0.095	0.103	0.110	0.116	0.120	0.124	0.126	0.128	0.130	0.131	0.135	0.137	0.137	0.137
2.4	0.064	0.073	0.081	0.088	0.093	0.098	0.102	0.105	0.107	0.109	0.111	0.116	0.118	0.119	0.119
2.8	0.050	0.058	0.065	0.071	0.076	0.081	0.084	0.088	0.090	0.092	0.094	0.100	0.104	0.105	0.105
3.2	0.040	0.047	0.053	0.059	0.063	0.067	0.070	0.074	0.076	0.079	0.081	0.087	0.092	0.093	0.084
3.6	0.032 6	0.038	0.043	0.048	0.052	0.056	0.059	0.062	0.065	0.067	0.069	0.076	0.082	0.083	0.084
4.0	0.027	0.032	0.036	0.040	0.044	0.047	0.051	0.054	0.056	0.059	0.060	0.067	0.073	0.075	0.076
5.0	0.018	0.021	0.024	0.027	0.030	0.033	0.036	0.038	0.040	0.042	0.044	0.050	0.057	0.060	0.061
6.0	0.013	0.015	0.017	0.020	0.022	0.024	0.026	0.028	0.029	0.031	0.033	0.039	0.046	0.049	0.051
7.0	0.009	0.011	0.013	0.015	0.016	0.018	0.020	0.021	0.022	0.024	0.025	0.031	0.038	0.041	0.043
8.0	0.007	0.009	0.010	0.011	0.013	0.014	0.015	0.017	0.018	0.019	0.020	0.025	0.031	0.035	0.037
9.0	0.006	0.007	0.008	0.009	0.010	0.011	0.012	0.013	0.014	0.015	0.016	0.021	0.026	0.030	0.032
10.0	0.005	0.006	0.007	0.007	0.008	0.009	0.10	0.011	0.012	0.013	0.013	0.017	0.022	0.026	0.028

表 3-5   矩形线性分布荷载在荷载为零的角点下的应力系数 k

$\dfrac{z}{a}$ \ $\dfrac{b}{a}$	0.2	0.4	0.6	0.8	1.0	1.2	1.4	1.6	1.8	2.0	3.0	4.0	6.0	8.0	10
0.0	0.000	0.000	0.000	0.000	0.000	0.000	0.000	0.000	0.000	0.000	0.000	0.000	0.000	0.000	0.000
0.2	0.022	0.028	0.030	0.030	0.030	0.031	0.031	0.031	0.031	0.031	0.031	0.031	0.031	0.031	0.031
0.4	0.027	0.042	0.049	0.052	0.053	0.054	0.054	0.055	0.055	0.055	0.055	0.055	0.055	0.055	0.055
0.6	0.026	0.045	0.056	0.062	0.065	0.067	0.068	0.069	0.069	0.070	0.070	0.070	0.070	0.070	0.070
0.8	0.023	0.042	0.055	0.064	0.069	0.072	0.074	0.075	0.076	0.076	0.077	0.078	0.078	0.078	0.078
1.0	0.020	0.038	0.051	0.060	0.067	0.071	0.074	0.075	0.077	0.077	0.079	0.079	0.080	0.080	0.080
1.2	0.017	0.032	0.015	0.055	0.062	0.066	0.070	0.072	0.074	0.075	0.077	0.078	0.078	0.078	0.078
1.4	0.015	0.028	0.039	0.048	0.055	0.061	0.064	0.067	0.069	0.071	0.074	0.075	0.075	0.075	0.075
1.6	0.012	0.024	0.034	0.042	0.049	0.055	0.059	0.062	0.064	0.066	0.070	0.071	0.071	0.072	0.072
1.8	0.011	0.020	0.029	0.037	0.044	0.049	0.053	0.056	0.059	0.060	0.065	0.067	0.067	0.068	0.068
2.0	0.009	0.018	0.026	0.032	0.038	0.043	0.047	0.051	0.053	0.055	0.061	0.062	0.063	0.064	0.064
2.5	0.006	0.013	0.018	0.024	0.028	0.033	0.036	0.039	0.042	0.044	0.050	0.053	0.054	0.055	0.055
3.0	0.005	0.009	0.014	0.018	0.021	0.025	0.028	0.031	0.033	0.035	0.042	0.045	0.047	0.047	0.048
5.0	0.002	0.004	0.005	0.007	0.009	0.010	0.012	0.014	0.015	0.016	0.021	0.025	0.028	0.030	0.030
7.0	0.001	0.002	0.003	0.004	0.005	0.006	0.007	0.008	0.009		0.012	0.015	0.019	0.020	0.021
10.0	0.001	0.001	0.001	0.002	0.002	0.003	0.003	0.004	0.004	0.005	0.007	0.008	0.011	0.013	0.014

（三）矩形线性分布荷载

荷载在矩形面积内沿着一边成均匀分布,而沿另一边成线性分布,这包括三角形分布和梯形分布,对于梯形分布,可看成由均匀分布和三角形分布叠加而成的。对于三角形分布面积荷载讨论如下。

图 3-37(a)为三角形分布的矩形面积荷载,其面积为 ab,荷载顺 a 边方向成三角形分布,最

大荷载为 p。在荷载为零的角点 A 下 N 点的 σ_z，可用 $\sigma_z = k \cdot p$ 求得。其中 $k = f\left(\dfrac{b}{a}, \dfrac{z}{a}\right)$，可根据 $\dfrac{b}{a}$ 和 $\dfrac{z}{a}$ 从表 3-5 中查到。表中 a 边是荷载成三角形分布的边，不一定是长边，也可能是短边。因此 $\dfrac{b}{a}$ 可以小于 1，也可以大于 1。如在矩形面积三角形分布荷载情况下，求荷载为最大值 p 的角点 B 下 N 点的 σ_z，如图 3-37(b)，可采用叠加原理。先用表 3-4 求矩形均布荷载（$BB'A'A$）的角点 B 下的应力系数 k_1，再减去用表 3-5 查得的

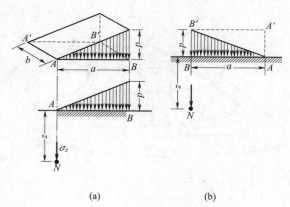

图 3-37　矩形面积三角形分布荷载下的应力

三角形分布荷载（$B'A'A$）角点 B 下的 k_2，就等于三角形分布荷载（$B'BA$）角点 B 下的应力系数 k，从而求得 $\sigma_z = (k_1 - k_2)p$。

对于矩形面积线性分布荷载下地基中任意位置的 σ_z，都可用表 3-4 和表 3-5 通过叠加原理计算求得。

（四）不规则面积任意分布荷载

在面积不规则、分布不规则荷载的作用下，土中任一点的 σ_z 只能采用近似方法求解。图 3-38 所示为任意分布的荷载图形。如要求算地面任一点 A 下深度 z 处 N 点之 σ_z，可把荷载面积分成许多小块，求算每小块面积上的合力 P_i，此合力 P_i 系作用在小块面积荷载的重心上，再用式（3-37a）或表 3-1 求每一小块面积上的集中荷载下 N 点所产生的 $\sigma_{zi}\left(=\dfrac{1}{z^2} \cdot k_i P_i\right)$，然后用公式（3-40）进行叠加，最后求得总的垂直压力 $\sigma_z = \dfrac{1}{z^2}\sum\limits_{i=1}^{n} k_i P_i$（$n$ 为面积分成小块数）。这个近似算法的精度与荷载面积划分成小块面积的数量有关，划分愈细，精度愈高，但计算工作量也愈大。根据圣文南理论，如 N 点离荷载面较远，则 N 点的 σ_z 只受荷载大小的影响，与荷载局部分布图形无关，所以在 N 点离荷载较远的情况下，把分布面积荷载用大小相等的集中荷载来代替，所求得的 σ_z 与精确解基本一样。故在近似算法中，对于不规则荷载图形，当所研究的 N 点离荷载面较近时，荷载图形可划分得细一些，反之，则可划分得粗一些，甚至用集中荷载来代替。这样可节省计算工作量，又不影响精度。

（五）纽马克（Newmark）感应图

纽马克在布辛纳斯克应力计算公式的基础上，通过对面积荷载积分，制成了均布面积荷载作用下弹性地基中任意点上的各种应力感应图。其中 σ_z 的感应图如图 3-39 所示。若要计算地基中 A 点的 σ_z，只要把 A 点平面位置置于图的中心，图中比例尺 AB 等于 A 点的深度 z，在图上用 z 的比例把荷载面轮廓绘出，其与 A 点在平面上的相对位置也以同样比例固定下来，如图中虚线所示，把感应图分成若干小感应面，每个小面在 A 点上将引起垂直应力 $0.005p$，其中 0.005 为感应值，p 为面积荷载的均布压力。如荷载面积共覆盖 N 块感应面，则在该点上的 σ_z 将为 $\sigma_z = 0.005Np$。

σ_z 感应图的制作原理是利用圆面积荷载积分公式（3-50），即

$$\sigma_z = p\left\{1 - \left[\frac{1}{1 + (R/z)^2}\right]^{3/2}\right\} = k \cdot p \tag{3-51}$$

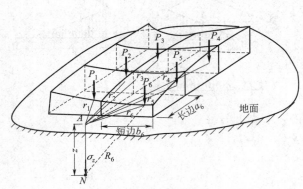

图 3-38 面积和荷载分布不规则
情况下土中应力近似计算法

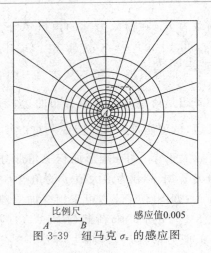

比例尺   感应值0.005

$\overline{A \quad B}$

图 3-39 纽马克 σ_z 的感应图

其中 R 是圆面积的半径；k 为应力系数，是 R/z 的函数。如令 $k=0.1,0.2,0.3,0.4\cdots$代入上式，即可反算出一系列对应的 R/z 值，它们分别为 $0.270,0.400,0.518,0.637\cdots$。如任选一长度代表深度 z，作为比例单位，则以该比例长度的 R/z 倍作为半径绘制若干同心圆。显然，每两同心圆之间所夹圆环面积荷载将在中心轴线深度 z 上引起 $0.1p$ 的垂直应力，再用辐射线把圆心角分成 20 等分，从而把每一圆环划分成 20 个小感应面，则每感应面上的荷载将引起 $0.005p$ 的垂直应力，这样，就构成了图 3-39 中的 σ_z 感应图。

（六）路堤荷载

下面给出路堤荷载（图 3-40）作用下土中 N 点的垂直应力 σ_z 计算公式，推导过程原则同上。

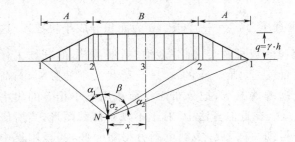

图 3-40 路堤荷载作用下土中
垂直应力 σ_z 计算简图

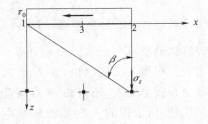

图 3-41 匀布条形水平荷载作用下土中
垂直应力 σ_z 计算简图

垂直应力 σ_z 计算公式为

$$\sigma_z=q\left\{\frac{1}{\pi A}\left[A\cdot\beta+\left(A+\frac{B}{2}\right)(\alpha_1+\alpha_2)-x\cdot(\alpha_1-\alpha_2)\right]\right\} \tag{3-52}$$

（七）匀布条形水平荷载

下面给出匀布条形水平荷载（图 3-41）作用下土中垂直应力 σ_z 计算公式。

（1）受压侧 1 点处 σ_z 计算公式为

$$\sigma_z=\tau_0\cdot\left(+\frac{1}{\pi}\cdot\sin^2\beta\right) \tag{3-53a}$$

（2）受拉侧 2 点处 σ_z 计算公式为

$$\sigma_z=\tau_0\cdot\left(-\frac{1}{\pi}\cdot\sin^2\beta\right) \tag{3-53b}$$

(3)中心 3 点处 σ_z 计算公式为

$$\sigma_z = 0 \tag{3-53c}$$

(八)三角形条状水平荷载

下面给出三角形条状水平荷载(图 3-42、图 3-43)作用下土中垂直应力 σ_z 计算公式。

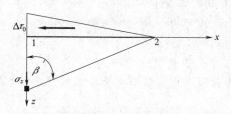 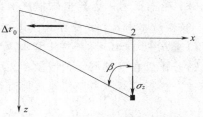

图 3-42 三角形条状水平荷载作用下受载侧土中
垂直应力 σ_z 计算简图

图 3-43 三角形条状水平荷载作用下
非受载侧土中垂直应力 σ_z 计算简图

(1)受载侧 1 点处 σ_z 计算公式为

$$\sigma_z = \Delta\tau_0 \cdot \left(\frac{1}{\pi} \cdot \sin^2\beta - \frac{z}{b \cdot \pi} \cdot (\sin\beta \cdot \cos\beta - \beta) \right) \tag{3-54a}$$

(2)非受载侧 2 点处 σ_z 计算公式为

$$\sigma_z = \Delta\tau_0 \cdot \left(\frac{z}{b \cdot \pi} \cdot (\sin\beta \cdot \cos\beta - \beta) \right) \tag{3-54b}$$

(3)1、2 点连线中心点处 σ_z 计算公式为

$$\sigma_z = \Delta\tau_0 \cdot \left(\frac{z}{b \cdot \pi} \cdot (\sin\beta - \beta) \right) \tag{3-54c}$$

【例 3-3】 有一矩形均布面积荷载,平面尺寸为 3 m×4 m,单位面上压力 $p = 300$ kPa,如图 3-44 所示。试计算在矩形短边延长线上,离角点外侧 1 m、地面下 4 m 处 A 点的 σ_z。(1)采用角点法的应力系数表(表 3-4)计算;(2)采用纽马克感应图计算。

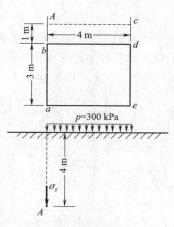

图 3-44 矩形均布面积
荷载下的 σ_z 计算

【解】 (1)运用角点法和叠加原理,把矩形面积分解成通过 A 点的正面积 $\square_{aAce}$ 和负面积 $\square_{bAcd}$。前者 $a/b = 4/4 = 1$,$z/b = 4/4 = 1$,由表 3-4 查得 $k_{aAce} = 0.175$;而后者 $a/b = 4/1 = 4$,$z/b = 4/1 = 4$,由表 3-4 查得 $k_{bAcd} = 0.067$。因此 $\sigma_z = (0.175 - 0.067) \times 300 = 32$(kPa)。

(2)利用图 3-39 之感应图,比例尺 AB 等于深度 4 m,A 点置于圆心,以此比例尺绘制矩形荷载面积(3 m×4 m),如图中虚线所示。矩形面积覆盖了大致 21 块感应面,即 $N = 21$,这样,$\sigma_z = 0.005Np = 0.005 \times 21 \times 300 = 32$(kPa)。

 复习题

3-1 取一均匀土样,置于 x、y、z 直角坐标中,在外力作用下测得应力为:$\sigma_x = 10$ kPa,$\sigma_y = 10$ kPa,$\sigma_z = 40$ kPa,$\tau_{xy} = 12$ kPa。试求算:①最大主应力 σ_1,最小主应力 σ_3 以及最大剪应力 τ_{max}?②求最大主应力作用面与 x 轴的夹角 θ?③根据 σ_1 和 σ_3 绘出相应的摩尔应力圆,并

在圆上标出大小主应力及最大剪应力作用面的相对位置?

3-2　取一饱和黏土样,置入密封压力室中,不排水施加围压 30 kPa(相当于球形压力),并测得孔隙压力为 30 kPa,另在土样的垂直中心轴线上施加轴压 $\Delta\sigma_1 = 70$ kPa(相当于土样受到 $\Delta\sigma_1 - \Delta\sigma_3$ 压力),同时测得孔隙压力为 60 kPa,求算孔隙压力系数 A 和 B?

3-3　砂土置于一容器中的铜丝网上,砂样厚 25 cm。由容器底导出一水压管,使管中水面高出容器溢水面 h。若砂样孔隙比 $e = 0.7$,颗粒重度 $\gamma_s = 26.5$ kN/m³,如图 3-45 所示。求:

(1)当 $h = 10$ cm 时,砂样中切面 a—a 上的有效应力?

(2)若作用在铜丝网上的有效应力为 0.5 kPa,则水头差 h 值应为多少?

3-4　根据图 3-46 所示的地质剖面图,请绘 A—A 截面以上土层的有效自重应力分布曲线。

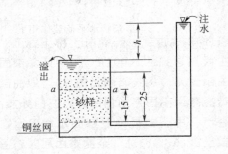

图 3-45　习题 3-3 图(单位:cm)

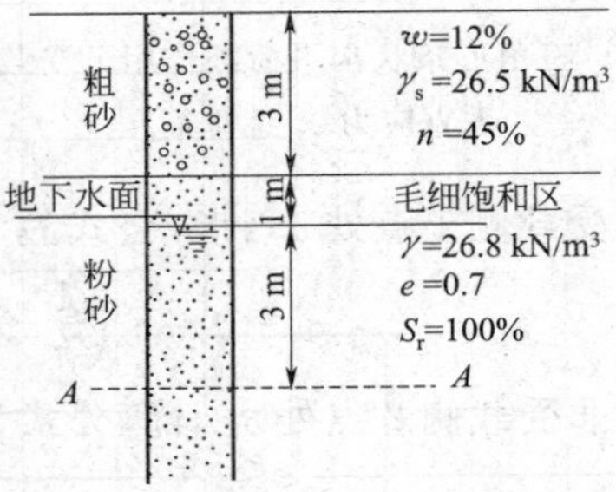

图 3-46　习题 3-4 图

3-5　有一 U 形基础,如图 3-47 所示。设在其 x—x 轴线上作用一单轴偏心垂直荷载 $P = 6\,000$ kN,P 作用在离基边 2 m 的 A 点上,试求基底左端压力 p_1 和右端压力 p_2。如把荷载由 A 点向右移到 B 点,则右端基底压力将等于原来左端压力 p_1,试问 AB 间距为多少?

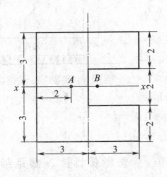

图 3-47　习题 3-5 图(单位:m)

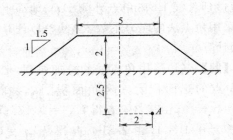

图 3-48　习题 3-6 图(单位:m)

3-6　有一填土路基,其断面尺寸如图 3-48 所示。设路基填土的平均重度为 21 kN/m³,试问,在路基填土压力下在地面下 2.5 m、路基中线右侧 2.0 m 的 A 点处的垂直荷载应力是多少?

3-7　如图 3-49 所示,求均布方形面积荷载中心线上 A、B、C 各点上的垂直荷载应力 σ_z,并比较用集中力代替此均布面积荷载时,在各点引起的误差(用%表示)。

3-8　设有一条形刚性基础,宽为 4 m,作用着均布线状中心荷载 $p = 100$ kN/m(包括基础自重)和弯矩 $M = 50$ kN·m,如图 3-50 所示。

(1)试用简化法求算基底压应力的分布,并按此压力分布图形求基础边沿下 6 m 处 A 点的竖向荷载应力σ_z(基础埋深影响不计)。

(2)按均匀分布压力图形(不考虑M的作用)和中心线状分布压力图形荷载分别计算A点的σ_z,并与(1)中结果对比,计算其误差(%)。

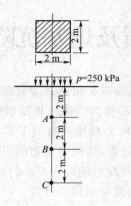

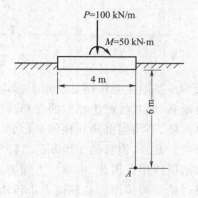

图 3-49 习题 3-7 图   图 3-50 习题 3-8 图

3-9   有一均匀分布的等腰直角三角形面积荷载,如图 3-51 所示,压力为 p(kPa),试求 A 点及 B 点下 4 m 处的垂直荷载应力 σ_z(用应力系数法和纽马克应力感应图法求算,并对比)。

3-10   有一浅基础,平面成 L 形,如图 3-52 所示。基底均布压力为 200 kPa,试用纽马克应力影响图估算角点 M 和 N 以下 4 m 处的垂直荷载应力 σ_z?

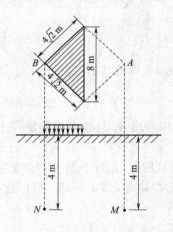

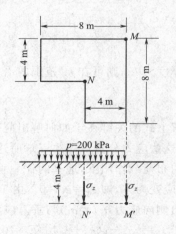

图 3-51 习题 3-9 图   图 3-52 习题 3-10 图

第 四 章

土的变形性质及地基沉降计算

　　天然地基的主要作用是支承上部建筑物。上部建筑通过基础把包括基础自重在内的荷载传递给地基,地基将产生相应的变形。通常在重力方向的变形称为沉降。地基沉降包括地基平均总沉降、不均匀沉降和相邻基础的沉降差等。这些沉降对上部建筑物的正常使用会带来不利影响。此外,饱和黏土地基的沉降需要较长时间的发展过程,这对建筑物的正常使用同样会带来消极作用。因此,本章一方面要讨论土的变形性质以及变形随时间发展的基本理论,同时也要讨论如何运用这些理论去进行地基最终沉降和随时间发展的沉降计算。

第一节　土的弹性变形性质

　　在应力水平不高的情况下,地基受到荷载作用所产生的沉降可近似地视为弹性变形,并按弹性理论计算。当地表受到荷载作用时,地基深度 z 处的立方单元体上将产生荷载应力(或称附加应力) σ_x、σ_y 和 σ_z。根据土的变形模量 E_0 和泊松比 ν 两个弹性常数,可求出该单元的垂直应变 ε_z:

$$\varepsilon_z = \frac{1}{E_0}[\sigma_z - \nu(\sigma_x + \sigma_y)] \tag{4-1}$$

若土层厚度为 h_c,则可在 h_c 范围内沿垂直线进行变形积分,求得地基的沉降 S:

$$S = \int_0^{h_c} \varepsilon_z \, dz \tag{4-2}$$

　　求解上式的关键在于如何解出应变 ε_z。由式(4-1)可以看出,ε_z 与各应力分量和土的参数有关,而这些应力分量可由第三章所述的有关公式求得。

　　在匀布荷载作用下,地基的任一垂直截面都是荷载的对称面,在这个面上不会发生侧向变形,侧向应变为零,即 $\varepsilon_x = \varepsilon_y = 0$。由于荷载对称,侧向应力应相等,即 $\sigma_x = \sigma_y$。根据这些条件,可以导出侧向应力 $\sigma_x(=\sigma_y)$ 与垂直应力 σ_z 的关系。

　　由于 $\varepsilon_x = [\sigma_x - \nu(\sigma_y + \sigma_z)]/E_0 = 0$,把 $\sigma_x = \sigma_y$ 代入可得

$$\sigma_x = \sigma_y = \frac{\nu}{1-\nu}\sigma_z = K_0\sigma_z \tag{4-3}$$

式中,$K_0 = \dfrac{\nu}{1-\nu}$,是与泊松比 ν 有关的常数,是土处于侧向约束条件下的侧压力系数,称为土的静止侧压力系数,对于一般土来说,它的数值小于 1。

　　若把式(4-3)代入式(4-1),则土层中 z 点处垂直应变 ε_z 的表达式为

$$\varepsilon_z = \frac{\sigma_z}{E_0}\left(1 - \frac{2\nu^2}{1-\nu}\right) = \frac{\sigma_z}{E_s} \tag{4-4}$$

上式又可写成 $E_s = \sigma_z/\varepsilon_z$,这里 E_s 称为无侧向膨胀变形模量,简称土的压缩模量。这里必须指出,E_s 与弹性常数的变形模量 $E_0(=\sigma_z/\varepsilon_z)$ 有区别,前者是在有侧向约束条件下垂直应力与

垂直应变之比，而后者是在无侧向约束条件下两者之比。当然两种模量有内在联系。由式(4-4)可看出

$$E_0 = E_s \left(1 - \frac{2\nu^2}{1-\nu} \right) \tag{4-5}$$

由于泊松比一般小于 0.5，故理论上 E_s 总大于 E_0。必须注意，这里提到的 E_s 和 E_0 都是根据土为弹性介质这一前提论述的，它们应反映土的弹性变形性质，并应该视为常数。但实践证明，土并非弹性介质，随着土中应力水平的变化，上述模量也在改变，这说明土的变形性质也在随应力大小而变，故在计算地基变形时，必须考虑土的这些影响因素特点。有关这方面的内容，将在以下各章节中讨论。但在压力不高且变化不大的情况下，在工程计算中可近似地把它们当成常数看待。

对于压缩模量 E_s 可用实验方法获得，而变形模量 E_0 不宜用无侧限压缩室内试验方法直接测定，多在天然地基上进行载荷试验或旁压试验求得。有关这些试验的内容将在本章第五节加以介绍。关于泊松比 ν 可通过室内试验方法获得。由于地基土的 ν 值变化范围不大，常常都在 0.2～0.4 左右，故在工程计算中往往凭经验选取。

第二节　土的压缩性

若把地基土当成弹性体，则应力和应变是线性关系。但实际上土的变形性质甚为复杂，在考虑其变形时，必然要联系它的构造特征。如在外界压力作用下，土颗粒本身不压缩，只产生相对位移，故土体产生的变化仅等于孔隙的变化量。作用在土体上的压力与土体积变化压缩量的关系，可用压力与孔隙比的关系曲线来表示，这曲线称为压缩曲线，它代表土的压缩性质。土的压缩性大小，往往由该曲线坡度的陡缓反映出来，曲线陡者压缩性大，反之压缩性小。这种压缩性，一方面取决于土的类别，例如饱和黏土的压缩性就较砂土为大；另一方面也与土的应力历史有关。例如，两种相同土体，一个在历史上遭受过长期高压作用，一个却没有承受过，现在两者处于相同压力状态，但反映出的压缩性却不一样，前者小于后者。本节将着重阐述如何用试验方法求得土的压缩曲线，以及如何运用曲线来计算土的压缩变形，并讨论研究土的应力历史的影响等。

一、压缩曲线

土的压缩曲线是通过压缩试验求得的。该试验采用压缩仪，把原状土样置入仪器钢环中，土样上下加透水石，在透水石上加一钢压板（图 4-1），在压板中心分级施加垂直荷载，伴随着土中孔隙水的挤出，土样仅产生垂直压缩而无侧向膨胀。对于每级荷载待土样沉降稳定后，用百分表量测土样的下沉量，并由此可算出对应的孔隙比。

设土样横断面积为 F，土颗粒重度为 γ_s，土样烘干后的干土重为 Q_s，从而可计算出土样颗粒换算高 $h_s = Q/(\gamma_s F)$。在整个试验过程中 h_s 是不变的，设在 p_i 作用下的土样高为 h_i，则土样孔隙换算高应为 $h_i - h_s$，而相应的孔隙比 e_i 为

$$e_i = \frac{h_i - h_s}{h_s} = \frac{h_i}{h_s} - 1 \tag{4-6}$$

随着 p_i 逐级增加，h_i 在逐级减少，也就是说孔隙比 e_i 在逐级减小，这样可以建立 $p_i - e_i$ 的关系曲线。若取直角坐标系，以 p_i 为横坐标，e_i 为纵坐标，可绘成 $p-e$ 曲线，称压缩曲线，

如图 4-2(a)所示。如果在加载后,逐级进行卸载,则土样有一定回弹,回弹曲线较压缩曲线平缓,说明土样压缩量大大超过回弹量。若卸载后又重新加载,则新的压缩曲线将回弹至接近原压缩曲线卸载处,然后又按照原压缩曲线方向发展。

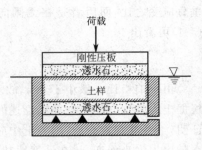

图 4-1　压缩试验

当压力为 p_0 时,由曲线上可找到对应的孔隙比 e_0,当压力增到 p_1 时孔隙比减小到 e_1,如压力增量 $\Delta p(=p_1-p_0)$ 较小,则在 $p_0 \sim p_1$ 压力段内,可把曲线近似地视为直线,其梯度 a_v 为

$$a_v = \frac{e_0 - e_1}{p_1 - p_0} = -\frac{e_1 - e_0}{p_1 - p_0} = -\frac{\Delta e}{\Delta p} \tag{4-7}$$

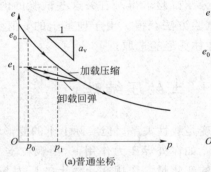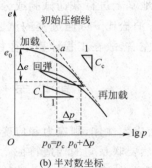

(a)普通坐标　　　　(b)半对数坐标

图 4-2　压缩曲线

由上式可看出随着压力段 Δp 的缩小,a_v 趋向于曲线上一点的切线斜率,它也被称为土的压缩系数,它的量纲是压力量纲的倒数,即 m²/kN 或 MPa⁻¹,表示单位压力下孔隙比的变化量,它反映土的压缩性质。显然,在整个曲线上 a_v 值不是常数,随着 p 的增加,曲线趋于平缓,a_v 也在减小,所以当压力较小时,压缩系数也较大,土的压缩性也大,反之,则小。当压力段 $p_0 \sim p_1$ 较小时,可以近似地把该段的 a_v 视为常数。为了便于比较,工程上一般采用压力 $p_1=100$ kPa 至 $p_2=200$ kPa 时对应的压缩系数 $a_{1\sim2}$ 来评价土的压缩性,即

表 4-1　根据压缩系数对土压缩性分类表

压缩系数 $a_{1\sim2}$/MPa⁻¹	土压缩性分类
$a_{1\sim2}<0.1$	低压缩性土
$0.1 \leqslant a_{1\sim2}<0.5$	中压缩性土
$a_{1\sim2} \geqslant 0.5$	高压缩性土

根据试验所得压缩曲线,可以推求在一定压力作用下土样的压缩下沉量。假定土样初始压力为 p_0,由曲线找到相应的孔隙比 e_0,对应的土样高度为 h,在此基础上加一压力 Δp,使总压力 $p_1=p_0+\Delta p$,在曲线上可找到相应的 e_1,这时土样高为 h_1,则由式(4-6)可求得如下关系式:

$$h_s = \frac{1}{1+e_0}h = \frac{1}{1+e_1}h_1$$

由此可建立 h 和 h_1 之间的关系为

$$h_1 = \frac{1+e_1}{1+e_0} h \qquad (4\text{-}8)$$

土样的压缩量 $S = h - h_1$，则

$$S = h - \frac{1+e_1}{1+e_0} h = \frac{e_0 - e_1}{1+e_0} h \qquad (4\text{-}9)$$

再按式(4-7)，把 $e_0 - e_1 = (p_1 - p_0) \cdot a_v = \Delta p \cdot a_v$ 代入上式，并令 Δp 等于压应力 σ，得

$$S = \frac{a_v}{1+e_0} \cdot \Delta p \cdot h = \frac{a_v}{1+e_0} \cdot \sigma \cdot h = m_v \cdot \sigma \cdot h \qquad (4\text{-}10)$$

上式中，$m_v = \frac{a_v}{1+e_0} = \frac{-\Delta e}{1+e_0} \cdot \frac{1}{\Delta p} = \frac{\varepsilon_v}{\sigma}$，为体应变与垂直压力之比，故 m_v 称为体积压缩系数，其量纲为 m²/kN，与 a_v 相同。又由于在压缩仪中，土样无侧向变形，因此体应变也等于垂直应变，故 $m_v = \varepsilon/\sigma$，与 $E_s = \sigma/\varepsilon_z$ 相比，可见 $m_v = 1/E_s$，即体积压缩系数与压缩模量成倒数关系，这样式(4-10)又可写成

$$S = \frac{\sigma}{E_s} h \qquad (4\text{-}11)$$

严格地说，a_v、m_v 和 E_s 都不是常数。因与 E_s 有关，由式(4-5)推导出来土的变形模量 E_0 也是变量，这说明土是非线性介质。不过对于压力段较小的情况，工程上是可近似地将其视为常数。

绘制土的压缩曲线还可采用半对数坐标。即以 $\lg p$ 为横坐标，以 e 为纵坐标，如图 4-2 (b)所示。e-$\lg p$ 曲线由两段组成，下段为斜直线，其斜率为 C_c，一般称为压缩指数，为无量纲量；上段呈弯曲状且逐渐趋于水平。如果在加载试验过程中进行卸载和再加载，则会出现斜率很小的卸载回弹和再压缩曲线段，这段的斜率 C_s 一般称为膨胀指数，如图 4-2(b)所示。压缩曲线转折点 a 位于下段直线段延长线上，此延长线叫初始压缩曲线，表示土层在天然沉积过程中，在土有效自重作用下的压缩曲线。a 点可为上覆压力卸去后，回弹曲线段的起始点，其横坐标为卸去的压力 p_c，一般称为前期固结压力。初始压缩曲线的斜率为 C_c。若 a 点的纵坐标为 e_0，在压力 p_c 的基础上再增加压力使之达到压力 p，则其对应的孔隙比应减小到 e，这样，此斜线方程可写为

$$e_0 - e = C_c \lg \frac{p}{p_c}$$

对上式微分，得

$$-\mathrm{d}e = C_c \frac{\mathrm{d}p}{p}$$

或按式(4-7)有

$$-\frac{\mathrm{d}e}{\mathrm{d}p} = \frac{C_c}{p} = a_v \qquad (4\text{-}12)$$

上式说明在常用坐标压缩曲线上的 a_v 与压力 p 成反比，其反比系数为 C_c，或者说，在压力 p 为定值的条件下，C_c 与 a_v 成正比，这说明它们都能表示土的压缩性。

压缩指数 C_c 值在压力较大时趋于常数。C_c 值越大，土的压缩性越高，低压缩性土的 C_c 一般小于 0.2，高压缩性土的 C_c 值一般大于 0.4。

二、应力历史对黏性土压缩性的影响

在 e—$\lg p$ 半对数坐标曲线上，转折点 a 的横坐标 p_c 表示土样在历史上所承受过的最大固结压力，称前期固结压力。若黏土层在历史上没有受到任何冲刷剥蚀，作用在上面的压力没有任何变化，属于正常固结黏土。现在作用在原位土样上的土层自重压力，也就是它曾经所承

受的最大有效压力,故土样压缩曲线上的 p_c 应等于现存覆盖压力 p_0。换句话说,若 $p_c = p_0$,则可断定该土样为正常固结黏土;如土层在早先的地质年代曾遭受过较大覆盖压力,如冰川等的压密或固结作用,后又因受到融蚀、剥蚀和冲刷,使上覆压力大部分卸去,只剩下现存的土层压力 p_0,而在压缩曲线上的转折点 a 的横坐标 p_c 乃是前期固结压力,代表历史上所受到的最大有效压力,故大于现存固结压力 p_0。换言之,若压缩曲线的 $p_c > p_0$,则可判定土样为超固结黏土。前期固结压力与现存覆盖压力之比 p_c/p_0 称为超固结比,一般用 OCR 表示,它是用来衡量土层超固结程度的指标。若 OCR 等于 1,则说明此为正常固结黏土;若 OCR 大于 1,则说明此土为超固结黏土;若 OCR 小于 1,即 $p_c < p_0$,则称此土为欠固结黏土,这时所测得的 p_c 值较沉降稳定后的上覆有效压力 p_0 小,所以 $OCR < 1$。这表明该土层尚未完成固结,故称欠固结黏土,如沿海用吹填土造成的新陆地。从上可得出结论:土层压缩性不仅取决于现存覆盖压力,而且与历史上的固结压力有关,或者说与土的应力历史有关。

利用 e—$\lg p$ 压缩曲线可以计算任何固结条件下土层的压缩变形,而关键在于要计算得到原状土样在一定压力段的孔隙比变化量,下面将按不同固结条件来讨论它们的计算方法。对于正常固结黏土,其 $p_c = p_0$,当土样在现存覆盖压力 p_0 基础上再增加压力增量 Δp,则对应的孔隙比变化量 Δe(初始孔隙比由天然重度 γ、天然含水率 ω 和颗粒重度 γ_s 所决定)为

$$\Delta e = C_c \lg \frac{p_0 + \Delta p}{p_0} \tag{4-13a}$$

对于超固结黏土,其 $p_c > p_0$,当土样由现存覆盖压力 p_0 再增加压力增量 Δp 时,所产生的孔隙比变化量将不能用上式解算,因为超固结黏土的压缩曲线与正常固结有所不同。超固结黏土的计算压缩曲线可按薛迈特曼(Schmertmann)所提出的方法计算。如图 4-3(a),图中假定 fab 为原位土层的压缩曲线,f 点的纵坐标可近似地取为 e_0,横坐标为现存覆盖压力 p_0,a 点的横坐标为前期固结压力 p_c,fa 线大致平行于 cd,其斜率称为膨胀指数 C_s,而 ab 线的斜率为压缩指数 C_c。现根据增量压力大小,将采用两种不同算法:当 $p_0 + \Delta p < p_c$ 时,由 Δp 作用而引起原位土样孔隙比的变化量 Δe,可按下式计算:

$$\Delta e = C_s \lg\left(\frac{p_0 + \Delta p}{p_0}\right) \tag{4-13b}$$

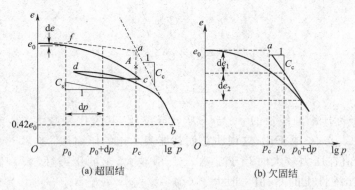

图 4-3　超固结和欠固结黏土压缩曲线

当 $p_0 + \Delta p > p_c$ 时,则 Δe 应包括 p_0 至 p_c 压力段和 p_c 到 $p_0 + \Delta p$ 压力段所引起的孔隙比变化量,即

$$\Delta e = C_s \lg\left(\frac{p_c}{p_0}\right) + C_c \lg\left(\frac{p_0 + \Delta p}{p_c}\right) \tag{4-13c}$$

对于欠固结黏土,其 $p_c < p_0$,当由上覆压力 p_0 再增加压力增量 Δp 时,所引起的孔隙比变化量

Δe 应由两部分组成,一部分是由于该土层尚未完全固结,在 p_0 作用下完成最终固结所引起的一部分孔隙变化,或相当于由有效压力 p_c 到有效压力 p_0 的压力段所导致的 de_1,第二部分是由于 Δp 作用所引起的 de_2,如图 4-3(b)所示。最后的孔隙比变化量应为两部分之和,即

$$\Delta e = C_c \lg \frac{p_0}{p_c} + C_c \lg \frac{p_0 + \Delta p}{p_0} = C_c \lg \frac{p_0 + \Delta p}{p_c} \qquad (4\text{-}13\text{d})$$

有了前述各式求得的 Δe,可进而计算土样的体积应变,$\varepsilon_v = \dfrac{\Delta e}{1+e_0}$。若土样在初始压力 p_0 作用下的厚度为 h,则土样在增加压力 Δp 作用下的压缩量为 $S = \varepsilon_v h$,或直接把 Δe 代入式 (4-9),求得 $S = \dfrac{\Delta e}{1+e_0} h$。上述土样压缩量的计算原则,可用来近似地计算地基的沉降,将随后在本章中详加讨论。

三、确定前期固结压力和校正压缩曲线

确定天然土层的前期固结压力是一个很复杂的问题。少量的前期固结压力是由于人为因素所致,可以通过实地调查确定,而大量的则是由于自然界长时间的变迁所产生,这只能从地质角度来推测估计,这样获得的结果,往往不甚精确。因此常常通过室内压缩试验,以得到较满意的结果。在这方面卡萨格兰德(Casagrande)进行了大量的试验研究,提出了确定黏土土样前期固结压力 p_c 的经验方法。

该方法是用原状土样进行室内压缩试验,并用 e—$\lg p$ 半对数坐标绘制成压缩曲线,如图 4-4 所示。在曲线上找出曲率最大的一点 c,过点 c 作一水平线和曲线的切线,则两线之夹角为 α。再过 c 点作 α 角的分角线,使其与压缩曲线直线段的延长线交于 A 点,则 A 点的横坐标即为先期固结压力 p_c。许多研究成果已证明了此方法的可靠性,例如,对于近代天然沉积的黏土层,在历史上从未遭受过冲蚀作用,如取其土样按上述方法定出前期固结压力 p_c,一

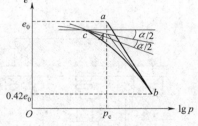

图 4-4 前期固结压力的确定

般都等于原位现存覆盖有效压力 p_0,证实为正常固结黏土。但对于古沉积黏土,往往由于土颗粒之间的胶结作用,测得的 p_c 值超过现存覆盖压力 p_0。这可能是一种虚假现象,并不能证明土层曾遭受过很大的前期固结压力,因此,在判断为超固结黏土时,除了根据压缩曲线资料外,也要考虑地质因素。

由于取土样时的扰动影响,室内作出的压缩曲线并不能完全反映原位土层的真实压缩性质,往往需要对曲线进行校正。这方面有多种经验方法,如薛迈特曼提出:当为正常固结黏土,即 $p_c = p_0$ 时,在过 A 点垂线上取纵坐标为初始孔隙比 e_0,即为 a 点,如图 4-4。再在压缩曲线上取孔隙比为 $0.42e$ 的 b 点,连接 ab,即得近似于原位土的压缩曲线。当为超固结黏土,即 $p_c > p_0$ 时,如图 4-3(a)所示。在作压缩试验时,还要进行卸载试验,以作出回弹曲线 cd,然后取纵坐标 e_0 和横坐标 p_0 以确定 f 点,过 f 点作直线平行于回弹线 cd,并使其与过 A 点的垂线交于 a 点,再连接 a 点和纵坐标为 $0.42e_0$ 的 b 点,则 fab 线即为近似的原位超固结土层压缩曲线。

第三节 土体变形模量的试验测定方法

土体的变形模量 E_0 是反映土的变形性质的重要指标。获得该指标最可靠的方法是采用

原位测试法,必要时也应结合实验室方法。

一、原位测试方法

在现场对天然状态土进行原位测试,具有在尽可能减少扰动的情况下对原状土变形性质进行试验测试的优点。原位测试的方法较多,较常用的是现场载荷试验和旁压试验。

(一)现场载荷试验

为进行载荷试验,首先应在试验土层上挖试坑,坑底标高与基底设计标高相同。如在基底压缩层范围内有不同性质的土层,则应对每一土层挖试坑,坑底达到土层顶面,在坑底置放刚性压板,板上分级施加中心荷载。根据地基土的软硬程度不同,压板面积大致为 $2\,500\sim10\,000\ \mathrm{cm^2}$,松软土取大值,密实土取小值,常用标准压板是 $5\,000\ \mathrm{cm^2}$。压板形状多为方形或圆形。试坑宽度不小于压板宽度的 3 倍。若土层埋置过深,不适宜挖深坑,也可打钻孔,用小圆形压板在钻孔中进行载荷试验,压板面积宜≥$600\ \mathrm{cm^2}$。

试验用的加载设备,最常见为液压千斤顶加载设备,如图 4-5 所示。试坑两侧搭枕木垛,其上置横梁,梁上安置反压重物(如重载车、砂箱、水箱、铁块等),梁底和压板之间置放液压千斤顶,坑外用油泵通过油管把油压入顶内。千斤顶在重物的反作用下,施加压力于压板上,这种装置安全可靠。还有一种更简便的加载装置,也是用液压千斤顶加载,反力结构是平面呈十字形布置的人字桁架,四端用螺旋锚杆锚入土中,以承受反力,这种装置易于装拆搬运。

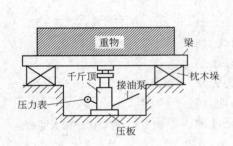

图 4-5 载荷试验加载装置

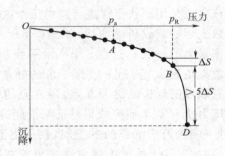

图 4-6 载荷试验 p—S 曲线

荷载应逐级施加,每级荷载相当于压板极限荷载的 $1/10\sim1/15$。在分级加压过程中,应根据试验要求逐级测量压板的沉降量,直到地基破坏。地基破坏时的荷载叫"破坏荷载",其前一级荷载叫"极限荷载"。

对于试验结果的处理分析,通常以荷载压力 p 为横坐标,压板沉降量 S 为纵坐标,绘制成压力—沉降曲线,称为 p—S 曲线,如图 4-6 所示。曲线前部 OA 段,大致成直线,说明该段内地基的压力与变形成线性关系,地基的变形计算可应用弹性理论公式。超过了 A 点,线段逐渐变弯曲,地基进入塑性变形阶段,弹性理论已不适用。当曲线达到终点 D 时,对应的荷载引起的沉降增量达到前一级荷载沉降增量的 5 倍以上。按规定,这一级荷载称破坏荷载,而前一级荷载 p_k,即对应于曲线 B 点处的荷载称为极限荷载。

上述 p—S 曲线前部直线段的坡度,即压力与变形的比值 p/S,称为地基基床系数 $k(\mathrm{MPa/m})$,这是一个反映地基弹性性质的重要指标,在计算基础的沉降和变形问题时,经常需要利用它。由于载荷试验能反映地基土的弹性性质,这里利用 p—S 曲线的直线段,并借助弹性理论公式,可求得土的变形模量 E_0。

对于刚性圆形压板（D 为直径）

$$E_0 = \frac{\pi}{4} \frac{1-\nu^2}{S} pD \qquad (4-14)$$

对于刚性方形压板（B 为边长）

$$E_0 = \frac{\sqrt{\pi}}{2} \frac{1-\nu^2}{S} pB \qquad (4-15)$$

以上各式中的 ν 为泊松比，在无实测资料时，可参考表 4-6。在 p—S 曲线的直线段 OA 上，可以任选一点 p 和对应的 S，代入公式（4-14）式或式（4-15），即可算出压板下压缩土层［大约为 $(2\sim3)D$ 的深度］内的平均 E_0 值。

必须指出，载荷试验为模型试验，承压板尺寸比基础要小得多，其试验的 p—S 曲线只能在一定程度上反映基础荷载与沉降的关系。由式（4-14）和式（4-15）可以看出，沉降量的大小不仅与压力大小有关，而且也取决于基础形状与尺寸。图 3-34(a) 也可充分说明：同样大的 p，基础愈宽，应力影响深度愈大，因而地基沉降量也必然愈大。其次地基表层的载荷试验所确定的 E_0 不应盲目地用于整个压缩层。这主要在于天然地基具有不均匀性、各向异性和奇异性。若压缩层内尚含有软土层（或叫软弱下卧层），把表层载荷试验所得的 E_0 用于全压缩层，其总沉降的计算结果必然小于地基的实际沉降量，这是不安全的。即使是整个压缩层的土为均匀土体，如前所述 E_0 与土体自重压力有关，使得地表 E_0 值不同于深层处的 E_0 值。因此，在进行地基沉降计算前，务必将地层情况搞清楚，以便掌握压缩层各自的变形参数，才能既安全又准确地估算出地基沉降。

（二）旁压试验

旁压试验是利用旁压仪在原位测试不同深度土的变形性质和强度指标的试验方法。早在 1933 年寇克娄（Kogler）就提出这种设想，后来梅纳德（Menard）把它付诸实践，设计了预钻式旁压仪，又称梅纳德旁压仪。其方法为：预先在地基中钻孔，然后把旁压仪插入孔中进行试验。预钻式旁压仪是由一个包括直径为 5 cm 的圆柱形测试探头、液压加力系统以及量测系统所组成的。以我国制造的 PY 型预钻式旁压仪为例（图 4-7），探头分上中下三腔室，外套以橡皮膜，中腔为测试腔，长 25 cm，体积为 491 cm³，与邻室隔离，上下腔为保护腔，各长 10 cm，相互连通。各腔室与地面水箱、测量体变管以及测压表和加压装置相连。钻孔直径应较探头腔室直径大 2~6 mm。试验时，先由水箱向三腔室注满水，使测试腔达到初始体积 V_c（PY 型仪的 V_c 为 491 cm³），然后通过高压空气分级加水压，使各腔室产生侧向膨胀挤压孔壁，每级压力相当于估计临塑压力 p_f 的 $1/5\sim1/7$，在加压同时，测量中腔测试室的水体积增加量 V（或用测体变管的水面下降 S 来表示）。当测试腔体积增加量达到 600 cm³ 时，则终止加压。这时应绘制体积增加量与压力的关系曲线 V—p 曲线（或 S—p 曲线），又称旁压曲线，如图 4-8 所示。从图中的 V-p 曲线上找出直线段，该直线段起始点的体积膨胀值为 V_0，相应的压力值为 p_0，直线终点体积膨胀值为 V_f，相应的压力值为 p_f，然后可由下式求出土的旁压剪切模量 G_m：

$$G_m = \left(V_c + V_0 + \frac{\Delta V}{2}\right) \cdot \Delta p / \Delta V \qquad (4-16)$$

式中　　$\Delta p = p_f - p_0$；

　　　　$\Delta V = V_f - V_0$；

　　　　V_c——探头腔室的初始体积。

土的变形模量 E_0 与旁压剪切模量 G_m 有着对应关系。根据试验统计，黏性土的 E_0 与 G_m 的对应关系可查表 4-2。

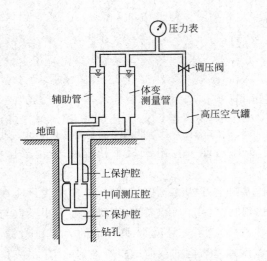

图 4-7　预钻式旁压仪

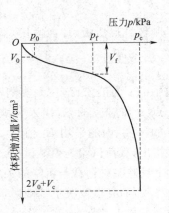

图 4-8　旁压曲线

表 4-2　黏性土的 G_m 与 E_0 的关系

G_m/MPa	0.5	1.0	1.5	2.0	2.5	3.0	3.5	4.0	5.0	6.0	7.0	8.0
E_0 /MPa	2.0~2.4	3.3~4.8	4.3~7.2	5.8~9.6	7.2~12.0	8.7~14.4	10.1~16.8	11.6~19.2	14.5~24.0	17.4~28.8	20.3~33.6	23.2~38.4

对于砂性土,其关系可按下式估算:

$$E_0 = K \cdot G_m \tag{4-17}$$

式中　K——变形模量转换系数,按表 4-3 取值。

表 4-3　砂性土的变形模量转换系数

砂土类	粉　砂	细　砂	中　砂	粗　砂
K	4.0~5.0	5.0~7.0	7.0~9.0	9.0~11.0

　　应当指出,旁压仪不仅能测地基土的变形性质,也可测定地基土的承载力,这部分内容将在第六章中讨论。此外预钻式旁压仪也存在不足之处,即预先钻孔时往往对孔壁土产生扰动,影响试验结果。近年来发展了自钻式旁压仪,该仪器探头的端部装有钻头,在钻孔的同时,探头也进入孔中,因而与孔壁密贴,对孔壁土的扰动较少。

　　(三)动载荷板试验

　　载荷板试验存在不足之处,如花费时间较多、给施工过程带来一定的干扰、试验点位较少等。因此人们正不断努力,提出新的、快速简洁的试验方法。动载荷板试验就是其中之一。

　　动载荷板试验原理为:测试下落重锤冲击地面时产生的冲击振动幅值(即动沉降值),计算土层的动变形模量,进而为估计静变形模量提供依据。

　　图 4-9 为轻型落锤动力载荷板试验仪示意图。

　　上述落锤产生的冲击载荷为 $\sigma_d = 0.1$ MPa,刚性载荷板直径 $d = 30$ cm,冲击载荷作用时间 0.018 s。振动接收仪测量路基面的冲击下沉量为 S。沉降 S(即地基土阻尼振动振幅)大,则路基承载力小,反之则路基承载力大。该仪器所测得的动态变形模量 E_{vd} 为

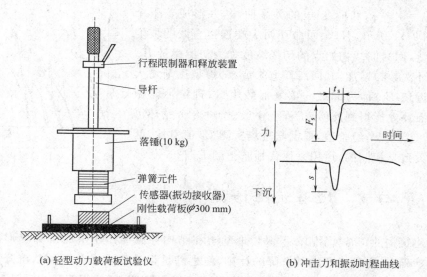

(a) 轻型动力载荷板试验仪　　　　　(b) 冲击力和振动时程曲线

图 4-9　轻型落锤动力载荷板试验仪示意图(Claus Goebel,2004)

$$E_{vd} = \frac{0.75 d\sigma_d}{S} \tag{4-18}$$

动态变形模量 E_{vd} 与变形模量 E_0 存在一定的相关关系。数值上,E_0 大于 E_{vd},且 E_0 大,E_{vd} 也大。比值 E_0/E_{vd} 不是常数,它与土的种类和压实程度等有关,应由现场试验确定。已有资料表明,一般情况下可取 $E_0 = (1.5\sim3.5)E_{vd}$。

上述落锤动力载荷板试验具有诸多优点:试验时间短,一位检测人员只需几分钟可完成一次试验;可快速进行多点重复试验;对施工干扰小;耗费少等。

二、室内试验方法

目前室内常用的试验方法是利用三轴压力仪对原状土样进行试验,以确定土的变形模量。三轴压力仪如图 4-10 所示。试验时,土样制成圆柱形,置于橡皮膜内,其两端削平,上下端放置透水石和金属压板,再把土样放置于密闭容器中,容器里注满液体(通常用水),土样底部有导管与排水管相连,以控制孔隙水压。

考虑到土的 E_0 值并不是一个固定常数,而是随周围压力(或固结压力)和剪应力大小而变,故试验时,先在容器中加水压,使之等于土样在现场所受到的垂直压力 q(土自重压力)的 $1/2\sim2/3$,这是模拟土样在原位受到静止侧压力的作用。加水压时要打开连通土样的排水管,使土中孔隙水排出,让土样压密,然后关闭排水管。在容器水压不变的情况下,施加垂直压力增量 $\Delta\sigma_1$。此时土样受到水的侧压力为 $\sigma_2 = \sigma_3$,而垂直压力为 $\sigma_1 = \sigma_3 + \Delta\sigma_1$。在施加增量压力 $\Delta\sigma_1$ 时,要保证不会把土样压坏,一般取破坏增量压力的 $1/2\sim1/3$。在 $\Delta\sigma_1$ 施加的同时,测量土样的垂直应变 ε_1,然后再卸去 $\Delta\sigma_1$。这样加压和卸压若干次,从而可

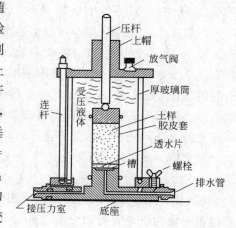

图 4-10　三轴试验装置

获得应力 $\Delta\sigma_1 = \sigma_1 - \sigma_3$ 和应变 ε_1 的关系曲线,并形成若干个回滞环,如图 4-11 所示。每个回滞环两尖端连接直线的坡度代表弹性模量,回滞曲线初始点的切线坡度称为初始模量 E_i,随着压力循环次数的增加,其回滞环愈来愈窄,模量逐渐增大而趋于一渐近值 E_r,称为卸载—重复加载模量,理论上需做足够多的回滞环才能得到此值,工程上一般做 $6\sim8$ 个循环可获得 E_r 值。这是一个经验值,根据与现场实测 E_0 值对比,两者在数值上大致是相同的,可用来取代地基土的 E_0 值。

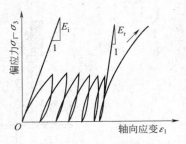

图 4-11　土样变形模量的求取

第四节　地基沉降计算

为保障建筑物的正常使用,必须保障地基土在结构物载荷作用下的沉降变形满足要求。因此在设计基础时,必须进行地基沉降的计算,使之满足设计要求。关于地基沉降问题,可按建筑物的特征和地质情况进行如下几方面考虑:①平均总沉降,即为沉降稳定后地基的平均下沉量,对刚性基础来说,就是基础中心的沉降。②沉降差,即相邻基础的沉降差,如相邻桥梁墩台基础的沉降差。③基础倾斜,即基础不均匀下沉而产生的倾斜度。④随时间的沉降。在饱和黏土地基上的基础,由于黏土的固结沉降特性使其沉降发展过程时间很长。对于某些建筑物,需要计算不同时间的下沉量或沉降差。

一、沉降分析

相同荷载作用下地基所产生的沉降,随地基土性质的不同而有差别。这些差别不仅表现在总沉降方面,也反映在沉降速度方面。

理论上说,沉降可分为三部分:荷载刚施加时在很短时间内产生的沉降 S_1,一般叫瞬时沉降,这是土骨架产生弹性和塑性变形的结果;其次是主固结沉降 S_2(或渗透固结沉降),它是饱和黏土地基在荷载作用下,孔隙水随时间逐渐被挤出而产生渗透固结所形成的沉降;再次是次固结沉降 S_3,这是饱和黏性土地基中孔隙水基本停止被挤出后,在黏性土蠕变性质影响下土颗粒和结合水之间的剩余应力尚在调整之中而引起的沉降。对于不同类型的土,它们的沉降特征也不一样。对于砂土地基,不论是饱和或非饱和,其沉降主要是瞬时沉降,见图 4-12(a)。对于饱和砂土,土孔隙较大,自由水排出快,故地基下沉很快,不存在固结沉降问题;对于非饱和黏性土,由于土中含有气体,受力后气体体积压缩,部分气体溶解于水,故沉降也以瞬时沉降为主。至于饱和黏性土,当荷载刚施加时,由于土骨架的弹塑性变形结果,地基将产生较小的瞬时沉降 S_1,见图 4-12(b)。此时上部荷载由土骨架和因排水不畅而在黏性土中产生的超孔隙水压共同承受,之后随时间的延续黏性土中孔隙水逐渐被排出,超孔隙水压逐渐消散,使得由超孔隙水压承担的荷载部分逐步转移至土骨架,产生"固结沉降"。这里包括主固结沉降和次固结沉降,以主固结沉降为主。当土中有机质含量较高时,次固结沉降可能成为主要部分了。

关于瞬时沉降的计算,一般都采用弹性理论,对于固结沉降,常采用分层总和法。工程上,在经过一定的修正完善后分层总和法常用来计算各种地基的总沉降。下面分别介绍这些方法。

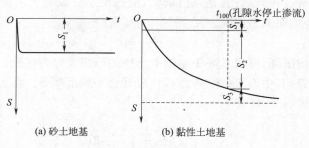

(a) 砂土地基　　　　(b) 黏性土地基

图 4-12　地基沉降发展过程

二、弹性理论公式

当地基土层足够厚时,常用如下弹性理论公式估算地基瞬时沉降。当基础平面形状为圆形、方形或矩形,且基底压力假定为均匀分布时,计算公式如下:

$$S=\frac{pb}{E_0}(1-\nu^2)\cdot C_{\mathrm{d}} \tag{4-19}$$

式中　p——基底均布压力;

b——基底宽度(矩形)或直径(圆形);

E_0,ν——地基土的变形模量和泊松比;

C_{d}——考虑基底形状和沉降点位置的系数,可查表 4-4。

表 4-4　均布面积荷载下弹性半无限体表面沉降影响系数 C_{d}

形　　状		中心点	短边中心	长边中心	平　　均
圆　　形		1.00	0.64	0.64	0.85
方　　形		1.12	0.76	0.76	0.95
矩形	$\frac{a}{b}=1.5$	1.36	0.89	0.97	1.15
	$\frac{a}{b}=2.0$	1.52	0.98	1.12	1.30
	$\frac{a}{b}=3.0$	1.78	1.11	1.35	1.52
	$\frac{a}{b}=5.0$	2.10	1.27	1.68	1.83
	$\frac{a}{b}=10.0$	2.53	1.49	2.12	2.25
	$\frac{a}{b}=100.0$	4.00	2.20	3.60	3.70

用式(4-19)计算沉降的准确程度,主要取决于参数 E_0 和 ν 的选取。对于饱和软黏土,可取 $\nu=0.5$,对于其他类土的 ν 值,在无实测资料情况下,可参考表 4-6。关于 E_0 值可按本章第三节所述方法求取。

三、分层总和法

天然地基土一般都是不均匀的。即使存在均一土层,随着深度变化,土的某些物理力学指标也在改变,如 E_0 值等。因此,计算地基沉降时,应把土层分成若干薄层,分别计算每个薄层的压缩变形量,最后叠加而成总沉降。

(一)计算原则

对于刚性基础平均沉降,可取基底中心轴上土柱的压缩变形为代表。因是刚性基础,不论产生均匀或不均匀沉降,其中心点的沉降总可代表其总平均沉降 S。设土柱垂直应变为 ε_z,则土柱的总沉降量可按式(4-2)写成

$$S = \int_0^{h_c} \varepsilon_z \mathrm{d}z = \int_0^{h_c} \frac{\sigma_z}{E_z} \mathrm{d}z$$

这里,土柱被认为是无侧向膨胀的单轴受压土样,因中心轴周围的土柱也在同样约束条件下压缩,对中心土柱有一定约束作用,故中心轴上之 ε_z 可近似地视作无侧向膨胀条件下的应变。问题的关键在于如何确定 ε_z 和积分上限 h_c。

根据土样压缩试验资料绘出的 $e-p$ 压缩曲线或 $e-\lg p$ 压缩曲线,可求出不同压力段上的 ε_z 值。注意到土柱由上到下垂直有效压力是变化的。基础荷载未施加以前,土柱仅承受土的自重压力,即原存压力 q,压力分布规律是上小下大,大致成三角形,其沉降已经完成。基础荷载施加后在土中产生荷载压力,又叫附加压力 σ_z,它是由基底压力扩散下来的,分布规律也是上大下小,能使土柱产生压缩变形。计算沉降时基底荷载压力并不等于基底的接触压力 p,当基础埋深为 H 时,施工前深度 H 处的土本来仅承受土的自重压力 γH,为建造基础,先挖基坑深 H,这等于在原存压力中减去一部分压力 γH,然后再砌筑基础。当基础压力 p 施加后,其中一部分转换为原存压力 γH,使土样结构恢复到原来只受原存压力的天然状态,剩余荷载压力 $p_0 = p - \gamma h$,将使土柱产生新的沉降。这里 p_0 成为造成地基沉降的基底荷载,基底中心线不同深度处的压力 σ_z 都是 p_0 传递扩散下来的。不同深度上的原存压力和荷载压力 σ_z 不相同。在相同土层中,原存压力 q 愈向下愈大,而 σ_z 则愈向下愈小,因此 ε_z 值也应愈向下愈小。

从理论上讲,随着深度无限增加,ε_z 虽在减小,但不会为零。从实用角度看,在适当深度以下,ε_z 可近似地当作零,因此可将这个深度视为土层的压缩层厚度。式(4-2)中的积分上限 h_c 即压缩层厚度,可以按照这一原则来确定。

目前常用的压缩层厚度确定方法有如下几种:

(1) 当计算中心荷载压力 σ_z 的应力系数 $k = 10\%$ 时(对于角点法,则应为 $4k = 10\%$),对应的深度可当作压缩层底,即 $z = h_c$。这样的假定只看到附加压力随深度在减小这个因素,而未考虑压缩模量随深度的变化影响,所以不完善,但对于压缩模量随深度变化不大的土体如软黏土还是可以采用的。

(2) 在 h_c 以上 Δz 厚的土层变形值小于或等于 h_c 深度范围内总变形量的 $1/40$,且这个层厚 Δz 取决于基础宽度 b 时,可按图 4-13 和表 4-5 确定。如算得的 h_c 以下还有软弱土层,则还应继续往下算。同时还规定,若无相邻荷载影响、基础宽度在 $1 \sim 30$ m 范围内时,地基沉降计算深度 h_c 可按简化公式 $h_c = b(2.5 - 0.4\ln b)$ 进行计算,其中 b 为基宽,以 m 计。

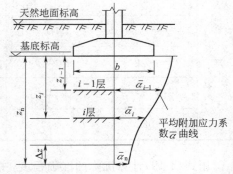

图 4-13 地基沉降分层示意图

表 4-5　Δz 取值表

b/m	$b \leqslant 2$	$2 < b \leqslant 4$	$4 < b \leqslant 8$	$8 < b$
$\Delta z/\text{m}$	0.3	0.6	0.8	1.0

（3）当原存压力 $q_z \geqslant 5\sigma_z$ 时，对应的深度可当作压缩层底。该方法考虑到了原存压力增大伴随着压缩模量提高这一规律，同时考虑了附加压力的大小，容易理解和把握，计算不烦琐，故常被采用。如为软土地基，为安全起见建议采用 $q_z \geqslant 10\sigma_z$ 作为确定 h_c 的标准。这一方法在国际上一致沿用至今。

（4）在计算深度范围内存在基岩、厚层坚硬黏性土（压缩模量＞50 MPa）、厚层密实砂卵石（压缩模量＞80 MPa）层时，Δz 可取至该层表面。

式（4-2）的积分上限 h_c 确定后，还需确定 ε_z。该值随深度 z 而变。由于土层的复杂性，ε_z 的变化规律不能用一个简单函数表达出来，通常采用数值近似法，把整个压缩层分成许多薄层，把每一薄层的土作为均匀的，其物理力学指标为常数。计算每薄层的变形，最后将所有薄层的变形总合起来，就是整个压缩层的变形或沉降了。

（二）计算步骤

在计算前，应掌握下列设计资料：基础的平面尺寸和埋深；总荷载及其在基底上的作用点位置；地质剖面图；压缩层范围内不同性质土层的压缩曲线，同一土层很厚时，应按深度取土样，测出同一土层不同深度处的压缩曲线；如无法取出原状土样时（如饱和细、粉砂等），可在天然土层上作载荷试验，或用其他原位测试方法测定土层的变形模量；各土层的物理指标包括天然重度、含水率、土粒重度等。有了这些资料，便可按如下步骤计算沉降：

（1）根据土层剖面图把地基分成若干薄层，每薄层的厚度不宜超过 $0.4b$，b 为基础宽。如有不同性质的土层（包括重度、压缩性质有变化者），不论多薄，也要单独成一薄层。

以图 4-14 为例，地基由细砂、黏土和粉质黏土组成。在基底以下，细砂层中有地下水，有效重度

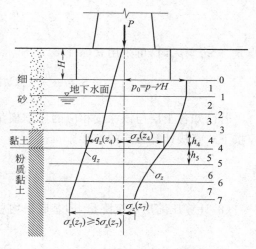

图 4-14　分层总和法计算地基沉降

有变化。因此将基底以下、地下水面以上的细砂作为一层；以下再分成两层；黏土层虽薄，应单独成层；以下的土按 $0.4b$ 分层。这样由基底向下分层，一直分到深度约为 $3b$ 左右。如图 4-14 所示，共分 7 层，每层取一编号 i，h_i 为第 i 层厚度，z_i 为第 i 层底面的深度。

（2）计算各薄层分界面上的原存压力（土自重压力）q_{zi}，按式（3-19）可得

$$q_{zi} = \gamma H + \sum_{j=1}^{i} \gamma_j h_j \tag{4-20}$$

（3）计算基底净压力 p_0。按基底平均接触压力 $p = P/A$，则

$$p_0 = p - \gamma H$$

式中　γ——基底以上土平均重度；

H——基础埋深；

P——基础总荷载；

　　A——基底面积。

　　(4)计算基础中心垂线上各薄层分界面处的 σ_{zi}。

　　(5)根据前面所述原则，确定压缩层底面。例如，由上向下逐层对比分界面上的 q_{zi} 和 σ_{zi}，当某界面首先满足 $q_{zi} \geqslant 5\sigma_{zi}$ 时，则取该界面为压缩层底面，或按前述方法(2)确定压缩层底面。

　　(6)计算压缩层底面以上各薄层的平均原存压力 $\bar{q}_{zi} = \dfrac{1}{2}(q_{z(i-1)} + q_{zi})$ 和平均附加压力 $\bar{\sigma}_{zi} = \dfrac{1}{2} \times (\sigma_{z(i-1)} + \sigma_{zi})$。

　　(7)利用每层土的压缩曲线 e—p，由 $\bar{q}_{zi}$ 可查出对应的孔隙比 e_{1i}，由 $(\bar{q}_{zi} + \bar{\sigma}_{zi})$ 查出对应的孔隙比 e_{2i}，代入式(4-9)，求出该层的变形 S_i

$$S_i = \frac{e_{1i} - e_{2i}}{1 + e_{1i}} \cdot h_i \tag{4-21}$$

也可以利用校正后的 E—$\lg p$ 压缩曲线。若为正常固结黏土，则运用式(4-13a)求 S_i：

$$S_i = \frac{h_i}{1 + e_{1i}} \cdot C_{ci} \lg \frac{\bar{q}_{zi} + \bar{\sigma}_{zi}}{\bar{q}_{zi}} \tag{4-22}$$

若为超固结黏土，当 $\bar{q}_{zi} + \bar{\sigma}_{zi} \leqslant p_{ci}$（$p_{ci}$ 为前期固结压力）时，可采用式(4-13b)求 S_i：

$$S_i = \frac{h_i}{1 + e_{1i}} \cdot C_{si} \lg \frac{\bar{q}_{zi} + \bar{\sigma}_{zi}}{\bar{q}_{zi}} \tag{4-23}$$

当 $\bar{q}_{zi} + \bar{\sigma}_{zi} > p_{ci}$ 时，可采用式(4-13c)求 S_i：

$$S_i = \frac{h_i}{1 + e_{1i}} \left(C_{si} \lg \frac{p_{ci}}{q_{zi}} + C_{ci} \lg \frac{\bar{q}_{zi} + \bar{\sigma}_{zi}}{p_{ci}} \right) \tag{4-24}$$

　　若已知各土层与该深度相应的压缩模量 E_s，则可根据上述平均应力、压缩模量和薄层层厚按下式直接计算各层的变形。

$$S_i = \varepsilon_{zi} h_i = \frac{\bar{\sigma}_{zi}}{E_{si}} h_i \tag{4-25}$$

　　(8)计算压缩层总沉降量，即基底平均总沉降 S：

$$S = \sum_{i=1}^{n} S_i \tag{4-26}$$

　　如果没有各土层的压缩曲线，而有现场载荷试验或其他原位测试手段所确定的土变形模量 E_{0i} 时，则每薄层土的变形也可由 E_{0i} 来推算。由式(4-4)可知

$$\varepsilon_{zi} = \frac{\bar{\sigma}_{zi}}{E_{0i}} \left(1 - \frac{2\nu_i^2}{1 - \nu_i} \right) = \beta_i \frac{\bar{\sigma}_{zi}}{E_{0i}}$$

把此式代入 $S_i = \varepsilon_{zi} h_{zi}$ 中，得 $S_i = \beta_i \dfrac{\bar{\sigma}_{zi}}{E_{0i}} \cdot h_i$。地基总沉降为

$$S = \sum_{i=1}^{n} S_i = \sum_{i=1}^{n} \beta_i \frac{\bar{\sigma}_{zi}}{E_{0i}} \cdot h_i \tag{4-27}$$

式中的 β_i 为泊松比 ν_i 的函数。ν_i 值不易测准，工程上常根据土的类别，采用如表4-6所示的经验数据。

表 4-6 土的 ν 和系数 β 值

土地类别	泊松比 ν	$\beta=1-\dfrac{2\nu^2}{1-\nu}$	土地类别	泊松比 ν	$\beta=1-\dfrac{2\nu^2}{1-\nu}$
大块碎石	0.15	0.95	粉质黏土	0.37	0.57
砂	0.28	0.76	黏土	0.41	0.43
粉土	0.31	0.72			

上述的分层总和法在理论上并不严谨。因是刚性基础,故把中心点的沉降作为基础的平均沉降,但基底压力采用均布压力。如把地基当成弹性半无限体,根据弹性理论,在均布压力作用下地基界面将不再是平面。如果要保持基底面变形后仍为平面(刚性基础底),则基底压力分布不应是均布的,而是刚性基础的接触压力分布规律。这说明上述简化的压力分布与地表变形是不协调的,在理论上是矛盾的。另外,把中心土柱当成是无侧向膨胀的土柱,与实际情况也不符,因荷载面积有限,中心土柱周围的土,或多或少要向外侧挤压移动,不可能形成对中心土柱完全约束的条件。但由于地基土的情况复杂,许多因素并没有考虑进去,使得上述计算结果与实测结果存在差异。因此用上述方法计算地基沉降时,许多设计规范都给出了相应的经验修正,即将上述计算结果乘以一修正系数可得到相应结果。

四、《建筑地基基础设计规范》(GB 50007)对地基总沉降计算的规定

由于不同类型的建筑物有其自身的特殊性,使得各行各业对其建筑物的沉降要求有所不同。虽然计算方法的基础都采用分层总和法,但往往采用不同表达形式和经验修正系数以计算总沉降。现将建筑行业对地基沉降计算的规定简介如下。

地基总沉降 $S(\mathrm{mm})$ 的计算表达式为

$$S = \Psi_s \sum_{i=1}^{n} \frac{p_0}{E_{si}} \left[z_i \bar{\alpha}_i - z_{(i-1)} \bar{\alpha}_{i-1} \right] \tag{4-28}$$

式中　p_0——基底面附加压力(kPa);

　　　E_{si}——基底以下第 i 层土的压缩模量(MPa);

z_i, z_{i-1}——基底以下第 i 和第 $i-1$ 层底面至基底的距离(m);

$\bar{\alpha}_i, \bar{\alpha}_{(i-1)}$——基底面计算点至第 i 和第 $i-1$ 层底面范围内平均附加应力系数,可由《建筑地基基础设计规范》(GB 50007)中附表查得,或查表 4-8 和表 4-9;

　　　Ψ_s——沉降经验修正系数,根据地区沉降观测资料及经验确定,或根据压缩层内平均压缩模量 E_s,并参考地基承载力标准值 f_k(详见第六章第四节),由表 4-7 中查得。

E_s 可采用加权平均值,即 $E_s = \sum_{i=1}^{n} A_i / \sum_{i=1}^{n} \dfrac{A_i}{E_{si}}$。其中 A_i 为第 i 层土的附加应力系数沿土层厚度的积分值。

表 4-7 沉降计算经验系数 Ψ_s

压缩模量 E_s/MPa 基底附加压力 p_0/kPa	2.5	4.0	7.0	15.0	20.0
$p_0 \geqslant f_k$	1.4	1.3	1.0	0.4	0.2
$p_0 \leqslant 0.75 f_k$	1.1	1.0	0.7	0.4	0.2

表 4-8　矩形面积上均布荷载作用下角点的平均附加压力系数 $\bar{\alpha}$

A/B z/B	1.0	1.2	1.4	1.6	1.8	2.0	2.4	2.8	3.2	3.6	4.0	5.0	10.0
0.0	0.250 0	0.250 0	0.250 0	0.250 0	0.250 0	0.250 0	0.250 0	0.250 0	0.250 0	0.250 0	0.250 0	0.250 0	0.250 0
0.2	0.249 6	0.249 7	0.249 7	0.249 8	0.249 8	0.249 8	0.249 8	0.249 8	0.249 8	0.249 8	0.249 8	0.249 8	0.249 8
0.4	0.247 4	0.247 9	0.248 1	0.248 3	0.248 4	0.248 5	0.248 5	0.248 5	0.248 5	0.248 5	0.248 5	0.248 5	0.248 5
0.6	0.242 3	0.243 7	0.244 4	0.244 8	0.245 1	0.245 2	0.245 4	0.245 5	0.245 5	0.245 5	0.245 5	0.245 5	0.245 6
0.8	0.234 6	0.237 2	0.238 7	0.239 5	0.240 0	0.240 3	0.240 7	0.240 8	0.240 9	0.241 0	0.241 0	0.241 0	0.241 0
1.0	0.225 2	0.229 1	0.231 3	0.232 6	0.233 5	0.234 0	0.234 6	0.234 9	0.235 1	0.235 2	0.235 2	0.235 3	0.235 3
1.2	0.214 9	0.219 9	0.222 9	0.224 8	0.226 0	0.226 8	0.227 8	0.228 2	0.228 5	0.228 6	0.228 7	0.228 8	0.228 9
1.4	0.204 3	0.210 2	0.214 0	0.216 4	0.218 0	0.219 1	0.220 4	0.221 1	0.221 5	0.221 7	0.221 8	0.222 0	0.222 1
1.6	0.193 9	0.200 6	0.204 9	0.207 9	0.209 9	0.211 3	0.213 0	0.313 8	0.214 3	0.214 6	0.214 8	0.215 0	0.215 2
1.8	0.184 0	0.191 2	0.196 0	0.199 4	0.201 8	0.203 4	0.205 5	0.206 6	0.207 3	0.207 7	0.207 9	0.208 2	0.208 4
2.0	0.174 6	0.182 2	0.187 5	0.191 2	0.193 8	0.195 8	0.198 2	0.199 6	0.200 4	0.200 9	0.201 2	0.201 5	0.201 8
2.4	0.157 8	0.165 7	0.171 5	0.175 7	0.178 9	0.181 2	0.184 3	0.186 2	0.187 3	0.188 0	0.188 5	0.189 0	0.189 5
2.8	0.143 3	0.151 4	0.157 4	0.161 9	0.165 4	0.168 0	0.171 7	0.173 9	0.175 3	0.176 3	0.176 9	0.177 7	0.178 4
3.2	0.131 0	0.139 0	0.145 0	0.149 7	0.153 3	0.156 2	0.160 2	0.162 8	0.164 5	0.165 7	0.166 4	0.167 5	0.168 5
3.6	0.120 5	0.128 2	0.134 2	0.138 9	0.142 7	0.145 6	0.150 0	0.152 8	0.154 8	0.156 1	0.157 0	0.158 3	0.159 5
4.0	0.111 4	0.118 1	0.124 8	0.129 4	0.133 2	0.136 2	0.140 8	0.143 8	0.145 9	0.147 4	0.148 5	0.150 0	0.151 6
5.0	0.093 5	0.100 3	0.105 7	0.110 2	0.113 9	0.116 9	0.131 6	0.124 9	0.127 3	0.129 1	0.130 4	0.132 5	0.134 8
6.0	0.080 5	0.086 6	0.091 6	0.095 7	0.099 1	0.102 1	0.106 7	0.110 1	0.112 6	0.114 6	0.116 1	0.118 5	0.121 6
7.0	0.070 5	0.076 1	0.080 6	0.084 4	0.087 7	0.090 4	0.094 9	0.098 2	0.100 8	0.102 8	0.104 4	0.107 1	0.110 9
8.0	0.062 7	0.067 8	0.072 0	0.075 5	0.078 5	0.081 1	0.085 3	0.088 6	0.091 2	0.093 2	0.094 8	0.097 6	0.102 0
9.0	0.055 4	0.059 9	0.063 7	0.067 0	0.069 7	0.072 1	0.076 1	0.079 2	0.081 7	0.083 7	0.085 3	0.088 2	0.093 1
10.0	0.051 4	0.055 6	0.059 2	0.062 2	0.064 9	0.067 2	0.071 0	0.073 9	0.076 3	0.078 3	0.079 9	0.082 9	0.088 0

　　值得注意的是，表 4-8 和表 4-9 中查得的系数是矩形面积荷载角点下的平均附加应力系数，但表 4-8 是均布荷载，表 4-9 为由小到大的线性分布荷载。在计算时应运用叠加原理，以求得基底下任一点的 $\bar{\alpha}$ 值。该公式的表达形式与前述的一般方法虽有不同，实质上仍是分层总和法，它是先分层计算压缩变形，再总合成总沉降。所不同的是第 i 层的变形 ΔS_i 等于该层底面以上土层总变形量 S_i 减去该层顶面以上土层的总变形量 S_{i-1}。当然，这里的 S_i 和 S_{i-1} 都是虚拟的，其计算都引用第 i 层土的变形模量 E_{si}，不计以上各土层的性质，但是其差值却能反映第 i 层土的压缩变形量 ΔS_i。关于 S_i 可用下式写出：

$$S_i = \frac{1}{E_{si}} \int_0^{z_i} \sigma_z \mathrm{d}z = \frac{p_0}{E_{si}} \cdot z_i \frac{\int_0^{z_i} k \mathrm{d}z}{z_i} = \frac{p_0}{E_{si}} \cdot z_i \bar{\alpha}_i$$

同理，可以写出 S_{i-1} 的表达式：

$$S_{i-1} = \frac{p_0}{E_{si}} \cdot z_{i-1} \bar{\alpha}_{i-1}$$

S_i 与 S_{i-1} 之差为

$$\Delta S_i = S_i - S_{i-1} = \frac{p_0}{E_{si}} (z_i \bar{\alpha}_i - z_{i-1} \bar{\alpha}_{i-1})$$

把各层的变形总合起来：

$$S = \sum_{i=1}^n \Delta S_i = p_0 \sum_{i=1}^n \frac{1}{E_{si}} (z_i \bar{\alpha}_i - z_{i-1} \bar{\alpha}_{i-1})$$

即为分层总和法。再乘以经验修正系数，便成了式 (4-28)。

表 4-9 矩形面积上三角形分布荷载作用下角点的平均附加压力系数 $\bar{\alpha}$

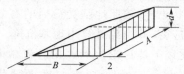

z/B	A/B 0.2		A/B 0.4		A/B 0.6		A/B 0.8		A/B 1.0		A/B 1.2		A/B 1.4	
点	1	2	1	2	1	2	1	2	1	2	1	2	1	2
0.0	0.000 0	0.250 0	0.000 0	0.250 0	0.000 0	0.250 0	0.000 0	0.250 0	0.000 0	0.250 0	0.000 0	0.250 0	0.000 0	0.250 0
0.2	0.011 2	0.216 1	0.014 0	0.230 8	0.014 8	0.233 3	0.015 1	0.233 9	0.015 2	0.234 1	0.015 3	0.234 2	0.015 3	0.234 3
0.4	0.017 9	0.181 0	0.024 5	0.208 4	0.027 0	0.215 3	0.028 0	0.217 5	0.028 5	0.218 4	0.028 8	0.218 7	0.028 9	0.218 9
0.6	0.020 7	0.150 5	0.030 8	0.185 1	0.035 5	0.196 6	0.037 6	0.201 1	0.038 8	0.203 0	0.039 4	0.203 9	0.039 7	0.204 3
0.8	0.021 7	0.127 7	0.034 0	0.164 0	0.040 5	0.178 7	0.044 0	0.185 2	0.045 9	0.188 3	0.047 0	0.189 9	0.047 6	0.190 7
1.0	0.021 7	0.110 4	0.035 1	0.146 1	0.043 0	0.162 4	0.047 6	0.170 4	0.050 2	0.174 6	0.051 8	0.176 9	0.052 8	0.178 1
1.2	0.021 2	0.097 0	0.035 1	0.131 1	0.043 9	0.148 0	0.049 2	0.157 1	0.052 5	0.162 1	0.054 6	0.164 9	0.056 0	0.166 6
1.4	0.020 4	0.086 5	0.034 4	0.118 7	0.043 6	0.135 6	0.049 5	0.145 1	0.053 4	0.150 7	0.055 9	0.154 1	0.057 5	0.156 2
1.6	0.019 5	0.077 9	0.033 3	0.108 2	0.042 7	0.124 7	0.049 0	0.134 5	0.053 3	0.140 7	0.056 1	0.144 4	0.058 0	0.146 7
1.8	0.018 6	0.070 9	0.032 1	0.099 3	0.041 5	0.115 3	0.048 0	0.125 2	0.052 2	0.131 4	0.055 6	0.135 4	0.057 8	0.138 1
2.0	0.017 8	0.065 0	0.030 8	0.091 7	0.040 1	0.107 1	0.046 7	0.116 9	0.051 4	0.123 2	0.054 7	0.127 4	0.057 0	0.130 3
2.5	0.015 7	0.053 8	0.027 6	0.076 9	0.036 5	0.090 8	0.042 9	0.100 0	0.047 8	0.106 3	0.051 3	0.110 7	0.054 0	0.113 9
3.0	0.014 0	0.045 8	0.024 8	0.066 1	0.033 0	0.078 6	0.039 2	0.087 1	0.043 9	0.093 1	0.046 6	0.097 6	0.050 3	0.100 8
5.0	0.009 7	0.028 9	0.017 5	0.042 4	0.023 5	0.047 6	0.028 5	0.057 6	0.032 4	0.062 4	0.035 6	0.066 1	0.038 2	0.069 0
7.0	0.007 3	0.021 1	0.013 0	0.031 1	0.018 0	0.035 2	0.021 9	0.042 7	0.025 1	0.046 5	0.027 7	0.049 6	0.029 9	0.052 0
10.0	0.005 3	0.015 0	0.009 7	0.022 2	0.013 0	0.025 5	0.016 2	0.030 8	0.018 6	0.033 4	0.020 7	0.035 9	0.022 4	0.037 9

z/B	A/B 1.6		A/B 1.8		A/B 2.0		A/B 3.0		A/B 4.0		A/B 6.0		A/B 10.0	
点	1	2	1	2	1	2	1	2	1	2	1	2	1	2
0.0	0.000 0	0.250 0	0.000 0	0.250 0	0.000 0	0.250 0	0.000 0	0.250 0	0.000 0	0.250 0	0.000 0	0.250 0	0.000 0	0.250 0
0.2	0.015 3	0.234 3	0.015 3	0.234 3	0.015 3	0.234 3	0.015 3	0.234 3	0.015 3	0.234 3	0.015 3	0.234 3	0.015 3	0.234 3
0.4	0.029 0	0.219 0	0.029 0	0.219 0	0.029 0	0.219 1	0.029 0	0.219 2	0.029 1	0.219 2	0.029 1	0.219 2	0.029 1	0.219 2
0.6	0.039 9	0.204 6	0.040 0	0.204 7	0.040 1	0.204 8	0.040 2	0.205 0	0.040 2	0.205 0	0.040 2	0.205 0	0.040 2	0.205 0
0.8	0.048 0	0.191 2	0.048 2	0.191 5	0.048 3	0.191 7	0.048 6	0.192 0	0.048 7	0.192 0	0.048 7	0.192 1	0.048 7	0.192 1
1.0	0.053 4	0.173 9	0.053 8	0.179 4	0.054 0	0.179 7	0.054 5	0.180 3	0.054 6	0.180 3	0.054 6	0.180 4	0.054 6	0.180 4
1.2	0.056 8	0.167 8	0.057 4	0.168 4	0.057 7	0.168 9	0.058 4	0.169 7	0.058 6	0.169 9	0.058 7	0.170 0	0.058 7	0.170 0
1.4	0.058 6	0.157 6	0.059 4	0.158 5	0.059 9	0.159 1	0.060 9	0.160 3	0.061 2	0.160 5	0.061 3	0.160 6	0.061 3	0.160 6
1.6	0.059 4	0.148 4	0.060 3	0.149 4	0.060 9	0.150 2	0.062 3	0.151 7	0.052 6	0.152 1	0.062 8	0.152 2	0.062 8	0.152 3
1.8	0.059 3	0.140 0	0.060 4	0.141 3	0.061 1	0.142 2	0.062 8	0.144 1	0.063 3	0.144 5	0.063 5	0.144 7	0.063 5	0.144 8
2.0	0.058 7	0.132 4	0.059 9	0.133 8	0.060 8	0.134 8	0.062 9	0.137 1	0.063 4	0.137 7	0.063 7	0.138 0	0.063 7	0.138 0
2.5	0.056 0	0.116 3	0.057 7	0.118 0	0.058 6	0.119 3	0.061 4	0.122 3	0.062 3	0.123 3	0.062 7	0.123 7	0.062 8	0.123 9
3.0	0.052 5	0.103 3	0.054 1	0.105 2	0.055 4	0.106 7	0.058 9	0.110 4	0.060 0	0.111 6	0.060 7	0.112 3	0.060 9	0.112 5
5.0	0.040 3	0.071 4	0.042 1	0.073 4	0.043 5	0.074 9	0.048 0	0.079 7	0.050 0	0.081 7	0.051 5	0.083 3	0.052 1	0.083 9
7.0	0.031 8	0.054 1	0.033 3	0.055 9	0.034 7	0.057 2	0.039 1	0.061 9	0.041 4	0.064 2	0.043 5	0.066 3	0.044 5	0.067 4
10.0	0.023 9	0.039 5	0.025 2	0.040 9	0.026 3	0.040 3	0.030 2	0.046 2	0.032 5	0.048 5	0.034 4	0.050 9	0.036 4	0.052 6

其他行业的地基沉降计算方法,基本原理都和上述相同,这里不再赘述。

五、饱和黏土地基沉降计算方法

饱和黏土地基沉降的计算为土力学中的难点,上述计算方法的准确性往往不够。为此,近年来许多学者在研究用应力路径法计算饱和黏土地基沉降问题。

对于饱和黏土地基,宜取原状土样,按照地基受荷后的有效应力变化过程,进行三轴压缩试验,以便测得不同试验阶段的应变,并由此推算出地基沉降。

关于地基中有效应力的变化以下述讨论为例。在饱和黏土地基中深度 z 处,原存土自重 $q_z = \gamma \cdot z$ 的固结作用,即 $\sigma'_v = q_z = \sigma'_1$,$\sigma'_h = k_0 q_z = \sigma'_3$。在上部荷载作用下,受到垂直附加应力 $\Delta\sigma_v = \Delta\sigma_1$ 和水平附加应力 $\Delta\sigma_h = \Delta\sigma_3$ 的作用。这些附加应力可用弹性理论计算。当荷载应力 $\Delta\sigma_v$ 和 $\Delta\sigma_h$ 刚施加时,饱和黏土中孔隙水来不及排出,从而产生超孔隙水压 u,则有效压力 $\Delta\sigma'_v = \Delta\sigma_v - u$,$\Delta\sigma'_h = \Delta\sigma_h - u$。在有效压力作用下,土体将产生一定垂直变形。随着时间推移,孔隙水逐渐排出,超孔隙水压 u 也逐步消散。当 u 接近于零时,有效压力与总压力相等,即 $\Delta\sigma'_v = \Delta\sigma_v$,$\Delta\sigma'_h = \Delta\sigma_h$。随着 u 的消散,土层产生固结沉降。地基总变形将等于以上两阶段变形之和。

现利用三轴压力试验模拟上述地基应力的发展过程。试验步骤可按表 4-10 进行。

表 4-10　按应力路径土样的试验步骤

试 验 顺 序	排 水 条 件	加 载 图 式	测 量 项 目
1	排水固结	$\sigma'_1 = q_z$　$\sigma'_3 = k_0 q_z$	
2	不排水	$\sigma'_1 + \Delta\sigma_v$　$\sigma'_3 + \Delta\sigma_h$	ε_{1u} 不排水轴向应变 （$\varepsilon_{vu} = 0$）不排水体应变为零
3	排水固结	$\sigma'_1 + \Delta\sigma'_v$　$\sigma'_3 + \Delta\sigma_h$	ε_{1c} 排水轴向应变 ε_{vc} 排水体应变

试验步骤为:①令 $\sigma'_3 = k_0 \gamma z$,$\sigma'_1 = \gamma z$,进行 k_0 排水固结(即 $\sigma_3 / \sigma_1 = k_0$),土样恢复到初始固结状态;②关闭排水管,使总应力增量 $\Delta\sigma_3 = \Delta\sigma_h$,$\Delta\sigma_1 = \Delta\sigma_v$,并测得不排水垂直应变 ε_{1u};③打开排水管,令土样在上述同样应力条件下进行排水固结,并测出固结后垂直应变 ε_{1c} 和体应变 ε_{vc},由此算出总垂直应变 $\varepsilon_1 = \varepsilon_{1u} + \varepsilon_{1c}$,总体应变 $\varepsilon_v = \varepsilon_{vc}$,进而算出侧向应变 $\varepsilon_3 = \dfrac{\varepsilon_v - \varepsilon_1}{2}$,最后可计算地基各阶段荷载的变形和沉降。若黏土压缩层很薄,设为 H,则按荷载所引起的应力路径进行试验,由不排水垂直应变 ε_{1u} 直接计算荷载刚施加时的地基瞬时沉降 $S_n = \varepsilon_{1u} \cdot H$。同时,根据求得的总垂直应变 ε_1 可计算该荷载作用下的最终沉降 $S = \varepsilon_1 \cdot H$。如果压缩层较厚,可分成薄层,计算各薄层中点的原存垂直和侧向固结压力 σ'_{1i} 和 σ'_{3i} 以及垂直和侧向荷载压力 $\Delta\sigma_{1i}$ 及 $\Delta\sigma_{3i}$。同时在相应深度取出有代表性的原状土,按前述相同试验方法及计算步骤,求得各薄层的瞬时和最终沉降 S_{1ui} 和 S_{1i},全压缩层的沉降则为各薄层沉降之和,即 $S_{1u} = \sum S_{1ui}$ 和 $S_1 = \sum S_{1i}$。对于复杂的加载路径所产生的沉降,可采用对应的应力路径进行试验。

上述方法存在局限性,这不仅是在于土样的获取、试件制作和试验时对原状土的扰动,而且由于地基荷载分布的不规则性,所选择的三轴试验应力路径很难准确地代表整个地基的平均应力路径。因此,它的使用范围有限。

近年来,随着电子计算机的普及,对于很复杂的变形问题,也可获得较满意的解决。对此如何确定土的应力和应变关系、即土的本构关系,这是计算地基变形的关键。

第五节　沉降差和倾斜

沉降差是指两相邻基础沉降量的差值。对于单独基础,由于偏心荷载或其他原因,使基础两端产生不相等的沉降,这也是沉降差的表现形式之一。对此常用基础两端沉降差除以基础边长而得到的倾斜度 $\tan\theta$、或倾斜角 θ 来表示独立基础两侧沉降差。基础的沉降差和倾斜对上部建筑物的影响是很明显的,许多建筑物的破坏,不是由于沉降量过大,而是因沉降差或倾斜超过某一限度所致。故沉降差或倾斜计算是基础设计中的重要内容之一。

由上节可知,由于地基土性质复杂和基础结构不规则等原因,目前还没有非常可靠的方法计算沉降,至于沉降差的计算就更为复杂,因此工程上常采用近似计算法。

计算两相邻基础之间的沉降差,首先按上节所述方法求各基础的总沉降量,然后再求它们的差值。至于单独基础的沉降差或倾斜,计算比较复杂,但可根据具体情况采用不同的近似算法。

一、由偏心荷载引起的倾斜

这里讨论偏心荷载引起基础倾斜的计算问题。如图 4-15(a)所示,荷载在对称轴 x 上的偏心矩为 $e(e\leqslant\rho)$。在偏心力作用下,基础将会产生不均匀沉降,靠偏心一侧边缘点 A 的下沉量比另一侧边缘点 B 的大。设 A 点下沉量为 S_A,B 点为 S_B,中心点为 S_O,基础的倾斜为 θ 角或 $\tan\theta$。首先计算 S_O,它的计算方法已在前节讨论过。至于 S_A、S_B 和 $\tan\theta$ 则可有下述两种方法计算。

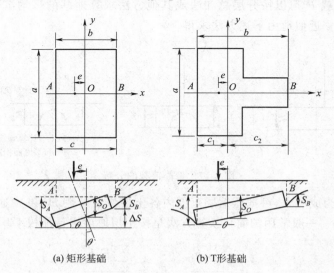

(a) 矩形基础　　　(b) T形基础

图 4-15　基础倾斜

(一)分层总和法

如图 4-16 把土层分成若干薄层,根据基底梯形压力图,用应力系数表求算 A 点和 B 点垂线

上各薄层分界面的 σ_{zi},与相应位置的原存压力 q_{zi} 对比,按条件 $q_{zi} \geqslant (5 \sim 10)\sigma_{zi}$ 确定两端的压缩层底,再利用式(4-25)、式(4-26)或式(4-27)以计算 A 和 B 点的相对沉降量 ρ_A 和 ρ_B。但上述沉降量并不是 A 和 B 两点的真正沉降值 S_A 和 S_B,因为按分层总和法的原则计算沉降时,是把 A、B 两点下的土柱当作无侧向膨胀土柱看待。实际上,它们很容易向外侧挤出,所求出的沉降量 ρ_A 和 ρ_B 必然小于真正的沉降量 S_A 和 S_B。真正的沉降量可按如下近似方法求得,假定 ρ_A 和 S_A 之差与 ρ_B 和 S_B 之差相等,即 $S_A - \rho_A = S_B -$

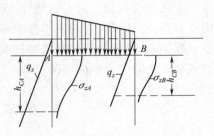

图 4-16 分层总和法计算
偏心荷载下的沉降差

ρ_B,或 $S_A - S_B = \rho_A - \rho_B = \Delta S$,如图4-15(a)所示。加上已求得的基础平均沉降 S_O,可得

$$\left.\begin{array}{c} S_A \\ S_B \end{array}\right\} = S_O \pm \frac{\Delta S}{2} = S_O \pm \frac{\rho_A - \rho_B}{2} \tag{4-29}$$

至于 $\tan\theta$,可由下式表示:

$$\tan\theta = \frac{\Delta S}{b} = \frac{\rho_A - \rho_B}{b} \tag{4-30}$$

如果基础平面的一个轴是非对称轴,如图 4-15(b)所示,则两端沉降差仍等于 $\Delta S = \rho_A - \rho_B$,而 $\tan\theta$ 可用式(4-30)求算,但 S_A 和 S_B 则改用下式表示:

$$S_A = S_O + c_1 \tan\theta, \quad S_B = S_O - c_2 \tan\theta \tag{4-31}$$

式中 c_1——由中性轴到基端 A 的距离;

c_2——由中性轴到基端 B 的距离。

（二）弹性理论解

近似地把地基作为弹性半无限体,在基底上作用偏心荷载 P,其偏心矩为 e。把偏心荷载分解成中心荷载 P 和力矩 $M = P \cdot e$,见图4-17。使地基产生沉降的中心有效荷载 $P' = P - \gamma HA$。根据中心荷载 P' 可以按分层总和法或其他方法求算地基的平均沉降 S_O,而地基的倾斜,则可用 $M = P \cdot e$ 近似地由下述方法求得。

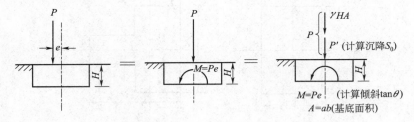

图 4-17 偏心荷载的分解

若天然土层多为成层土,可把压缩层范围内各土层弹性参数 E_{0i} 和 ν_i 通过加权平均,换算成综合参数 E_0 和 ν。一般常用的简化换算方法是按土层厚度进行加权平均,即

$$\nu = \frac{\sum_{i=1}^{n} \nu_c h_i}{h_c}, \quad E_0 = \frac{\sum_{i=1}^{n} E_{0i} h_i}{h_c}$$

式中 h_i——各土层厚度;

h_c——压缩层厚,且 $h_c = \sum_{i=1}^{n} h_i$。

令 $C=\dfrac{E_0}{1-\nu^2}$，则各种形状刚性基础在 M 作用下的倾斜（$\tan\theta$），都可近似地按如下弹性理论公式求得：

长条形基础（宽度 b） $\qquad \tan\theta=\dfrac{16}{\pi C}\cdot\dfrac{M}{b^2}$ (4-32)

圆形基础（半径 R） $\qquad \tan\theta=\dfrac{3}{4C}\cdot\dfrac{M}{R^3}$ (4-33)

矩形基础（$a\cdot b$），沿长边 a 方向 $\quad \tan\theta_x=\dfrac{8k_1}{C}\dfrac{M_x}{a^3}$

沿短边 b 方向 $\qquad\qquad\quad \tan\theta_y=\dfrac{8k_2}{C}\dfrac{M_y}{b^3}$ (4-34)

式中 k_1,k_2——无量纲系数，随 a/b 而变，根据 $a/b=\alpha$，由图 4-18 中查得。

基础两端的沉降差和倾斜可由式（4-30）算出，$\Delta S=b\tan\theta$；基础两端点的下沉量可由式（4-29）求得。

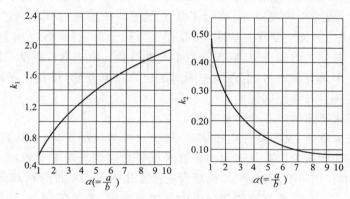

图 4-18 计算矩形基础 $\tan\theta$ 的系数 k_1 和 k_2

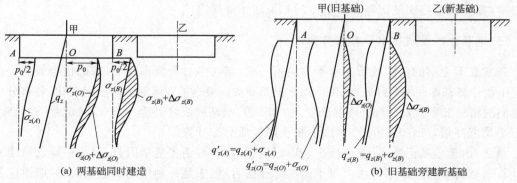

(a) 两基础同时建造 (b) 旧基础旁建新基础

图 4-19 邻近基础的相互影响

二、相邻基础影响

若两基础相距很近，一个基础荷载在地基中产生的荷载压力必然要扩散到相邻基础底层下，从而影响相邻基础的沉降量和倾斜。除了基础之间的距离、荷载、土层性质等外，两基础修建的先后顺序也会成为其影响因素。

（一）两相邻基础同时修建

当两相邻基础甲和乙同时修建时，乙基荷载产生的附加应力 σ_z 将扩散到甲基底面下，这对甲基下原存压力 q_z 不产生影响，但将使其附加压力有所增加。图 4-19（a）中，甲基中心点 O 下面的 $\sigma_{z(O)}$ 是由甲基荷载引起的附加压力，而 $\Delta\sigma_{z(O)}$ 则是由乙基荷载引起的附加压力，这两者之和 $\sigma_{z(O)}+\Delta\sigma_{z(O)}$ 将会使甲基产生更大的平均沉降。至于对甲基的倾斜影响，则更为严重。

因甲基两边点 A 和 B 下面受到乙基荷载引起的附加压力大小不同，距乙基近的 B 点，所增加的附加压力 $\Delta\sigma_{z(B)}$ 要比 A 点大得多，故 B 点的沉降量 S_B 将大于 A 点的 S_A，从而产生更大的沉降差 $\Delta S=S_B-S_A$，这就使得甲基产生向乙基方向的倾斜。S_A 和 S_B 的计算仍可用分层总和法求得。同理可讨论甲基对乙基的影响。

（二）在旧基础旁建新基础

如图 4-19（b）所示，甲为旧基，沉降已经稳定，土中的原存压力除土自重外，还要加上本身荷载所产生的荷载压力，即 $q_z+\sigma_z$。由新建乙基荷载所引起的 $\Delta\sigma_z$ 可使甲基下新增加地基沉降。甲基边沿两点 A 和 B 也将受到乙基荷载影响而产生不均匀沉降。由于 B 点离乙基近，所引起的附加压力大，故产生的沉降 S_B 要大于 A 点的 S_A，故旧基础顶将向乙基倾斜。新建的乙基，只是在原存压力方面受到甲基影响，其原存压力除土自重外，尚应加上甲基荷载在乙基下引起的压力。乙基下的附加压力，则仅来自本身的荷载。由于靠近甲基一侧的原存压力大，按理乙基应向背离甲基方向倾斜，但乙基两端附加压力没有差别，仅仅由于原存压力不相等，故对乙基影响不显著。计算原则同前。

（三）在沉降尚未稳定的旧基旁建新基础

由于旧基下沉未稳定，又在其旁边建新基，对于这种情况的沉降计算，首先需要估计旧基荷载在土中产生的荷载压力中有效压力和超静水压各为多少。对于有效压力，则应计入原存压力，因在有效压力作用下变形已产生；而现存超静水压所承担的部分荷载则应记为使地基产生新变形的附加应力。其他计算原则和（二）中所述者相同，都可采用分层总和法。由于这牵涉到饱和地基土随时间发展的有效压力变化、孔隙水压消散的沉降过程，不像一般沉降问题那样简单，需要在学习固结沉降计算的专门知识后才能解决。

三、地基土的性质在水平方向有变化

若基底下土层的压缩性质在水平方向不一样，则在中心荷载作用下，基础也会倾斜。这种情况下要计算基础两端沉降差，也可采用分层总和法。根据基底两端下的土层变化，各自分层计算它们的相对沉降量 ρ_A 和 ρ_B（或沉降量 S_A 和 S_B），则基础沉降差为 $|\rho_A-\rho_B|$（或为 $|S_A-S_B|$）。至于平均沉降量，可在基础中心轴线上按土层性质分层计算。

总之，由于地基土性质、土层情况、基础形状和特性等诸多复杂因素，目前还缺乏简便实用的计算基础沉降和倾斜的方法。对于分层总和法，虽然它是一种粗略的近似法，但能适应各种复杂条件，计算不需要数值分析等专门知识，故仍为普通人员所接受。至于有限元法等数值方法，虽然理论上比较完善，但需要选定合适的本构模型，确定模型参数，采用可靠的专业计算软件，计算人员需要掌握较为全面的专门知识，故宜在重大工程和关键技术难题设计计算时采用，对于一般中小工程就偏于繁琐了。

【例 4-1】 设有一矩形（8 m×6 m）混凝土基础，埋置深度为 2 m，基础垂直荷载（包括基础自重）为 9 600 kN，单向偏心，偏心距 $e_x=0.5$ m，地基为细砂和饱和黏土层，有关地质资料、荷载和基础平剖面示于图 4-20。试用分层总和法求算基础平均沉降和倾斜。

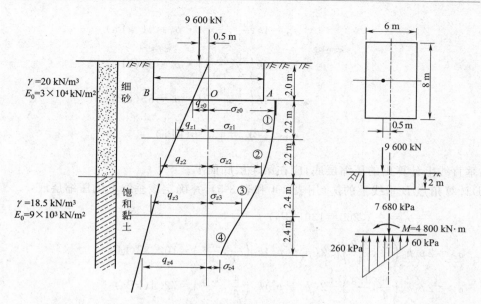

图 4-20　基础平均沉降和倾斜计算

【**解**】　按地质剖面图,把基底以下土层分成若干薄层。基底以下细砂层厚 4.4 m,可分为两层,每层厚 2.2 m,以下的饱和黏土层按 2.4 m 分层。(设地下水位很深)

(1)计算各薄层顶底面的原存压力 q_z

细砂天然重度 $\gamma = 20$ kN/m³,则

$$q_{z0} = 2 \times 20 = 40(\text{kPa})$$
$$q_{z1} = 40 + 2.2 \times 20 = 84(\text{kPa})$$
$$q_{z2} = 84 + 2.2 \times 20 = 128(\text{kPa})$$
$$q_{z3} = 128 + 2.4 \times 18.5 = 172.4(\text{kPa})$$
$$q_{z4} = 172.4 + 2.4 \times 18.5 = 216.8(\text{kPa})$$

(2)计算基础中心点 O、角点 A 和 B 垂直轴线上的 σ_z,并决定压缩层底

(a)计算基底净荷载 P 和弯矩 M:

$$P = 9\,600 - 20 \times 2 \times 8 \times 6 = 7\,680(\text{kN})$$
$$M = 9\,600 \times 0.5 = 4\,800(\text{kN} \cdot \text{m})$$

(b)计算基底净平均压力 p_0、角点净压力 p_1 和 p_2:

$$p_0 = \frac{P}{A} = \frac{7\,680}{6 \times 8} = 160(\text{kPa})$$

$$p_1 = \frac{P}{A} + \frac{M}{W} = 160 + \frac{4\,800}{\frac{1}{6} \times 8 \times 6^2} = 260(\text{kPa})$$

$$p_2 = \frac{P}{A} - \frac{M}{W} = 160 - \frac{4\,800}{48} = 60(\text{kPa})$$

(c)计算基础中心垂直轴线上的 σ_z(用表 3-4)以确定压缩层底:

$$\sigma_{z0} = p_0 = 160(\text{kPa})$$

$$\sigma_{z1} = 4k\left(\frac{4}{3}, \frac{2.2}{3}\right) \cdot p_0 = 144(\text{kPa})$$

$$\sigma_{z2} = 4k\left(\frac{4}{3}, \frac{4.4}{3}\right) \cdot p_0 = 91 \text{(kPa)}$$

$$\sigma_{z3} = 4k\left(\frac{4}{3}, \frac{6.8}{3}\right) \cdot p_0 = 54 \text{(kPa)}$$

$$\sigma_{z4} = 4k\left(\frac{4}{3}, \frac{9.2}{3}\right) \cdot p_0 = 35 \text{(kPa)}$$

$$\sigma_{z4} < \frac{1}{5} q_{z4} = 43.36 \text{(kPa)}$$

故中心垂直线上计算出的压缩层底,应在第④层底面上。

(d)计算角点 B 垂线上的 σ_z(用表 3-4 和表 3-5),并确定该垂线上的压缩层底:

$$\sigma_{z0} = \frac{1}{2} p_1 = \frac{1}{2} \times 260 = 130 \text{(kPa)}$$

$$\sigma_{z1} = 2p_1 k_0\left(\frac{6}{4}, \frac{2.2}{4}\right) - 2(p_1 - p_2)k_1\left(\frac{4}{6}, \frac{2.2}{6}\right) = 102.88 \text{(kPa)}$$

$$\sigma_{z2} = 2p_1 k_0\left(\frac{6}{4}, \frac{4.4}{4}\right) - 2(p_1 - p_2)k_1\left(\frac{4}{6}, \frac{4.4}{6}\right) = 72.4 \text{(kPa)}$$

$$\sigma_{z3} = 2p_1 k_0\left(\frac{6}{4}, \frac{6.8}{4}\right) - 2(p_1 - p_2)k_1\left(\frac{4}{6}, \frac{6.8}{6}\right) = 46.6 \text{(kPa)}$$

$$\sigma_{z4} = 2p_1 k_0\left(\frac{6}{4}, \frac{9.2}{4}\right) - 2(p_1 - p_2)k_1\left(\frac{4}{6}, \frac{9.2}{6}\right) = 31.2 \text{ kPa} < \frac{1}{5} q_{z4} = 43.36 \text{(kPa)}$$

故由该垂线上的 σ_z 可判断出压缩层底亦在第④层底。

(e)计算角点 A 垂线上的 σ_z,并确定该垂线上的压缩层底:

$$\sigma_{z0} = \frac{1}{2} p_2 = 30 \text{(kPa)}$$

$$\sigma_{z1} = 2p_2 k_0\left(\frac{6}{4}, \frac{2.2}{4}\right) + 2(p_1 - p_2)k_1\left(\frac{4}{6}, \frac{2.2}{6}\right) = 46.9 \text{(kPa)}$$

$$\sigma_{z2} = 2p_2 k_0\left(\frac{6}{4}, \frac{4.4}{4}\right) + 2(p_1 - p_2)k_1\left(\frac{4}{6}, \frac{4.4}{6}\right) = 45.3 \text{(kPa)}$$

$$\sigma_{z3} = 2p_2 k_0\left(\frac{6}{4}, \frac{6.8}{4}\right) + 2(p_1 - p_2)k_1\left(\frac{4}{6}, \frac{6.8}{6}\right) = 35.4 \text{(kPa)}$$

$$\sigma_{z4} = 2p_2 k_0\left(\frac{6}{4}, \frac{9.2}{4}\right) + 2(p_1 - p_2)k_1\left(\frac{4}{6}, \frac{9.2}{6}\right) = 26.4 \text{ kPa} < \frac{1}{5} q_{z4} = 43.36 \text{(kPa)}$$

故由该垂线上的 σ_z 可判断出压缩层底亦在第④层底。

(3)计算各垂直轴线上各分层的平均荷载压力

根据 $\bar{\sigma}_{zi} = \dfrac{\sigma_{z(i-1)} + \sigma_{zi}}{2}$ 可求得第 i 层平均荷载压力,并列于表 4-11 中。

(4)计算各垂直土柱上各分层的变形 S_i 和各土柱上的总沉降 S

按表 4-6,可查出砂土 β 为 0.76,黏土 β 为 0.43。根据资料,砂土的 $E_0 = 3 \times 10^4$ kPa,而黏土的 $E_0 = 9 \times 10^3$ kPa,最后按公式(4-27),列表计算各垂直土柱分层的变形 S_i 和各土柱的总沉降 S,如表 4-12 所示。

(5)计算基础平均沉降和倾斜

由表 4-12 可得基础的平均沉降 $S = 28.48 \times 10^{-3}$ m。

基础倾斜 $\tan \theta = \dfrac{S_B - S_A}{b} = \dfrac{(22.64 - 12.87) \times 10^{-3}}{6} = \dfrac{9.77 \times 10^{-3}}{6} = 1.628 \times 10^{-3}$

分层号 截面号 $\bar{\sigma}_{zi}$/kPa	B	O	A
①	116.4	152	38.45
②	87.6	117.5	46.1
③	59.5	72.7	40.3
④	38.9	44.7	30.9

表 4-11 各分层荷载压力

截面号 S_i/m	B	O	A
S_1	6.48×10^{-3}	8.47×10^{-3}	2.14×10^{-3}
S_2	4.88×10^{-3}	6.55×10^{-3}	2.57×10^{-3}
S_3	6.82×10^{-3}	8.34×10^{-3}	4.62×10^{-3}
S_4	4.46×10^{-3}	5.12×10^{-3}	3.54×10^{-3}
$S=\sum_{i=1}^{4}S_i$	22.64×10^{-3}	28.48×10^{-3}	12.87×10^{-3}

表 4-12 各个层变形及总沉降

【例 4-2】 设地质剖面图同前例,基础平面尺寸为 6 m×8 m,埋深为 2 m,承受中心垂直荷载(包括基础自重)15 000 kN,试按《建筑地基基础设计规范》计算基础平均总沉降 S。(假定细砂及饱和黏土的泊松比 ν 分别为 0.29 和 0.41,沉降经验修正系数 $\psi=0.7$)

【解】 (1)按式(4-5)计算地基土的 E_s。$E_s=E_0/\left(1-\dfrac{2\nu^2}{1-\nu}\right)$,则细砂土的 E_s 为

$$E_s=\frac{3\times10^4}{0.76}=3.95\times10^4\,(\text{kPa})$$

黏土的 E_s 为

$$E_s=\frac{0.9\times10^4}{0.43}=2.09\times10^4\,(\text{kPa})$$

(2)计算压缩层厚 h_c。按《建筑地基基础设计规范》公式,$h_c=b(2.5-0.4\ln b)$,则

$$h_c=6\times(2.5-0.4\ln 6)=10.7\,(\text{m})$$

(3)把基底以下的土层划分为薄层:

细砂土划分为两层,每层厚 2.2 m,其底部深分别为 $z_1=2.2$ m,$z_2=4.4$ m;

黏土划分为三层,每层厚 2.1 m,每层底部深分别为 $z_3=6.5$ m,$z_4=8.6$ m,$z_5=10.7$ m。

(4)计算基底附加荷载 p_0:

$$p_0=\frac{15\,000-20\times6\times8\times2}{6\times8}=272.5\,(\text{kPa})$$

(5)计算 $\bar{\alpha}_i=\bar{\alpha}_i\left(\dfrac{a}{b},\dfrac{z_i}{b}\right)$ 及各薄土层沉降。

由于 $a=8/2=4$,$b=6/2=3$,采用角点法查表 4-8,可得到 $\bar{\alpha}_i$,再计算沉降,见表 4-13。

表 4-13 各土层沉降(m)表

层次 i	深度 z_i/m	$\bar{\alpha}_i=\bar{\alpha}_i\left(\dfrac{a}{b},\dfrac{z_i}{b}\right)$	$z_i\bar{\alpha}_i-z_{i-1}\bar{\alpha}_{i-1}$	$\dfrac{4p_0}{E_{si}}(z_i\bar{\alpha}_i-z_{i-1}\bar{\alpha}_{i-1})$	$\sum\dfrac{4p_0}{E_{si}}(z_i\bar{\alpha}_i-z_{i-1}\bar{\alpha}_{i-1})$
1	2.2	0.240 3	0.528 7	0.014 589	
2	4.4	0.209 4	0.392 7	0.010 837	
3	6.5	0.178 8	0.240 8	0.012 558	
4	8.6	0.153 1	0.154 5	0.005 450	
5	10.7	0.132 9	0.105 4	0.005 497	0.048 931

(6)经过经验修正,计算平均总沉降 S:

$$S=\psi\sum_{i=1}^{5}\frac{4p_0}{E_{si}}(z_i\bar{\alpha}_i-z_{i-1}\bar{\alpha}_{i-1})=0.7\times0.048\,931=0.034\,3\,(\text{m})=3.43\,(\text{cm})$$

第六节　饱和黏土渗透固结和太沙基一维固结理论

荷载施加后,地基土将发生沉降变形,此后需要一定时间,沉降变形才能稳定。不同性质的土,沉降稳定所需时间不同。砂砾土,荷载施加后沉降迅速发生,沉降—时间曲线开始很陡,不久下沉稳定,曲线趋于水平。饱和黏土情况不同,压力施加后,土样下沉缓慢,很长时间后下沉仍不稳定,如图 4-21 所示。在天然地基中,饱和黏土厚度往往是几米到几十米,在其上施加压力,则下沉稳定所需时间就要以年计了。这对于建筑物的使用有很大影响,特别是对于高速铁路等这样对沉降变形要求十分严格的建筑结构更是如此,所以这里对饱和黏土在一定压力下沉降随时间的变化规律开展讨论很有必要。

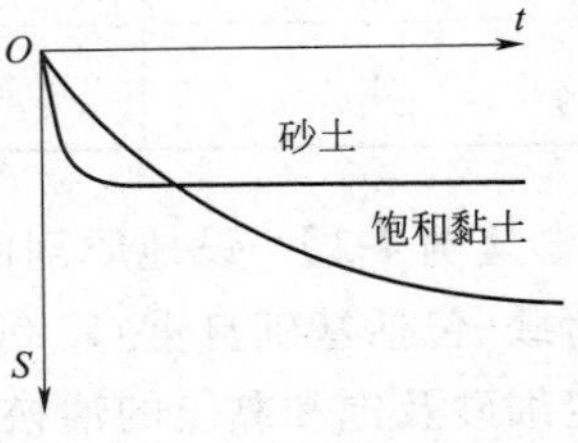

图 4-21　砂土和饱和黏土的沉降速率曲线

饱和土样受到压力,其骨架会产生压缩,孔隙体积减小,孔隙水被挤出,其挤出的快慢,取决于孔隙通道的微细程度。对于饱和砂土,孔隙较粗且相互连通,水很快被挤出,故沉降速度很快。至于饱和黏土,颗粒细微,孔隙通道非常狭窄,再加上孔隙中充满着与颗粒紧密结合的结合水,自由水很难通过,所以黏土的压缩稳定需要更长的时间。

影响饱和黏土沉降速度的因素很多。为简化起见,假定饱和黏土的沉降快慢取决于孔隙水的渗流速度 v;在沉降过程中孔隙体积的改变量,等于孔隙水的渗出量。从这些假设出发,可以建立饱和黏土的沉降随时间变化的理论。这个理论的要点是:伴随着孔隙水的挤出,孔隙体积产生压缩,从而使土体趋于密实,故称它为渗透固结理论。

现用一简单模型来阐明渗透固结理论的基本概念。图 4-22 为一盛满水的容器,其上置一与容器相密贴的活塞,活塞上开一小排水孔,其下用弹簧支承。用这个装置来模拟土的结构,弹簧相当于土骨架,容器中水相当于土中孔隙水,当活塞上无压力作用时(略去活塞的重量),弹簧反力 $\bar{\sigma}$ 和水的反力 u 都为零,如图 4-22(a)。当压力 p 加到活塞上时,该压力将分别由弹簧反力和水反

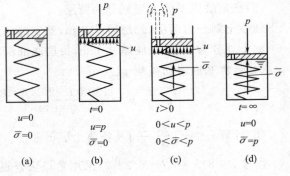

图 4-22　饱和黏土的渗透固结模型

力承担,即 $p = \bar{\sigma} + u$。弹簧所受应力 $\bar{\sigma}$ 相当于土骨架所承担的有效压力,而水所承担的压力 u 相当于土中孔隙水压力。由于这个孔隙水压力是从外荷载 p 转化而来的,故称为"超静水压",这有别于加压前孔隙水中存在的静水压。在压力 p 施加的一瞬间($t=0$),水尚未来得及从小孔排出,水面不下落,弹簧不压缩,故 $\bar{\sigma}=0$,所以 $u=p$,即全部压力为水承担,如图 4-22(b)。当压力施加后($t>0$),在超静水压 u 作用下,水由小孔排出,水的体积随之减小,活塞下落并促使弹簧压缩而受力,这时 $0<\bar{\sigma}<p$,同时超静水压开始降低,即 $0<u<p$,如图 4-22(c)。当经过一段很长的时间($t=\infty$),活塞落到一定位置,外力 p 全部被弹簧所承受,即 $\bar{\sigma}=p$ 时,超静水压 $u=0$,水不再从小孔溢出,活塞停止下落,如图 4-22(d)。由上述模型可看出,活塞下沉的快慢,取决于水从小孔排出的速度,也可清楚地了解到饱和黏土在固结过程中,力是怎样由超静水压转变到有效土压的。

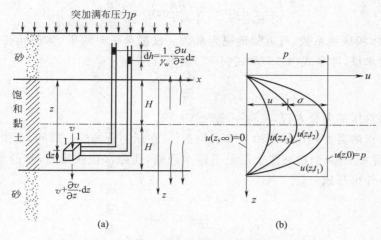

图 4-23　饱和黏土层渗透固结时的超静水压

　　早在 1925 年，太沙基（K. Terzaghi）就根据上述有效应力原理建立起一维渗透固结方程。假设在天然地基中，有层厚为 $2H$ 的饱和黏土层，其上下两面是透水的饱和砂土，在长期的自重作用下，各土层都处于稳定状态。如果在地表突然施加满布压力 p，如图 4-23（a）所示，砂层中孔隙水很快排出，沉降很快稳定。而饱和黏土层中的水未立即排出，全部压力转化为超静水压 u。随着时间的消逝，孔隙水朝上下两透水面排出，u 逐渐减小，黏土层逐渐压缩。当整个饱和黏土层内的 u 都消失为零时，压缩沉降也就稳定了。因为只在垂直方向产生渗流和变形，故把这样的固结称为单向渗透固结，或一维渗透固结。对于一维固结理论的研究，宜从超静水压 u 的变化规律入手。u 与时间 t 有关，在同一时间里，土层不同位置上的 u 也不同，故 u 不仅是 t 的函数，而且也是坐标 z 的函数，即 $u=u(z,t)$。现根据固结理论来求解函数 $u(z,t)$。

　　假设坐标原点位于黏土层顶，z 轴以向下为正。在深度 z 处取体积微元，横截面为 1，厚度为 $\mathrm{d}z$，如图 4-23（a）所示。在 u 的作用下，孔隙水向渗透阻力最小的方向渗透并排出，这里即向最近的排水面渗流排出。设在单位时间里由上方流入体积元的水量为 v，而同时由下部流出的水量为 $v+\dfrac{\partial v}{\partial z}\cdot\mathrm{d}z$，则在单位时间内由该体积元内挤出的水量应为前两者之差，即为 $\dfrac{\partial v}{\partial z}\cdot\mathrm{d}z$。设体积元顶面的超静水头为 $h=\dfrac{u}{\gamma_{\mathrm{w}}}$，其顶、底面的超静水头差为 $\mathrm{d}h=\dfrac{1}{\gamma_{\mathrm{w}}}\dfrac{\partial u}{\partial z}\cdot\mathrm{d}z$，按达西公式（2-7），$v=ki=k\dfrac{\partial h}{\partial z}=\dfrac{k}{\gamma_{\mathrm{w}}}\cdot\dfrac{\partial u}{\partial z}$，故在单位时间里，体积元排出的水量为

$$\frac{\partial v}{\partial z}\cdot\mathrm{d}z=\frac{k}{\gamma_{\mathrm{w}}}\cdot\frac{\partial^{2}v}{\partial z^{2}}\mathrm{d}z \tag{4-35}$$

　　体积元的孔隙体积为 $\dfrac{e}{1+e}\cdot\mathrm{d}z$。假定 e 表示在整个固结过程中该体积元孔隙比的平均值，则 $\dfrac{\mathrm{d}z}{1+e}$ 代表颗粒的体积，为常值。因此，单位时间内孔隙的改变量应为

$$\frac{\partial}{\partial t}\left(\frac{e}{1+e}\mathrm{d}z\right)=\frac{1}{1+e}\frac{\partial e}{\partial t}\mathrm{d}z \tag{4-36}$$

从压缩系数公式式（4-7）可得 $\mathrm{d}e=-a_{\mathrm{v}}\mathrm{d}\sigma'$，再对式（3-7）求导数，得 $\mathrm{d}\sigma'=-\mathrm{d}u$，把此式代入前式，得 $\mathrm{d}e=a_{\mathrm{v}}\mathrm{d}u$。把此式代入式（4-36）并整理后，可得单位时间内孔隙的改变量为

$$\frac{\partial}{\partial t}\left(\frac{e}{1+e}\mathrm{d}z\right)=\frac{a_\mathrm{v}}{1+e}\frac{\partial u}{\partial t}\mathrm{d}z=m_\mathrm{v}\frac{\partial u}{\partial t}\mathrm{d}z \tag{4-37}$$

上式中的 m_v 为体积压缩系数,可近似地视为常数。根据单位时间里,体积元孔隙的压缩量等于孔隙中排出的水量,即令式(4-35)和式(4-37)相等,可得

$$\frac{k}{m_\mathrm{v}\gamma_\mathrm{w}}\cdot\frac{\partial^2 u}{\partial z^2}=\frac{\partial u}{\partial t} \tag{4-38}$$

上述方程是超静水压偏微分方程,又称一维固结方程。

上述方程的求解需要利用如下边界和初始条件:在压力施加的一瞬间,土中各点的超静水压都为 p;当时间大于零时,在黏性土层上下排水面处,孔隙水很快排出,超静水压立即消失。故初始和边界条件可写成:

$$当\ t=0,\ u=p \tag{4-39a}$$

$$当\ t>0,\begin{cases}z=0,u=0 & (4\text{-}39b)\\ z=2H,u=0 & (4\text{-}39c)\end{cases}$$

对于偏微分方程(4-38)可用分离变量法求解。令

$$u=F(z)\cdot G(t) \tag{4-40}$$

把式(4-40)代入式(4-38),并令固结系数 $c_\mathrm{v}=\frac{kE_\mathrm{s}}{\gamma_\mathrm{w}}$,可得下式

$$c_\mathrm{v}F''(z)\cdot G(t)=F(z)\cdot G'(t)$$

或写成

$$\frac{F''(z)}{F(z)}=\frac{1}{c_\mathrm{v}}\frac{G'(t)}{G(t)}$$

上式等号左侧是不含变量 t 的函数,而右侧是不含变量 z 的函数,现两者又必须相等,则两者都等于一个常数。设此常数为 $-A^2$,则

$$F''(z)=-A^2 F(z)$$
$$G'(t)=-A^2 c_\mathrm{v}G(t)$$

上两方程的解分别为

$$F(z)=C_1\cos Az+C_2\sin Az$$

和

$$G(t)=C_3\exp(-A^2 c_\mathrm{v}t)$$

其中 C_1、C_2 和 C_3 分别为积分常数。如把以上两式代入式(4-40),可得:

$$u=(C_1\cos Az+C_2\sin Az)C_3\exp(-A^2 c_\mathrm{v}t)=(C_4\cos Az+C_5\sin Az)\exp(-A^2 c_\mathrm{v}t) \tag{4-41}$$

根据边界条件式(4-39b),求得 $C_4=0$。又从条件式(4-39c)求得:

$$C_5\sin(2AH)=0$$

因为 C_5 不能为零,故 $\sin(2AH)=0$,因此,$2AH=n\pi$,或 $A=\frac{n\pi}{2H}$。其中 n 为正整数 $1,2,3\cdots$,其对应的常数 C_5 可改为 C_n。则式(4-41)可写成:

$$u=\sum_{n=1}^\infty C_n\sin\frac{n\pi z}{2H}\exp[-n^2\pi^2 c_\mathrm{v}t(4H^2)] \tag{4-42}$$

根据初始条件式(4-39a),$t=0$ 时,$u=p$,则上式变成:

$$p=\sum_{n=1}^\infty C_n\sin\frac{n\pi z}{2H}$$

这是一个傅立叶级数,如等式两边乘以 $\sin\frac{n\pi z}{2H}\mathrm{d}z$,并对全厚度进行积分,常数 C_n 不难求得:

$$C_n = \frac{1}{H}\int_0^{2H} p\sin\frac{n\pi z}{2H}\mathrm{d}z = \frac{2p}{n\pi}(1-\cos n\pi)$$

把常数 C_n 代入式(4-42),得

$$u = \sum_{n=1}^{\infty}\frac{2p}{n\pi}(1-\cos n\pi)\sin\frac{n\pi z}{2H}\exp[-n^2\pi^2 c_{\mathrm{v}}t/(4H^2)]$$

或写成:

$$u = 2p\sum_{m=0}^{\infty}\frac{1}{M}\sin\left(\frac{Mz}{H}\right)\exp(-M^2 T_{\mathrm{v}}) \tag{4-43}$$

其中 $M = \frac{1}{2}\pi(2m+1)$,m 为正整数 $0,1,2\cdots$,并且

$$T_{\mathrm{v}} = \frac{c_{\mathrm{v}}t}{H^2} \tag{4-44}$$

T_{v} 为无量纲参数,与时间有关,称为时间因数。式(4-43)为饱和黏土中超静水压曲线方程,它随时间 t 和位置 z 而变。取 $t=0,t_1,t_2\cdots(0<t_2<t_2)$,则 u 的曲线分布见图 4-23(b),超静水压压力曲线对称于黏性土层水平中心线。

如图 4-23(a)所示,对土层水平中心线来说,渗水面是对称的,土层中任一点的孔隙水向距离最近的透水面渗流,即中心线以上的水向上流、中心线以下的水向下流,中心线成为分水线,它相当于一个隔水层。若取土层上半部研究,就相当于黏土土层厚 H、顶面为透水面、底面为不透水面(即中心线)的地层情况,所得 u 的函数仍和式(4-43)相同,只不过给出的曲线是图 4-23(b)中的上半部曲线。同理可得到地层顶面不透水、底面透水情况的解答。总之,任何一面透水,另一面不透水的饱和黏土层在渗透固结过程中的超静水压函数,都可采用两面透水之计算公式,但要注意,对于单面排水情况,式(4-43)和式(4-44)中的 H 为饱和黏性土层的整个层厚,对于双面排水情况,式中 H 为饱和黏性土层的 1/2 层厚;z 轴的原点是选在透水面上,方向朝着不透水面。

可见,对于厚度 H 相同的饱和黏性土层,固结系数 c_{v} 相同。若排水条件不同,在同一时间 t 内,双面排水者的 T_{v} 为单面排水者的 4 倍。也就是说,上下两面排水者的渗透固结速度要远大于单面排水者。

根据前面所推导出的公式 $u(z,t)$ 式(4-43),可进一步建立固结方程。固结度是用于表示在 t 时刻土层完成全部下沉量的百分比,一般用 $U(\%)$ 表示,或者写成 $U=S_{\mathrm{t}}/S$,其中 S 为土层最终沉降,而 S_{t} 是 t 时刻的沉降。假定土层厚 $2H$,两面排水,荷载为一次性施加的满布荷载 p,则最终沉降可通过式(4-10)表达为 $S=2m_{\mathrm{v}}pH$。设 S_{t} 为 t 时刻所产生的沉降,故 $S_{\mathrm{t}}=2m_{\mathrm{v}}(p-u_{\mathrm{m}})H$,其中 u_{m} 是全厚度的水平超静水压。固结度的表达式可为

$$U = \frac{S_{\mathrm{t}}}{S} = \frac{2m_{\mathrm{v}}(p-u_{\mathrm{m}})H}{2m_{\mathrm{v}}pH} = 1-\frac{u_{\mathrm{m}}}{p} = 1-\frac{\int_0^{2H} u\mathrm{d}z}{2Hp} \tag{4-45}$$

上面 S 和 S_{t} 中的 m_{v} 可近似地视为常数,故可以消去。如把式(4-43)的 u 值代入上式,经过积分,可得:

$$U = 1-2\sum_{m=0}^{\infty}\frac{1}{M^2}\exp(-M^2 T_{\mathrm{v}}) \tag{4-46}$$

这个公式的级数收敛很快,计算时可根据情况近似地取级数前面几项。工程上当 U 值在 30% 以上时,可考虑仅取前一项,即 $m=0$,则

$$U \approx 1 - \frac{8}{\pi^2}\exp\left(-\frac{\pi^2}{4}T_v\right) \tag{4-47}$$

式(4-47)为固结计算理论公式,U 与 T_v 的关系曲线如图 4-24 所示。

若已知土层的固结系数 c_v 和最终沉降 S,则可推算 t 时刻所对应的沉降量 S_t。其主要过程为:由 t 可得出 $T_v\left(=\dfrac{c_v t}{H^2}\right)$,再由式(4-46)或式(4-47)可得固结度 U,进而可求得 $S_t(=U \cdot S)$,即由 U—T_v 关系曲线换算成 S_t—t 关系曲线。

与实测曲线相比,发现在 $U \approx 90\%$ 前,上述理论曲线与试验曲线基本相符。但在 90% 以后,两者逐渐出现分离,理论曲线逐渐趋于平缓状发展至 $U=100\%$(图 4-24),而试验曲线以一定斜率继续下降,再经过一段时间后才趋于稳定。

工程上将上述渗透固结曲线中的理论固结度 $U \approx 0\% \sim 100\%$ 近似地称为主固结曲线,其后的沉降部分称为次固结曲线,这表明在次固结阶段次固结因素逐步发挥出较渗水固结更明显的作用。产生次固结的原因很复杂。总的看来,黏土结构经主固结阶段压缩后,需要一定时间重新调整其位置,这种迟缓移动主要是受黏土颗粒周围结合水膜的高黏滞度和黏土颗粒蠕变性质的影响,此阶段的孔隙水压几乎没有变化。

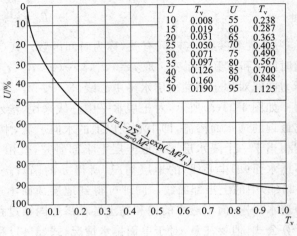

U	T_v	U	T_v
10	0.008	55	0.238
15	0.019	60	0.287
20	0.031	65	0.363
25	0.050	70	0.403
30	0.071	75	0.490
35	0.097	80	0.567
40	0.126	85	0.700
45	0.160	90	0.848
50	0.190	95	1.125

图 4-24 固结度 $U=U(T_v)$

近年来的研究表明,在一定时间段里,正常固结黏土的次固结压缩量较超固结黏土者大,高塑性黏土和有机质黏土的次固结压缩量相对较大,有时可超过主固结。由于室内压缩仪中土样薄,温度影响较大,则次固结压缩量也大,因此不宜将室内压缩试验得出的土样次固结特征简单地应用于天然地基。

第七节 固结系数 c_v 的确定

固结系数 c_v 是计算渗透固结的重要指标。工程上常通过压缩试验得到给定压力下的时间—压缩曲线,再结合理论公式进行确定。目前常用的方法有两种,现分述如下。

一、时间平方根法

此法由泰勒(Taylor)提出。由图 4-24 可见,$U<60\%$ 时,固结度曲线接近抛物线,其方程为

$$T_v = \frac{\pi}{4}U^2 \tag{4-48}$$

取 U 为纵坐标,$\sqrt{T_v}$ 为横坐标,把式(4-46)和式(4-48)同时绘于图上,如图 4-25(a)所示,式(4-48)为直线 OA_1,而式(4-46)为图中的 OA 曲线段,其中 $U<60\%$ 的一段曲线与 OA_1 基本吻合。当 $U=90\%$ 时,由式(4-46)可求得 $T_v=0.848$,而由式(4-48)求得的 $T_v=0.636$,在纵坐标

$U = 90\%$ 的 b 处作一横线，交 OA_1 和 OA 于 a_1 和 a 两点，则 $\dfrac{ab}{a_1b} = \sqrt{\dfrac{0.848}{0.636}} = 1.15$，这说明 $U = 90\%$ 时，理论固结曲线的 $\sqrt{T_{v90}}$ 是近似固结曲线式(4-48) $\sqrt{T'_{v90}}$ 的 1.15 倍，根据这个关系，可在实测曲线上按下述方法找到 $U = 90\%$ 的位置。

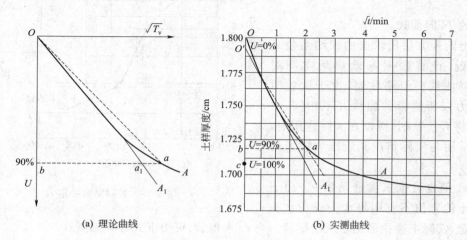

图 4-25　时间平方根法定 c_v

以土样厚度(cm)为纵坐标，以时间(min)的平方根 $\sqrt{t}$ 为横坐标，绘制时间—压缩曲线，如图 4-25(b)所示，曲线前一段为直线，因此可以沿此直线作直线段 $O'A_1$，使之交纵坐标于 O' 点，此点 O' 就相当于 $U = 0$ 的位置，而 OO' 段为初始瞬间沉降，不考虑到固结理论范畴。现过 O' 点作另一直线，使其横坐标为 $O'A_1$ 线的 1.15 倍，交实测曲线于 a 点，再过 a 点作横线交纵坐标于 b 点，则 b 点为 $U = 90\%$ 的位置。对于主固结段 $U = 100\%$ 的位置，只需由 b 向下延长 $O'b$ 的 $1/9$，即可得 c 点，此点即为 $U = 100\%$ 的位置。$O'c$ 段为主固结压缩，c 点以下到沉降完全终止为次固结压缩。至于固结系数 c_v，可先在实测曲线上找到 $U = 90\%$ (即 b 点)对应的横坐标 $\sqrt{t_{90}}$，对此值求平方得 t_{90}，把 $U = 90\%$ 代入式(4-46)，求得 $T_{v90} = 0.848$，再由式(4-44)求得 c_v 如下：

$$c_v = 0.848 \frac{H^2}{t_{90}}$$

上式中，H 为土样厚度的一半(两面排水情况)，可取沉降前和沉降终止后厚度的平均值。

二、时间对数法

此法为卡萨格兰德(Casagrande)提出。若以土样压缩试验的百分表读数(mm)为纵坐标，以时间的对数 $\lg t$(min)为横坐标，绘制对数时间—沉降曲线，如图 4-26 所示。该曲线可分为三段，前段为一曲线，中间段反弯成另一曲线，而后段变成斜率较小的直线。根据前面已经论述过的理论曲线特征，在 $U < 60\%$ 段的曲线近似于抛物线 $U^2 = \frac{\pi}{4} T_v$，故在 $U < 60\%$ 段内曲线符合"沉降增加一倍，时间将增加 4 倍"的特点。在该段曲线上任找两点 A 和 B，使 B 点的横坐标为 A 点的 4 倍，即 $t_B = 4t_A$，这样 A 和 B 点的纵坐标差 ab 应等于 A 点到起始点的纵坐标差 $o'a$(图 4-26)，由此可定出校正后的初始点 o'，即 o' 点为 $U = 0$ 的点。作两段曲线反弯点的切线，使之与最后直线段的引伸线相交，其交点的纵坐标为 c，其位置为 $U = 100\%$ 的点，因此 $o'c$ 等于主固结压缩，而 c 以下到固结终点为次固结压缩。在曲线上找一点 d_{50}，使

其纵坐标相当于 $o'c$ 线段的中点（$U=50\%$），其对应的横坐标为 t_{50}，把 $U=50\%$ 代入式
（4-46），可求得 $T_{v50}=0.190$，最后由式
（4-44）求得：

$$c_v = 0.190 \times \frac{H^2}{t_{50}}$$

上式中的 H 同前式。

以上两种方法所求出的固结系数 c_v
比较接近，计算数据基础都是实测时
间—沉降曲线。但要注意，由于试验时
不同压力段所测得的曲线并不相同，对
应的 c_v 将有所差别，所以在实际应用时，
应尽量采用与实际情况相近压力段上的
c_v 值。

由 c_v 值也可推求渗透系数 k。由于
饱和黏土的 k 值不宜用静水头或动水头
法来测定，实际上往往借助于压缩试验。当 c_v 求得后，可由下式计算 k 值：

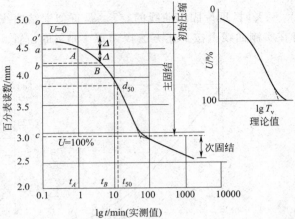

图 4-26　时间对数法定 c_v

$$k = m_v \gamma_w c_v = \frac{c_v \gamma_w}{E_s} \tag{4-49}$$

不同压力段的 m_v 和 c_v 不相同，故黏土的 k 值也随不同压力段而变，这点可从压力增加而
导致土体孔隙体积收缩这一角度来理解。

【例 4-3】　有一饱和黏土层，厚 1 m，上下两面为透水层，测得该黏土平均固结系数 $c_v=$
$0.3\ \mathrm{cm^2/h}$。当满布荷载 60 kPa 一次施加后，测得该土层最终沉降为 1.68 cm。问经过多长时
间该土层的压缩量可达 1.0 cm？这时土中最大超静水压为多少？

【解】　该黏土层最终压缩量为 1.68 cm，当压缩量达 1.0 cm 时，其固结度为 $U=1.0/$
$1.68=0.595$，可利用式（4-48）求得时间因数 T_v：

$$T_v = \frac{\pi}{4} U^2 = \frac{\pi}{4} \times 0.595^2 = 0.278$$

因此所求的时间 t 为

$$t = \frac{T_v H^2}{c_v} = \frac{0.278 \times 50^2}{0.3} = 2\ 317(\mathrm{h}) = 96.54(\mathrm{d})$$

最大超静水压发生在土层中部，即 $z=0.5$ m 处，可用式（4-43）计算，由于该式级数收敛得
很快，故取第一项，得最大超静水压为

$$u_{max} = 2p\left[\frac{2}{\pi}\sin\frac{\pi}{2}\exp\left(-\frac{\pi^2}{4} \times 0.278\right)\right] = 2 \times 60 \times 0.321 = 38.52(\mathrm{kPa})$$

第八节　饱和黏土地基的沉降过程

在建筑工程中，当地基压缩层为透水性较强的砂土或碎石时，在施工期内沉降量随荷载增
加而增加，当工程完毕时，沉降就基本稳定了。这样的沉降过程对建筑物的后期使用不产生影
响。反之，若地基为饱和黏土或塑性指数较高的粉质黏土层时，情况就不同了。当施加荷载
后，地基沉降发展得很慢，工程完毕后，沉降还在继续发展，有的要延续几十年甚至上百年，这

对建筑物后期的使用会产生不利影响。因此在设计地基时,应注意其沉降过程,预测在某一特定时刻和最终的沉降量,以便采取相应的处理措施。

在本章第四节,讨论了如何计算地基平均沉降量 S,即地基变形稳定后的总沉降量。现在要讨论如何采用渗透固结理论来计算地基在不同时期的沉降量 S_t。计算的思路和原则与分层总和法相同,即把刚性基底中心轴上土柱的沉降过程作为地基的平均沉降过程。由于土柱被视为无侧向膨胀,并且假定孔隙水只能沿垂直方向渗流,所以这是一维渗透固结问题。需注意,这里采用一维固结理论是近似方法,因为有限基础面积下土层的渗透固结并非完全是一维的,基底有效压力也非匀布满载,加上一维固结理论还不能完全反映土的实际固结过程,所以这里讨论的只是近似方法。

假定在地基压缩层中有厚度为 H 的饱和黏土层,其上为透水砂层,其下为不透水页岩,如图 4-27(a) 所示。在基底有效荷载作用下,地基的总沉降量应由砂土层的沉降 S_1 和饱和黏土层的沉降 S_2 所组成。对于砂土层,荷载施加后,沉降即稳定,而只有饱和黏土层的沉降 S_2 为随时间发展的沉降过程,故只需研究饱和黏土层的沉降过程即可。

在基底中心轴线上取高度为 H 的饱和黏土柱,假定荷载一次施加,在土柱中将产生超静水压,假定周围土也产生同样大小的超静水压,故中心土柱的孔隙水只能向垂直方向渗流,满足一维渗透固结条件。设饱和黏土层的总沉降为 S,固结度 $U = S_t/S$,若能求出不同时间的 U,则可确定相应的 $S_t = U \cdot S$。须注意,在固结试验的土样中,荷载随深度成矩形分布,即荷载应力不变,而在地基中,荷

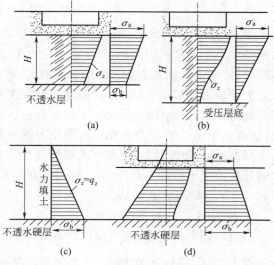

图 4-27　各种荷载应力图形下一维渗透固结的地基沉降过程

载应力随着深度变化,即 $\sigma_z = k \cdot p$,其中 k 为应力系数,是深度 z 的函数,p 为基底净应力。由于应力分布图形不同,所推导出来的固结公式也不相同。

由公式 (4-38) 可以看出,超静水压 $u(z,t)$ 的偏微分方程是一个线性方程,可运用叠加原理计算。假如把某应力图形分解为 A 和 B 两个分应力图形,且图形 A 和 B 的超静水压 $u_a(z,t)$ 和 $u_b(z,t)$ 都是式 (4-38) 的解,则总应力图形的超静水压 $u(z,t) = u_a(z,t) + u_b(z,t)$ 也将是式 (4-38) 的解。设总应力图形的平均应力为 p_m,当时间为 t 时,平均超静水压 $u_m(t) = \dfrac{\int_0^H u(z,t)\mathrm{d}z}{H}$,而平均有效压力为 $\sigma'_m(t) = p_m - u_m(t)$,应力图形 A 和 B 的平均压力为 p_{ma} 和 p_{mb},它们对应的超静水压和有效压力分别为 $u_{ma}(t)$、$\sigma'_{ma}(t)$ 和 $u_{mb}(t)$、$\sigma'_{mb}(t)$。在时刻 t 的总应力图形固结度可按式 (4-45) 求得:

$$U = \frac{S_t}{S} = \frac{\sigma'_{(m)}}{p_m} = \frac{p_m - u_m(t)}{p_m}$$

或者写成:

$$U \cdot p_m = p_m - u_m(t) = p_m - \frac{\int_0^H u(z,t)\mathrm{d}z}{H}$$

由于已知 $u(z,t)=u_a(z,t)+u_b(z,t)$，$p_m=p_{ma}+p_{mb}$，把此二式代入上式可得：

$$U \cdot p_m = p_{ma}+p_{mb}-\left[\frac{\int_0^H u_a(z,t)\mathrm{d}z}{H}+\frac{\int_0^H u_b(z,t)\mathrm{d}z}{H}\right]=p_{ma}-u_{ma}(t)+p_{mb}-u_{mb}(t)$$

$$=\sigma'_{ma}(t)+\sigma'_{mb}(t)=\frac{\sigma'_{ma}(t)}{p_{ma}}\cdot p_{ma}+\frac{\sigma'_{mb}(t)}{p_{mb}}\cdot p_{mb}=U_a \cdot p_{ma}+U_b \cdot p_{mb}$$

式中，U_a 和 U_b 分别表示应力图形 A 和 B 在时间 t 的固结度。如在上式的两边各乘 H，并令应力图形的面积为 $F=p_m \cdot H$，$F_a=p_{ma} \cdot H$ 和 $p_b=p_{mb} \cdot H$，则上式又可写成

$$U \cdot p_m \cdot H=U_a \cdot p_{ma} \cdot H+U_b \cdot p_{mb} \cdot H$$

或
$$U \cdot F=U_a \cdot F_a+U_b \cdot F_b \tag{4-50}$$

由式（4-50）可得出：任何随深度而变的应力图形如果能分解为若干个图形，则总应力图形的固结度乘上其总应力面积，等于各分应力图形的固结度乘上各自应力面积之和。根据这个推论，只要知道几个基本应力图形的固结度，就可求其组合应力图形的固结度。

为使应力图形简化，假定 σ_z 随深度成线性分布。如图 4-27（a）所示，饱和黏土层的 σ_z 图形可简化为梯形，上底压力 σ_a 大于下底压力 σ_b。若地基中页岩正好位于计算所确定的压缩层底时，饱和黏土层中的 σ_z 分布图形可简化为倒三角形，如图 4-27（b）。若饱和黏土层厚度很薄，上下层面的 σ_z 接近相等，可把应力图形简化成矩形。除受到应力图形影响外，土层的固结度公式还取决于土层排水条件，即一面排水还是两面排水。现根据应力图形和排水条件，并结合式（4-50）把固结度公式归纳为以下下几种情况。

1. 情况 A

当应力图形为矩形，且一面或两面排水时，其固结度 U_A 可用式（4-46）或式（4-47）表示。时间因素 $T_v=\dfrac{c_v t}{H^2}$ 中的厚度 H，一面排水者应为黏土层全厚，两面排水者为厚度的一半。两面排水且应力图形为任何线性分布者，如三角形或梯形，其固结度和矩形图形一样，均为 U_A。证明如下：把一个两面排水的矩形图形用对角线分成两个相等三角形，并令三角形的固结度为 U_x，利用式（4-50）的叠加原理，则 $U_A \cdot F=U_x \cdot \frac{1}{2}F+U_x \cdot \frac{1}{2}F=U_x F$，故得 $U_x=U_A$，即两面排水的三角形应力图形的固结度亦为 U_A。再看两面排水的梯形应力图形的固结度 U_x，且梯形顶部应力为 σ_a，底部应力为 σ_b，可把梯形分成一个矩形和一个三角形，如图 4-28（a）所示。

同理，将 $\frac{1}{2}(\sigma_a+\sigma_b) \cdot 2H \cdot U_x=\sigma_a \cdot 2H \cdot U_A-(\sigma_a-\sigma_b) \cdot H \cdot U_A$ 化简后得：$U_x=U_A$，故两面排水的梯形应力图形也可用 U_A。

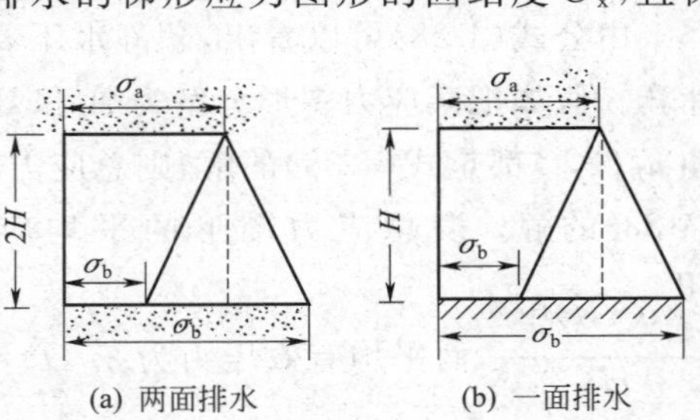

2. 情况 B

如图 4-27（c）所示，应力图形为正三角形，顶部

图 4-28 梯形应力图

（a）两面排水　　　　（b）一面排水

排水。这适用于通过水力机械把泥水混合体吹填到低洼地方而形成的人工地基，土颗粒借自重在水中沉淀固结，所以它的荷载压力成正三角形分布，其底部压力 $\sigma_b=\gamma'H$。如底部为不透水层，孔隙水只能由顶面排出，属于单面排水条件。这种情况的固结度 U_B 可按如下步骤求出：

先解式（4-38）的偏微分方程，并根据如下初始和边界条件

$$u(z,0)=\sigma_b \cdot \frac{z}{H}, \quad u(0,t)=0, \quad \frac{\partial u(H,t)}{\partial z}=0 \tag{4-51}$$

解出函数 $u(z,t)$，再代入式(4-45)，可求得 U_B 为

$$U_B = 1 - 4\sum_{m=0}^{\infty} \frac{(-1)^m}{M^3}\exp(-M^2 T_v) \tag{4-52}$$

式中 $M=\frac{\pi}{2}(2m+1)$，$m=0,1,2,\cdots$。式(4-52)为一无穷级数，但收敛很快，可近似地取级数的第一项，即 $m=0$，因此简化为

$$U_B \approx 1 - \frac{32}{\pi^3}\exp\left(-\frac{\pi^2}{4}T_v\right) \tag{4-53}$$

因为是单面排水，在上式 $T_v=\frac{c_v t}{H^2}$ 中，H 是指土层全厚。

得出情况 A 的 U_A 和情况 B 的 U_B 后，对于下列几种情况的固结度可通过式(4-50)的原则求得。

3. 情况 1

应力图形是三角形，单面排水，排水面在三角形的底边，与情况 B 相反。图 4-27(b)中图形正是这种情况。令这种情况的固结度为 U_1，根据式(4-50)，可用 U_A 和 U_B 表达。现把单面排水的矩形面积用对角线分成两个面积相等的三角形，则

$$U_A \cdot F = \frac{1}{2}U_1 \cdot F + \frac{1}{2}U_B \cdot F$$

故
$$U_1 = 2U_A - U_B \tag{4-54}$$

4. 情况 2

在水力填土的人工地基上回填以砂，如图 4-27(d)。基底荷载压力与土自重压力组成梯形应力图，单面排水。这样所形成的应力和排水条件，构成情况 2。设情况 2 的固结度为 U_2，如图 4-28(b)，梯形顶面压力为 σ_a，底面为 σ_b，如 $\sigma_a/\sigma_b=r$，(当 $\sigma_a>\sigma_b$，则 $r>1$，否则 $r<1$)，按式(4-50)求得

$$\frac{1}{2}(\sigma_a+\sigma_b) \cdot H \cdot U_2 = \sigma_a \cdot H \cdot U_A - \frac{1}{2}(\sigma_a-\sigma_b) \cdot H \cdot U_B$$

经过整理，可写成

$$U_2 = U_A + \frac{r-1}{r+1}(U_A-U_B) \tag{4-55}$$

情况 2 是一面排水，故 $T_v=\frac{c_v t}{H^2}$ 中的 H 也是土层的全厚。

上述 4 种情况汇总于图 4-29。各种情况的固结度 U 和它们的时间因素 T_v 的关系可参考表 4-14。

在计算地基沉降过程中不同时间的沉降时，即 S_t—t 曲线，首先应根据荷载应力图形和排水条件，判断地基是属于哪一类固结情况，然后假定不同时间 t，通过式 $T_v=\frac{c_v t}{H^2}$ 求 T_v。这里需要注意，两面排水时 H 为土层厚度的一半，单面排水则为全厚。通过求出的 T_v，利用表 4-14 可直接查到情况 A、B 或情况 1 的固结度。至于情况 2 的固结度 U_2，只有先查出 U_A 和 U_B，再代入式(4-55)，方可求得。固结度 U 求得后，可进一步由 $U \cdot S=S_t$ 求得 S_t。借此可绘出 S_t-t 曲线。

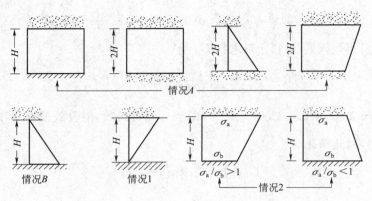

图 4-29　各种情况的应力

表 4-14　各种情况下的 $U=U(T_v)$

T_v	固 结 度				T_v	固 结 度			
	U_A	U_B	U_1	U_A-U_B		U_A	U_B	U_1	U_A-U_B
0.004	0.080	0.008	0.152	0.072	0.20	0.504	0.370	0.638	0.134
0.008	0.104	0.016	0.192	0.088	0.25	0.562	0.443	0.682	0.119
0.012	0.125	0.024	0.226	0.101	0.30	0.613	0.508	0.719	0.105
0.020	0.160	0.040	0.286	0.120	0.35	0.658	0.565	0.752	0.093
0.028	0.189	0.056	0.322	0.133	0.40	0.698	0.615	0.780	0.083
0.036	0.214	0.072	0.352	0.142	0.50	0.764	0.700	0.829	0.064
0.048	0.247	0.095	0.398	0.152	0.60	0.816	0.765	0.866	0.051
0.060	0.276	0.120	0.433	0.156	0.80	0.887	0.857	0.918	0.030
0.072	0.303	0.144	0.462	0.159	1.00	0.931	0.913	0.949	0.018
0.100	0.357	0.198	0.516	0.159	2.00	0.994	0.993	0.995	0.001
0.125	0.399	0.244	0.554	0.155	∞	1.000	1.000	1.000	0.000
0.167	0.461	0.318	0.605	0.143					

　　必须指出,上述沉降过程是假定基础荷载为一次性施加到位的。实际上,基础荷载是在施工期内逐步施加的,因此上述之 S_t-t 曲线尚不能完全代表地基的实际沉降过程。如把荷载作为变量放在固结公式中考虑,问题就更为复杂。对此,工程上采用太沙基近似方法,根据荷载的增长情况,对理论 S_t-t 曲线进行如下的简化修正。

　　假定在施工期间基础荷载随时间是线性增加的,工程完成后,荷载就不再增加。施工期为 T_0,荷载随时间增长的曲线示于图 4-30。当 $t<T_0$ 时,荷载由零开始按直线增长;当 $t \geqslant T_0$ 时,荷载等于 p,随后不再增加。所谓简化修正,就是假定荷载在时间段 t_1 由零增到 p_1,在此期间产生的沉降量等于突加荷载 p_1 在经过

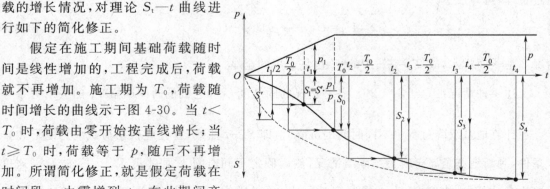

图 4-30　沉降过程曲线的修正

时间 $t_1/2$ 时所产生的沉降量。根据这个修正原则,可先计算出突加荷载 p 的 S_t-t 沉降时间曲线,如图中虚线所示。然后按时间不同进行如下修正。

当 $t=t_1<T_0$ 时,对应的荷载为 $p_1<p$。根据上述修正原则,这时的沉降量应等于突加荷载 p_1 经过 $t_1/2$ 时间的沉降量。突加荷载 p_1 经过 $t_1/2$ 时间的沉降量 S' 可由 S_t-t 的虚线曲线上直接找到。至于突加荷载 p_1 经过 $t_1/2$ 时间的沉降量 S_1 可通过比例关系 $S_1=S'\dfrac{p_1}{p}$ 求得。这个 S_1 也就是渐增荷载 p_1 经过 t_1 时间的沉降量,如图中 S_t-t 的实曲线所示。

当 $t=T_0$ 时,则对应的渐加荷载为 p,其沉降量 S 应等于突加荷载 p 经过 $T_0/2$ 时间的沉降量,它可由 S_t-t 虚曲线在 $t=T_0/2$ 的坐标上直接找到。现只不过是把这 S 移到 $t=T_0$ 的位置上来,如图中 S_t-t 实曲线所示。

当 $t=t_2>T_0$ 时,这时对应的荷载仍然是 p,不过它对应的沉降量 S 应等于突加荷载 p 经过 $t_2-T_0/2$ 的沉降量。这数值可在 S_t-t 虚曲线上,从 $t=t_2-T_0/2$ 坐标找出,再移置到 $t=t_2$ 位置上来。随着 t_2 的增加,则修正曲线与理论曲线愈来愈接近了。

若压缩层内有多层不同性质的饱和黏土层和透水土层,如求算整个压缩土层在时间 t 后的沉降量 S_t,可按以下步骤进行:例如 A、B 为不同性质的透水层,C、D 为不同性质的饱和黏土层,则先计算各土层的最终沉降,它们分别为 S_a、S_b、S_c 和 S_d。再根据各饱和黏性土层的荷载应力图形和排水条件,判别出固结度的类型,并按各自的 T_v 值(根据 $T_v=\dfrac{c_v t}{H^2}$ 求得)由表 4-14 找到相应的固结度 $U_{(c)}$ 和 $U_{(d)}$,则整个地基的 S_t 为

$$S_t=S_a+S_b+S_c\cdot U_{(c)}+S_d\cdot U_{(d)}$$

当然,随着计算机技术的迅速发展,上述问题、甚至更复杂的三维固结问题已基本得到解决,这当然需要学习岩土工程的专门理论和知识。

【例 4-4】　按例 4-1 所示的地质和基础资料(图 4-20),用分层总和法已经算出各分层的最终沉降。若假定垂直荷载 9 600 kN 是突然一次施加的,并测得黏土层 $c_v=0.2\times10^{-7}$ m²/s,问加载 1 年后,基础平均下沉多少?

【解】　按照例 4-1 的计算,基底以下共分 4 薄层:上面细砂层共两层,厚 2×2.2 m = 4.4 m;下面黏土层取两层厚,2×2.4 m = 4.8 m。当荷载刚施加后,砂层的沉降很快稳定,只剩下黏土层产生随时间发展的固结沉降。已知其 $c_v=0.2\times10^{-7}$ m²/s,只要计算出黏土层一年后的固结度,就可计算出一年后地基的总沉降 S_t。

4 个薄土层的最终压缩量 S_1、S_2、S_3 和 S_4 已经在前例中算出(表 4-12),而且已知黏土的压缩层厚 4.8 m,其应力图形为梯形,顶面是细砂,底面是黏土,假定不透水,顶面应力 $\sigma_上=91$ kPa,底面应力 $\sigma_下=35$ kPa,这相当于固结情况 2;其固结度 U_2 和整个土层一年后的沉降 S_t 可计算如下:

$$t=365\times24\times3\,600=315\times10^5\,(\text{s})$$

$$T_v=\frac{c_v t}{H^2}=\frac{0.2\times10^{-7}\times3.15\times10^7}{4.8^2}=0.027\,3$$

由表 4-14,根据 $T_v=0.027\,3$ 查得 $U_A=0.186$,$U_B=0.055$。而 $r=\sigma_上/\sigma_下=91/35=2.6$,则由式(4-55)得

$$U_2=U_A+\frac{r-1}{r+1}(U_A-U_B)=0.186+\frac{1.6}{3.6}\times(0.186-0.055)=0.244$$

则　$S_t=S_1+S_2+0.244(S_3+S_4)$

$$=(8.47+6.55)\times10^{-3}+0.244(8.34+5.12)\times10^{-3}=18.3\times10^{-3}\,(\text{m})=1.83\,(\text{cm})$$

☆第九节　多维固结理论简介

本章第六节所述的是太沙基一维固结理论,而且给出了相应解析解。对二维、三维固结问题,也即孔隙中的水在外力(包括自重)作用下,向两个或三个相互垂直方向渗流而造成土的固结压缩问题,在理论上就复杂得多,除个别简单情况可以得到解析解外,一般只能借助于数值解。

一、太沙基多维固结理论

太沙基一维固结与多维固结理论都是建立在相同理论基础上的,即当饱和黏土产生固结压缩时,土中元素体积的变化量等于在该时间流进与流出该元素体的水量之差,并且引进达西定律,从而可建立固结方程。对于三维固结问题,可推导出如下固结方程

$$\frac{\partial u}{\partial t}=\frac{1}{m_v \gamma_w}\left(k_x \frac{\partial^2 u}{\partial x^2}+k_y \frac{\partial^2 u}{\partial y^2}+k_z \frac{\partial^2 u}{\partial z^2}\right)=c_x \frac{\partial^2 u}{\partial x^2}+c_y \frac{\partial^2 u}{\partial y^2}+c_z \frac{\partial^2 u}{\partial z^2} \tag{4-56}$$

式中　k_x,k_y,k_z——在三个坐标轴向上的渗透系数;

c_x,c_y,c_z——在三个轴向上的固结系数。

如果土为各向同性,$k_x=k_y=k_z$,$c_x=c_y=c_z$,则上式可简化为

$$\frac{\partial u}{\partial t}=\frac{k}{m_v \gamma_w}\left(\frac{\partial^2 u}{\partial x^2}+\frac{\partial^2 u}{\partial y^2}+\frac{\partial^2 u}{\partial z^2}\right)=c_v \nabla^2 u \tag{4-57}$$

式中$\nabla^2=\frac{\partial^2}{\partial x^2}+\frac{\partial^2}{\partial y^2}+\frac{\partial^2}{\partial z^2}$,称为拉普拉斯算子。

在土建工程中,经常遇到平面应变问题,也就是在两个方向能产生渗流,这是两维固结问题。此时上式可简化为

$$\frac{\partial u}{\partial t}=c_v\left(\frac{\partial^2 u}{\partial x^2}+\frac{\partial^2 u}{\partial z^2}\right) \tag{4-58}$$

对于上述多维固结方程,一般采用数解法,最常用的是有限差分法。现以解式(4-58)为例简要说明。

这是一个以 x、z 为坐标轴的平面问题。先把整个固结区在 x、z 方向分成等距离的 Δx 和 Δz 网格,如图 4-31 所示。同时把时间也分成小段 Δt,则式(4-58)的等号左侧可近似地改写为前差分形式

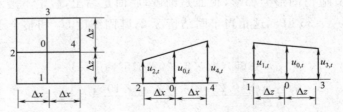

图 4-31　有限差分法解双向固结

$$\frac{\partial u}{\partial t}=\frac{u_{0,t+\Delta t}-u_{0,t}}{\Delta t}$$

而等号右侧各项可写成如下差分形式

$$\frac{\partial^2 u}{\partial x^2}=\frac{1}{\Delta x^2}(u_{2,t}+u_{4,t}-2u_{0,t})$$

$$\frac{\partial^2 u}{\partial z^2} = \frac{1}{\Delta z^2}(u_{1,t} + u_{3,t} - 2u_{0,t})$$

如果使 $\Delta x = \Delta z = \Delta l$，再把以上诸式代入式(4-58)，得

$$u_{0,t+\Delta t} = u_{0,t} + \beta(u_{1,t} + u_{2,t} + u_{3,t} + u_{4,t} - 4u_{0,t}) \qquad (4\text{-}59)$$

式中 $\beta = \dfrac{c_v \Delta t}{(\Delta l)^2}$。

为简化计算，可令 $\beta = 1/4$，则上式又可写成：

$$u_{0,t+\Delta t} = (u_{1,t} + u_{2,t} + u_{3,t} + u_{4,t})/4 \qquad (4\text{-}60)$$

计算时，已知 c_v，预先假定 Δl，则时间段 Δt 可以由 $\Delta t = \dfrac{(\Delta l)^2}{4c_v}$ 确定。由式(4-60)看出，只要已知 t 时间在 1、2、3、4 各节点的超静水压 $u_{1,t}$、$u_{2,t}$、$u_{3,t}$ 和 $u_{4,t}$，则在时间 $t+\Delta t$，节点 0 上的超静水压 $u_{0,t+\Delta t}$ 就可计算出来。至于固结区各节点 i 在 $t=0$ 时的初始超静水压 $u_{i,0}$，可将荷载刚施加时土中各节点所产生的附加大小主应力代入式(3-17)计算得到。至于边界上各节点的超静水压，可按如下原则考虑：凡在排水边界面上的各节点，$t=\Delta t$，$2\Delta t$，…时的超静水压均为零；凡遇到不透水边界面，应在界外设一虚节点，使其 u 始终等于不透水面上相邻节点的 u。这些规定是为了满足在透水边界面上当 $t>0$ 时，$u=0$，以及在不透水边界上 $\dfrac{\partial u}{\partial t}=0$ 的边界条件。

对于轴对称问题，例如在第九章讨论的砂井加固软土地基，将出现以 z 轴为对称轴的水平辐射渗透固结和垂直向渗透固结，这也是两维固结问题。有关这个问题，将在第九章详加讨论。

二、比奥(Biot M. A.，1935)固结理论简介

在不计应力偏量改变影响的基础上，依据弹性理论，考虑饱和黏土在固结过程中必须满足应力平衡方程、几何方程和虎克定律，比奥建立了通用的三维固结理论，其方程组如下

$$\left.\begin{array}{l} -G\nabla^2\bar{u} + \dfrac{G}{1-2\nu}\cdot\dfrac{\partial}{\partial x}\left(\dfrac{\partial\bar{u}}{\partial x} + \dfrac{\partial\bar{v}}{\partial y} + \dfrac{\partial\bar{w}}{\partial z}\right) + \dfrac{\partial u}{\partial x} = 0 \\[3mm] -G\nabla^2\bar{v} + \dfrac{G}{1-2\nu}\cdot\dfrac{\partial}{\partial y}\left(\dfrac{\partial\bar{u}}{\partial x} + \dfrac{\partial\bar{v}}{\partial y} + \dfrac{\partial\bar{w}}{\partial z}\right) + \dfrac{\partial u}{\partial y} = 0 \\[3mm] -G\nabla^2\bar{w} + \dfrac{G}{1-2\nu}\cdot\dfrac{\partial}{\partial z}\left(\dfrac{\partial\bar{u}}{\partial x} + \dfrac{\partial\bar{v}}{\partial y} + \dfrac{\partial\bar{w}}{\partial z}\right) + \dfrac{\partial u}{\partial z} = -\gamma \end{array}\right\} \qquad (4\text{-}61)$$

式中　u——超静水压；

$\bar{u}$，$\bar{v}$，$\bar{w}$——在 x、y 和 z 三个轴向的位移；

∇^2——拉普拉斯算子，$\nabla^2 = \dfrac{\partial^2}{\partial x^2} + \dfrac{\partial^2}{\partial y^2} + \dfrac{\partial^2}{\partial z^2}$；

G——剪切模量；

ν——泊松比；

γ——土的重度。

同时考虑在元素体内，土体积的变化量等于流进和流出该元素体的水量差，并引进达西定律，从而推出如下连续方程：

$$\frac{\partial\varepsilon_v}{\partial t} = -\frac{1}{\partial t}\left(\frac{\partial\bar{u}}{\partial x} + \frac{\partial\bar{v}}{\partial y} + \frac{\partial\bar{w}}{\partial z}\right) = -\frac{k}{\gamma_w}\nabla^2 u \qquad (4\text{-}62)$$

以上共有四个方程，含 $\bar{u}$、$\bar{v}$、$\bar{w}$ 和 u 共四个未知函数。理论上，在一定的边界条件和初始条件下，

可以解出 $\bar{u}$、$\bar{v}$、$\bar{w}$ 和 u 的解析解。但实际上问题的求解过程非常复杂,就是二维问题也很难求得其解析解。该理论虽很早就提出了,但迟迟未得到实际应用。直到现代电子计算技术的出现,使得人们利用有限元法、差分法等数值解成为可能,上述理论才得以用于解决实际问题。

从理论上讲,比奥理论较太沙基理论严密,尤其在多维固结问题上。例如荷载施加后较短的时间里,由比奥理论得出土中某些点的超静水压有逐步上升的现象,而且高于荷载刚加上时的超静水压,这就是所谓的曼德尔(Mandel)效应。太沙基理论没有此效应。试验结果证明这个现象存在,可见在多维固结问题方面比奥理论更精确。这两个理论的根本区别在于,太沙基理论假定荷载施加后土中任何一点的法向总应力和 $(\sigma_x + \sigma_y + \sigma_z)$ 不随时间而变,而比奥理论表明法向总应力之和可随时间改变。只有在一维固结问题上,法向总应力只与 σ_z 有关,它取决于外加荷载 p,外荷载 p 不变,总应力也不随时间而变,此时两理论结果一致。这说明在一维固结问题上太沙基理论的正确性。

☆第十节　黏土的流变性质

受力后土的变形不是瞬时完成的,而是要经过一段时间,这个现象对黏性土尤为显著。对土体而言,受力不变而变形随时间发展的现象称为"蠕变"。软土地基的固结沉降就呈现出这种特征。如果使土体的变形保持定值,而土中应力随时间衰减,这种现象叫"松弛"。此外,还有一些现象,如饱和黏土中应力与应变速率之间存在一定关系,黏性土呈现出"流动"特征;有的黏性土强度与时间也存在一定关系,即在一定时间内,土的强度随时间下降或提高,即所谓长期强度问题。总之,所有这些现象,反映出黏性土的应力和应变与时间的关系。这些特征,一般称为流变性质,其理论研究属于"流变学"的研究范畴。

为了研究黏性土的流变性质,通常从两个方面着手:一个是从微观角度入手,即从土的结构出发,或由土的矿物分子结构和组成的流变特性来研究土的流变性质,通常难以获得定量结果;另一方面是从宏观角度来研究,把土当成均匀连续体,采用直观流变模型,建立能反映流变关系的数学表达式,这样可以定量地给出应力、应变与时间的关系。目前大量研究工作都从这方面进行,并取得了不少成果。下面简要介绍之。

一、流变模型与黏土流变性质的关系

为了简单讨论,仅以单维流变问题为例。

对于材料的流变性质,一般都采用以下三种基本模型元件进行组合,以模拟不同的流变特性:一种是弹簧件,它代表理想弹性体,其应力与应变成正比,即 $\sigma = E\varepsilon$ 或 $\tau = G\gamma$,满足虎克定律;第二种是黏壶,壶内充满牛顿液体和一个能移动的活塞,该液体服从黏滞定律,即应力 τ(或 σ)与应变速率 $\dot{\gamma}$(或 $\dot{\varepsilon}$)成正比,或写成 $\tau(\sigma) = \eta\dot{\gamma}(\dot{\varepsilon})$,其中 η 是黏滞系数;第三种是摩擦件,其摩擦阻力是常数 τ_0(或 σ_0),当应力小于阻力时,无变形产生,当应力超过阻力时,变形产生且一直发展,这种元件称为圣文南塑性体。在天然状态下,上述理想性质的材料是不存在的,但这些元件组合起来,却能模拟具有不同性质材料的主要流变特征。

对于饱和黏土,随着含水率的变化,它的流变性质也在变化。当 $w > w_L$ 时,黏土处于流塑状态,其应力与应变率大致成正比,可用上述牛顿黏滞体模型模拟,如图 4-32(a)所示,图中虚线为实测曲线。当 $w_p < w < w_L$ 时,黏土处于塑性状态,可用黏壶与摩擦件并联成的组合件,即所谓宾汉姆(Bingham)固体模型来模拟,如图 4-32(b)所示。当应力 $\tau < \tau_0$ 时,土的应变甚

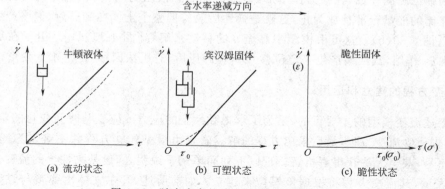

含水率递减方向 →

(a) 流动状态　　　　(b) 可塑状态　　　　(c) 脆性状态

图 4-32　随含水率的改变黏性土的流变性质

小,可认为土体未发生变形,一旦当 $\tau > \tau_0$,摩擦件开始滑动,黏壶活塞也开始移动,这时应力 $(\tau - \tau_0)$ 与应变率 $\dot{\gamma}$ 成正比,因而土处于塑流状态。当 $w < w_P$ 时,黏土处于硬塑、坚硬固体状态,当应力 τ(或 σ)小于极限应力 τ_0(或 σ_0)时,应变甚小,可认为土体为刚体,当应力一旦达到或超过极限值时,黏土将突然断裂,应力突然下降,如图 4-32(c)所示。以上所述性质随含水率的变化而变化,为渐变过程。

　　天然状态黏性土在复杂荷载作用下所呈现的流动性质很复杂,很难用一个简单模型把它反映出来,往往需要较复杂的模型。例如某黏土在加载和卸载作用下的流变特性,宜用图 4-33(a)的流变模型来描述。该模型由开尔文(Kelvin)体与马克斯威尔(Maxwell)体串联而成。当在该黏土上突然施加常压 σ_0,将产生瞬时变形 OA,如图 4-33(b)所示。这是瞬间弹性变形,如即时卸压,它会回弹到原位。这过程可用上述模型来解释[图 4-33(a)],OA 变形仅相当于弹簧 a 的压缩变形,因 $t=0$,黏壶 b 和开尔

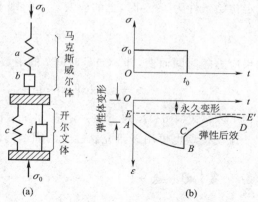

图 4-33　某黏性土的流变模型

文体均由于黏壶中黏液的黏滞阻力而未能参与变形。当压力不变而变形随时间沿 AB 曲线缓慢发展时[图 4-33(b)],可解释为除弹簧 a 外,黏壶 b 和开尔文体都在参与变形,因 $t > 0$,在 σ_0 作用下,弹簧 a 已完成变形,黏壶 b 的活塞正在按一定速率移动(满足黏滞定律),而开尔文体也在变形。其过程是这样:当 $t=0$,全部压力落在黏壶 d 上,由于黏液的黏阻,故变形为零;当 $t > 0$,黏壶活塞按一定速率移动,从而把一部分压力转移到弹簧 c 上[图 4-33(a)],使 c 也产生大小相等的同步变形,且变形随着时间增长,此时弹簧 c 受的力愈来愈大,最后承担全部压力,因压力不再增加,故变形终止,反之黏壶 d 上的压力随着时间而愈来愈小,最后压力为零,位移终止。所以曲线 AB 仅反映黏壶 b 和开尔文体的共同变形。当 $t=t_0$ 时,突然卸去 σ_0(压力为零),土体马上回弹[图 4-33(b)],变形曲线成为垂线 BC,这现象可以解释为模型上的压力 σ_0 卸去后[图 4-33(a)],只有弹簧 a 在回弹,因黏壶 b 上已无压力作用,故活塞不能移动,而开尔文体由于黏液的黏滞阻力,在瞬间也不能产生变形。弹簧 a 的回弹量 BC 应等于加压时的压缩量 OA。当 t 超过 t_0 以后,土体在无压力下仍沿曲线 CD 继续回弹[图 4-33(b)],直到与水平线 EE' 相切为止,这种现象叫"弹性后效"。这可解释为模型上的压力卸去后[图 4-33(a)],

弹簧 a 的回弹已瞬间完成，在弹力作用下，黏壶 d 克服黏液阻力与弹簧 c 作同步缓慢回移，直到弹簧中存储的能量全部释放为止，这就是弹性后效。但整个土体在卸压后，最终产生一个剩余变形 OE[图 4-33(b)]，这可由模型中黏壶 b 的移动来解释[图 4-33(a)]。由于在加压阶段黏壶 b 受到 σ_0 作用，其活塞产生一定位移 OE，在卸压后，它无法回移，留下永久变形。

二、流变方程的建立和运用

采用上述流变模型的主要目的，是为了求得黏性土的应力或应变与时间变化的定量关系。为此，应首先建立流变方程，最后求出方程的解。看来由模型建立方程并不难，但是要解这样的方程却不易，甚至无法获得解析解。现以下列简单例子说明之，设某黏性土的流变性质可用开尔文体表示，其流变方程将根据该模型来建立。如前所述，开尔文体由弹簧与黏壶并联而成，设弹簧 m 的弹性模量为 E，黏壶 n 的黏滞系数为 η，求在外加应力 σ 的作用下，该黏土的应变 ε 与时间 t 的关系。假定应力 σ 为常量，则 σ 应等于弹簧应力 σ_m 和黏壶应力 σ_n 之和，即 $\sigma=\sigma_m+\sigma_n$，其中 $\sigma_m=E\varepsilon$，而 $\sigma_n=\eta\dot{\varepsilon}=\eta\dfrac{\mathrm{d}\varepsilon}{\mathrm{d}t}$，故可建立下列微分方程：

$$\sigma=E\varepsilon+\eta\frac{\mathrm{d}\varepsilon}{\mathrm{d}t} \tag{4-63}$$

假定初始条件为 $t=0$ 时，土的应变 $\varepsilon_0=0$，则上式的解为

$$\varepsilon=\frac{\sigma}{E}\left[1-\exp\left(-\frac{E}{\eta}t\right)\right] \tag{4-64}$$

如果应力随时间而变，即 $\sigma(t)$ 是时间 t 的函数，且 $t=0$ 时，$\varepsilon_0\neq0$，则式(4-64)的解为

$$\varepsilon=\varepsilon_0\exp\left(-\frac{E}{\eta}\right)t+\frac{1}{\eta}\int_0^t\sigma(\tau)\exp\left[-\frac{E}{\eta}(t-\tau)\right]\mathrm{d}\tau \tag{4-65}$$

式(4-64)和式(4-65)反映了在一定应力条件下，土中应变随时间变化的关系式。

流变模型也可用于研究黏性土的固结问题，请参阅相关专业书籍和文献。

 复 习 题

4-1 设土样厚 3 cm，在 100～200 kPa 压力段内的压缩系数 $a_v=2\times10^{-4}$ kPa^{-1}，当压力为 100 kPa 时，$e=0.7$。试求：

(a) 土样的无侧向膨胀变形模量 E_s；

(b) 土样压力由 100 kPa 加到 200 kPa 时，土样的压缩量 S。

4-2 有一饱和黏土层，厚 4 m，饱和重度 $\gamma_{sat}=19$ kN/m^3，土粒重度 $\gamma_s=27$ kN/m^3，其下为不透水岩层，其上覆盖 5 m 的砂土，其天然重度 $\gamma=16$ kN/m^3，如图 4-34。现于黏土层中部取土样进行压缩试验，并绘出 e—$\lg p$ 曲线，由图中测得压缩指数 C_c 为 0.17，若又进行卸载和重新加载试验，测得膨胀指数 $C_s=0.02$，并测得先期固结压力为 140 kPa。问：

(a) 此黏土是否为超固结土？

(b) 若地表施加满布荷载 80 kPa，黏土层下沉多少？

4-3 有一均匀土层，其泊松比 $\nu=0.25$，在表层上作载荷试验，采用面积为 1 000 cm^2 的刚性圆形压板，从试验绘出的 p—S 曲线的起始直线段上量取 $p=150$ kPa，对应的压板下沉量 $S=0.5$ cm。试求：

(a) 该土层的压缩模量 E_s。

(b)假如换另一面积为 5 000 cm² 的刚性方形压板,压力相同,求对应的压板下沉量。

(c)假如在原土层 1.5 m 以下存在软弱土层,这对上述试验结果有何影响?

4-4　在原认为厚而均匀的砂土表面用 0.5 m² 方形压板做载荷试验,得地基系数(单位面积压力/沉降量)为 20 MPa/m,假定砂层泊松比 $\nu=0.2$,求该土层变形模量 E_0。后改用 2 m×2 m 大压板进行载荷试验,当压力在直线段内加到 140 kPa 时,沉降量达 0.05 m,试猜测土层的变化情况。

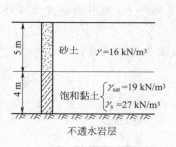

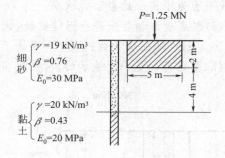

图 4-34　习题 4-2 图　　　　　　　　　　　　　图 4-35　习题 4-5 图

4-5　设有一基础,底面积为 5 m×10 m,埋深为 2 m,中心垂直荷载为 12 500 kN(包括基础自重),地基的土层分布及有关指标示于图 4-35。试利用分层总和法计算地基总沉降。

4-6　有一矩形基础 4 m×8 m,埋深为 2 m,受 4 000 kN 中心荷载(包括基础自重)的作用。地基为细砂层,其 $\gamma=19$ kN/m³,压缩资料示于表 4-15。试用分层总和法计算基础的总沉降。

表 4-15　细砂的 e-p 曲线资料

p/kPa	50	100	150	200
e	0.680	0.654	0.635	0.620

4-7　某土样置于压缩仪中,两面排水,在压力 p 作用下压缩,10 min 后固结度达 50%,试样厚 2 cm。试求:

(a)加载 8 min 后的超静水压分布曲线;

(b)20 min 后试样的固结度;

(c)若使土样厚度变成 4 cm(其他条件不变),要达到同样的 50% 的固结度需要多少时间?

4-8　某饱和土层厚 3 m,上下两面透水,在其中部取一土样,于室内进行固结试验(试样厚 2 cm),20 min 后固结度达50%。试求:

(a)固结系数 c_v;

(b)该土层在满布压力 p 作用下,达到 90% 固结度所需的时间。

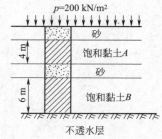

图 4-36　习题 4-9 图

4-9　如图 4-36 所示,饱和黏土层 A 和 B 的性质与 4-8 题所述的黏土性质完全相同,A 厚 4 m,B 厚 6 m,两层土上均覆有砂层。B 土层下为不透水岩层。试求:

(a)设在土层上作用满布压力 200 kPa,经过 600 天后,土层 A 和 B 的最大超静水压力各多少?

(b)当土层 A 的固结度达 50% 时,土层 B 的固结度是多少?

4-10 设有一砾砂层,厚 2.8 m,其下为厚 1.6 m 的饱和黏土层,再下面为透水的卵石夹砂(假定不可压缩),各土层的有关指标示于图 4-37。现有一条形基础,宽 2 m,埋深 2 m,埋于砾砂层中,中心荷载 300 kN/m,并且假定为一次施加。试求:

(a)总沉降量;

(b)下沉 1/2 总沉降量时所需的时间。

4-11 设有一宽 3 m 的条形基础,基底以下为 2 m 砂层,砂层下面有 3 m 厚的饱和软黏土层,再下面为不透水的岩层。试求:

(a)取原状饱和黏土进行固结试验,试样厚 2 cm,上下面排水,测得固结度为 90% 时所需时间为 5 h,求其固结系数;

(b)基础荷载是一次施加的,问经过多长时间,饱和黏土层将完成总沉降的 60%?

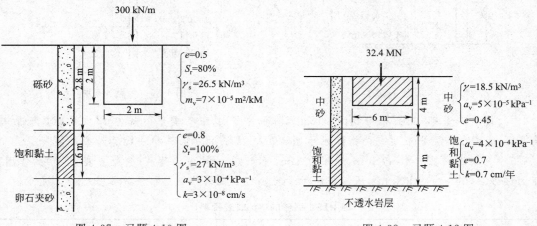

图 4-37 习题 4-10 图   图 4-38 习题 4-12 图

4-12 基础平面尺寸为 6 m×18 m,埋深 2 m,地基为 4 m 厚的中砂和 4 m 厚的饱和黏土层,其下为不透水岩层。有关土的各项资料示于图 4-38。假定中心荷载由零开始随时间按直线增加,到 60 天后达到 32 400 kN,以后保持不变。问:

(a)最终地基沉降量是多少?

(b)开工 60 天和 120 天的沉降量是多少?

第 五 章

土的抗剪强度

任何材料在受到外力作用后,都会产生一定的应力和变形。当材料应力达到某一特定值时,变形会迅速加大甚至破坏;或出现塑性变形,材料应力虽不增加,变形速率却加快且不停止等,这些现象都表明材料已达到破坏状态。通常,材料应力所达到的临界值,也就是材料刚刚开始破坏时的应力,称为材料的强度或极限强度。所以,有关材料的强度理论也可称为破坏理论。

与一般固体材料不同,土是三相介质的散粒堆积体,不能承受拉力,但能承受一定的剪力和压力。相比而言土体能承受的剪力比压力小得多,土体的破坏主要受其所能抵抗剪力的大小控制。所以在一般工作情况下,土的破坏形态主要表现为剪切破坏,故把土的强度称为抗剪强度。土的剪切破坏形式有多种多样,有的表现为脆裂,破坏时形成明显剪裂面,如紧密砂土和干硬黏土等;有的表现为塑流,即剪应变随剪应力发展到一定数值后时,应力不增加而应变继续增大,形成流动状,如软塑黏土等;有的表现为多种破坏形式的组合。

关于土的破坏标准,应根据土的性质和工程情况而定:对于剪裂破坏,一般用剪变过程中剪切面上剪应力的最大值作为土的破坏应力,或称剪切强度;对于流塑状破坏,一般剪切变形很大,对于那些对变形不敏感的工程,可用最大剪应力作为破坏应力,对变形要求严格的工程,不容许出现过大变形,这时往往按最大容许变形来确定抗剪强度值。

理论上,土的强度常以应力的某种函数形式表达。函数形式不同,形成的强度理论也相异。虽然土体强度理论有不少,但是到目前为止比较简单而又基本符合实际的是摩尔—库仑(Mohr-Coulomb)强度理论。

第一节 摩尔—库仑强度理论

根据室内试验和野外观察发现,在外力作用下土体是沿着某一剪切面(或剪切带)发生剪切破坏的。在这个剪切面上的最大剪应力 τ_{max} 就等于该面上的抗剪强度 S,而该强度 S 又与该面上的法向应力 σ 有关,即

$$|\tau_{max}| = S = f(\sigma) \tag{5-1}$$

根据大量试验资料,上式在 $\tau—\sigma$ 坐标图上呈曲线形式,称为强度线,如图 5-1 所示。统计数据也表明,在通常情况下可以把强度线简化成如下线性方程(Coulomb,1773,见图 5-1):

$$S = c + \sigma \tan \varphi \tag{5-2}$$

式中 c——强度线于纵坐标的截距,称为土的黏聚力;

σ——作用在剪切面上的有效法向应力;

φ——强度线坡角,称为土的内摩擦角。

由式(5-2)可以看出,土的抗剪强度由两部分组成,一部分是滑动面上土的黏聚力 c,反映

土体内部土颗粒间相互凝聚结合的性质;另一部分是土的摩擦阻力,它与滑动面上有效法向应力 σ 成正比,比例系数为 $\tan\varphi$,反映土体颗粒之间的摩擦性质。可见,式(5-2)中只有两个常数,即黏聚力 c 和内摩擦角 φ,它们取决于土的性质和状态,通常情况下与土体应力大小无关,称为土的强度指标,通过室内或现场试验确定。

当某剪切面上剪应力 τ 小于其抗剪强度 S 时,该剪切面处土体不会被剪坏,处于弹性应力状态;当 $\tau=S$ 时,土体达到破坏状态。τ 不可能超过 S,因剪切面上的剪应力不能再增大。故用库仑强度理论可判断土中某一截面是否达到破坏状态。

对于固定剪切面上是否能发生剪切破坏,除用式(5-2)进行检验外,尚可由剪切面上的应力偏角来判别。先研究砂土的应力偏角,把剪切面 $a-a$ 想像为滑动平面,由于是砂土,其黏聚力为零,强度线(图 5-1)将通过坐标原点,则式(5-2)可写成

$$S=\sigma\tan\varphi \tag{5-3}$$

在剪切面上作用的 σ 和 τ,将组成总应力 f,如图 5-2(a)所示。

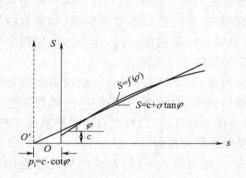

图 5-1 土的强度线

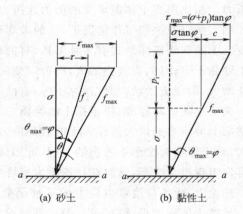

图 5-2 剪切面上的应力偏角

f 应力与 $a-a$ 切面的法线成 θ 角,即 $\theta=\arctan(\tau/\sigma)$,称为应力偏角。由物体滑动概念出发,不论 τ 或 f 有多大,只要应力偏角 $\theta<\varphi$(剪切面上的摩擦角),物体就不会滑动,或者说,土体不会沿该滑面剪坏。只有当偏角 θ 逐渐增大到 $\theta_{max}=\varphi$ 时,土体才可能被剪坏,此时 $\tau=\sigma\tan\varphi=S$,达到式(5-2)的强度准则。换言之,只要应力偏角 $\theta_{max}=\varphi$,库仑强度准则同样满足。对于黏性土,由于土样 $c\neq0$,强度线不通过原点,式(5-2)可写成

$$S=(\sigma+c\cot\varphi)\tan\varphi=(\sigma+p_i)\tan\varphi \tag{5-4}$$

这相当于把图 5-1 中的纵坐标向左移 $c\cot\varphi=p_i$,形成新的坐标系,原点由 O 改为 O',则新坐标系下强度线形式与砂土强度线式(5-3)相似,所不同的只是法向增加了一个 $p_i=c\cot\varphi$。这个 p_i 可想像为预存于土中的内在压力,是由 c 引起的。再看图 5-2(b)中之应力偏角的形成,在剪切面 $a-a$ 上的法向应力 σ 加上法向应力 p_i,再结合剪应力 τ,构成总应力 f,f 的偏角为 θ,而 $\theta=\arctan(\tau/\sigma)$,当 $\theta=\theta_{max}=\varphi$ 时,土体沿剪切面达到剪坏状态,开始出现滑动,这时 $\tau=\tau_{max}=(\sigma+p_i)\tan\varphi=S$,满足式(5-4)的强度准则,也就满足库仑强度准则。

如果在土中 M 点的某一切面 $m-m$ 上,已知其 σ_m 和 τ_m,如图 5-3(a)所示,可在 $\sigma-\tau$ 坐标图上绘出应力点 $N(\sigma_m,\tau_m)$,正好位于强度线下方,如图 5-3(b)中应力圆 A 所示,说明该

切面未达到破坏状态,即 $S_m > \tau_m$。但不能仅依此得出结论,该 M 点是安全的,因为通过该点的其他方向截面还没有经过检算,有可能某方向切面上的剪应力已达到抗剪强度。假如 $N'(\sigma_{m'}, \tau_{m'})$ 代表另一方向截面 $m'-m'$ 上的应力,其剪应力 $\tau_{m'} = S_{m'} = \sigma_{m'}\tan\varphi + c$,因 N' 正好位于强度线上,如图 5-3(b)中应力圆 B 所示,该截面达到破坏状态。所以仅凭某一截面上的应力,无法判断一点是否处于安全应力状态,或处于破坏的临界状态,最好的办法是用摩尔应力圆把一点的应力状态表示出来,并绘在 $\tau-\sigma$ 坐标系上,一般只需要知道该点的大小主应力,或两个相互垂直切面上的应力,就可按照第三章第一节中所述方法绘制成应力圆,如图 5-3(b)所示。应力圆上任一点坐标 (σ, τ) 代表某一方向截面上的应力,因此一个应力圆可以把土中一点各个方向上的应力全部表示出来。若图中应力圆 A 在强度线下方,与强度线未接触,说明 A 圆所代表的土中某点的应力状态处于弹性范畴,因圆上任何一点的剪应力都小于其抗剪强度 S。若另一应力圆 B 正好与 S 线相切于 a 点,说明过土中该点存在一截面 $a-a$(与大主应力作用面的夹角为 $45° + \varphi/2$),其上的剪应力正好等于其抗剪强度,即 $\tau_a = S_a$,截面处于破坏的临界状态。该应力圆称为极限应力圆,该点所处的应力状态称为极限应力状态。应注意到,任何应力圆都不可能与强度线相割,否则相割部分圆弧将超过强度线,这就意味着该段圆弧上所代表的截面剪应力已超过其抗剪强度,这与上述强度理论相矛盾,是不可能发生的。

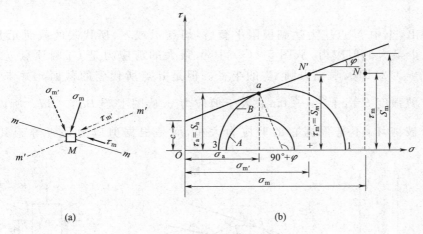

图 5-3　应力圆和强度线

　　上述极限应力圆可通过三轴压缩试验求得,其试验方法将在第三节中详细介绍。若能做出若干个极限应力圆,它们的共同包线就是强度线。

　　在讨论土的强度理论时,常常把库仑强度理论与摩尔极限应力圆结合起来,故称为摩尔—库仑强度理论。

第二节　土中一点应力极限平衡

　　根据摩尔—库仑强度理论,判断土中一点的应力是否达到了极限平衡状态(或简称极限状态),主要检验该点的应力圆是否与强度线相切。按照该理论,确定极限应力状态的是该点的大小主应力,与中主应力无关。只要已知一点的大小主应力,即可绘出该点的应力圆。如图 5-4(b)所示,已知作用于土中 N' 点上的大小主应力为 σ_1' 和 σ_3',则可根据大小主应力绘出应力

圆 C,如图 5-4(a)所示。

圆 C 位于 S 线的下方,说明 N' 点处于弹性应力状态。上述应力状态可以用应力偏角的概念进行解释。现把总坐标向左侧移 $p_i = c\cot\varphi$ 的距离,即原点 O 移到 O',则 C 圆上任一点与 O' 连线的倾角 θ 代表该点所对应的切面上的应力偏角,$\theta = \arctan\dfrac{\tau}{p_i+\sigma}$。如由原点 O' 对 C 圆作两根切线,切于 a 和 a' 两点,则切线倾角为 $\theta_{\max} = \arctan\dfrac{\tau_a}{p_i+\sigma_a}$,这是 a 和 a' 两点应力作用面上的最大应力偏角,a 和 a' 的应力作用面过土中 N' 点的两个截面 $a-a$ 和 $a'-a'$,如图 5-4(b),它们与 σ_1 作用方向的夹角为 $45° - \theta_{\max}/2$,作用在这两个截面元上的应力最大偏角为 $\theta_{\max}$,较其他方向截面元上的应力偏角都大,故比较起来为偏于不安全的截面,但由于 $\theta_{\max} < \varphi$,如图 5-4(a),故 N' 点仍然处于弹性应力状态。若土中有另一点 N,已知其大小主应力为 σ_1 和 σ_3,如图 5-4(c),由主应力所作的应力圆 C_0 正好与上下 S 线相切于 b 和 b',如图 5-4(a)。切点 b 和 b' 的应力作用面等于过土中 N 点的两个截面元 $b-b$ 和 $b'-b'$,如图 5-4(c),它们与 σ_1 的作用方向的夹角为 $45° - \varphi/2$。从图 5-4(a)可看出,切点 b(或 b')上的剪应力 $\tau_b = S = (p_i + \sigma_b)\tan\varphi$,说明土中 N 点的应力已达极限平衡。由最大应力偏角也可证明,这时切点 b(或 b')所代表的截面积元上的应力偏角为 $\angle bO'B = \arctan\dfrac{\tau_b}{p_i+\sigma_b} = \varphi$,故证明土中 N 点应力处于极限平衡状态。

必须指出,土中 N 点应力达到极限平衡后,切点 b(或 b')所代表的截面元上的剪应力 τ 并非 N 点上最大的剪应力,从图 5-4(a)可见,最大的剪应力是 C_0 圆顶点 d 的剪应力,其值为 $(\sigma_1 - \sigma_3)/2$,即极限应力圆 C_0 的半径。但是 d 点所代表的截面元并未剪坏,因为该面上的抗剪强度 $S = c + \dfrac{\sigma_1+\sigma_3}{2}\tan\varphi$ 大于剪应力 τ,从图上看 $Bd' > Bd$。所以判断一个截面元是否被剪坏,不是根据它的剪应力大小,而是根据剪应力是否等于其抗剪强度而定。

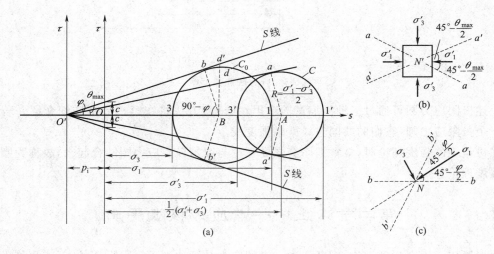

图 5-4 一点的极限应力圆

土中一点应力的极限平衡,除了用图形表示外,也可用公式来阐明。从图 5-4(a)中的 C_0 圆与 S 相切,可以推导出如下关系式:

$$\sin \varphi = \frac{bB}{O'B} = \frac{\frac{1}{2}(\sigma_1 - \sigma_3)}{\frac{1}{2}(\sigma_1 + \sigma_3) + p_i}$$

或 $$\frac{1}{2}(\sigma_1 - \sigma_3) = \frac{1}{2}(\sigma_1 + \sigma_3)\sin \varphi + c \cdot \cos \varphi \tag{5-5a}$$

或 $$(\sigma_1 - \sigma_3)^2 - (\sigma_1 + \sigma_3 + 2c\cot \varphi)^2 \sin^2 \varphi = 0 \tag{5-5b}$$

上式均称为极限平衡条件方程。若土中一点的大小主应力能满足上述方程,则该点的应力已达到极限平衡状态;否则处于弹性应力状态。此外,当一点应力发展到极限平衡后,外荷载再增加,此点的应力极限平衡状态也不会改变,而土中由此产生的不平衡应力将通过应力重分配转移到相邻尚未达到极限平衡的区域中去。

若土中一点的应力状态可由 σ_x、σ_z 和 τ_{zx} 描述,则由式(5-5a)所描述应力极限状态可改写为

$$\sqrt{\left(\frac{\sigma_z - \sigma_x}{2}\right)^2 + \tau_{zx}^2} = \frac{\sigma_z + \sigma_x}{2}\sin \varphi + c \cdot \cos \varphi \tag{5-6}$$

在工程实践中,常常会遇到这样的问题,即知道土中一点应力已达到极限平衡,也知道其中一个主应力的数值,往往要求算另一个主应力。这样可把式(5-5a)改写,使一个主应力为另一个主应力的函数,以便于运用。由式(5-5a)可得

$$\sigma_3 = \frac{1 - \sin \varphi}{1 + \sin \varphi} \cdot \sigma_1 - 2c\frac{\cos \varphi}{1 + \sin \varphi} = \sigma_1 \tan^2\left(45° - \frac{\varphi}{2}\right) - 2c \cdot \tan\left(45° - \frac{\varphi}{2}\right) \tag{5-7}$$

$$\sigma_1 = \frac{1 + \sin \varphi}{1 - \sin \varphi} \cdot \sigma_3 + 2c\frac{\cos \varphi}{1 - \sin \varphi} = \sigma_3 \tan^2\left(45° + \frac{\varphi}{2}\right) + 2c \cdot \tan\left(45° + \frac{\varphi}{2}\right) \tag{5-8}$$

以上都是土中一点应力的极限平衡条件方程式,当然还可以根据需要改写成其他的形式。

需要强调的是,当一点应力达到极限平衡后,从理论上讲,由此产生的破裂面应该是一对,如图 5-4(a)所示,极限圆 C_0 就与上下强度线产生 b 和 b' 两个切点,并代表经过 N 点的两个裂面 $b-b$ 和 $b'-b'$,它们应是同时产生的,相互之间交角为 $90° - \varphi$,而大主应力作用线为其分角线。但实践中常常看到的土体破坏,只有一个滑动面或剪切面,这主要是由于土的不均匀性和荷载作用不能完全理想化造成的。

第三节　抗剪强度试验

土的抗剪强度可通过室内试验和现场原位试验求得,前者是本节的主要内容,后者将在以后有关章节中讨论。关于室内测定土的抗剪强度指标,目前最常用的是直接剪切试验、单轴压力试验和三轴压力试验等。

一、直接剪切试验

直接剪切所用试验仪器称为直剪仪,其装置如图 5-5 所示。仪器主要为上下两个重叠在一起的土样剪切盒,一个固定,另一个可沿水平接触面 $a-a$ 滑动,土样置于剪切盒内,土样上下置透水石,以利于土样排水,其上加钢盖板。设土样断面为 A,在钢盖板上加垂直压力 N,压力通过盖板均匀分布在土样上,然后对下段剪力盒逐渐施加水平剪力 T,直到土样顺着截面

$a-a$ 被剪断为止。显然 $a-a$ 是固定剪切面,在其上的平均压力为 $\sigma=\dfrac{N}{A}$,而平均剪应力为 $\tau=\dfrac{T}{A}$。在 σ 不变的情况下,逐渐增加 τ 值,土样同时发生剪切位移,当 τ 值达到最大值 τ_{max} 时,土样被剪破,这时可取 τ_{max} 作为破坏应力,即土的抗剪强度 S。再取同类型土样,改变垂直压力 N,用同样方法可求得与之相应的另一最大剪应力 τ_{max}。这样用 3~4 个相同土样,采用不同垂直压力,可测得 3~4 组 σ 和 τ_{max} 的数据。再以 σ 为横坐标,$\tau_{max}=S$ 为纵坐标,把这些数据绘在坐标图上,并近似地连成一条直线,这就是强度线,如图 5-1 所示。而强度指标 c 和 φ 可由图 5-1 上直接量出,该强度线的表达式为式(5-2)。

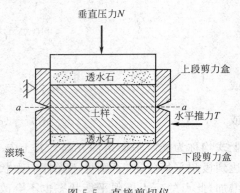

图 5-5　直接剪切仪

（一）仪器的主要优点

（1）该仪器构造比较简单,操作方便,易于把松散颗粒土样装入仪器中。该仪器虽无控制孔隙压的装置,但利用它可对透水性强的砂土进行排水直接剪切试验,即快速,又方便。

（2）能用于土样的大剪切应变试验。对于要求测试土样大变形后的残余抗剪强度（对此后面将另行介绍）,如果用三轴仪,土样轴向应变仅限于 15%~20%,这样的应变可能无法测得其残余强度。而直剪仪在略加改动后就能用常规方法进行此类剪切试验。当剪切盒移到终点时,再进行反向加载,使其反向运动,进而获得土样的反复剪应变强度。从试验效果看,这样的反复剪变形,相当于应变不断地重复,而剪应力则在不断地衰减,直到最小值,这就相当于土的残余剪切强度了。

（3）如果把剪切盒尺寸放大,就可用于大尺寸土样。有些土如卵石土、砾石土、裂隙黏土等,不宜用小尺寸土样,应使用大尺寸土样,这样才能把土中裂隙和大颗粒土包括进去,以求出此类土的平均抗剪强度,这样的大尺寸剪力盒很容易制造,试验技术也不复杂。

（二）仪器的缺点

（1）剪切面上的应力分布非常复杂,并非假定均匀,这会给试验结果带来一定误差。

（2）在剪切过程中,剪切面不断缩小,这与剪切面为定值的假定不符。

（3）直剪仪不能控制孔隙水压,因而不能求出饱和土样在不同排水条件下的抗剪强度。

二、轴压试验

轴压试验分为单轴试验和三轴试验两类,前者使用的是单轴仪,后者为三轴仪。

（一）单轴压力试验

单轴压力试验,又称无侧限压力试验,是对圆柱形土样不加侧向压力,而只在中心轴线上逐步加垂直压力,直到土样破坏为止的试验。该试验可确定某些特殊土样的抗剪强度。单轴压力仪的构造很简单,一般可为手提式,通过手摇螺杆加压,用压力环和百分表测量土样压应力和垂直应变。

试验主要过程:把土样两端削平,上下置圆形压板,使压力能均匀分布在断面积为 A 的土样两端部,再逐步加大垂直压力 N,如图 5-6(a)所示。作用在顶端的均布压力 $\sigma=N/A$,侧压力为零,即 $\sigma_2=\sigma_3=0$,其应力圆将通过原点,见图 5-6(b)。随着 σ_1 的增加,应力圆也在逐渐扩大,直到土样破坏,其垂直应力 $\sigma_1=\sigma_f$。最后的应力圆为极限应力圆,如图 5-6(b)中之 C_n 圆,

它的直径为 σ_f。应看到,因为侧压条件只有 $\sigma_2=\sigma_3=0$,所以同种土样进行单轴压力试验只存在一个极限应力圆,即同类土样的破坏压力 σ_f 都应相等。一个极限应力圆是无法确定其强度线的,除非另加其他条件。若土样为干硬黏性土时,压坏时有明显的剪裂面,如图 5-6(a)。测出剪裂面与垂直线的夹角 α,根据上节所述道理,裂面与大主应力作用方向的夹角 $\alpha=45°-\varphi/2$,故可求出内摩擦角 $\varphi(\varphi=90°-2\alpha)$。有了 φ 角,强度线的方向就可确定,极限应力圆的切线位置也就定下

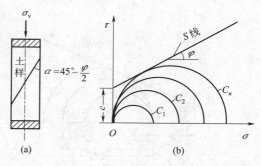

图 5-6　单轴压力试验

来了。由此可求出强度线与纵轴的截距,即土的黏聚力 c,$c=\dfrac{\sigma_\mathrm{f}}{2}\tan(45°-\varphi/2)$。如果土样为饱和黏土,加压时孔隙水来不及排出,剪切面上的有效压力可近似为零,这意味着 $\varphi_\mathrm{u}=0$,抗剪强度只剩下黏聚力 c_u,即 $S=c_\mathrm{u}$,由此求得的强度线(即总应力强度线)的方向为水平,它与极限应力圆相切,与纵坐标相交的截矩为 $c=\sigma_\mathrm{f}/2$,其中 σ_f 为土样破坏时的垂直压应力,如图 5-7 所示。

　　由上面可以看出,单轴压力试验不宜用于不满足上述条件的黏性土和难以制备土样的砂土,只能在特定的条件下使用。

　　(二)三轴压力试验

　　三轴压力试验是目前研究土的抗剪强度比较完善的试验方法。其试验设备为三轴仪,详见图 4-10。圆柱形土样制备完毕

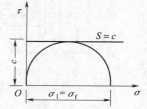

图 5-7　饱和黏土的
单轴压力试验

后,用橡皮薄膜裹好置于盛满水的压力室内,然后进行试验加压、常用的三轴加压程序有如下两种:第一种是先加液压 p,即把压力水通入盛土样的压力室,使土样在三个轴向受到相等的压力 p,即承受所谓的"围压"。并维持液压不变,再在垂直方向通过压杆施加垂直压力 σ_v。当 σ_v 加到极限压力 σ_f 时,土样被压坏。在加压过程中,小主应力 $\sigma_2=\sigma_3=p$ 不变,大主应力 $\sigma_1=p+\sigma_\mathrm{v}$ 逐渐加大,对应的应力圆从横坐标 p 点开始,逐步向右扩大,直到极限应力圆的 $\sigma_\mathrm{f}+p$。这时极限应力圆的直径为压力差 $\sigma_1-\sigma_3=\sigma_\mathrm{f}$。这类加压方式可使用应变控制式或应力控制式的垂直加压装置。应变控制式是由仪器底座带动土样,以定速向上推压,这相当于压杆以定速向下施压,达到以加载速率控制土样变形速率的目的;应力控制式是压杆直接施加固定压力的试验压力。应力控制式的试验常用于所谓的"减载"三轴试验,即当液压和垂直压力都加到一定值时,保持压杆垂直压力 σ_v 不变,逐步减小液压 p,这时应力圆的直径 σ_v 不变,而应力圆的位置随 p 的降低由右向左移动,直到 $p=p_\mathrm{f}$ 时,土样被剪坏,此时的应力圆为极限应力圆 C_n,见图 5-8(b)。

　　此外根据特殊需要,可进行一些特殊试验,如进行挤伸试验,即先在压力室内加较大的液压,然后在垂直加力杆上加拉力 σ_v,以减小土样端部围压的作用,这时室内水压为大主应力,即 $\sigma_1=\sigma_2=p$,并维持不变,而竖向应力为小主应力 $\sigma_3=p-\sigma_\mathrm{v}$,并在不断地缩小,土样也朝竖向伸长,直到 $\sigma_\mathrm{v}=\sigma_\mathrm{f}$ 时,土样被剪破为止。整个试验过程中应力圆的发展如图 5-9 所示,其 $\sigma_1=\sigma_2=p$ 是不变的,随着拉力 σ_v 的增加,σ_3 在减小,应力圆直径 σ_v 在向左扩大,直到 $\sigma_\mathrm{v}=\sigma_\mathrm{f}$ 成为极限应力圆。这类试验以采用应变控制式加载装置为宜。

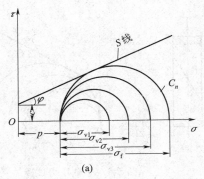
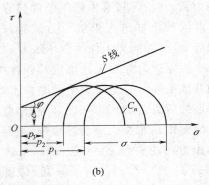

(a)　　　　　　　　　　　　　　　　　(b)

图 5-8　三轴试验常规加压过程

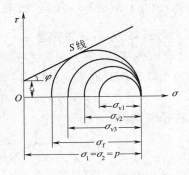

图 5-9　三轴挤伸试验

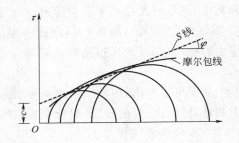

图 5-10　三轴试验定土的强度线

　　一般情况下,用一个极限应力圆是不能确定强度线的,必须用相同土样,不断改变受力条件而做出不同极限应力圆。例如第一种加压方式,可改变试验的液压 p,从而改变所有极限应力圆的 σ_3,这样可以做出不同的极限应力圆;对于第二种加压方式,对每个试样采用不同的压杆垂直压力 σ_v,可以做出一系列不同直径的极限应力圆。有了这些不同的极限应力圆,就可绘制它们的强度包线。对于一般黏性土,包线往往是曲线,实际上可近似地取成直线,作为土的强度线,由强度线可定出土的剪切强度指标 c 和 φ,如图 5-10 所示。

　　三轴试验的主要优点在于能根据工程实际情况,采用不同的排水条件,选取和控制孔隙水压,以求得与实际情况相接近的土的抗剪强度。

　　根据排水条件的不同,试验大致可分为三种:①不排水剪或快剪(UU)。其方法是在加液压之前,将连通到饱和土样的排水管关闭,在整个试验过程中孔隙水无法排出,然后施加液压和垂直压力,直到土样被剪破。不排水快剪模拟荷载快速施加、孔隙水来不及排出状态下土的抗剪强度(c_u,φ_u)。②固结不排水剪或固结快剪(CU)。其方法是先把排水管打开,然后加液压,使饱和土样固结,再把排水管关闭,或者与孔隙压力计相连,后再加垂直压力直到土样破坏,在轴向加载过程中不排水。这样不仅可以测得总应力抗剪强度,而且可通过孔隙压力计换算出有效压力。固结不排水剪或固结快剪可模拟土体在现有固结状态下荷载快速施加时的抗剪强度。③排水剪或慢剪(CD)。其特点是在试验过程中,始终把排水管打开,以保证在试验的各个阶段,土中孔隙压力都能消散,这样求得的强度为有效应力强度(c',φ')。排水剪或慢剪模拟土体在固结状态下缓慢施加荷载的抗剪强度。很明显第三种方法求得的强度最高,第二种次之,第一种最低。

　　由于试验方法和边界条件不同,直剪和三轴剪切试验结果存在一定差别。通常,直剪试验结果略大于三轴试验,差别大小也取决于土的初始密实程度。试验表明,对于松散砂土两者差异不大,直剪得出的 φ 值比三轴试验大 $1°\sim2°$;对于密实砂土,直剪得出的 φ 值比三轴试验大 $3°\sim5°$。这主要是因为土样在复杂应力状态($\sigma_1>\sigma_2>\sigma_3$)的摩擦阻力大于相对简单应力状态($\sigma_1>\sigma_2=\sigma_3$)的缘故。

　　【例 5-1】　取相同土样在直剪仪上进行剪切试验。当垂直压力 p 等于 100 kPa、200 kPa 和 300 kPa 时,测得剪坏时剪切面上的剪应力 τ 分别为 80 kPa、111 kPa 和 141 kPa。试求算土样的内摩擦角 φ 和黏聚力 c。

　　【解】　根据上述试验资料,绘制 p—τ 坐标,发现它们基本在一直线上,如图 5-11 所示,符合库仑强度理论。为了计算 φ 和 c,可选取第一和第三组数据。第一组 $p_1=100$ kPa,$\tau_1=80$ kPa;第三组 $p_3=300$ kPa,$\tau_3=141$ kPa。将其代入式(5-2)中,得

$$80=100\tan\varphi+c \tag{a}$$

和

$$141=300\tan\varphi+c \tag{b}$$

解以上两式,得:

$$\tan\varphi=\frac{141-80}{300-100}=0.305$$

则

$$\varphi=16.96°$$

把 φ 值代入式(a),则 $c=80-30.5=49.5$(kPa)。

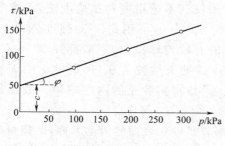

图 5-11　例 5-1 图

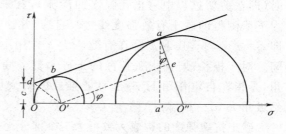

图 5-12　例 5-2 图

　　【例 5-2】　把半干硬黏土样放在单轴压力仪中进行试验,当垂直压力 $\sigma_1=100$ kPa 时,土样被剪破,如把同一土样置入三轴仪中,先在压力室中加水压 $\sigma_3=150$ kPa,再加垂直压力,直到 $\sigma_1=400$ kPa,土样才破坏。试求:①土样的 φ 和 c 值;②土样破裂面与垂线的夹角 α;③在三轴仪中土样被剪坏时破裂面上的法向应力和剪应力。

　　【解】　根据在单轴仪和三轴仪中土样破坏时的应力状态,可以在应力坐标上绘制两个极限应力圆 O' 和 O'',如图 5-12 所示。其共同切线为强度线,由该图可求算:

　　(1)O' 圆的半径 $\overline{O'b}=50$ kPa,O'' 圆的半径 $\overline{O''a}=\dfrac{400-150}{2}=125$(kPa)。因 $\angle O'O'e=\varphi$,故

$$\sin\varphi=\frac{\overline{O'e}}{\overline{O''O'}}=\frac{125-50}{150+125-50}=\frac{75}{225}=0.333$$

得

$$\varphi=19.47°$$

由于 $\angle OdO' = \beta = \dfrac{1}{2}(90° + \varphi) = 54.74°$，由 $\triangle O'Od$ 中可解出：

$$c = \overline{O'O} = \frac{50}{\tan \beta} = \frac{50}{1.414} = 35.36 \text{(kPa)}$$

（2）土样破裂面与垂线的夹角 $\alpha = 45° - \dfrac{19.47°}{2} = 35.26°$。

（3）由极限应力圆 O' 看出，剪裂面上的法向应力 $\overline{Oa'}$ 为 σ_f，剪应力 $\overline{aa'}$ 为 τ_f，由于 $\angle O'a'a' = \varphi$，从 $\triangle O'aa'$ 可导出 σ_f 和 τ_f 为

$$\sigma_f = \overline{Oa'} = \frac{400 + 150}{2} - \frac{400 - 150}{2} \sin \varphi = 275 - 125 \times 0.333 = 233.3 \text{(kPa)}$$

$$\tau_f = \overline{aa'} = \frac{400 - 150}{2} \cos \varphi = 125 \times 0.943 = 117.9 \text{(kPa)}$$

第四节　砂土抗剪强度

一、砂土强度试验和强度机理

砂土一般指颗粒粗且无黏聚力的土，如粉砂、细砂直至粗砂等，其强度的实验室测试方法多采用前面所述的直剪仪或三轴仪。当为干砂或为饱和砂土但需进行排水试验时（即在剪切过程中让孔隙水自由出入），以采用直剪仪较为方便。如对饱和砂土进行不排水试验时（即在剪切过程中防止孔隙水的渗流），宜采用三轴仪。不论用哪种试验方法，在常规压力下所测得的砂土有效强度线是一直线，并通过原点，即 $c = 0$，可用式（5-3）强度公式表示，即 $S = \sigma' \tan \varphi'$，其中 φ' 是在有效压力 σ' 作用下测得的有效内摩擦角，一般都在 $28° \sim 42°$ 之间。对于极松砂（由人工搅散的干砂），其 φ 角等于干砂的天然坡角 α。所谓砂土的天然坡角，是指在自重作用下，砂土可能堆成的最大坡度。天然密实砂土的内摩擦角一般比其天然坡角大 $5° \sim 10°$。

砂土抗剪强度的构成大致可为三个部分。第一部分是砂粒表面的滑动摩擦，摩擦角的大小取决于砂粒的矿物成分，例如石英砂的表面摩擦角 φ_s 为 $26°$，长石和它差不多，而云母却相当它的二分之一，这部分摩阻力将构成砂土抗剪强度的主体。砂粒表面摩擦角 φ_s 一般小于砂土测试的内摩擦角 φ。第二部分是颗粒之间相互咬合的作用，它主要产生于紧密砂中。当紧密砂样受到剪切作用时，颗粒之间的咬合受到破坏，由于颗粒排列紧密，在剪力作用下，颗粒要移动，必然要围绕相邻颗粒转动，从而造成土骨架的膨胀，这就叫剪胀。土体膨胀所做的功，需要消耗部分剪力所产生的能量，因而提高了抗剪强度。需要强调的是，土的剪切面并非理想的平整滑面，而是沿着剪力方向连接颗粒接触点形成的不规则波动面，如图 5-13 所示。在常规压力下，颗粒本身强度大于颗粒之间的摩擦阻力，所以剪切面不可能穿过颗粒本身，颗粒只能沿着接触面翻转，这种沿不规则波动面的转动，必然要牵动附近所有颗粒，因此很难形成单一剪切面，而形成具有一定厚度的剪切扰动带。对于密实砂，整个剪切带由于颗粒转动将会产生体积膨胀。对于松砂，将没有剪胀现象。组成砂土强度的第三部分是，当砂土结构受到剪切破坏后，颗粒将进行重新排列，无论是密实砂或松砂，这种现象都是存

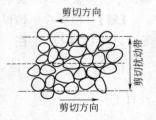

图 5-13　砂土的剪切带

在的,这也需要消耗一定的剪切能,因此又增加了部分强度。此外在高压力(或围压)作用下,部分砂粒受剪切后将被压碎,这需要消耗部分能量,也是强度增大的组成因素。

二、砂土强度和密实度的关系

在剪切过程中,砂土剪应力与剪切位移之间的关系,与砂土初始密度有关:当为密实砂土时,剪切位移刚开始,剪应力上升很快,迅速达到峰值 A,如图 5-14(a)中的曲线ⓐ,随着剪位移的继续发展,剪应力有所下降,达到一般称为残余强度 τ_r 的稳定值;对于松砂,随剪位移的发展剪应力提高缓慢,直到剪位移较大时,剪应力才达到最大值 B,以后不再减小,其最大剪应力与密实砂的残余强度基本相等,见图 5-14(a)中的曲线ⓑ。在剪切试验中,一般取最大剪应力作为确定砂土强度的破坏应力,故密实砂土所测出的内摩擦角 φ 要大于松砂,如图 5-14(b)。由密实砂土残余强度确定的残余内摩擦角 φ_r,与松砂所测定的内摩擦角基本相等,这源于密实砂土的残余剪应力与松砂最大剪应力大致相同。

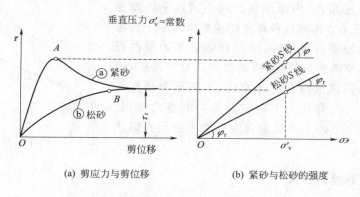

(a) 剪应力与剪位移   (b) 紧砂与松砂的强度

图 5-14 砂土剪应力、剪位移和强度的关系

密实砂之所以在剪切过程中出现峰值剪应力,与密实砂土在剪切过程中孔隙体积的变化有关。密实砂在剪切时,首先其孔隙有微小压缩,之后是膨胀,见图 5-15。前面已解释了膨胀原因。由于膨胀所需的能量,使剪应力很快达到峰值,随后膨胀趋于停止,砂粒重新排列,这时孔隙体积逐步稳定到一临界值,对应的孔隙比称为临界孔隙比 e_{cr}。这时剪应力开始下降到残余强度。至于松砂,由于颗粒结构不稳定,孔隙较大,一旦受剪切,孔隙颗粒坍塌,孔隙收缩,一般称为剪缩,随着剪位移的发展,颗粒位置逐步调整,孔隙略有回胀,以后的变化逐步趋于稳定,并趋向于临界孔隙比,同时剪应力也是随剪应变逐步发展达到最大值的。

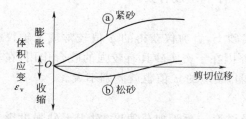

图 5-15 砂土体积变化和剪位移的关系

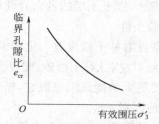

图 5-16 临界孔隙比与有效围压的关系

砂土在剪切过程中是否出现剪胀或剪缩现象,主要取决于它的初始孔隙比。如果砂土的

初始孔隙比正好等于其临界孔隙比 e_{cr}，则在剪切过程中，砂土体积基本无变化，这当然是特例。砂土的临界孔隙比也不是固定不变的，它随压力（或围压）的大小而变。当围压增高时，e_{cr} 值降低，反之则提高，如图 5-16 的曲线所示。

临界孔隙比对研究地基振动液化有重要意义，它可用来判断砂土地基在振动作用下是否出现液化。对在一定地层压力下的砂土，存在着相应的 e_{cr} 值，如图 5-16 中曲线所示。当砂土天然孔隙比 $e > e_{cr}$ 时，振动时砂土孔隙有可能出现振缩；如果是饱和砂土，振动时将产生超孔隙水压，过大超孔隙水压可使地基砂土产生液化现象，进而丧失承载力。

三、高压下砂土强度

前述内容是正常基础压力下（$\sigma_z \leqslant 1$ MPa）的砂土强度，这时的 φ 角为定值，强度线为直线。当压力超过 1 MPa 时（相当于重大建筑物基底压力），如为密实砂土，则强度线开始向下弯曲，当压力接近 10 MPa 时，强度线稍有翘起并开始变为直线，其延长线通过原点，内摩擦角已减小到残余内摩擦角 φ_r，如图 5-17 所示。出现这种现象的主要原因在于高压下，砂土颗粒在接触点处被压碎，剪胀角随着压力提高而逐步减小，最后完全消失，φ 角也趋于稳定。对于松砂，由于没有剪胀现象，其强度线始终是直线，不随压力增高而变，内摩擦角为 φ_r，与高压力下密实砂的内摩擦角相同。由此可见，在高压力下砂土的抗剪强度与砂土初始孔隙比无关。

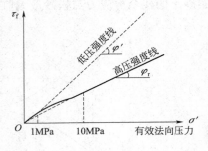

图 5-17 高压下密实砂土的强度线

四、影响砂土强度的因素

砂土的抗剪强度，主要受到如下几种因素的影响。

1. 颗粒矿物成分、颗粒形状和级配

砂土矿物成分对强度的影响，主要源于矿物表面摩擦力，例如石英的表面摩擦角为 26°，长石也差不多，而云母仅为 13.5°，故石英、长石中砂的强度较云母高。颗粒形状和级配对强度的影响也很明显，多棱角的颗粒和级配良好的砂土，颗粒之间的咬合作用大于圆滑型和粒径单一的砂土，从而提高砂土的内摩擦角 φ。

2. 沉积条件

天然沉积的砂土都是水平向沉积，颗粒排列大致呈水平方向，适于承受垂直压力，垂直向压缩性小于水平向，垂直截面上的抗剪强度高于水平截面，垂直截面上的颗粒咬合作用大于水平截面。当然，砂土土层的各向异性还与颗粒形状、大小和组成有关。

3. 试验条件

试验条件对砂土强度有一定影响。如对于密实砂土，直剪仪获得的 φ' 值较常规三轴仪获得的 φ' 值大 4° 左右；对于松砂，则仅大 1° 左右。其原因在于密实砂具有较强的咬合作用，在直剪仪上需要更大的能量来克服它，松砂咬合作用较弱，相应的 φ' 值也就差别不大。

4. 其他因素

关于初始孔隙比、围压大小等的影响，前面已经讨论。至于加荷速度，对于干砂强度影响不大，但对于饱和砂，由于剪切时造成孔隙变化，产生孔隙水压，从而促使孔隙水的流动，这就需要剪应力提供一定能量。加荷速度越快，能量要求的越大，获得的强度也越高。

第五节　黏性土抗剪强度

黏性土强度大致源于以下三个方面：①颗粒间的黏聚力，这里包括颗粒间胶结物的胶结力、黏粒间的电荷吸力和分子吸力等；②为了克服剪胀需要付出的力；③颗粒间的摩擦力。在较小的轴应变下黏聚力可达到峰值，但随着应变发展迅速消失，这是由于胶结物脆裂和电引力的消失所致。在黏聚力消失的同时，剪胀所需的剪应力却很快达到峰值，随后逐渐消减。摩擦力随轴应变增大而逐渐达到最大值。黏性土强度主要由这三方面强度综合叠加而成。

对于正常固结黏土，没有剪胀问题，黏聚力也较小，故在一定围压下强度随应变的增大出现较小峰值，而后逐渐降低到稳定值，即残余强度。对于超固结黏土，在剪切过程中将出现剪胀现象，黏聚力也很高，因此在相同固结压力下，强度随应变的发展将出现较大峰值，随后逐步降到与正常固结黏土相同的残余强度。对于无剪胀现象且黏聚力不大的软黏土，试验时通常出现变形很大而强度尚未达到峰值的现象，此时可取 15% 轴向应变点作为破坏点。

如前所述，黏性土抗剪强度与试验过程中的排水条件有关。下面将通过三轴试验的不同排水条件对饱和黏土的强度展开讨论。

一、不排水剪或快剪强度

在不排水条件下，饱和黏土含水率和体积不变。理论上，增加的荷载首先产生超孔隙水压，由于不能排水使得超孔隙水压力不能消散，所以土体有效应力不变。超孔隙水压力是各向均等的，故总应力摩尔圆的半径相等，为垂直压杆施加的压力 $\sigma_v = \sigma_1 - \sigma_3$。此时所得的极限应力圆只是随初始围压 σ_3 大小而位置左右移动应力圆，它们的包线应为水平线（图 5-18）。

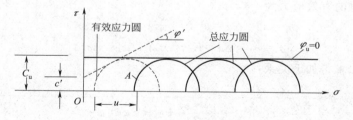

图 5-18　饱和黏土不排水剪试验

不排水快剪的内摩擦角 φ_u 和黏聚力 c_u 分别为

$$\varphi_u = 0 \tag{5-9}$$

$$c_u = \frac{\sigma_1 - \sigma_3}{2} \tag{5-10}$$

如此测得的 φ_u 和 c_u 为总应力强度指标。

如果土样受到前期上覆土层压力 p_0' 的固结作用，在土样取出后和试件制作过程中，表面附近部分土体结构与应力状态可能受到干扰和释放。为此把这种土样放入压力室时，先施加相当于地层前期压力的固结压力，使土样应力恢复到原位状态，再关闭排水管阀进行不排水试验。试验中开始施加的任意大小围压对土样中原存的有效压力不产生影响。在剪应力作用下，土样中原存的有效压力将影响抗剪强度 c_u，因此 c_u 与原存有效压力 p_0' 有关。试验结果表明这种关系一般为线性关系，c_u/p_0' 近似为常数，其数值大小决定于土的类别。c_u/p_0' 的数值与黏粒含量有关，也可以说与土的塑性指数 I_P 有关，一般呈线性关系，I_P 越大，c_u/p_0' 越高。对此，Skempton 于 1974 年给出了下列关系式：

$$c_u = (0.11 + 0.003\ 7 I_P) \gamma z \tag{5-11}$$

对于 $I_P < 60\%$、OCR（前期固结压力比）相对较小的黏土，Jamiolkowski 于 1985 年提出下列公式：

$$c_u = (0.23 \pm 0.04) OCR^{0.8} \gamma z \tag{5-12}$$

由图 5-18 可看出，虚线所示的应力圆为达到极限平衡时的有效应力圆，它位于总极限应力圆 A 的左侧，相差孔隙压力 u。土样剪破时的孔隙压力可用孔隙压力计测出，或由公式 (3-17) 算出。有效强度指标 c' 和 φ' 与 c_u 的关系可推导如下。

设饱和黏土样在地层中所受的垂直有效固结压力为 p_0'，侧向有效固结压力为 $K_0 p_0'$，K_0 为静止侧压系数。在三轴仪中，先用 $\sigma_1 = p_0'$，$\sigma_3 = K_0 p_0'$ 进行 K_0 固结压缩，再进行不排水剪试验，当土样破坏时的垂直压力增量为 $\Delta \sigma_1$，水平压力增量为 $\Delta \sigma_3$ 时，破坏时的总垂直应力和总水平应力为

$$\sigma_1 = p_0' + \Delta \sigma_1 \tag{5-13}$$

$$\sigma_3 = K_0 p_0' + \Delta \sigma_3 \tag{5-14}$$

破坏时的孔隙水压可由式 (3-17) 求得

$$\Delta u = \Delta \sigma_3 + A_f (\Delta \sigma_1 - \Delta \sigma_3) \tag{5-15}$$

式中　A_f——$\Delta \sigma_1$ 作用下土样破坏时的孔隙压力参数。

土样在剪破时的有效应力为

$$\sigma_1' = \sigma_1 - \Delta u = p_0' + (1 - A_f)(\Delta \sigma_1 - \Delta \sigma_3) \tag{5-16}$$

$$\sigma_3' = \sigma_3 - \Delta u = K_0 p_0' - A_f (\Delta \sigma_1 - \Delta \sigma_3) \tag{5-17}$$

由极限应力圆可以求得如下关系：

$$\sin \varphi' = \frac{c_u}{\dfrac{\sigma_1' + \sigma_3'}{2} + c' \cot \varphi'} = \frac{c_u}{\dfrac{\sigma_1' - \sigma_3'}{2} + \sigma_3' + c' \cot \varphi'} = \frac{c_u}{c_u + \sigma_3' + c' \cot \varphi'}$$

经过整理，得

$$c_u = \frac{c' \cos \varphi' + \sigma_3' \sin \varphi'}{1 - \sin \varphi'} \tag{5-18}$$

把式 (5-17) 代入上式中消去 σ_3'，并令 $\dfrac{\sigma_1 - \sigma_3}{2} = c_u$，则可求得：

$$c_u = \frac{c' \cos \varphi' + p_0' \sin \varphi' [K_0 + A_f(1 - K_0)]}{1 + (2A_f - 1) \sin \varphi'} \tag{5-19}$$

若土样为正常固结黏土，强度线必过原点，故 $c' = 0$，上式可写成：

$$\frac{c_u}{p_0'} = \frac{\sin \varphi' [K_0 + A_f(1 - K_0)]}{1 + (2A_f - 1) \sin \varphi'} \tag{5-20}$$

由上式可以看出，比值 c_u/p_0' 取决于 φ'、K_0 和 A_f 等常数。对于正常固结黏土来说，比值 c_u/p_0' 也是常数，c_u 随 p_0' 而增长，换言之，将随土样埋深或前期压力的增加而增大。

二、固结不排水剪或固结快剪强度

在本章第三节中曾介绍过固结不排水剪的试验方法。对于不同的固结压力,可获得不同位置和不同直径的极限应力圆。

若为正常固结黏土,极限应力圆包线为过原点的直线,称为固结不排水剪强度线,如图 5-19(a)所示。黏聚力 c_{cu} 为零,内摩擦角为 φ_{cu}。若土样为超固结黏土,其前期固结压力为 p'_m,在固结不排水剪时,当剪切力作用前的固结压力小于 p'_m,土呈现超固结土特性,极限应力圆的包线大致成平缓拱曲线,且不过原点。包线可近似地取为直线,与纵轴的截距为黏聚力 c_{cu},如图 5-19(b)所示,p'_m 越高,c_{cu} 越大,直线倾角为内摩擦角 φ_{cu}。若剪切前的固结压力大于 p'_m,土样将呈现正常固结土特性,所得到的极限应力圆包线是一直线强度线,如图 5-19(b)所示,其延长线通过原点,$c_{cu}=0$,其倾角较超固结段者为大。工程中为了实用方便,可将上述两坡段折线近似地用一段直线来代替。值得注意的是,从天然土层中取出的土样都承受过前期固结压力,至少也受到土层自重有效压力的作用,若为表层土,由于水分蒸发而使土体收缩,也会表现出超固结性质,故试验得出的固结快剪强度线往往为包括前期超固结阶段在内的综合强度线,$c\neq0$[图 5-19(b)]。若这类土在历史上未受到更大的固结压力,则属于正常固结土。

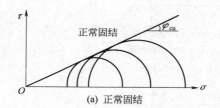
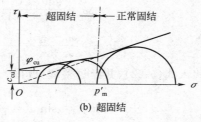

(a) 正常固结　　　　　　　　　　(b) 超固结

图 5-19　黏性土固结不排水剪试验

正常固结黏土的有效应力强度线可由如下方法确定。当土样受围压充分固结之后,超孔隙水压为零。但在不排水剪切时,土样会产生新的超孔隙压力 u。若土样为正常固结黏土,超孔隙压力为正(受压),将总应力圆向左移动 u 即可得有效应力圆。由于 $\sigma_1-\sigma_3=\sigma'_1-\sigma'_3$,故两个圆的半径应相等。不同固结压力的总应力圆将产生不同的 u,借此可求得不同位置的有效应力圆,其包线为有效强度线,并通过原点,如图 5-20(a)所示。显然有效应力强度线的 φ' 大于总应力强度线的 φ_{cu}。

对于超固结黏土[图 5-20(b)],当剪切前的固结压力小于土样前期固结压力 p'_m 时,土处于超固结状态,在不排水剪作用下所引起的超孔隙压力一般为负值,称为负孔隙水压,它使有效应力圆从总应力圆位置向右移 u_1;当固结压力大于前期固结压力 p'_m 时,土处于正常固结状态,在不排水剪切作用下所引起的超孔隙压为正值,因而有效应力圆从总应力圆位置向左移 u_2,如图 5-20 所示。可见,有效应力强度线斜率大于总应力强度线,即 $\varphi'>\varphi_{cu}$ 和 $c'<c_{cu}$。

正常固结黏土的 φ' 和 φ_{cu} 之间有着固定关系。设土样在原位受土层自重有效压力 p'_0(垂直)和 $K_0 p'_0$(水平)作用,在固结快剪中,先使土样受 K_0 固结,垂直压力为 p'_0,水平压力为 $K_0 p'_0$,然后进行不排水剪,直到破坏。在破坏时的应力为

$$\sigma_1 = p'_0 + \Delta\sigma_1$$

$$\sigma_3 = p'_0 K_0$$

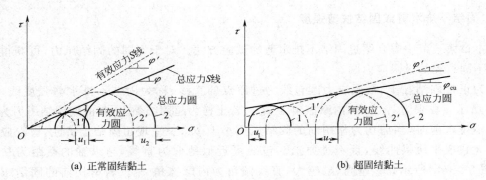

(a) 正常固结黏土   (b) 超固结黏土

图 5-20 固结快剪总应力和有效应力强度线

不排水剪切破坏时产生新的超孔隙水压 $\Delta u = A_f \Delta \sigma_1$，故有效压力为

$$\sigma_1' = \sigma_1 - \Delta u = p_0' + (1 - A_f) \Delta \sigma_1$$

$$\sigma_3' = \sigma_3 - \Delta u = K_0 p_0' - A_f \Delta \sigma_1$$

按照摩尔一库仑理论有

$$\sin \varphi_{cu} = \frac{\sigma_1 - \sigma_3}{\sigma_1 + \sigma_3} = \frac{\Delta \sigma_1 + (1 - K_0) p_0'}{\Delta \sigma_1 + (1 + K_0) p'}$$

所以

$$\Delta \sigma_1 = \frac{\sin \varphi_{cu} (1 + K_0) - (1 - K_0)}{1 - \sin \varphi_{cu}} p_0' \tag{5-21}$$

又

$$\sin \varphi' = \frac{\sigma_1' - \sigma_3'}{\sigma_1' + \sigma_3'} = \frac{\Delta \sigma_1 + (1 - K_0) p_0'}{\Delta \sigma_1 (1 - 2A_f) + (1 + K_0) p_0'} \tag{5-22}$$

把式(5-21)代入式(5-22)，并经过整理，可得

$$\sin \varphi_{cu} = \sin \varphi' \times \frac{A_f (1 - K_0) + K_0}{K_0 + \sin \varphi' (1 + K_0) A_f} \tag{5-23}$$

上式中 φ_{cu} 与 φ' 之间的关系，主要取决于 K_0 和 A_f。

三、排水剪或慢剪强度

如前所述在整个试验过程中，始终把连通土样的排水管阀打开，并非常缓慢地施加固结压力和垂直压力，以使剪切过程中每一步加载产生的超孔隙压力完全消除。若为应力控制式加载，则每加一级垂直压力都要维持很长时间，让土中剪力产生的超孔隙水能充分渗出；如为应变控制式加载，则垂直压杆的推动速度非常慢，以确保剪切过程产生的超孔隙压能完全消失。因此，试验过程中的总应力路径也就是有效应力路径，试验求得的总强度线也就是有效强度线。对于正常固结黏土，其强度线通过原点，即黏聚力 $c_d = 0$，内摩擦角 φ_d 与有效内摩擦角 φ' 相等；对于超固结黏土，当试验中的固结压力小于前期固结压力时，强度线略成拱曲形，且不通过原点，通常可近似取成直线，在纵轴上的截矩为 c_d，倾角为 φ_d，当试验中的固结压力大于前期固结压力时，强度线为直线，延长线通过原点，表现为正常固结黏土，如图 5-21。工程实践中可根据地基工作压力大小取不同段的强度指标，或把上述折线强度线近似为直线。

如上所述，用慢剪测定有效强度指标的试验时

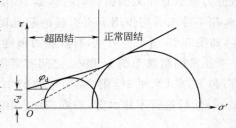

图 5-21 慢剪或排水剪试验

间太长。在工程分析中,常采用固结快剪,以测定有效强度指标 c' 和 φ',因为 c' 和 φ' 与慢剪的 c_d 和 φ_d 很接近。但必须了解固结快剪中的 c'、φ' 并不完全等于慢剪中的 c_d、φ_d,两者虽然都是有效强度指标,由于受力条件不同(前者是在土体积不变条件下不排水剪切后所得,而后者是在体积变化条件下排水剪切后所求得),一般说来 c_d 和 φ_d 略大于 c' 和 φ'。但二者相差不大,在工程上常用后者代替前者。

用直接剪切仪也可进行排水剪试验,但所求得的 c_d 和 φ_d 值一般大于三轴仪。这主要是由试验条件的不同造成的。

以上三种不同排水条件的抗剪强度差别较大。在工程实践中,应使试验方法尽量接近地基土的受力和排水条件,这样的试验结果,才有实用价值。根据大量的工程实践,采用最多的强度试验方法是固结快剪和快剪。

【例 5-3】 有一正常固结饱和黏土,在三轴仪中进行固结快剪。试验过程是:先在压力室加 200 kPa 水压对土样进行固结并在整个试验中保持不变,然后关闭连通土样的排水管阀,在垂直方向施加压力。当压力增量 $\Delta\sigma_1 = 160$ kPa 时,土样被剪坏。若剪坏时的孔隙压力系数 $A_f = 0.6$,试求:固结快剪总内摩擦角 φ_{cu} 和有效内摩擦角 φ'。

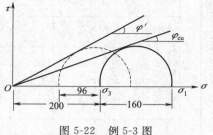

图 5-22 例 5-3 图

【解】 土剪破时的小主应力 $\sigma_3 = 200$ kPa,大主应力 $\sigma_1 = 200 + 160 = 360$ kPa,极限应力圆半径为 $\Delta\sigma_1/2 = 160/2 = 80$ kPa,可在应力坐标图上绘出极限应力圆,如图 5-22。由于是正常固结黏土,强度线应通过原点,故可确定 φ_{cu} 和 φ'。

极限应力圆的半径为 $\Delta\sigma_1/2$,由图上可以看出:

$$\sin\varphi_{cu} = \frac{\Delta\sigma_1/2}{\sigma_3 + \Delta\sigma_1/2} = \frac{80}{200+80} = 0.286$$

得
$$\varphi_{cu} = 16.6°$$

在剪坏时孔隙压力增加了 $\Delta u = A_f \cdot \Delta\sigma_1 = 0.6 \times 160 = 96$(kPa),因此极限应力圆应向左移动 96 kPa,则

$$\sin\varphi' = \frac{\Delta\sigma_1/2}{\sigma_3 + \dfrac{\Delta\sigma_1}{2} - \Delta u} = \frac{80}{280-96} = 0.435$$

得
$$\varphi' = 25.77°$$

第六节 土的主要物理力学参数汇总

至此,我们已学习了不同土的工程分类、基本性质和相关物理力学参数的试验确定方法。

土的物理力学参数和指标是进行岩土工程设计计算和施工的重要指标。他们的获取需要进行大量的地质钻探、取样、现场和室内试验。为了方便学习、了解和掌握各类土性和主要物理力学参数,同时也为各类岩土工程设计计算提供参考,表 5-1 给出了土的主要工程分类和参数汇总。该表源于国际著名岩土工程专家、德国岩土工程协会前主席 U. Smoltczyk 教授。

表 5-1 土的工程分类和主要物理力学参数一览表（U. Smoltczyk，1996/2002）

	a	b	c 颗粒级配		c 不均匀系数	c 直径<0.4 mm 颗粒塑性限界			d 重 度		d 含水率	e 普氏重度及最优含水率		f 正常固结状态 压缩模量 $E_s=v_e\cdot\sigma_{at}\left(\dfrac{\sigma}{\sigma_{at}}\right)^{w_e}$		g	h 抗剪强度指标			i 渗透系数
	土的分类	土类代号 德国规范 DIN 18196	<0.06 mm /%	<2.0 mm /%	C_u	w_L /%	w_P /%	I_P /%	γ /(kN·m⁻³)	γ' /(kN·m⁻³)	w /%	Q_{opt} /(t·m⁻³)	w_{opt} /%	v_e	w_e	Δu	φ' /°	c' /kPa	φ'_r /°	k /(m·s⁻¹)
1	匀质砾石	GE	<5	<60	2 / 5	—	—	—	16.0 / 19.0	9.5 / 10.5	4 / 1	1.70 / 1.90	8 / 5	400 / 900	0.6 / 0.4	0	34 / 42	—	32 / 35	2·10⁻¹ / 1·10⁻²
2	砂砾石	GW, GI	<5	<60	10 / 100	—	—	—	21.0 / 23.0	11.5 / 13.5	6 / 3	2.00 / 2.25	7 / 4	400 / 1 100	0.7 / 0.5	0	35 / 45	—	32 / 35	1·10⁻² / 1·10⁻⁶
3	弱—中等粉、黏质砂砾石[1]	GU, GT	8 / 15	<60	30 / 300	20 / 45	16 / 25	4 / 25	21.0 / 24.0	11.5 / 14.5	9 / 3	2.10 / 2.35	7 / 4	400 / 1 200	0.7 / 0.5	0 / +	35 / 43	7 / 0	32 / 35	1·10⁻⁵ / 1·10⁻⁸
4	中等—强粉、黏质砂砾混合土[2]	GŪ, GT̄	20 / 40	<60	100 / 1000	20 / 50	16 / 25	4 / 30	20.0 / 22.5	10.5 / 13.0	13 / 6	1.90 / 2.20	10 / 5	150 / 400	0.9 / 0.7	++ / +	28 / 35	15 / 5	22 / 30	1·10⁻⁷ / 1·10⁻¹¹
5	匀质砂 a)细砂	SE	<5	100	1.2 / 3	—	—	—	16.0 / 19.0	9.5 / 11.0	22 / 8	1.60 / 1.75	15 / 8	150 / 300	0.75 / 0.60	0	32 / 40	—	30 / 32	1·10⁻⁴ / 2·10⁻⁵
	匀质砂 b)粗砂	SE	<5	100	1.2 / 3	—	—	—	16.0 / 19.0	9.5 / 11.0	16 / 6	1.60 / 1.75	13 / 8	250 / 700	0.70 / 0.55	0	34 / 42	—	30 / 34	1·10⁻³ / 5·10⁻⁴
6	级配良好砂	SW, SI	<5	>60	6 / 15	—	—	—	18.0 / 21.0	10.0 / 12.0	12 / 5	1.90 / 2.15	10 / 6	200 / 600	0.70 / 0.55	0	33 / 41	—	32 / 34	5·10⁻⁴ / 2·10⁻⁵
7	弱—中等粉、黏质砂土[1]	SU, ST	8 / 15	>60	10 / 50	20 / 45	16 / 25	4 / 25	19.0 / 22.5	10.5 / 13.0	15 / 4	2.00 / 2.20	11 / 7	150 / 500	0.80 / 0.65	+	32 / 40	7 / 0	30 / 32	2·10⁻⁵ / 5·10⁻⁷
8	中等—强粉、黏质砂土[2]	SŪ, ST̄	20 / 40	>70	30 / 500	20 / 50	16 / 30	4 / 30	18.0 / 21.5	9.0 / 11.0	20 / 8	1.70 / 2.00	19 / 12	50 / 250	0.90 / 0.75	++ / +	25 / 32	25 / 7	22 / 30	2·10⁻⁶ / 1·10⁻⁹
9	低塑性粉土	UL	>50	>80	5 / 50	25 / 35	21 / 28	4 / 11	17.5 / 21.0	9.5 / 11.0	28 / 15	1.60 / 1.80	22 / 15	40 / 110	0.80 / 0.60	+	28 / 35	10 / 5	25 / 30	1·10⁻⁵ / 1·10⁻⁷

续上表

a	b	c						d			e		f		g	h			i
土的分类	土类代号 德国规范 DIN 18196	颗粒级配 直径<0.4 mm 颗粒 <0.06mm/%	<2.0mm/%	不均匀系数 C_u	w_L/%	w_P/%	I_P/%	重度 γ/(kN·m⁻³)	γ'/(kN·m⁻³)	含水率 w/%	普氏重度及最优含水率 Q_{opt}/(t·m⁻³)	w_{opt}/%	正常固结状态压缩模量 $E_s=v_e\cdot\sigma_{at}\left(\frac{\sigma}{\sigma_{at}}\right)^{w_e}$ v_e	w_e	Δu	抗剪强度指标 φ'/°	c'/kPa	φ_r'/°	渗透系数 k/(m·s⁻¹)
10 中—高塑性粉土	UM,UA	>80	100	5	35	22	7	17.0	8.5	35	1.55	24	30	0.90	++	25	20	22	2×10^{-6}
				50	60	25	25	20.0	10.5	20	1.75	18	70	0.70		33	7	29	1×10^{-9}
11 低塑性黏土	TL	>80	100	6	25	15	7	19.0	9.5	28	1.65	20	20	1.00	++	24	35	20	1×10^{-7}
				20	35	22	16	22.0	12.0	14	1.85	15	50	0.90		32	10	28	2×10^{-9}
12 中塑性黏土	TM	>90	100	5	40	18	16	18.0	8.5	38	1.55	23	10	1.00	++	20	45	10	5×10^{-8}
				40	50	25	28	21.0	11.0	18	1.75	17	30	0.95		28	15	20	1×10^{-10}
13 高塑性黏土	TA	100	100	5	60	20	33	16.5	7.0	55	1.45	27	6	1.00	+++	12	60	6	1×10^{-9}
				40	85	35	55	20.0	10.0	20	1.65	20	20	1.00		20	20	15	1×10^{-12}
14 有机质粉、黏土	OU,OT	>80	100	5	45	30	10	15.5	5.5	60	1.45	27	5	1.00	+++	18	35	15	1×10^{-9}
				30	70	45	30	18.5	8.5	26	1.70	18	20	0.90		26	10	22	2×10^{-11}
15 泥炭土	HN,HZ	—	—	—	—	—	—	10.4	0.4	800	—	—	3	1.00	++	24	15	15	1×10^{-5}
				—	—	—	—	12.5	2.5	80	—	—	8	1.00		30	5	22	1×10^{-8}
16 腐殖土	F	—	—	—	100	—	30	50	12.5	2.5	160	—	4	1.00	+++	15	18	—	1×10^{-7}
				—	250	—	80	170	16.0	6.0	50	—	10	0.90		5	26	—	1×10^{-9}

注：
1) 粗颗粒土不为土骨架组成部分。
2) 细颗粒土为土骨架组成部分。
3) c 列中上下两行值为该列参数的限界范围，前提条件是：非黏性土相对密实度 $D_r=0.4\sim0.9$ 以黏性土液性指数 $I_L=0\sim0.4$。
4) f 列中，σ 为土中某处的有效应力，v_e、w_e 为计算参数，$\sigma_{at}=100\ kPa$ 为大气压。
5) g 列为超静水压产生的敏感度，"0"、"+"、"++"、"+++"和"++++"分别为不敏感、微弱、弱、中等、敏感和极敏感。
6) h 列中"φ_r'"为残余强度值。

需指出,由于我国幅员辽阔,各地区土的组成和性质差别很大,特殊土类和不良土层众多,不同地方的同类土性质也存在差异。因此,在具体工程实践中必须根据相关规范进行岩土工程勘察试验,设计计算时应参照当地的实际经验进行。

第七节 应力路径及其影响

在应力图中常用应力变化轨迹来表示土中一点应力状态的变化过程,这种轨迹称为应力路径。这种表示方法可使复杂的应力变化过程用简单明了的图示展示出来,以便于理解分析。

现以前述固结排水三轴试验说明之。加压过程中土中应力状态的发展可由一系列有效应力圆表示,如图 5-23(a)。可以看出,把诸多应力圆绘在图上,虽然能表示一个简单应力变化过程,但显示复杂。如果加压过程有卸载和重复加载阶段,则应力圆更多,更繁杂不清,不便于理解。若用应力路径来表示,则相对简单明了。常用有两种表示法:一是用剪裂面上的应力变化来表示土样的应力发展过程,如图 5-23(a)中各阶段应力圆上的 A、B、C、D、E 代表该圆上的应力变化,把这些点连接起来形成应力路径 AE,如图 5-23(b);二是用最大剪应力面 $\left(\dfrac{\sigma_1+\sigma_3}{2},\dfrac{\sigma_1-\sigma_3}{2}\right)$ 的应力变化来表示。

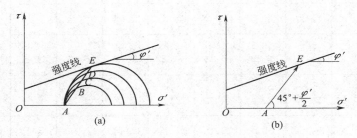

图 5-23 以剪裂面上应力表示的有效应力路径

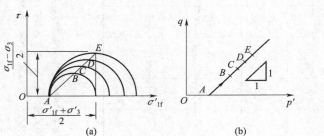

图 5-24 以最大剪应力面上之应力表示应力路径

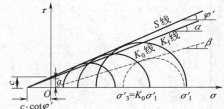

图 5-25 K_f 强度线和 K_0 线

应力路径有总应力路径和有效应力路径之分。前者是直接引用总应力值来表示应力状态的变化,后者是在总应力路径基础上减去孔隙水压力,而形成有效压应力路径。现以有效应力路径为例,用常规三轴排水试验进行阐述。试验开始时先加固结压力,再加垂直压力,整个试验过程中使超孔隙水压力始终保持为零,所测得的应力指标为有效应力。根据加载途径可绘出一系列应力圆,如图 5-24(a),每个应力圆的顶点 A、B、C、D、E 表示最大剪应力的变化,为了简化,可把这些点绘在以 $p'=\dfrac{\sigma_1'+\sigma_3'}{2}$ 为横坐标,$q=\dfrac{\sigma_1-\sigma_3}{2}$ 为纵坐标的图上[图 5-24(b)]，并连成直线，得到有效应力路径 AE。设 E 点是极限应力圆顶点，把不同初始固结压力的极限应力圆的顶点连接起来就形成 K_f 线，如图 5-25 所示。该线也是一种强度线，其倾角为 α，与纵坐标截矩为 a，它与强度线 S 有着内在联系。由图 5-25 通过式(5-5)可得

$$\tan \alpha = \sin \varphi', \qquad a = c' \cos \varphi'$$

根据上述排水试验的应力路径 AE(图 5-26)，在固结压力 σ'_3 加上后，维持 σ'_3 不变，增加 σ'_1，则应力路径 AE 的斜率为 $\Delta q/\Delta p' = \Delta \sigma'_1/\Delta \sigma'_1 = \tan 45° = 1$。若应力路线改为 AH，意味着土样固结后，在分级减去围压 $\Delta \sigma'_3$ 的同时，增加垂直压力 $\Delta \sigma'_v$，并满足 $\Delta \sigma'_3 = \Delta \sigma'_v$，从而使大主应力 σ'_1 保持不变(即 $\Delta \sigma'_1 = 0$)，则 AH 的斜率为 $\dfrac{\Delta q}{\Delta p} = -\dfrac{\Delta \sigma'_3}{\Delta \sigma'_3} = -\tan 45° = -1$。至于应力路径 AG，相当于土样固结后，在分级减去围压 $\Delta \sigma'_3$ 的同时，增加垂直压力 $\Delta \sigma'_v$，并满足 $\Delta \sigma'_v = 2\Delta \sigma'_3$，从而使平均压力 p' 保持不变，即 $\Delta p' = \dfrac{\Delta \sigma'_1 + \Delta \sigma'_3}{2} = \dfrac{(2\Delta \sigma'_3 - \Delta \sigma'_3) - \Delta \sigma'_3}{2} = 0$，即 AG 为垂线。

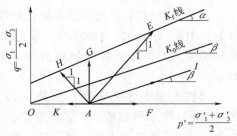

图 5-26　几种典型应力路径和 K_0 线

此外，还有一种加载方式称为无侧向变形固结，或叫 K_0 固结，即在三轴压缩仪中对土加垂直固结压力，其垂直压力增量为 $\Delta \sigma'_1$，而侧压力增量为 $\Delta \sigma'_3 = K_0 \Delta \sigma'_1$，$K_0$ 为无侧向变形的侧压力系数[见式(4-3)]。如果由 O 点开始进行 K_0 固结加压(图5-26)，则应力路径为过原点的 K_0 线，它的斜率为 $\dfrac{\Delta q}{\Delta p} = \dfrac{\Delta \sigma'_1 - \Delta \sigma'_3}{\Delta \sigma'_1 + \Delta \sigma'_3} = \dfrac{1-K_0}{1+K_0} = \tan \beta$，$K_0$ 线的倾角为 β 角。如果由 A 点进行 K_0 固结，则应力路径为 AI，与 K_0 线平行。利用 K_0 线可对土样的变形进行如下判断：有效应力路径与 K_0 线平行，说明土样在该应力路线下的侧向应变为零；应力路径的倾角大于 K_0 线的 β 角，如图 5-26 中的 AE，意味着土样发生侧向膨胀；当应力路径倾角小于 β 时，如图 5-26 中的应力路径 AF，土样将发生侧向收缩；路径 AK 与 AF 方向相反，应为侧向膨胀。

上述应力路径表示法可显示总应力路径，并可与有效应力路径进行对比。对于正常固结土进行的固结不排水试验，总应力路径为直线 AB，如图 5-27 所示，而有效应力路径为向左弯的曲线 AB'，两线之间的水平差距为试验过程中产生的超孔隙水压 u。若为超固结黏土，总应力路径不变，有效应力路径 AB' 向前弯曲，表明破坏时引起的孔隙水压可能为负值，如图 5-28 所示。

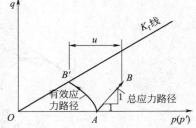

图 5-27　固结不排水试验的总应力路径与有效应力路径(正常固结黏土)

应力路径可表示地基土在自重作用下的初始固结、在荷载作用下的有效应力变化，如图 5-29 所示。图中 OA 表示天然土层在自重作用下固结(K_0 固结)的有效应力路径，AB 表示荷载施加时刻(孔隙水未排出)的有效应力路径，BC 为随后土层在固结过程中的有效应力路径，而 AC 为荷载施加后的总应力路径。取土样按上述应力路径进行三轴加压试验，测出各阶段应变值，可对饱和黏土地基的固结沉降进行计算。

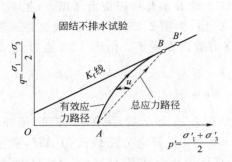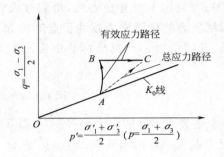

图 5-28　超固结黏土有效应力和总应力路径　　　图 5-29　在荷载作用下地基中一点的应力路径

　　试验资料表明,不同的应力路径对砂类土的内摩擦角影响不大,尽管不同应力路径下破坏时的应力差$(\sigma_1-\sigma_3)_f$可能很大。对饱和黏土进行的固结快剪,其有效强度指标c'、φ'也与应力路径无关。但是对于各向异性的饱和黏土,不同的应力路径将会大大影响总强度指标c_{cu}和φ_{cu}。

　　天然土多为各向异性。加载路径不同,会产生不同的c_{cu}和φ_{cu}。例如对黏性土进行K_0固结不排水剪试验,先在压力室内施加$\sigma_1=p'_0$和$\sigma_3=K_0 p'_0$进行固结,然后增加$\Delta\sigma_1$而保持σ_3不变进行不排水剪试验,则达到破坏时产生的超孔隙压为正,总应力圆在有效应力圆之右侧,其强度线如图 5-30 所示,很明显$\varphi'>\varphi_{cu}^{(I)}$。若土样固结后,采用卸去围压$\sigma_3$而保持垂直压力$\sigma_v$不变进行剪切试验,破坏时产生的超孔隙水压为负,即总应力圆将移到有效应力圆的左侧,如图 5-30 所示,显然$\varphi'<\varphi_{cu}^{(II)}$。由于有效应力圆不随应力路径而变,即$\varphi'$不变,所以$\varphi_{cu}^{(II)}>\varphi_{cu}^{(I)}$,这说明对于各向异性土采取不同的应力路径进行固结不排水试验,将对总应力强度带来较大影响,因此强度试验应尽量采用符合工程实际的应力路径进行。

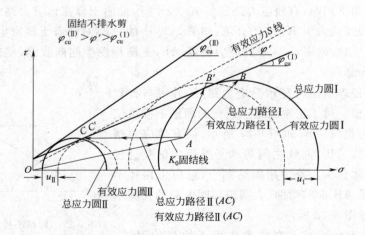

图 5-30　不同应力路径对各向异性土的影响

　　应力路径对变形有显著影响。同一应力状态,但来自不同的应力路径,会产生不同的变形。例如对于目前应力水平相同的两土样,一个先受高压作用,再卸去高压(超固结),一个未受到高压作用(正常固结),虽然两者现在的应力条件相同,但由于压力路径不同,前者压缩性显然小于后者。可见,不同的应力路径(也可称为应力历史)对变形影响不同。

☆第八节　土的屈服条件和破坏准则

一、土的屈服条件

土属于非弹性介质，其应力—应变关系为非线性关系。工程中为了便于分析，可根据土的特性把应力应变曲线进行适当简化。当应力水平较低、应变较小时，曲线关系可简化成直线，如图 5-31 中 OA 段。此时的变形为弹性变形，卸载后可恢复。当曲线超过 A 点，线段坡度明显减小，所产生的应变不可恢复，为塑性应变。对应于 A 点的应力称为屈服应力。A 点以后的曲线形式可分为三种类型：一是成水平状发展，如图中 Ab 线，即应力不变而应变继续发展，直到破坏，这种土体称为理想弹塑性体，屈服应力也即破坏应力或强度；二是曲线随应变的发展而缓慢增大，如图中 Aa 曲线，这说明屈服应力不是定值，而是随塑性应变的增长而缓慢提高，直到破坏，这种土体称为应变硬化或加工硬化体，屈服应力不等于破坏应力，而是弹性极限；第三种类型与第二种性质相反，当应变超过 A 点后，随应变的发展屈服应力逐渐衰减，如图 5-31 中 Ac 线，这种土体称为应变软化或加工软化体。

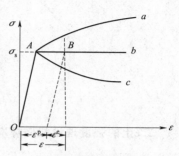

图 5-31　理想化材料的应力—应变关系

Aa—应变硬化材料；Ab—理想塑性材料；Ac—应变软化材料。

对于理想弹塑性土，在复杂应力条件下，若应力满足某一特定的应力函数，则土体开始屈服或破坏，该函数称为屈服条件或强度准则。这种函数的一般表达式为

$$f(\sigma_1, \sigma_2, \sigma_3) = k_f \tag{5-24}$$

上式 k_f 为试验常数，随土的性质而异。函数形式取决于所采用的强度理论，如摩尔—库仑理论等。

式(5-24)在主应力空间所描绘出的应力轨迹称为屈服面或破坏面。当应力在屈服面空间范围内时，应力所对应的土体处于弹性状态，当应力达到屈服面，即应力满足式(5-24)时，土体开始屈服变形或破坏。

对于应变硬化和应变软化的土，其屈服应力不是常数，是随塑性应变的发展而变化的。因此屈服函数的一般表达形式不同于式(5-24)。就应变硬化土而言，其屈服面与塑性应变 ε_{ij}^p 或塑性功 $W_p = \int \sigma_{ij} \delta \varepsilon_{ij}^p$ 有关，屈服函数一般表达式为

$$f(\sigma_1, \sigma_2, \sigma_3, H) = 0 \tag{5-25}$$

式中　H——硬化参数，$H = H(\varepsilon_{ij}^p)$ 或 $H = W_p$。

按不同理论，式(5-25)在主应力空间的图形可分为两大类：一种是屈服面在主应力空间成开口锥体，其中心轴为主对角线 $\sigma_1 = \sigma_2 = \sigma_3$，如图 5-23(a)所示。屈服面与破坏面共轴且形状相似。当应力达到屈服面并略微向外增长时，将引起新的塑性应变，同时使屈服面向外扩张，形成新的屈服面。若该面发展到破坏面，则土体达到破坏。若应力衰减，应力路径指向面内，则屈服面维持不变，土处于弹性应力状态，这种模型为"开口锥体模型"。该类模型未考虑平均压力（各向等压或球应力）对土体塑性体积应变的影响，故有人提出在锥形破坏面（或者是锥形屈服面）的开口端加上一个"帽子"状拱形屈服面，从而形成另一类封闭状模型，即"帽子模型"。当平均压力 σ_m 沿主对角线增长，可使屈服面向外推移，如图 5-32(b)所示。

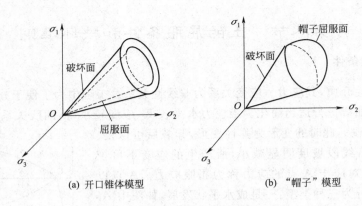

(a) 开口锥体模型　　　　　　　(b) "帽子"模型

图 5-32　土的屈服模型

二、土的强度理论和破坏准则

有关土的强度理论甚多。在这些理论中最能反映土强度特征的是摩尔—库仑强度理论,它最常用的表达形式为式(5-2),可作为理想弹塑性土体的破坏准则。如令 σ_1、σ_2、σ_3 代表主应力的顺序而不表示其大小,则该破坏准则也可写成:

$$\{(\sigma_1-\sigma_2)^2-[2c\cdot\cos\varphi+(\sigma_1+\sigma_2)\sin\varphi]^2\}\times\{(\sigma_2-\sigma_3)^2-$$

$$[2c\cdot\cos\varphi+(\sigma_2+\sigma_3)\sin\varphi]^2\}\times\{(\sigma_3-\sigma_1)^2-[2c\cdot\cos\varphi+(\sigma_1+\sigma_3)\sin\varphi]^2\}=0 \quad(5\text{-}26)$$

上式在主应力空间所描绘出的轨迹为开口等边不等角六面锥体,如图 5-33 所示,中心轴线为主对角线 $\sigma_1=\sigma_2=\sigma_3$。若过主对角线上作一与该直线垂直的平面,交三主轴于 A、B、C 并获得等截距,则该平面方程为 $\sigma_1+\sigma_2+\sigma_3=$ 常数,称为八面体等斜面(按这样的平面在主应力空间可作八个,构成正八面体之故)。该平面 ABC 与六面锥体的交线轨迹构成等边不等角的六边形。图 5-34 为该斜面的正投影,$A_1B_2C_1A_2B_1C_2A_1$ 为该轨迹线,A_1 点相当于在 $\sigma_1>\sigma_2=\sigma_3$ 的三轴压缩强度,而 A_2 点则相当于在 $\sigma_1<\sigma_2=\sigma_3$ 的三轴挤伸试验中的挤伸强度。至于 B_1,B_2 和 C_1,C_2 的意义与 A_1,A_2 相同,只不过应力编号相应改变。可以证明,$\dfrac{OA_1}{OA_2}=\dfrac{OB_1}{OB_2}=\dfrac{OC_1}{OC_2}=\dfrac{3+\sin\varphi}{3-\sin\varphi}>1$,这基本符合试验结果。

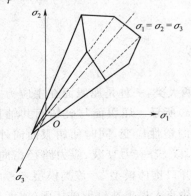

图 5-33　摩尔—库仑强度理论在应力空间的轨迹

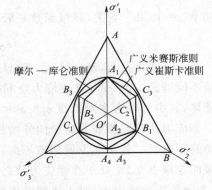

图 5-34　八面体等斜面上的强度轨迹

但该理论不考虑土中主应力对强度的影响,与试验结果略异,说明理论稍有不足。

土力学中常见的强度理论还有广义崔斯卡(Tresca)和广义米赛斯(Von Mises)破坏准则等。它们是在考虑平均应力($\sigma_m = \dfrac{\sigma_1 + \sigma_2 + \sigma_3}{3}$)的影响而对崔斯卡和米赛斯破坏准则进行修正后得出的。后两个理论广泛用于金属等固体材料,崔斯卡理论是最大剪应力达到屈服值时,破坏轨迹为正六面柱体面,米赛斯理论是塑性功到达屈服值时,其破坏轨迹为圆柱形面。广义崔斯卡破坏准则可写成:

$$\{(\sigma_1 - \sigma_2)^2 - (c_1 + k_1\sigma_m)^2\} \cdot \{(\sigma_2 - \sigma_3)^2 - (c_1 + k_1\sigma_m)^2\} \cdot \{(\sigma_3 - \sigma_1)^2 - (c_1 + k_1\sigma_m)^2\} = 0 \tag{5-27}$$

广义米赛斯破坏准则可写成:

$$(\sigma_1 - \sigma_2)^2 + (\sigma_2 - \sigma_3)^2 + (\sigma_3 - \sigma_1)^2 = (c_2 + k_2\sigma_m)^2 \tag{5-28}$$

以上两式中的 c_1、k_1 和 c_2、k_2 均为试验参数。式(5-27)在主应力空间的轨迹是正六面锥体,而式(5-28)则为外接于正六面锥体的圆锥体,它们与八面体斜面的交线图形分别为正六边形和圆形,如图 5-34 所示。由该图可以看出,两理论的强度线轨迹对中心轴是对称的,压缩强度与挤伸强度相等,这与土的试验结果不符。许多学者的试验研究已证实,不论对于黏土或砂土,在所有强度理论中摩尔—库仑理论更接近试验结果,故到目前为止,该理论仍为广大岩土工程技术人员所接受。

☆第九节　土的本构关系

土的本构关系反映土的应力和应变关系。这种关系一般是非线性的,它不仅取决于土的类别,而且与应力历史、应力路径以及应力水平等有关。土的本构模型主要是用来求算土体中的应力分布及变形,且用于地基和其他土工结构物的有限元分析,以计算它们的受力、变形和塑性区的分布等。

要想用一个简单的关系式把所有土的应力与应变甚至和时间关系表达出来,到目前为止是不可能的。因此只能根据土的实际情况提出与之相适应的本构关系或模型。近几十年来学者们已提出许多土的本构模型,它们涉及土的弹性、弹塑性以及黏弹、黏塑性等领域,其中最常用的是非线性弹性模型和弹塑性模型。不论哪种模型,考虑到土的非线性变形性质和应力路径影响,计算中均采用增量理论。所谓增量理论就是循实际加载路径,把荷载分成若干级,逐级施加,并计算由此产生的应力增量 $\delta\sigma_{ij}$、总应力 σ_{ij} 和应变增量 $\delta\varepsilon_{ij}$,而总应变 ε_{ij} 则为各级荷载引起的应变增量 $\delta\varepsilon_{ij}$ 之和。

下面将介绍两种具有代表性的本构模型:一种是非线性弹性模型中的 E—ν 模型;另一种是属于弹塑性模型中的修正剑桥模型。

一、E—ν 模型

在非线性弹性模型中最典型的是邓肯和张(Duncan and Zhang)提出的 E—ν 模型。由正常固结黏性土样的三轴试验可以看出,在固定围压 σ_3 作用下,应力差 $\sigma_1 - \sigma_3$ 与轴向应变 ε_a 之间的关系近似成双曲线形状,如图 5-35(a)所示。这说明土样的弹性模量不是常数而是变量,不适合采用常规弹性理论计算,但可用增量理论,即把荷载按加载路径分成小段,形成增量荷载,把应力—应变关系曲线的切线变形模量 E_t 和切线泊松比 ν_t 作为增量应力 $\delta\sigma_{ij}$ 和增量应变 $\delta\varepsilon_{ij}$ 之间的弹性常数,再按弹性理论计算,其运算方程可用矩阵表达:

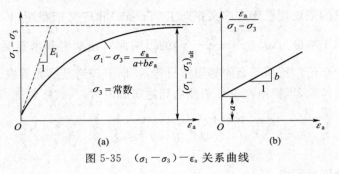

图 5-35 $(\sigma_1 - \sigma_3) - \varepsilon_a$ 关系曲线

$$\left\{ \begin{array}{c} \delta\sigma_x \\ \delta\sigma_y \\ \delta\sigma_z \\ \delta\tau_{xy} \\ \delta\tau_{xz} \\ \delta\tau_{zy} \end{array} \right\} = \frac{E_t(1-\nu_t)}{(1+\nu_t)(1-2\nu_t)} \begin{bmatrix} 1 & & & & & \\ \dfrac{\nu_t}{1-\nu_t} & 1 & & & \text{对称} & \\ \dfrac{\nu_t}{1-\nu_t} & \dfrac{\nu_t}{1-\nu_t} & 1 & & & \\ 0 & 0 & 0 & \dfrac{1-2\nu_t}{2(1-\nu_t)} & & \\ 0 & 0 & 0 & 0 & \dfrac{1-2\nu_t}{2(1-\nu_t)} & \\ 0 & 0 & 0 & 0 & 0 & \dfrac{1-2\nu_t}{2(1-\nu_t)} \end{bmatrix} \left\{ \begin{array}{c} \delta\varepsilon_x \\ \delta\varepsilon_y \\ \delta\varepsilon_z \\ \delta\gamma_{xy} \\ \delta\gamma_{xz} \\ \delta\gamma_{zy} \end{array} \right\}$$

$$(5\text{-}29)$$

图 5-35(a)的应力—应变曲线可用如下双曲线函数表示:

$$\sigma_1 - \sigma_3 = \frac{\varepsilon_a}{a + b\varepsilon_a} \tag{5-30}$$

式中 a, b——试验参数,可由图 5-35(b)定出。

设曲线的初始梯度为初始变形模量 $E_i = \dfrac{\partial(\sigma_1-\sigma_3)}{\partial\varepsilon_a}\Big|_{\varepsilon_a=0}$,令 $(\sigma_1-\sigma_3)_{\text{ult}}$ 为 $(\sigma_1-\sigma_3)$ 的理论极限值,$(\sigma_1-\sigma_3)_f$ 为实际破坏值,则由式(5-30)可以导出:

$$a = \frac{1}{E_i}; \quad b = \frac{1}{(\sigma_1-\sigma_3)_{\text{ult}}} = \frac{R_f}{(\sigma_1-\sigma_3)_f}$$

而

$$R_f = \frac{(\sigma_1-\sigma_3)_f}{(\sigma_1-\sigma_3)_{\text{ult}}} = \frac{\text{破坏时强度}}{(\sigma_1-\sigma_3)\text{的理论极限值}}$$

因此,可把式(5-30)改写成:

$$\sigma_1 - \sigma_3 = \frac{\varepsilon_a}{\dfrac{1}{E_i} + \dfrac{R_f\varepsilon_a}{(\sigma_1-\sigma_3)_f}} \tag{5-31}$$

根据试验资料,E_i 也可以由如下经验公式求得:

$$E_i = K p_a \left(\frac{\sigma_3}{p_a}\right)^n \tag{5-32}$$

式中 K, n——试验常数;

$p_a = 0.1\text{MPa}$。

对式(5-31)求导,可求得切线变形模量 $E_f = \dfrac{\partial(\sigma_1-\sigma_3)}{\partial\varepsilon_a}$。同时引入摩尔—库仑强度准则,

令

$$(\sigma_1 - \sigma_3)_f = \frac{2\cos \varphi + 2\sigma_3 \sin \varphi}{1 - \sin \varphi}$$

则

$$E_t = \left[1 - \frac{R_f(1 - \sin \varphi)(\sigma_1 - \sigma_3)}{2c\cos \varphi + 2\sigma_3 \sin \varphi} \right]^2 \cdot E_i \tag{5-33}$$

若进行卸载和重新加载时,可采用如下变形模量 E_{ur}:

$$E_{ur} = K_{ur} p_a \left(\frac{\sigma_3}{p_a} \right)^n \tag{5-34}$$

式中 K_{ur}——试验常数。

关于切线泊松比 ν_t 的求取,许多学者提出了各自的计算方法。其中以库威(Kulhawy)提出的方法比较可取,他假定在 σ_3 为常数时,存在 $\varepsilon_a = \frac{\varepsilon_r}{f + D\varepsilon_r}$ 的双曲关系,其中 ε_r 为径向应变,可以导出:

$$\nu_t = \frac{\partial \varepsilon_r}{\partial \varepsilon_a} = \frac{G - F \lg \left(\frac{\sigma_3}{p_a} \right)}{\left\{ 1 - \dfrac{D(\sigma_1 - \sigma_3)}{K p_a (\sigma_3/p_a)^n [1 - R_f(\sigma_1 - \sigma_3)(1 - \sin \varphi)/(2c\cos \varphi + 2\sigma_3 \sin \varphi)]} \right\}^2} \tag{5-35}$$

式中,G、F、D 为试验参数。其他参数同式(5-33)。由上式算得的 ν_t 必须小于 0.5,原则上其最大值可取 0.49 进行增量计算。当由式(5-33)和式(5-35)求得 E_t 和 ν_t 后,可借助式(5-29),从增量荷载产生的增量应力求算增量应变。

上述 E—ν 模型比较简单实用,其缺点是没有反映土的剪胀效应和应力路径不同对 E、ν 的影响。但用于一般地基变形计算,其效果还算满意。

在非线性弹性模型中,除了 E—ν 模型外,尚有 K—G 模型,就是在增量应力和增量应变的关系中引入切线体积模量 K_t 和切线剪切模量 G_t,并进行体积和畸变的增量计算,其原理与 E—ν 模型基本相同。

二、修正剑桥模型

试验结果表明,土的本构关系更接近弹塑性模型。在外力作用下,土体产生的总应变均由弹性应变和塑性应变两部分组成,如图 5-31 所示。若写成增量形式,则为 $\delta\varepsilon_{ij} = \delta\varepsilon_{ij}^e + \delta\varepsilon_{ij}^p$,其中 $\delta\varepsilon_{ij}^e$ 的计算可按弹性公式(5-29)进行,而 $\delta\varepsilon_{ij}^p$ 的计算,一般原则是运用塑性理论中的流动法则。在众多的弹塑性模型中,研究得最早且有成效的是罗斯科(Roscoe)等提出的剑桥模型及在此基础上改进的修正剑桥模型。在论述该模型时,涉及一些特殊应力和应变概念,这里作简略介绍。

均质土中一点的应力状态可用 6 个独立应力分量来表示。每个分应力可分解为两部分:一部分为平均应力 $\sigma_m = \dfrac{\sigma_x + \sigma_y + \sigma_z}{3} = \dfrac{\sigma_1 + \sigma_2 + \sigma_3}{3}$;另一部分为偏应力,如 $s_x = \sigma_x - \sigma_m$,$s_y = \sigma_y - \sigma_m$,$s_z = \sigma_z - \sigma_m$,$s_{xy} = \tau_{xy}$,$s_{xz} = \tau_{xz}$,$s_{yz} = \tau_{yz}$,或为 $s_1 = \sigma_1 - \sigma_m$,$s_2 = \sigma_2 - \sigma_m$,$s_3 = \sigma_3 - \sigma_m$。对于一般弹塑性材料,当在静水压 σ_m 的作用下,仅产生体积应变而无形变(或畸变),若仅作用偏应力,则不产生体积应变而仅是形变。在研究土的本构关系时,为了求算变形的方便,往往把应力按上述原则划分成这样两部分。在进行常规三轴试验时($\sigma_2 = \sigma_3$),常采用平均应力 p 和应力差 q 作为独立变量,前者等于八面体斜面上的法向应力,而后者与八面体斜面上的剪应力有关,故为偏应力,它们可写成:

$$p=\sigma_{\mathrm{m}}=\frac{\sigma_1+2\sigma_3}{3}$$

$$q=\sqrt{\frac{3}{2}(s_1^2+s_2^2+s_3^2)}=\sigma_1-\sigma_3$$

如上所述,在 p 作用下土样产生的是体积应变 ε_{v},在 q 作用下产生的是形变(剪应变)$\varepsilon_{\mathrm{s}}=\frac{2}{3}(\varepsilon_1-\varepsilon_3)$。在这里要注意,在本构关系中所用的 p 与 q 和应力路径所用的 p 与 q 有区别,后者 $p=\frac{\sigma_1+\sigma_3}{2}$,$q=\frac{\sigma_1-\sigma_3}{2}$。修正剑桥模型采用上述应力和应变。该模型是建立在所谓临界状态基础上的,故应先对该状态有所了解,然后才能涉及模型本身。

（一）土的临界状态空间

通过三轴仪对饱和土样进行常规试验,并建立 p'—q—e 空间坐标,其中 p' 为有效平均压力,q 为应力差,e 为孔隙比。绘出土样的临界状态边界,如图 5-36 所示,在 p'—e 平面上的曲线 AB 为正常固结曲线,又称初始等向固结曲线;在空间的曲线 CD 称临界状态线,应力状态达到此线,土样便会产生大量剪切变形,即剪切破坏;在 AB 和 CD 曲线之间所包含的曲面 ABCD 称为物态边界面,应力状态达到此界面,土样便达到屈服状态,并随试验沿此面发展,直到临界状态线,方产生破坏。因此它是一个限界面,该面以上是不可能存在的状态区,该面及以下区域(一般称湿区)能反映正常固结及微超固结黏土的物态。在临界状态线 CD 另一侧的状态界面 CDFE 及所覆盖的区域(一般称干区)仅反映重超固结黏土和砂土的状态,其界面以上区域也是不可能存在的状态区。修正剑桥模型仅适用于前一种状态区域,即湿区范围,并根据所定义的区域边界条件推导土的屈服函数及相应的应变增量。

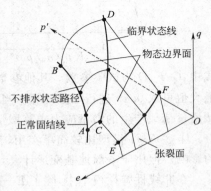

图 5-36　在 p'—q—e 空间完整状态边界面

（二）修正剑桥模型的表达式

修正剑桥模型进行了一系列假定,以确定状态边界的几何图式,并由这些图式导出土的强度线和屈服线的数学表达式,进而按塑性理论中的正交定律和相关联流动法则推导土的塑性应变增量和总应变增量。

1. 临界状态线及物态边界面表达式

临界状态线 EF 如图 5-37 所示,在 p'-q 平面上的投影假定为一过原点的斜直线 OF',此线为强度线,其方程为

$$q=Mp' \tag{5-36}$$

式中　M——试验常数。

根据摩尔—库仑强度理论可得 $M=\dfrac{6\sin\varphi}{3\pm\sin\varphi}$,其分母中的负号用于土样三轴试验的压缩强度,正号用于挤伸强度。该临界状态线在 p'—e 平面上的投影 $E''F''$ 如以 e—$\ln p'$ 坐标表示,则近似于一直线,如图 5-38。其坡度为 $\lambda:1$,直线方程为

$$e=e_{\mathrm{m}}-\lambda\ln p' \tag{5-37}$$

式中　e_{m}——当 $p'=1$ 时的孔隙比。

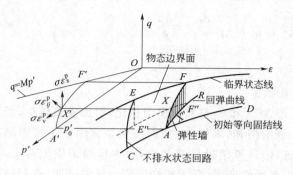

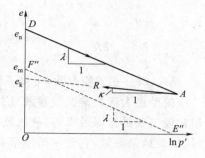

图 5-37　剑桥模型的状态边界和屈服轨迹　　　图 5-38　$e—\ln p'$ 固结和回弹曲线

因此利用式(5-36)和式(5-37)可确定临界状态线在状态空间的几何位置。

在 $p'—e$ 平面上的初始等向固结线 CD 反映在 $e—\ln p'$ 坐标上(图 5-38)为一直线 AD,并与 $E''F''$ 大致平行,在 $p'—e$ 平面上的曲线 AR 为土样固结压缩到 A 点后,在卸载的回弹曲线上,它反映土的弹性性质,在 $e—\ln p'$ 坐标图上也呈直线,其坡度为 $k:1$。关于压缩曲线的方程为

$$e=e_n-\lambda\ln p' \tag{5-38}$$

而回弹曲线的方程为

$$e=e_k-k\ln p' \tag{5-39}$$

以上两式中,e_n 和 e_k 分别为两线在 $p'=1$ 时的孔隙比。

临界状态线与初始等向固结线之间所夹的曲面是物态边界面。根据一系列基本假定可以推导出该面的方程为

$$\frac{e_n-e}{\lambda}=\ln\left[p'\left(\frac{M^2+n^2}{M^2}\right)^{(1-\frac{k}{\lambda})}\right] \tag{5-40}$$

式中 $n=\dfrac{q}{p'}$,为变量。

2. 屈服函数

该模型假定物态边界面是某曲线在状态空间的轨迹,该曲线 AXF 示于图 5-37 中,并假定沿该曲线塑性体积应变增量为零($\delta\varepsilon_v^p=0$),可以证明它在 $p'—e$ 平面上的投影为回弹曲线 AR,其方程为式(5-39),而在 $p'—q$ 平面上的投影为 $A'X'F'$,令其为屈服线,其屈服方程为

$$\frac{p'}{p_0'}=\frac{M^2}{M^2+n^2} \tag{5-41}$$

上式为椭圆方程,该椭圆侧端在横坐标 p_0' 上,而顶端与 $q=Mp'$ 强度线相交,交点横坐标为 $p_0'/2$。可以看出,p_0' 为 A 点在固结曲线上的固结压力,随着该压力的提高,曲线 AXF 将顺着物态边界面上移,其在 $p'—q$ 平面上的投影为屈服线 $A'X'F'$,它亦将向外侧推移,对应的孔隙比将减小,故该模型为应变硬化模型,而 p_0' 为屈服函数的硬化参数。

3. 应力与应变关系

该模型认为,在应力水平 p'、q 和增量应力 $\delta p'$、δq 的作用下,根据屈服函数并采用塑性理论中相关联流动法则可导出塑性体积应变增量 $\delta\varepsilon_v^p$、总体积应变增量 $\delta\varepsilon_v(=\delta\varepsilon_v^e+\delta\varepsilon_v^p)$ 和偏应变增量 $\delta\varepsilon_s=\delta\varepsilon_s^p$(假定 $\delta\varepsilon_s^e=0$),它们是

$$\delta\varepsilon_v^p=\frac{\lambda-k}{1+e}\left(\frac{2n\delta n}{M^2+n^2}+\frac{\delta p'}{p'}\right) \tag{5-42}$$

$$\delta\varepsilon_v=\frac{1}{1+e}\left[(\lambda-k)\frac{2n\delta n}{M^2+n^2}+\lambda\frac{\delta p'}{p'}\right] \tag{5-43}$$

$$\delta\varepsilon_s = \delta\varepsilon_s^p = \frac{\lambda-k}{1+e}\left(\frac{2n}{M^2-n^2}\right)\left(\frac{2n\delta n}{M^2+n^2}+\frac{\delta p'}{p'}\right) \tag{5-44}$$

式中　　$\delta n = \dfrac{\delta q}{p} - n\dfrac{\delta p'}{p'}$；

M,λ,k——试验参数，可由三轴试验获得。

该模型最大优点是试验参数只有三个，即 M、λ 和 k，与其他模型相比，附加参数较少，而且只用常规三轴试验即可求得，故比较适用。该模型和（未修正的）剑桥模型宜用于正常固结黏土，从试验结果来看，它较剑桥模型有所改进，但计算结果仍然偏小，因为按照该模型假定，在物态边界面以下，当土样状态改变时，只能引起弹性变形，而无塑性应变。试验证明，这对体积应变是可接受的，但不适用于塑性剪切应变，因为在界面下仍能引起塑性剪应变。所以近来有人在该模型基础上进行改进，以计算物态界面下的附加剪应变。

复 习 题

5-1　当土样受到一组压力（σ_1，σ_3）作用时，土样正好达到极限平衡。如果此时，在大小主应力方向同时增加压力 $\Delta\sigma$，问土的应力状态如何？若同时减少 $\Delta\sigma$，情况又将怎样？

5-2　设有干砂样置入剪切盒中进行直剪试验，剪切盒断面积为 60 cm²，在砂样上作用垂直荷载 900 N，然后作水平剪切，当水平推力达 300 N 时，砂样开始被剪坏。试求当垂直荷载为 1 800 N 时，应使用多大的水平推力砂样才能被剪坏？该砂样的内摩擦角为多大？并求此时的大小主应力和方向。

5-3　如果在上题相同的剪切盒中置入黏土样，并在与上题相同的垂直力和剪切力作用下（即垂直力 900 N，水平推力为 300 N）土开始被剪破。试问，当垂直压力增高时，哪一个土样（与砂样比较）的抗剪强度大？

5-4　设有一含水率较低的黏性土样作单轴压缩试验，当压力加到 90 kPa 时，黏性土样开始破坏，并呈现破裂面，此面与竖直线成 35°角，如图 5-39。试求其内摩擦角 φ 及黏聚力 c。

图 5-39　习题 5-4 图

5-5　对某土样进行直剪试验，测得垂直压力 $p=100$ kPa 时，极限水平剪力 $\tau_f=75$ kPa。以同样土体进行三轴试验，液压为 200 kPa，当垂直压力加到 550 kPa（也包括液压）时，土样被剪坏。求该土样的 φ 和 c 值。

5-6　某土样内摩擦角 $\varphi=20°$，黏聚力 $c=12$ kPa。问（a）做单轴压力试验时，或（b）做液压为 5 kPa 的三轴压力试验时，垂直压力加到多大（三轴试验的垂直压力包括液压）土样将被剪坏？

5-7　设砂土地基土中一点的大小主应力分别为 500 和 180 kPa，其内摩擦角 $\varphi=36°$。求：

（a）该点最大剪应力？最大剪应力作用面上的法向应力？

（b）哪一点截面上的总应力偏角为最大？其最大偏角值为？

（c）此点是否已达极限平衡？为什么？

（d）如果此点未达极限平衡，若大主应力不变，而改变小主应力，使达到极限平衡，这时的小主应力应为多少？

5-8　已知一砂土层中某点应力达极限平衡时，过该点的最大剪应力平面上的法向应力和剪应力分别为 264 kPa 和 132 kPa。试求：

(a)该点处的大主应力 σ_1 和小主应力 σ_3；

(b)过该点的剪切破坏面上的法向应力 σ_f 和剪应力 τ_f；

(c)该砂土的内摩擦角；

(d)剪切破坏面与大主应力作用面的夹角 α。

5-9　现对一扰动过的软黏土进行三轴固结不排水试验，测得不同围压 σ_3 下，在剪坏时的压力差和孔隙水压力(表 5-2)。试求算：

(a)土的有效压力强度指标 c、φ' 和总应力强度指标 c_{cu}、φ_{cu}；

(b)当围压 σ_3 为 250 kPa 时，破坏的压力差为多少？其孔隙压力是多少？

表 5-2　围压与压力差和孔隙水压的关系

围压 σ_3/kPa	剪 破 时	
	$(\sigma_1-\sigma_3)_f$/kPa	u_f/kPa
150	117	110
350	242	227
750	468	455

5-10　对饱和黏土样进行固结不排水三轴试验，围压 $\sigma_3 = 250$ kPa，剪坏时的压力差$(\sigma_1-\sigma_3)_f = 350$ kPa，破坏时的孔隙水压 $u_f = 100$ kPa，破裂面与水平面夹角 $\alpha = 60°$。试求：

(a)剪切面上的有效法向压力 σ'_f 和剪应力 τ_f；

(b)最大剪应力 τ_{max} 和方向？

5-11　慢剪、固结快剪和快剪的适用条件是怎样的？如同一土样采用上述三种试验方法，所得结果是否一样？为什么？

5-12　设底层为很厚的均匀正常固结的饱和黏土层，其 $\gamma_{sat} = 20$ kN/m³，静止侧压系数 $K_0 = 1$，在底面下 3 m 处取出土样，把它置于三轴仪中进行固结排水试验，围压 120 kPa，然后关闭土样排水阀，再施加垂直压力，当 $\Delta\sigma_1 = 80$ kPa 时，土样被剪坏。若取同样土样使固结压力为 150 kPa，试估计 $\Delta\sigma_1$ 为多少时，土样方被剪破？设孔隙压力系数 $A_f = 0.7$，按上述试验测得的总应力和有效应力强度指标为多少？若在地下 15m 处取出土样，按上述相同围压进行固结快剪试验，其测得的 c、φ 值是否有变化？为什么？

第六章

天然地基承载力

第一节 概 述

地基是指位于建筑物下方的承受建筑物荷载并维持其稳定的岩土体。工程中将地基分为天然地基和人工地基两大类。天然地基是指未经人工处理和扰动并保持了天然土层的结构和状态的地基,而人工地基则是指经过人工处理而形成的地基。

地基承受建筑物基础传来荷载的能力称为地基承载力。工程实践中通常用两个指标来衡量地基的承载力,即地基的极限承载力和容许承载力。极限承载力是指地基承载力所能达到的极限值,通常用地基破坏前所能承受的最大基底压力表示;容许承载力是指在保证地基稳定(不破坏)的条件下,地基的变形沉降量不超过其容许值时的地基承载力,通常用满足强度和变形(沉降)两方面的要求并留有一定安全储备时所允许的最大基底压力表示。

为了保证上部结构的安全和正常使用,地基应满足下述三方面的要求:

(1)强度要求,即地基必须具有足够的强度,在荷载的作用下地基不能破坏;

(2)变形要求,即在荷载和其他外部因素(如冻胀、湿陷、水位变动等)作用下,地基产生的变形沉降不能大于其上部结构的容许值;

(3)稳定要求,即地基应有足够的抵抗外部荷载和不利自然条件影响(如渗流、滑坡、地震)的稳定能力。

地基是建筑体系的有机组成部分。由于岩土材料的复杂性,地基又是该体系中最容易出问题的环节,而且地基位于基础之下,一旦出事难于补救。因此,地基检算在建筑物的设计中占有十分重要的地位。

地基检算包含对地基强度(承载力)、变形(沉降)和稳定性三个方面的检算,其中地基强度检算是最基本的。本章主要讨论天然地基承载力的计算理论和方法。

地基承载力是地基土在一定外部环境下的固有属性,但其发挥的程度与地基的变形密切相关。也就是说,对于特定的地基土层,当基础的形状、尺寸、埋深及受荷情况等相关因素确定时,地基的承载能力也就确定了,但其发挥的程度则与地基的变形相关。这种——对应的关系一直持续到地基承载力的完全发挥,此时,地基承载力也达到它的极限值——极限承载力。所以地基的承载力与地基的破坏直接相关,故在介绍地基承载力的计算理论和方法之前,我们先对地基的破坏形态与过程做一个简要的分析。

一、地基的典型破坏形态

地基的破坏形态和土的性质、基础埋深以及加荷速度等有密切的关系。由于实际工程所处的条件千变万化,所以地基的实际破坏形式是多种多样的。但总起来看可以归纳为整体剪切破坏、局部剪切破坏和冲切破坏三种典型形态(图 6-1)。

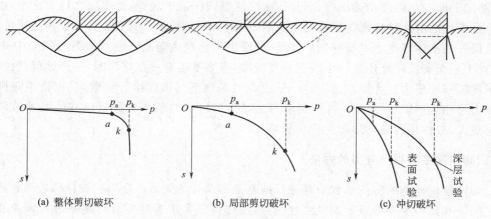

(a) 整体剪切破坏　　　　　　(b) 局部剪切破坏　　　　　(c) 冲切破坏

图 6-1　地基的典型破坏形态

（一）整体剪切破坏

对于地基为密实的砂土或硬黏土且基础埋置较浅的情况,在上部竖向荷载逐级增大的过程中,当基底压力 p 小于 p_a 时,其荷载沉降曲线（$p—s$ 曲线)接近于直线,如图 6-1(a),可看作地基处于弹性变形阶段。当基底压力达到 p_a 时,基底两端点处土体达到极限状态并开始产生塑性变形,故 p_a 称为临塑荷载,但整个地基仍处于弹性变形阶段。当 $p > p_a$ 时,地基的塑性变形区或剪切破坏区从基础的两端点逐步扩大,但塑性区以外仍然为弹性区,故整个地基处于弹塑性混合状态。当荷载继续增加时,塑性区也相应扩大,地基沉降量也迅速加大,相应的 $p—s$ 曲线将出现一曲线段。当基底压力达到某一特定值 p_k 时,基底剪切破坏面与地面连通而形成一弧形滑动面,地基土沿此滑动面从基底的一侧或两侧大量挤出,整个地基将失去稳定而破坏。这样的破坏形式称为整体剪切破坏,相应的 p_k 称为极限荷载。

对于饱和黏土地基,在基础浅埋而且荷载快速增加的条件下,也容易形成整体剪切破坏。

（二）局部剪切破坏

当地基为一般的黏性土或砂土,基础埋深较浅时,在荷载逐步增加的初始阶段,基础随荷载大致成比例地下沉,反映在 $p—s$ 曲线上为起始的直线段,见图 6-1(b),说明整个地基尚处在弹性变形阶段。当基底压力超过 p_a 后,基础沉降已不再是线性增加,而是以越来越大的梯度下沉,$p—s$ 曲线进入到曲线阶段,说明基底以下土体已出现剪切破坏区。当荷载达到某一特定值后,$p—s$ 曲线的梯度不随荷载增加而增加,而是基本保持常数,这个特定压力值称为极限压力 p_k。这时地基中的剪切破坏面仅发展到一定位置而没有延伸到地表面。图 6-1(b)中所示基底下面的实线剪切面为实际破裂面,而虚线仅表示破裂面的延展趋势。基础两侧的土体没有明显的挤出现象,地表也只有微量隆起。如压力超过了按上述标准所确定的极限值 p_k,破坏面仍不会很快延伸到地表,其塑性变形不断地向四周及深层发展,沉降迅速增加而达到破坏状态,这样的地基破坏称为局部剪切破坏。当发生局部剪切破坏时,地基的竖向变形很大,其数值随基础的深埋而增加。例如在中密砂层上作用表面荷载时,极限压力下的相对下沉量（下沉量与基础宽度之比,即 s/b)一般在 10% 以上,而随着埋深的增加,相对下沉量将相应的提高,有时可达 20%~30%。

当基础埋置较深时,无论是砂土还是黏性土地基,最常见的破坏形态是局部剪切破坏。

（三）冲切破坏

当地基为松砂或其他松散结构土层时,不论基础是位于地表或具有一定埋深,随着荷载的增加,基础下面的松砂逐步被压密,而且压密区逐渐向深层扩展,基础也随之切入土中,因此在基础边缘形成的剪切破坏面将竖直向下发展,如图 6-1(c)所示。基底压力很少向四周传递,基础边缘以外的土体基本上不受到侧向挤压,地面也不会产生隆起现象。如图 6-1(c)中的 $p-s$ 曲线,对于表面荷载可能还有一小段起始直线段,但当基础有一定埋深时,一开始就是曲线段。曲线梯度随基底压力加大而渐增,当 $p-s$ 曲线的平均下沉梯度接近常数,且出现不规则下沉时的压力可作为极限压力 p_k。当基底压力达到 p_k 时,基础的下沉量将比其他两种破坏形态者来得更大,故称该种破坏形态为冲切破坏。

二、确定地基容许承载力的方法

合理地确定地基的容许承载力是进行地基基础设计的关键。合格的设计师应该在经济与安全之间寻找到一个平衡点。要做到这一点,往往需要采用多种手段对地基进行调查和测试并运用土力学理论进行分析,从而获得比较理想的结果。

人们在长期的工程实践中总结出了多种确定地基容许承载力的方法,大致归纳如下:

(1)控制地基中塑性区发展深度的方法。其基本思路是:只要地基中塑性区的发展深度小于某一界限值,地基就具有足够的安全储备。

(2)按理论公式推求地基的极限荷载 p_k 再除以安全系数的方法。

(3)按相关规范提供的经验公式确定地基的容许承载力。

(4)由原位测试确定地基的容许承载力。

地基检算是建筑物设计的重要环节,由于土性的复杂和施工条件的限制,又是最容易出问题的环节。设计规范是长期工程实践经验的总结并在一定程度上反映了科学研究的成果,是设计工作必须遵循的法定依据。工程师在进行地基基础设计时应根据规范的规定并结合工程的具体情况选择适宜的方法确定地基的容许承载力,同时应注意总结经验,不断提高自己的设计水平。

第二节 地基的临塑压力

假定地基为弹塑性半无限体,在地基中有一埋深为 H 的浅埋条形基础,地基土的天然重度为 γ。基底两端点处土体应力达到极限平衡并开始产生塑性变形时的基底压力称为临塑压力 p_a。图 6-2(a)表示与基础长轴相垂直的地基剖面。在基坑开挖前,地表以下深度为 H 的水平截面上均匀地分布着竖向压力 γH。当基坑开挖后再施加建筑荷载 p 时,就相当于在原来的满布压力 γH 的基础上,再加上一个条形分布压力 $p-\gamma H$(即基底增加承受的荷载)。此时,半无限体界面移到深度 H 的水平截面上。

在条形分布压力 $p-\gamma H$ 的作用下,在新的界面以下深度 z 处一点 N 的大小主应力可按第三章的下述公式求得:

$$\left.\begin{array}{c}\sigma_1'\\\sigma_3'\end{array}\right\}=\frac{p-\gamma H}{\pi}(\psi\pm\sin\psi) \tag{6-1}$$

式中的 ψ 称为视角,见图 6-2(a)。在土体自重作用下,N 点的大主应力为垂直压力 $\sigma_1''=\gamma(H+z)$,而小主应力为水平压力 $\sigma_3''=K_0\gamma(H+z)$,其中 K_0 为土的静止侧压力系数,一般小于 1。由于 σ_1' 和 σ_1'' 的方向不一致,故不能直接相加。在实用中为简化计算,近似地假定 K_0 为 1,则 $\sigma_1''=\sigma_3''$,这意味着 N 点在土体自重作用下将产生相当于静水压力的受力状态,即在任何方向的

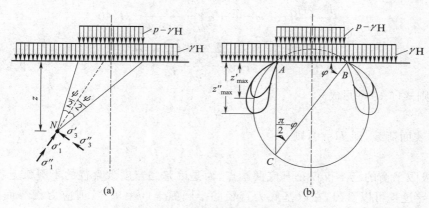

图 6-2　地基临塑压力的计算图示

压力是相等的。这样，两部分应力就可直接相加了。此时 N 点的大小主应力将分别为

$$\left.\begin{array}{c}\sigma_1\\\sigma_3\end{array}\right\}=\begin{array}{c}\sigma_1'+\sigma_1''\\\sigma_3'+\sigma_3''\end{array}=\frac{p-\gamma H}{\pi}(\psi\pm\sin\psi)+\gamma(H+z) \qquad (6\text{-}2)$$

假定 N 点的应力已达到极限平衡，按照一点极限平衡的应力条件，大小主应力应满足式（5-5），故把式（6-2）代入式（5-5）中，得

$$\sin\varphi=\frac{\dfrac{p-\gamma H}{\pi}\sin\psi}{\dfrac{p-\gamma H}{\pi}\psi+\gamma(H+z)+c\cot\varphi}$$

或改写为

$$z=\frac{p-\gamma H}{\gamma\pi}\left(\frac{\sin\psi}{\sin\varphi}-\psi\right)-\frac{c}{\gamma\tan\varphi}-H \qquad (6\text{-}3)$$

上式是在压力 p 为定值时，以 z 和 ψ 为变量的塑性区边界方程，见图 6-2（b）。该塑性区的最大深度 z_{max} 可通过令 $\dfrac{\mathrm{d}z}{\mathrm{d}\psi}=0$ 求得，即

$$\frac{\mathrm{d}z}{\mathrm{d}\psi}=\frac{p-\gamma H}{\gamma\pi}\left(\frac{\cos\psi}{\sin\varphi}-1\right)=0$$

其解为

$$\cos\psi=\sin\varphi=\cos\left(\frac{\pi}{2}-\varphi\right)$$

$$\psi=\frac{\pi}{2}-\varphi \qquad (6\text{-}4)$$

将式（6-4）代入式（6-3）中，可求得塑性区的最大深度为

$$z_{max}=\frac{p-\gamma H}{\gamma\pi}\left(\cot\varphi-\frac{\pi}{2}+\varphi\right)-\frac{c}{\gamma\tan\varphi}-H \qquad (6\text{-}5)$$

对于一定的基底压力 p，通过式（6-4）和式（6-5）可定出塑性区最大深度位置的变化轨迹，如图 6-2（b）。由基底任一端 B 作与基底成 φ 角的直线，与过基底另一端 A 的竖直线相交于 C，再以 BC 为直径作圆，则此圆即为塑性区最大深度 z_{max} 所在位置的变化轨迹。显然，在圆弧上任一点的视角 $\psi=\pi/2-\varphi$，都满足条件式（6-9）。这里必须指出，基底压力 p 必须大于 p_a，否则，地基中就不会产生塑性区，更谈不到求 z_{max} 了。这时的压力 p 相当于图 6-1（a）中 $p—s$ 曲线上 ak 段的压力。当压力逐步减小时，则塑性区将收缩，z_{max} 变小，当 z_{max} 变为零时，意味着塑性区收缩至条形基础的两端点，与此相应的基底压力也就是临塑压力 p_a 了，故在式（6-5）中令 $z_{max}=0$，可解出 p_a，即令

$$\frac{p-\gamma H}{\gamma \pi}\left(\cot \varphi - \frac{\pi}{2} + \varphi\right) - \frac{c}{\gamma \tan \varphi} - H = 0$$

得

$$p = p_a = \frac{\pi(c \cot \varphi + \gamma H)}{\cot \varphi - \frac{\pi}{2} + \varphi} + \gamma H \qquad (6\text{-}6)$$

若有 $\varphi = 0$，则式(6-6)可写成

$$p_a = c\pi + \gamma H \qquad (6\text{-}7)$$

若同时又为表面荷载，即 $H = 0$，则

$$p_a = c\pi \qquad (6\text{-}8)$$

这时，达到极限平衡的已不仅仅是基底两端点，而是以基底宽度为直径的半圆弧上各点。由式(3-47)的推导过程可以看出，在以基底为直径的半圆弧上 $(\psi = 90°)$，剪应力相等而且为最大，即 $\tau = \tau_{max} = p/\pi$，当 $\varphi = 0$ 时，则土的抗剪强度 $S = c$，如 $\tau_{max} = S = c$，则在半圆弧上的各点将同时达到极限平衡，故 $\tau_{max} = p/\pi = c$，或 $p = p_a = c\pi$，这和式(6-8)完全一致。

由式(6-6)可看出，临塑压力 p_a 仅与 γ、H、c 和 φ 等参数有关，而与基础宽度无关。这是因为 p_a 是相当于基底两端点处达到极限平衡时的基底压力，而这一点达到极限平衡只决定于这一点的外侧压力 γH 和内侧压力 p_a 以及土的力学参数 c 和 φ，故与基础宽度无关。

当 $\varphi \neq 0$ 时，用 p_a 作为地基的容许承载力是足够安全的，因为此时的地基只有位于基础两端点处达到极限平衡，而整个地基仍处于弹性应力状态。如塑性区再扩大一些，也不至于引起整个地基的破坏。故有人建议用塑性区的最大深度达到基础宽度的 1/4 或 1/3 时的基底压力作为地基容许承载力。但必须看到，用式(6-5)确定塑性区的最大深度 z_{max} 在理论上是有矛盾的，因在推导过程中，计算土中应力时采用了弹性半无限体的公式，现又假定地基中出现了塑性区，显然这已不是弹性半无限体了。严格地说，式(6-3)并不能代表塑性区的图形，式(6-5)也不能代表塑性区的最大开展深度。原则上只有根据土的本构关系进行计算才能得到合理的塑性区图形。不过当式(6-5)中的 z_{max} 逐渐向零收敛时，这种矛盾就逐步缩小。当 $z_{max} = 0$，即塑性区为零时，矛盾也就消失了。所以用式(6-3)、式(6-5)求 p_a 是可以的，而用塑性区的最大发展深度达某一界限值时的基底压力（称为临界荷载）作为地基容许承载力只是工程中采用的近似方法。

第三节 浅基础地基极限承载力的理论解

一、垂直中心荷载下均质土浅基础地基极限承载力

要求得浅基础的地基极限荷载或地基极限承载力 p_k 的精确解，理论上可通过引入土的极限平衡条件后求解力平衡微分方程式(3-6)而得出，但该式是一组非线性偏微分方程，目前难以求得其解析解，通常只能进行数值计算求解。如索柯洛夫斯基在"散体静力学"中所述的滑线网解法等，但该类解法比较繁琐。多年来人们一直在研究简化计算方法。一般的先假定地基破坏图式，再根据静力平衡原理求得地基极限荷载。这一类近似方法称为极限平衡法。有关这方面的理论公式很多，对于浅埋基础，常用勃朗特－维西克(Prandtl-Vesic)的近似公式。

和其他类似公式一样，勃朗特－维西克分两步假设来计算地基的极限承载力：第一步，假设地基土自重为零，但黏聚力和基底以上的土层压力 q_0 $(q_0 = \gamma H$，以下称为过载)不为零，由此算出地基的极限压力 p'_k；第二步，假设地基的黏聚力和过载为零，但自重不为零，可算出另一

极限压力 p''_k。对于一般地基,即地基自重、黏聚力和过载等均不为零的极限压力计算,可以用 $p_k = p'_k + p''_k$ 作为近似解答。从理论上讲,因为两次假定的地基条件不同,所产生的破坏形式也不一样,因此不能线性叠加。换言之,上述两个极限压力之和是不等于精确解的极限压力的。但计算情况表明,这样算出的结果误差不大,而且数值偏小,故偏安全。所以这种近似算法仍能被设计者所接受。现将其计算步骤分述如下:

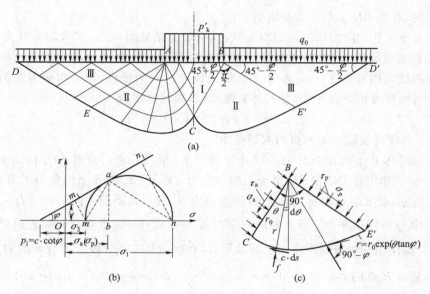

图 6-3　$\gamma = 0$ 时,浅基一般剪切破坏图式

(1)假设 $\gamma = 0$,即地基无自重。设基础埋有一定深度,即基底两侧存在着过载 q_0,地基在基底压力 p'_k 作用下,形成图 6-3(a)所示的滑动图式。滑动体是对称的,可将其分成 I、II 和 III 三个相连的滑动区,在基础下面为三角形极限平衡区 I,由于该土体直接受 p'_k 作用而向两侧挤压,故称主动区,其滑面 AC 和 BC 与基底面(大主应力作用面)的夹角为 $45° + \varphi/2$。基础外侧为三角形极限平衡区 III,由于该土体受 II 区挤压而产生被动变形,故称被动区,其滑动面 AE 和 ED 与水平面(小主应力作用面)的交角为 $45° - \varphi/2$。在 I 区和 III 区之间存在着扇形极限平衡区 II,此为过渡区,其底部滑动面假定为对数螺旋线,扇形区的顶角为 $90°$。上述三个区相互间处于静力平衡状态,可以由此解出基底压力 p'_k。

首先,研究主动区 I 的应力状态。作用在该区顶面 AB 上的竖向压力 p'_k 是大主应力 σ_1(假定基底光滑,剪应力为零)。由于 $\gamma = 0$,所以在 I 区中任何位置上的主应力均相等,故滑面 BC 上任意点的大主应力也应是 p'_k。作用在该滑面上的法向应力 σ_a 可用应力圆求解。如图 6-3(b),在 σ 轴上取一 n 点,使 $On = p'_k = \sigma_1$,过 n 点作极限应力圆切强度线于 a 点,过 a 点作 σ 轴的垂线 ab 交 σ 轴于 b 点,再过 n 点作强度线的垂线,交该线于 n_1。由图可得如下关系:

$$\sigma_a = Ob = On - bn = On - nn_1 = \sigma_1 - (p_i + \sigma_1)\sin\varphi$$
$$= p'_k - (p_i + p'_k)\sin\varphi = p'_k(1 - \sin\varphi) - p_i\sin\varphi \qquad (6\text{-}9)$$

式中 $p_i = c\cot\varphi$。

很显然,BC 面上的法向应力 σ_a 是常数,与深度无关。

其次,研究被动区 III 的应力状态。在该区顶面有过载 q_0,它是小主应力 σ_3。由于不计重力,故在滑面 BE' 上任意点处的小主应力亦应等于 q_0。作用在该面上的法向应力 σ_p 同样可用图 6-3(b)中的应力圆求解,不过这时的极限应力圆应代表被动区的应力状态。在该图中设 $Om=q_0=\sigma_3$,过 m 点作强度线的垂线并交该线于 m_1 点,由该图可推导出如下关系:

$$\sigma_p=Ob=Om+mb=Om+mm_1=\sigma_3+(p_i+\sigma_3)\sin\varphi$$
$$=q_0(1+\sin\varphi)+p_i\sin\varphi \tag{6-10}$$

σ_p 与深度无关,它在 BE' 上的分布是常数。

再研究扇形区 Ⅱ 的应力状态。如图 6-3(c),扇形的顶角为 $90°$。其滑动面分为两组:一组为过 B 点的辐射状径线;一组是相互平行的对数螺旋线。辐射径线与对数螺旋线的夹角为 $\pi/2-\varphi$。该曲线可用极坐标 (r,θ) 表示。令 B 为极点,BC 为极轴,则一组辐射线为 $\theta=$ 常数,而另一组为与辐射线相交成 $\pi/2-\varphi$ 的对数螺旋线,其表达式为

$$r=r_0\exp(\theta\tan\varphi) \tag{6-11}$$

式中 r_0——曲线在极轴上初始点的起始径距。

作用在扇形体 Ⅱ 上的所有外力共同处于静力平衡状态,它们对极点 B 的力矩之和应为零,即 $\sum M_B=0$。作用在 BC 和 BE' 滑面上的剪应力 τ 以及 CE' 曲面上的反力 f 都通过 B 点,相应的力矩为零,剩下的是 σ_a、σ_p 和 $c\cdot ds$ 的合力力矩。BC 滑动面上的法向应力 σ_a 对 B 点的力矩为 $\sigma_a\cdot\overline{BC}^2/2$;作用在 BE' 面上的法向应力 σ_p 可由式(6-10)求得,同理,它对 B 点的力矩为 $\sigma_p\cdot\overline{BE'}^2/2$;作用在对数螺旋曲面上的黏聚力,在曲面某一微分段上所分布的力为 $c\cdot ds=c\cdot\dfrac{r}{\cos\varphi}d\theta$,它对 B 点的力矩为 $c\cdot ds\cdot r\cos\varphi=c\cdot r^2 d\theta=cr_0^2\exp(2\theta\tan\varphi)\cdot d\theta$。因而在 CE' 曲面上的黏聚力对 B 点的合力矩可通过积分求得:

$$\int_0^{\pi/2}cr^2 d\theta=cr_0^2\int_0^{\pi/2}\exp(2\theta\tan\varphi)\cdot d\theta=\frac{1}{2}cr_0^2\cot\varphi[\exp(\pi\tan\varphi)-1] \tag{6-12}$$

上述三部分力矩中由 σ_a 所产生的力矩是滑动力矩,而由 σ_p 和 c 所产生的力矩是抗滑力矩。由扇形体的平衡,三部分力矩之和应为零,故写出:

$$\sum M_B=\frac{1}{2}\sigma_a\overline{BC}^2-\frac{1}{2}\sigma_p\overline{BE'}^2-\frac{1}{2}cr_0^2\cot\varphi[\exp(\pi\tan\varphi)-1]=0 \tag{6-13}$$

式中 $\overline{BC}$——扇形区螺旋曲线的起始径距 r_0;

$\overline{BE'}$——该曲线的终点径距 r_1,$r_1=r_0\exp(\dfrac{\pi}{2}\tan\varphi)$。

现把 $\overline{BC}$、$\overline{BE'}$ 及由式(6-9)、式(6-10)求出的 σ_a、σ_p 诸值代入式(6-13)中,整理后求得:

$$p'_k=q_0\frac{1+\sin\varphi}{1-\sin\varphi}\cdot\exp(\pi\tan\varphi)+p_i\left[\frac{1+\sin\varphi}{1-\sin\varphi}\cdot\exp(\pi\tan\varphi)-1\right]$$

写为

$$p'_k=q_0\tan^2(45+\frac{\varphi}{2})\cdot\exp(\pi\tan\varphi)+c\cot\varphi\left[\tan^2(45+\frac{\varphi}{2})\cdot\exp(\pi\tan\varphi)-1\right] \tag{6-14}$$

由于不考虑地基自重,上式中未包含基础的宽度 b,也就是求得的极限压力与基础的宽度无关。如令:

$$N_q=\tan^2(45+\frac{\varphi}{2})\cdot\exp(\pi\tan\varphi) \tag{6-15}$$

$$N_c=\cot\varphi\left[\tan^2(45+\frac{\varphi}{2})\cdot\exp(\pi\tan\varphi)-1\right]=(N_q-1)\cot\varphi \tag{6-16}$$

则式(6-14)又可写成：

$$p'_k = N_q q_0 + N_c c = N_q \gamma H + N_c c \tag{6-17}$$

(2)假设地基土无黏聚力，而且基础置于地基表面，即 $c = q_0 = 0$。在这种情况下，$\gamma \neq 0$ 时地基的极限压力 p''_k 主要取决于地基土的自重，并与基础宽度成正比，它的表达式为

$$p''_k = \frac{1}{2} \gamma b N_\gamma \tag{6-18}$$

式中　b——基础宽度；

　　N_γ——承载力系数，它是决定于 φ 的无量纲系数。

因为考虑重力，所以各滑面上的大、小主应力的量值及方向均随深度而变化，故上式中的 N_γ 难以通过解析法求出，通常用数值求解。它随基底下三角形楔体斜边与基底之夹角 α 的改变而发生显著变化。

必须指出，现有各种极限承载力公式所算得的结果相差很大，其根源在于各公式所假定的基底下三角形楔体的斜角 α 不同，从而得出差别很大的 N_γ 值。目前多倾向于采用卡柯—克雷塞(Caquot-Kerisel)的算法。计算时采用 $\alpha = 45° + \varphi/2$，通过不同的 φ 值计算出 N_γ 值。后来维西克(Vesic)提出用一个近似的经验公式来代替，即

$$N_\gamma \approx 2(N_q + 1) \tan \varphi \tag{6-19}$$

上述两步计算都是在对地基情况作特殊假定的条件下进行的。对于一般情况，即基础有一定的埋深，并同时考虑地基土的自重 γ、黏聚力 c 和内摩擦角 φ（即 $\gamma \neq 0, c \neq 0, \varphi \neq 0, q_0 \neq 0$），这时地基的极限压力 p_k 等于前述两步假定的极限压力之和，即：

$$p_k = p'_k + p''_k = N_q \gamma H + N_c c + \frac{1}{2} \gamma b N_\gamma \tag{6-20}$$

上式中的 N_q、N_c 和 N_γ 都是 φ 的函数，称为承载力系数，可由式(6-15)、式(6-16)和式(6-19)求得，也可由图 6-4 得出。

式(6-20)只适用于中心竖向荷载作用下的条形基础。当基础形状改变，荷载出现偏心或倾斜，地基的极限荷载将相应发生变化。从理论上来研究这些变化甚为复杂，而目前倾向于采用经验修正方法，即对式(6-20)的 N_q、N_c 和 N_γ 各乘上适当的修正系数。例如，对矩形、方形等不同的基础形状，可乘上相应的形状修正系数 ξ_q、ξ_c 和 ξ_γ，其值可按维西克所推荐的表 6-1 查得。若荷载是倾斜的，则乘上相应的倾斜修正系数 i_q、i_c 和 i_γ，其值同样可以查表 6-1。若基础形状改变和倾斜荷载同时发生，则式(6-20)可改写成：

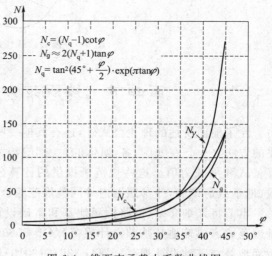

图 6-4　维西克承载力系数曲线图

$$p_k = q_0 i_q \xi_q N_q + c i_c \xi_c N_c + \frac{1}{2} \gamma b i_r \xi_r N_r \tag{6-21}$$

表 6-1 承载力系数(勃朗特—维西克公式)

1. 基础形状修正系数			
基础形状($b<a$)	ξ_q	ξ_c	ξ_γ
条形基础	1	1	1
矩形基础($a \cdot b$)	$1+\dfrac{b}{a}\tan\varphi$	$1+\dfrac{b}{a}\left(\dfrac{N_q}{N_c}\right)$	$1-0.4\dfrac{b}{a}$
圆形和方形基础	$1+\tan\varphi$	$1+\dfrac{N_q}{N_c}$	0.6
2. 倾斜荷载修正系数			
i_q	i_c		i_γ
$\left(1-\dfrac{H}{V+ab\cdot c\cdot\cot\varphi}\right)^2$	$i_q-\left(\dfrac{1-i_q}{N_c\tan\varphi}\right)$		$(i_q)^{3/2}$

注:当 $\varphi=0$ 时,$i_c=1-\dfrac{2H}{ba\cdot c\cdot N_c}$,表中 H 为水平荷载,V 为垂直荷载。

二、垂直偏心荷载下均质土浅基础地基极限承载力

对于偏心荷载的修正,梅耶霍夫(Meyerhof)提出如下简化方法:假定荷载的偏心距为 e,如图 6-5,使用换算基础宽度 $b'=b-2e$,然后按前面所述用计算中心竖向荷载的方法来计算偏心荷载作用下的地基极限承载力。

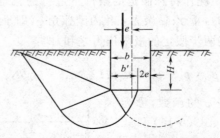

图 6-5 偏心荷载作用时的简化计算图示

第四节 按规范方法确定地基承载力

除了前面所述的理论公式外,还有其他一些用于确定地基承载力的方法,其中规范法为重要的方法之一。在我国,各地区和有关部门相关地基基础设计规范通常都给出地基承载力计算公式和承载力值。这些规范所提供的计算公式和承载力值,主要是根据土工试验、工程实践、地基载荷试验,并参照国内外同类规范综合考虑确定的,具有足够的安全储备。

本节将详细介绍《铁路桥涵地基和基础设计规范》(TB 10093—2017)(以下简称《铁路地基规范》)、《建筑地基基础设计规范》(GB 50007—2011)(以下简称《建筑地基规范》)和《公路桥涵地基与基础设计规范》(JTG 3363—2019)(以下简称《公路地基规范》)中确定地基承载力的方法。

一、按《铁路地基规范》确定地基承载力

对于铁路桥涵基础,可以利用《铁路地基规范》所推荐的各种地基的基本承载力表和承载力经验公式确定地基的容许承载力。在《铁路地基规范》中,地基的容许承载力以$[\sigma]$表示,它相当于把地基的极限承载力除以大于 1 的安全系数 K。而基本承载力系指当基础宽度 $b \leqslant 2$ m,埋置深度 $h \leqslant 3$ m 时的地基容许承载力,以 σ_0 表示。该规范给出的基本承载力数据表,都是根据我国各地不同地基上已有建筑物的观测资料和载荷试验资料(有关载荷试验将在下节讨论)用统计分析方法制订出来的。若要利用这些表格中的数据,必须先划分地基土的类别并测定其物理力学指标,然后从表中找到相对应的基本承载力 σ_0。当基础宽度大于 2 m、深度大于 3 m 时,则可根据 σ_0 按本部分(二)中的方法进行宽、深修正以求得地基的容许承载力 $[\sigma]$。

(一)地基的基本承载力 σ_0

1. 黏性土

黏性土的类型很多,有经过水的搬运沉积下来的沉积土,有基本没有经过搬运就地风化成的残积土。有的同是沉积土,但因沉积年代不同,性质不一。故它们的承载力不能笼统地按同一物理力学指标来确定,必须根据土的具体情况区别对待。

对于 Q_4 冲积或洪积黏性土,其沉积年代较短,土的结构强度小,对土的承载力影响不大。根据大量试验资料整理分析得知,决定地基承载力的主要参数是土的液性指数 I_L 和天然孔隙比 e。故可按 I_L 和 e 由表 6-2 查出 σ_0。当土中含有粒径大于 2 mm 的颗粒,且其质量占全土重 30% 以上时,σ_0 可酌量提高。

对于 Q_3 或以前的冲、洪积黏性土,或处于半干硬状态的黏性土,由于沉积年代久远和含水率低,土的结构强度较高,土的力学指标就显得突出。经过大量试验资料的分析发现,土的压缩模量 E_s 为该类土承载力的一个控制参数。按《铁路地基规范》制表时的统一规定:

$$E_s = \frac{1+e_1}{a_{1\sim2}} \tag{6-22}$$

其中 e_1 为土样在 0.1 MPa 压力下的孔隙比,$a_{1\sim2}$ 为土样在 0.1~0.2 MPa 压力段内的压缩系数。根据土的 E_s 值,就可由表 6-3 查出 σ_0 来。当 $E_s < 10$ MPa 时,σ_0 可按表 6-2 确定。

表 6-2　Q_4 冲、洪积黏性土地基的基本承载力 σ_0(kPa)

液性指数 I_L　孔隙比 e	0	0.1	0.2	0.3	0.4	0.5	0.6	0.7	0.8	0.9	1	1.1	1.2
0.5	450	440	430	420	400	380	350	310	270	240	220	—	—
0.6	420	410	400	380	360	340	310	280	250	220	200	180	—
0.7	400	370	350	330	310	290	270	240	220	190	170	160	150
0.8	380	330	300	280	260	240	230	210	180	160	150	140	130
0.9	320	280	260	240	220	210	190	180	160	140	130	120	100
1	250	230	220	210	190	170	160	150	140	120	110	—	—
1.1	—	—	160	150	140	130	120	110	100	90	—	—	—

表 6-3　Q_3 及其以前冲(洪)积黏性土地基的基本承载力 σ_0

压缩模量 E_s/MPa	10	15	20	25	30	35	40
σ_0/kPa	380	430	470	510	550	580	620

残积黏性土因没有经过较大的搬运过程,仍然保存着较高的结构强度,其压缩模量 E_s 同样成为地基承载力的控制参数,但 σ_0 和 E_s 之间的变化规律和上述黏性土不一样。表 6-4 为

残积黏性土的基本承载力表,其用法和表 6-3 相同。该表主要适用于西南地区碳酸盐类岩层的残积红土,其他地区可参照使用。

表 6-4 残积黏性土地基基本承载力 σ_0

压缩模量 E_s/MPa	4	6	8	10	12	14	16	18	20
σ_0/kPa	190	220	250	270	290	310	320	330	340

在使用上述各表时,若地基土的 I_L、e 和 E_s 诸值介于表中两数之间,可用线性内插法求 σ_0。

2. 粉土

决定粉土地基承载力的主要因素是土的天然孔隙比 e 和天然含水率 w,故可根据该两个指标由表 6-5 查得地基的基本承载力 σ_0,表中括号内的数值仅供内插使用。

表 6-5 粉土地基的基本承载力 σ_0 (kPa)

e \\ w/%	10	15	20	25	30	35	40
0.5	400	380	(355)				
0.6	300	290	280	(270)			
0.7	250	235	225	215	(205)		
0.8	200	190	180	170	165		
0.9	160	150	145	140	130	(125)	
1.0	130	125	120	115	110	105	(100)

注:(1) e 为土的天然孔隙比,w 为土的天然含水率;

(2) 湖、塘、沟、谷与河漫滩地段的粉土以及新近沉积的粉土应根据当地经验取值。

关于黏性土和粉土的划分,请参见本书第一章。

3. 砂性土

决定砂性土地基 σ_0 的主要因素是土的密实度和土的颗粒级配,它直接影响到土的内摩擦角 φ、重度 γ 和地基承载力。同时应考虑地下水对细、粉砂的影响。这不仅是涉及水的浮力作用,还要考虑细粉砂的振动液化问题。所以表 6-6 对于粗、中砂按砂土分类的密实度来决定 σ_0,而对于细、粉砂除考虑土的分类和密实度外,还要考虑水的影响。同样的细、粉砂在非饱和状态下的 σ_0 要大于饱和状态下的 σ_0,饱和的稍松细、粉砂则没有给出承载力。

表 6-6 砂类土地基的基本承载力 σ_0 (kPa)

土 名	密实程度 \\ 湿度	稍 松	稍 密	中 密	密 实
砾砂、粗砂	与湿度无关	200	370	430	550
中砂	与湿度无关	150	330	370	450
细砂	稍湿或潮湿	100	230	270	350
	饱和	—	190	210	300
粉砂	稍湿或潮湿	—	190	210	300
	饱和		90	110	200

砂土的密实程度可按相对密实度 D_r 或标准贯入试验来划分,请参见本书第一章相关内容。

4. 碎石类土

碎石类土的承载力与土的碎石类型有关。当为颗粒粒径较大而圆浑的卵石时,其强度要比粒径小而多棱角的砾石为高。另一方面它又与土的密实程度有关,所以碎石类土的基本承载力主要决定于土的类型和密实程度,其 σ_0 列于表 6-7 中。使用该表格时还要注意,当土名相同时,其承载力的变化还与填充物和碎石的坚硬程度有关。故表中所列的 σ_0 有一个变化范围,凡填充物为砂类土时取高值,填充物为黏性土时取低值,碎石质坚者取高值,质软者取低值。如碎石类土是半胶结的,可按同类密实土的 σ_0 值提高 $10\%\sim30\%$。对于漂石土和块石土的 σ_0 值,可参照卵石土和碎石土适当提高。

表 6-7　碎石类土地基的基本承载力 σ_0 (kPa)

土 名 / 密实程度	松　散	稍　密	中　密	密　实
卵石土、粗圆砾土	300～500	500～650	650～1 000	1 000～1 200
碎石土、粗角砾土	200～400	400～550	550～800	800～1 000
细圆砾土	200～300	300～400	400～600	600～850
细角砾土	200～300	300～400	400～500	500～700

关于碎石类土的密实程度的划分,可根据动力触探 $N_{63.5}$、开挖时的难易程度、孔隙中填充物的紧密程度、开挖后边坡的稳定状态、钻孔时的钻入阻力等进行综合判定。

5. 岩石地基

岩石地基的承载力不能简单地取一个岩样作单轴压力试验来判定,因为整个岩体存在着节理和裂隙。岩样强度是单个的、局部的,不能代表岩石地基的整体强度。所以在确定岩石地基承载力时既要考虑岩石的坚硬程度,又要考虑岩石的节理和裂隙发育情况。表 6-8 为岩石地基的 σ_0,在表中把岩石按坚硬程度分为硬质岩、较软岩、软岩和极软岩四类。节理发育情况也分成不发育(或较发育)、发育和很发育三类。显然节理不发育或较发育岩层的承载力较节理发育者为高。

表 6-8　岩石地基的基本承载力 σ_0 (kPa)

岩石类别 / 节理发育程度	节理很发育 节理间距 2～20cm	节理发育 节理间距 20～40cm	节理不发育或较发育 节理间距大于 40cm
硬质岩	1 500～2 000	2 000～3 000	大于 3 000
较软岩	800～1 000	1 000～1 500	1 500～3 000
软岩	500～800	700～1 000	900～1 200
极软岩	200～300	300～400	400～500

如地基为风化岩石,应根据风化后残积物的形态类别,按同类型土的承载力表查其 σ_0。对于岩石的裂隙呈张开形态或有泥质填充时,表中数值应取低值。对于溶洞、断层、软弱夹层、易溶岩等情况,应个别研究以确定其地基承载力。

(二)一般地基的容许承载力

当基础宽度 b 大于 2 m,埋深 h 超过 3 m,且埋深与宽度之比 h/b 不大于 4 时,可按下列公

式计算地基的容许承载力$[\sigma]$:

$$[\sigma]=\sigma_0+k_1\gamma_1(b-2)+k_2\gamma_2(h-3) \tag{6-23}$$

式中　$[\sigma]$——地基的容许承载力;

σ_0——地基的基本承载力;

b——基础宽度,当大于 10 m 时,按 10 m 计算;

h——基础的埋置深度,对于受水流冲刷的墩台基础,由一般冲刷线算起,不受水流冲刷者,由天然地面算起;位于挖方区内时,由开挖后的地面算起;

γ_1——基底以下持力层土的天然重度;

γ_2——基底以上土的天然重度,如基底以上为多层土,则取各层土重度的加权平均值;

k_1,k_2——宽度、深度修正系数,按持力层土的类型决定,可参照表 6-9 取值。

表 6-9　地基承载力的宽度和深度修正系数

土的类别 系数	黏 性 土				粉土	黄土		砂类土								碎石类土			
	Q_4 的冲、洪积土		Q_3 及其以前的冲、洪积土	残积土		新黄土	老黄土	粉砂		细砂		中砂		粗砂砾砂		碎石圆砾角砾		卵石	
	$I_L<0.5$	$I_L\geqslant0.5$						稍、中密	密实	稍、中密	密实	稍、中密	密实	稍、中密	密实	稍、中密	密实	稍、中密	密实
k_1	0	0	0	0	0	0	0	1	1.2	1.5	2	2	3	3	4	3	4	3	4
k_2	2.5	1.5	2.5	1.5	1.5	1.5	1.5	2	2.5	3	4	4	5.5	5	6	5	6	6	10

由形式上看,式(6-23)与理论公式(6-20)很相似,都由三项组成,而且第二项含有 γb,第三项含有 γh(也即 γH)。这说明经验公式中的每项都具有一定的力学意义。第二项主要来自基底以下滑动土体的重力,故 γ_1 是指基底以下土的重度。如在水下,且为透水土,γ_1 应考虑浮力影响,采用浮重。第三项是表示过载作用,故 γ_2 是基底以上土的重度。如基础在水面以下,且持力层为透水者,则过载将受浮力作用,故基底以上的水下土层不论是否透水,其 γ_2 均应采用浮重。若持力层为不透水者,则作为过载的不仅有基底以上的土颗粒重,而且也包含孔隙水重,故不论基底以上的水下土是否透水,γ_2 均应采饱和重度。

式(6-23)第二项中含有宽度 b,随着基础宽度的增大,地基承载力也相应的提高,这反映该公式与地基承载力的理论公式有一致性。但考虑到基础宽度超过一定值时,地基荷载应力的影响深度也相应加大,随之而来的是沉降量增加,对于建筑物的使用而言这是不利的,因此对地基承载力随宽度的增加应有所限制。《铁路地基规范》规定,当基础宽度 b 大于 10 m 时,式(6-23)中的 b 值仍取 10 m。该公式中第三项含有 h,说明承载力随基础埋深成线性地增加。对于浅基础,这个公式仍大致可用,但对于深基础就不可用了。试验结果表明,承载力随深度的变化并非线性关系,而是随深度的增加,承载力的增长率逐步递减。故《铁路地基规范》又规定式(6-23)只限用于 $h/b\leqslant4$ 的情况。

经验公式中的 k_1、k_2 与理论公式中的 N_γ、N_q 有一定对应关系,它们都是 φ 的函数。考虑到当 $\varphi=0$ 时,$N_\gamma=0$ 这一规律,黏性土的 φ 值一般都偏小,故 k_1 值也应取小值。另一方面,又考虑到黏性土地基的沉降量较大,公式第二项中含有宽度 b 的因素,对沉降不利,故表 6-9 中对黏性土的 k_1 值一律取零,以策安全。

对于稍松砂土和松散的碎石类土地基,k_1、k_2 值可取表中稍、中密值的 50%。对于岩石地基,如节理不发育或较发育者,不作任何深宽修正。对于节理发育或很发育的岩石地基,则可采用碎石类土的宽度和深度修正系数。对于已风化成砂土、黏性土者，可参照砂土、黏性土的修正系数。

（三）软土地基容许承载力

软土地基，包括淤泥和淤泥质土地基，在进行地基基础设计时，必须通过检算，使之满足地基的强度和变形的要求。在检算地基沉降量的同时，还要按下式计算$[\sigma]$，以供检算地基强度之需：

$$[\sigma] = 5.14c_u \cdot \frac{1}{m} + \gamma_2 h \qquad (6\text{-}24)$$

式中　m——安全系数，视软土灵敏度及建筑物对变形的要求等因素而选用 $1.5\sim2.5$；

　　　c_u——土的不排水剪切强度；

　　　γ_2, h——同式（6-23）。

建于软土地基上的小桥和涵洞基础也可用下式确定地基的容许承载力：

$$[\sigma] = \sigma_0 + \gamma_2(h - 3) \qquad (6\text{-}25)$$

式中　γ_2, h——同式（6-23）；

　　　σ_0——软土地基的基本承载力，可由表 6-10 查得。

表 6-10　软土地基的基本承载力 σ_0（kPa）

天然含水率 $w/\%$	36	40	45	50	55	65	75
σ_0	100	90	80	70	60	50	40

（四）地基承载力的提高

对于下列情况可考虑适当提高地基容许承载力$[\sigma]$：

（1）修建在水中的基础，如果持力层不是透水土，则地基以上水柱将起到过载或反压平衡作用，因而可提高地基承载力。故《铁路地基规范》规定，这种情况下，由常水位到河床一般冲刷线，水深每高 1 m，容许承载力$[\sigma]$可增加 10 kPa。

（2）当上部荷载为主力加附加力时，考虑到附加力是非长期恒定作用的活载，对地基的作用相对较小且作用方向可变，故可将$[\sigma]$提高 20%，提高幅度的确定应与附加力大小和作用时间长短相关联。

（3）当上部荷载为主力加特殊荷载（地震力除外）时，考虑到特殊荷载出现的几率较小，作用时间短暂，而土的短时动强度一般要高于静强度，因此可将$[\sigma]$适当提高。提高的幅度与地基土的状态有关，参见表 6-11。

表 6-11　主力加特殊荷载（地震力除外）作用下地基容许承载力的提高系数

地基情况	提高系数
$\sigma_0 > 500$ kPa 的岩石和土	1.4
150 kPa $< \sigma_0 \leqslant 500$ kPa 的岩石和土	1.3
100 kPa $< \sigma_0 \leqslant 150$ kPa 的土	1.2

（4）既有桥台的地基土因受多年运营荷载的压实至密，故其基本承载力可予以提高，但提高值不应超过 25%。

二、按《建筑地基规范》确定地基承载力

地基土属于大变形材料，当外荷载增加时，地基的变形相应增长，实际上很难界定出一个真正的"承载力极限值"来。由此,《建筑地基规范》更加强调按变形控制设计的思想,并将地基的容许承载力称为承载力特征值,同时给出了下述定义:由载荷试验测定的地基土压力变形曲线线性变形段内规定的变形所对应的压力值,其最大值为比例界限值。

《建筑地基规范》推荐按下述经验公式计算地基的承载力特征值:

$$f_a = f_{ak} + \eta_b \gamma (b-3) + \eta_d \gamma_m (d-0.5) \tag{6-26}$$

式中　f_a——修正后的地基承载力特征值;

f_{ak}——地基承载力特征值,可由载荷试验或其他原位测试、公式计算、并结合工程实践经验等方法综合确定;

γ——基础底面以下土的重度,地下水位以下取浮重度;

γ_m——基础底面以上土的加权平均重度,地下水位以下取浮重度;

η_b、η_d——基础宽度和埋置深度的承载力修正系数,按基底下土的类别查表 6-12 确定;

表 6-12　地基承载力修正系数

土 的 类 别		η_b	η_d
淤泥和淤泥质土		0	1.0
人工填土 e 或 I_L 大于等于 0.85 的黏性土		0	1.0
红黏土	含水比 $a_w > 0.8$	0	1.2
	含水比 $a_w \leqslant 0.8$	0.15	1.4
大面积 压实填土	压实系数大于 0.95、黏粒含量 ≥10% 的粉土	0	1.5
	最大干密度大于 2.1 t/m³ 的级配砂石	0	2.0
粉　土	黏粒含量 ≥10%	0.3	1.5
	黏粒含量 <10%	0.5	2.0
e 或 I_L 均小于 0.85 的黏性土		0.3	1.6
粉砂、细砂(不包括很湿与饱和时的稍密状态)		2.0	3.0
中砂、粗砂、砾砂和碎石土		3.0	4.4

注:(1)强风化和全风化的岩石,可参照所风化成的相应土类取值,其他状态下的岩石不修正;

(2)地基承载力特征值按深层平板载荷试验确定时,η_d 取 0;

(3)$a_w = w/w_L$。

b——基础的底面宽度,矩形基础应取其短边,当基础宽度小于 3 m 时取为 3 m,大于 6 m 时取为 6 m;

d——基础的埋置深度,一般自室外地面标高算起。在填方整平地区,可自填土地面标高算起,但填土在上部结构施工后完成时,应从天然地面标高算起。对于地下室,当采用独立基础或条形基础时,基础埋深应从室内地面标高算起;当采用筏基或箱基时,应自室外地面标高算起。

由于我国地域辽阔,地基土的区域性特征十分突出,为了避免全国使用统一表格所引起的种种弊端,《建筑地基规范》舍弃了传统的承载力表,而更加突出了载荷试验和原位测试以及工程经验的重要性。

当荷载偏心距 e 小于或等于基底宽度的 1/30 时,地基承载力特征值也可由地基土强度指标的标准值 φ_k 和 c_k,通过下列承载力理论公式计算得出:

$$f_a = M_b \gamma b + M_d \gamma_m d + M_c c_k \tag{6-27}$$

式中　f_a——由地基土的抗剪强度指标确定的地基承载力特征值;

b——基础底面宽度,大于 6 m 时取为 6 m,对于砂土,小于 3 m 时取为 3 m;

　　c_k——基底以下一倍基础短边宽度的深度范围内土的黏聚力标准值;

M_b、M_d、M_c——承载力系数,由 φ_k 按表 6-13 确定。其中,φ_k 是基底以下相当于一倍基础短边宽度的深度范围内土的内摩擦角标准值。

表 6-13　承载力系数 M_b、M_d、M_c

$\varphi_k(°)$	M_b	M_d	M_c	$\varphi_k(°)$	M_b	M_d	M_c
0	0.00	1.00	3.14	22	0.61	3.44	6.04
2	0.03	1.12	3.32	24	0.80	3.87	6.45
4	0.06	1.25	3.51	26	1.10	4.37	6.90
6	0.10	1.39	3.71	28	1.40	4.93	7.40
8	0.14	1.55	3.93	30	1.90	5.59	7.95
10	0.18	1.73	4.17	32	2.60	6.35	8.55
12	0.23	1.94	4.42	34	3.40	7.21	9.22
14	0.29	2.17	4.69	36	4.20	8.25	9.97
16	0.36	2.43	5.00	38	5.00	9.44	10.80
18	0.43	2.72	5.31	40	5.80	10.84	11.73
20	0.51	3.06	5.66				

　　其余符号的意义同前。上述 c_k 及 φ_k 由室内试验确定。

　　【例 6-1】　有一厚层 Q_4 冲积黏性土层,地下水面在地表下 3 m 处。测得水面以下土的资料为:$w=25\%$,$w_L=26\%$,$w_P=15\%$,$\gamma_s=27kN/m^3$。水面以上的 $\gamma=19$ kN/m³。设基础为长条形,宽 5 m,准备埋深 4 m。试按《铁路地基规范》求地基的容许承载力。

　　【解】　已知 $w_L=26\%$,$w_P=15\%$,故塑性指数 $I_P=26-15=11$,按《铁路地基规范》中土的分类,$10<I_P<17$,确定地基土为粉质黏土。由于基础埋深 4 m,基底在地下水面以下 1 m,故基底土为饱和土,即 $S_r=1.0$。又已知地基土的 $w=25\%$,$\gamma_s=27$ kN/m³,可以推算出地基土的 I_L、e 和浮重度 γ' 如下:

$$I_L=\frac{w-w_P}{I_P}=\frac{25-15}{11}=0.91$$

$$e=\frac{\gamma_s\cdot w}{\gamma_w}=\frac{27\times0.25}{10}=0.675$$

$$\gamma'=\frac{\gamma_w\cdot e+\gamma_s}{1+e}-\gamma_w=\frac{10\times0.675+27}{1+0.675}-10=10.15(kN/m^3)$$

　　由于是 Q_4 黏性土,可根据表 6-2 由 I_L 和 e 用线性内插法求得土的基本承载力 $\sigma_0=198$ kPa。因为基础宽度超过 2 m,埋深超过 3 m,故承载力应予修正,可按式(6-23)计算。由表 6-9 查得:$k_1=0$,$k_2=1.5$,而公式中的 γ_2 应采用基底以上土的加权重度,即

$$\gamma_2=\frac{\gamma'\times1+\gamma\times3}{4}=\frac{10.15+19\times3}{4}=16.79(kN/m^3)$$

计算时从安全角度出发,考虑为透水土层,故水下土的重度用浮重度 γ'。修正后的容许承载力为

$$[\sigma]=\sigma_0+k_2\gamma_2(h-3)=198+1.5\times16.79\times1=223.18(kPa)$$

【例 6-2】　设地基为均匀的粉质黏土,现已由地基载荷试验确定 $f_{ak}=190\ \text{kPa}$,并已知地基土的平均 $I_L=0.75$,平均 $e=0.60$,其他所有资料同于上题。试按《建筑地基规范》计算基础埋深 4 m 时经修正后的地基承载力特征值。

【解】　根据例 6-1 得知,地下水位深 3 m,基础宽度为 5 m,基础埋深 4 m,水面以上土的天然重度 $\gamma=19\ \text{kN/m}^3$,水面以下地基为黏性土,土的浮重度为 $\gamma'=10.15\ \text{kN/m}^3$。

按式(6-26)计算,根据表 6-12,取 $\eta_b=0.3$,$\eta_d=1.6$,可算出修正后的地基承载力设计值为

$$f_a=f_{ak}+\eta_b\gamma(b-3)+\eta_d\gamma_m(d-0.5)$$

$$=190+0.3\times10.15\times(5-3)+1.6\times\frac{10.15\times1+19\times3}{4}\times(4-0.5)$$

$$=276.1(\text{kPa})$$

第五节　原位测试确定地基承载力

目前确定地基承载力最可靠的方法,莫过于在现场对地基土进行直接测试,该类方法一般称为地基土的原位测试。其中最直接可信的方法是在设计位置的地基土上进行载荷试验,这相当于在原位进行地基基础的模型试验,对确定地基承载力具有直接意义。其次,通过各种特制仪器在地基土中进行测试,用间接方法测定地基的承载力。这些方法中较为有效的有静力触探、动力触探、标准贯入和旁压试验等等。对于重要建筑物和复杂地基,目前都明确规定需用原位测试方法来确定地基承载力,并且最好采用多种测试方法,以便相互对比参考。

在各种原位测试方法中,除载荷试验较费时和费钱外,其他方法都很简便快捷,能在较短的时间内获得大量资料,因而在工程建设中得到大力推广。本节主要介绍《铁路工程地质原位测试规程》(TB 10018—2018)(以下简称《原位测试规程》)所推荐的试验方法的要点和确定地基承载力的相关内容。

一、平板载荷试验

平板载荷试验即为第四章所述的现场载荷试验,其试验设备和试验方法已在第四章中作了介绍,故此处仅就如何从试验成果确定地基承载力的方法进行论述。

在载荷试验加压过程中,当荷载加到某一级时,地基土会突然从基底下挤出,即发生所谓整体剪切破坏。这时的压力—沉降曲线产生陡降,如图 6-1(a)所示。从这样的曲线上可以找到极限压力 p_k,它等于地基破坏时的前一级

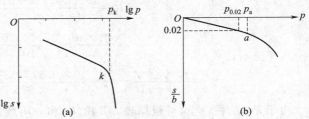

图 6-6　地基土的压力沉降曲线

压力。但一般地基的压力沉降曲线多呈图 6-1(b)所示的形式,即曲线逐步变陡,没有突然的转折点,它对应于所谓的局部剪切破坏。这时的极限压力 p_k 不易确定。为确定它,一般是设法找出该线段中的最大曲率位置,或前后两段不同线型的分界点。

根据实测资料用双对数坐标绘成 $\lg s$—$\lg p$ 曲线,如图 6-6(a)所示,找到曲率最大点 k 对应的压力 p_k,即为极限压力。也可以采用其他方法,总之要在曲线上找到一个变化点,作为极

限压力的临界点,从而能定出 p_k。而地基的容许承载力可取为 p_k/K,K 为安全系数,可按工程的重要性和地基土的压缩性特征选取 2～3。

要在压力—沉降曲线上找到临界点的重要条件,是要把曲线做得相当长。但往往由于时间紧迫,加载设备能力不足等因素,压力—沉降曲线常常做得不完整。要在短曲线上按上述方法找 p_k 是困难的。但是只要曲线中出现初始直线段的临塑压力 p_a,则可把 p_a 作为容许承载力,或者绘制成相对沉降—压力曲线,如图 6-6(b)所示。所谓相对沉降是指 s/b,b 为压板的边长(方形)或直径(圆形),而 S 为沉降量。表 6-14 是《原位测试规程》所列出的各类土的容许相对沉降值,可供实际工作参考。根据地基土的类别由表 6-14 中查得容许相对沉降值后可在 S/b—p 曲线上查得对应的压力,即可当作地基的容许承载力。

表 6-14　各类土的容许相对沉降值

土名	黏　性　土				粉　土			砂　类　土			
状态	流塑	软塑	硬塑	坚硬	稍密	中密	密实	松散	稍密	中密	密实
s/b	0.020	0.016	0.012	0.010	0.020	0.015	0.010	0.020	0.016	0.012	0.008

注:对于软～极软的软质岩、强风化～全风化的风化岩,应根据工程的重要性和地基的复杂程度取 $s/b=0.001\sim0.002$ 所对应的压力为 σ_0。

因为载荷试验的压板尺寸比实际基础的尺寸要小得多,故按上述方法求得的地基容许承载力是偏于安全的。由式(6-20)可看到,压板尺寸越小,则对应的 p_k 也小,用它来代替实际基础的 p_k,自然是偏于安全的。另外,如在地表或在敞坑中做载荷试验,其所确定的容许承载力只能算是基本承载力,当用于地基基础设计时,还要根据基础的实际宽度和埋深考虑承载力是否需要进行宽、深修正。

二、静力触探

静力触探是采用静力触探仪,通过液压千斤顶或其他机械传动方法(图 6-7),把带有圆锥形探头的钻杆压入土层中,通过测试探头受到的阻力,可以了解地基土的基本特征。静力触探仪的构造形式是多样的,总的说来,大致可分成三部分,即探头、钻杆和加压设备。探头是静力触探仪的关键部件,有严格的规格与质量要求。目前,国内外使用的探头可分为三种类型(图 6-8)。

1.单桥探头

这是我国所特有的一种探头类型。它的锥尖与外套筒是连在一起的,使用时只能测取一个参数。这种探头的优点是结构简单、坚固耐用而且价格低廉,对于推动我国静力触探技术的发展曾经起到了积极作用;其缺点是测试参数少,规格与国际标准不统一,不利于国际交流,故其应用受到限制。

2.双桥探头

这是国内外应用最为广泛的一种探头。它的锥尖与摩擦套筒是分开的,使用时可同时测定锥尖阻力和筒壁的摩擦力。

3.孔压探头

它是在双桥探头的基础上发展起来的一种新型探头。孔压探头除了具备双桥探头的功能

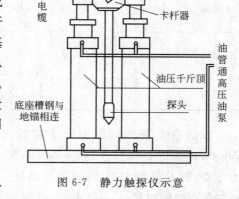

图 6-7　静力触探仪示意

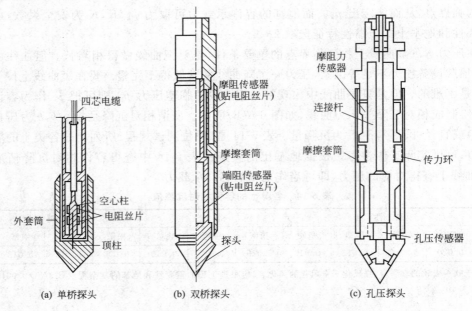

(a) 单桥探头　　　　　(b) 双桥探头　　　　　(c) 孔压探头

图 6-8　静力触探的探头类型

外,还能测定触探时的孔隙水压力,这对于黏土中的测试成果分析有很大的好处。

部分常用探头规格和型号如表 6-15 所示。

表 6-15　静力触探的常用探头规格

探头种类	型号	锥头			摩擦筒(或套筒)		标　准
		顶角/°	直径/mm	底面积/cm²	长度/mm	表面积/cm²	
单桥	I—1	60	35.7	10	57		我国独有
	I—2	60	43.7	15	70		
	I—3	60	50.4	20	81		
双桥	II—0	60	35.7	10	133.7	150	国际标准
	II—1	60	35.7	10	179	200	
	II—2	60	43.7	15	219	300	
孔压		60	35.7	10	133.7	150	国际标准
		60	43.7	15	179	200	

根据经验,探头的截面尺寸对贯入阻力 p_s 的影响不大。贯入速度一般控制在 $0.5 \sim 2.0$ m/min 之间,每贯入 $0.1 \sim 0.2$ m 在记录仪器上读数一次,也可使用自动记录仪,并绘出阻力 p_s 和贯入深度 H 之间的关系曲线。图 6-9 为单桥探头测试成果的 p_s—H 曲线,根据 p_s 值可用经验公式计算出地基承载力。现在国内外的相关经验公式很多,但都是地区性的。当无地区经验可循时,《原位测试规程》提出的如下经验公式可供设计者参考。

对于 Q_3 及以前沉积的老黏土地基,当贯入阻力 p_s 在 $2\,700 \sim 6\,000$ kPa 范围内时,基本承载力 σ_0 可按贯入阻力的 1/10 计算,即:

$$\sigma_0 = 0.1 p_s \qquad (6\text{-}28)$$

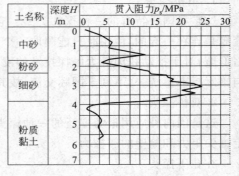

图 6-9　静力触探贯入曲线

对于一般黏性土地基,当贯入阻力 p_s 小于 $6\,000$ kPa 时,基本承载力 σ_0 可按下式求得:

$$\sigma_s = 5.8\sqrt{p_s} - 46 \tag{6-29}$$

对于软土地基,当贯入阻力 p_s 在 $85\sim800$ kPa 范围内时,基本承载力 σ_0 可按下式求得:

$$\sigma_0 = 0.112p_s + 5 \tag{6-30}$$

对于一般砂土及粉土地基,当贯入阻力 p_s 小于 $24\,000$ kPa 时,基本承载力 σ_0 可按下式求得:

$$\sigma_0 = 0.89p_s^{0.63} + 14.4 \tag{6-31}$$

当采用上述公式估算地基承载力时,对于扩大基础,p_s 应取基础底面以下 $2b$(b 为矩形基础的短边长度或圆形基础的直径)深度范围内的比贯入阻力平均值,当地基由层状土构成时,p_s 的取值尚应符合该规范的相关规定。

如把上述各类土的 σ_0 值用于基础设计,尚需按基础的实际宽度和埋深进行宽、深修正。

用静力触探不仅可确定地基承载力,而且通过贯入阻力 p_s 大致能确定地基土的其他力学指标,如压缩模量 E_s、软土的不排水抗剪强度 c_u 和砂土的内摩擦角 φ 等。如采用双桥探头,还可根据探头端阻力 p_c 和摩擦力 f_s 对土层进行大致分类,或初步定出桩的承载力。该方法相对简单、快速,具有很好的应用发展前途。但也要看到,通过静力触探成果确定地基土承载力和其他力学指标的可靠性到目前为止还是不够的,还存在不少问题,需要进一步研究,其结果最好再通过其他方法进行校核。

三、动力触探

当土层较硬,用静力触探无法贯入土中时,可采用圆锥动力触探,简称动力触探。动力触探法适用于强风化、全风化的硬质岩石,各种软质岩石及各类土。动力触探仪的构造(图 6-10)也可分为三部分,圆锥形探头、钻杆和冲击锤。它的工作原理是把冲击锤提升到一定高度,让其自由下落冲击钻杆上的锤垫,使钻杆下探头贯入土中。贯入阻力用贯入一定深度的锤击数表示。

动力触探仪根据锤的质量进行分类,相应的探头和钻杆的规格尺寸也不同。国内将动力触探仪分为轻型、重型和超重型三种类型,如表 6-16 所示。

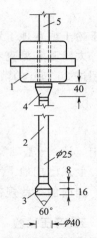

图 6-10　轻型动力触探仪
(单位:mm)

1—穿心式冲击锤;2—钻杆;
3—圆锥形探头;4—钢砧
与锤垫;5—导向杆。

动力触探时可获得锤击数 N_{10}($N_{63.5}$,N_{120},下标表示相应穿心锤的质量)沿深度的分布曲线。一般以 10 cm 贯入深度的击数为记录。根据曲线变化情况大致可对土进行力学分层,再配合钻探等手段可定出各土层的土名和相应的物理状态。

表 6-16　动力触探类型

类　　型		轻　型	重　型	超重型
冲击锤	锤的质量/kg	10 ± 0.2	63.5 ± 0.5	120 ± 1
	落距/cm	50 ± 2	76 ± 2	100 ± 2
探　头	直径/mm	40	74	74
	锥角/°	60	60	60
钻杆直径/mm		25	42	$50\sim60$
贯入指标	深度/cm	30	10	10
	锤击数	N_{10}	$N_{63.5}$	N_{120}

　　我国幅员辽阔,土层分布具有很强的地域性,各地区和行业部门在使用动力触探的过程中积累了很多地区性或行业性的经验,有的还建立了地基承载力和动探击数之间的经验公式,但在使用这些公式时一定要注意公式的适用范围和使用条件。《原位测试规程》中也提供了地基承载力的计算表格,可供实际工作参考。

　　影响动力触探测试成果的因素很多,主要有有效锤击能量、钻杆的刚柔度、测试方法、钻杆的竖直度等。因而,动力触探是一项经验性很强的工作,所得成果的离散性也比较大。所以一般情况下最好采取两种以上的方法对地基土进行综合分析。

四、标准贯入试验

　　标准贯入试验的内容及仪器构造已在第一章讨论过,下面主要讨论如何利用标准贯入击数 N 来确定浅基础的地基承载力。

　　用 N 值估算地基承载力的经验方法很多,如梅耶霍夫由地基的强度出发提出如下经验公式:当浅基的埋深为 $D(\text{m})$,基础宽度为 $B(\text{m})$ 时,砂土地基的容许承载力可按下式计算:

$$[\sigma] = 10N \cdot B\left(1 + \frac{D}{B}\right) \tag{6-32}$$

对于粉土或在地下水位以下的砂土,上述计算结果还要除以 2。

　　太沙基和派克考虑地基沉降的影响,提出另一计算地基容许承载力的经验公式,在总沉降不超过 25 mm 的情况下,可用下式计算 $[\sigma]$:

$$\text{当 } B \leqslant 1.3 \text{ m 时} \quad [\sigma] = 12.5N \tag{6-33}$$

$$\text{当 } B > 1.3 \text{ m 时} \quad [\sigma] = \frac{25}{3}N\left(1 + \frac{3}{B}\right) \tag{6-34}$$

式中　　B——基础宽度(m)。

　　上式已把地下水的影响考虑进去,故不另加修正。

　　国内的一些规范和手册中也列出了相应的计算方法,可供实际工作参考。

五、旁压试验

　　旁压试验的基本情况已如第四章所述,这里仅介绍由试验成果确定地基承载力的相关内容。

　　法国梅纳德对利用旁压试验确定地基承载力提出了一套方法,但并不完全适合我国情况。《原位测试规程》推荐的计算方法如下所述。

　　根据试验所绘制的旁压曲线如图 6-11 所示,由图可定出临塑压力 p_F 和极限压力 p_L。p_F 是图中的直线段与曲线段连接点所对应的压力。p_L 值为曲线的极限值,可按下述方法确定:从纵轴上取 $V = V_c + 2V_0$ 点,过此点作一水平线与曲线相交,交点所对

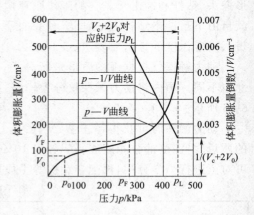

图 6-11　旁压试验 $P-V$ 曲线

应的横坐标即为 p_L。上述的 V_0 为直线段延长后在纵轴上的截距,V_c 为旁压仪中腔的初始体积。然后可按下式计算地基的基本承载力 σ_0:

$$\sigma_0 = p_F - \sigma_{h0} \tag{6-35}$$

式中　　σ_{h0}——土的静止水平总压力,对于黏性土、粉土、砂类土和黄土可按公式(6-36)确定,对

于软质岩石和风化岩石可取 $P-V$ 曲线上的直线段起点对应的压力。

$$\sigma_{h0} = K_0 \sigma'_{v0} + u \qquad (6-36)$$

式中　　K_0——静止土压力系数,可按经验确定:对于正常固结和轻度超固结的砂类土、粉土和
　　　　　黄土可取 0.4,硬塑至坚硬状黏性土可取 0.5,软塑状黏性土可取 0.6,流塑状黏
　　　　　性土可取 0.7;

　　　　σ'_{v0}——土的有效自重压力;

　　　　u——孔隙水压力。

地基极限承载力 σ_u 可按下式确定:

$$\sigma_u = p_L - \sigma_{h0} \qquad (6-37)$$

☆第六节　地基承载力的极限分析法

由于天然地基土的性质非常复杂,具有非常显著的不确定性和离散性。不论用什么理论
公式,也不能保证它的计算结果完全符合地基的实际情况。从工程角度出发,只要能使通过不
同方法确定的地基承载力在较小范围内变化,也就可以满足设计要求了。这个变化范围可以
按塑性理论中的极限分析方法来确定,即求出地基极限承载力的上限和下限,若上下界限的距
离甚近,则确定的极限承载力就具有相当的可靠性。极限分析法在 20 世纪 50 年代初已由杜
拉克(Drucker)等运用到土力学中,现在已广泛用于求解地基和土工中的各种稳定问题。下面
将简单地介绍极限分析法中的上限和下限理论及用于求解地基极限承载力的方法。

一、地基极限承载力的下限解

设地基的极限荷载唯一地由地基中的应力场确定。一般先假定地基中的应力场形式,使
之满足应力平衡条件和边界条件,同时又要使地基中任何一点的应力不超过土的屈服条件(一
般采用摩尔-库仑屈服函数),这样的应力场称为"静态容许应力场"。由此确定的外荷载必然
小于极限荷载的真值。为了使承载力的下限值尽量接近极限荷载的真值,应在所有假定的应
力场中选择一个应力场,使其对应的外荷载为所有可能的应力场中的最大者,如此确定的外荷
载便可作为拟定的地基极限承载力的下限值。

例如,有一均匀地基,其 $\varphi = 0, c \neq 0$,不考虑地基的重力,欲求地基极限承载力的下限解。
试算时,可先假定地基的应力场由图 6-12(a)所示的两个应力支杆 $abcd$ 和 $abgf$ 构成,它们沿
各自的轴向延伸至无穷远,ad、be 为前者的自由边界,而 af、bg 为后者的自由边界,它们与竖
直线的夹角为 30°,这两个应力支杆中的应力为单向均匀分布,如图 6-12(a),并处于极限平衡
状态,即各自的轴向应力均为 $p = 2c$。地基中的 abc 范围为应力叠加区,其边界线 ac 和 bc 上
的法向应力和剪应力可求出为:

$$\sigma = \frac{3}{2}c, \quad \tau = \frac{\sqrt{3}}{2}c \qquad (6-38)$$

不考虑地基的重力,故应力叠加区中的应力为均匀分布,且其竖向应力为大主应力 σ_1,水
平向应力为小主应力 σ_3。由平衡条件求得

$$\sigma_1 = 3c, \quad \sigma_3 = c$$

上述结果满足于屈服条件 $\sigma_1 - \sigma_3 = 2c$,使第一次试算的下限承载力为 $p_v^{(1)} = \sigma_1 = 3c$。但理
论极限承载力为 $p_k = 5.14c$,较 $p_v^{(1)}$ 大得多。因此作第二次改进,即在原来应力场的基础上加

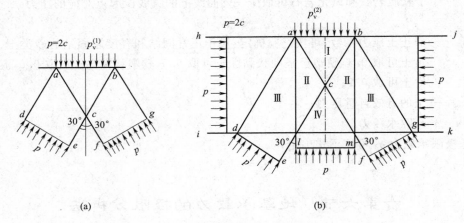

图 6-12　下限解的应力场

上水平应力支杆 $hikj$，及竖直应力支杆 $abml$。它们同样处于单向极限应力状态，即 $p=2c$。由图 6-12(b)可以看出，这样形成Ⅰ、Ⅱ、Ⅲ、Ⅳ四个应力叠加区，应该检查每个应力叠加区的应力是否满足屈服条件（$f=\sigma_1-\sigma_3-2c=0$）。检查结果：Ⅳ区的 $\sigma_1=2c$，$\sigma_3=2c(f<0)$；Ⅲ区的 $\sigma_1=3c$，$\sigma_3=c(f=0)$；Ⅱ区的 $\sigma_1=4c$，$\sigma_3=2c(f=0)$；Ⅰ区的 $\sigma_1=5c$，$\sigma_3=3c(f=0)$。可见它们都未超过屈服条件。从Ⅰ区中可以求出 $p_v^{(2)}=\sigma_1=5c$，虽略小于理论值 $5.14c$，但已非常接近真值。

二、地基极限承载力的上限解

上限理论的出发点，是当外荷载大于极限承载力时地基产生了破坏而形成移动速度场，一般称为"动态容许速度场"。在此速度场中，外荷载产生的功率与塑性破坏区的内能损耗率应相等，由此可导出极限荷载。因为地基已经破坏，且产生了速度场，故由上限理论求得的极限荷载必然大于破坏荷载的真值。为了使该荷载尽量接近真值，应从不同的假设滑动图形中选择最小的计算外荷载作为拟定的上限解。

计算过程可按如下方式进行，根据判断，先假定合适的地基滑动面和塑性剪切区，按照塑性理论，采用塑性势理论的相关联流动法则（即以屈服函数作为塑性势函数），不难证明土体在塑性区内将产生剪胀，而剪胀角为 φ，如图 6-13(a)所示。根据这个剪切图式，可计算顺着一个单位面积薄层塑性区滑动所消耗的能率。

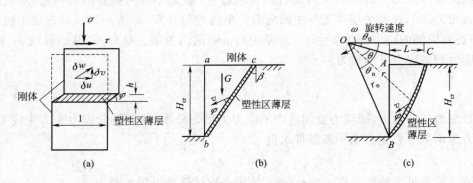

图 6-13　上限解的计算图示

　　设滑动薄层的剪胀速度为 δw,沿着滑面和垂直滑面的分速度为 δu 和 δv,薄层厚度为 h,则剪应变率和法向应变率为

$$\dot{\gamma}=\frac{\delta u}{h},\quad \dot{\varepsilon}=\frac{\delta v}{h} \tag{6-39}$$

　　设作用在滑面上的法向应力为 σ,剪应力为 τ,则消耗在单位面积塑性薄层内的内能损耗率为

$$D=[\tau\dot{\gamma}+\sigma(-\dot{\varepsilon})]\times1\times h=\tau\cdot\delta u-\sigma\delta v=\delta u(\tau-\sigma\tan\varphi)=c\cdot\delta u \tag{6-40}$$

　　关于上限解的运用,可举一例如下:设有一直立的土质边坡,其 $c\neq0$,$\varphi\neq0$,试求它的极限高度 H_{cr}。如图 6-13(b)所示,先假定该边坡开始顺 bc 直面滑动,形成一三角形滑体。设滑动带 bc 为一很薄的塑性区,与竖直线成 β 角,在薄带的两边均为刚体,滑动刚体 abc 重 G。在刚开始滑动瞬间,它以 v 的速度与 bc 面成 φ 角(剪胀角)方向滑动,则它所作的外功率为

$$\dot{W}=\frac{1}{2}\gamma H^2\tan\beta\cdot v\cdot\cos(\varphi+\beta) \tag{6-41}$$

式中　γ——土的重度;

　　　H——土坡高度。

　　在滑动过程中,塑性区内所消耗的内能功率可利用式(6-40)的结果计算如下:

$$\dot{E}=c\cdot v\cdot\cos\varphi\cdot\frac{H}{\cos\beta} \tag{6-42}$$

　　令 $\dot{W}=\dot{E}$,即令上两式相等,消去速度 v,得

$$H=\frac{2c}{\gamma}\frac{\cos\varphi}{\sin\beta\cdot\cos(\varphi+\beta)} \tag{6-43}$$

　　根据上限理论,考虑荷载为最小原则,故用自变量 β 对上式 H 进行偏导,使之为零,从而求得极限值 H_{cr}:

$$\frac{\partial H}{\partial\beta}=-\frac{2c}{\gamma}\cos\varphi\frac{\cos(\varphi+2\beta)}{\sin^2\beta\cdot\cos^2(\varphi+\beta)}=0 \tag{6-44}$$

所以

$$\beta=45°-\frac{\varphi}{2}$$

把 β 值代入式(6-44),得

$$H_{cr}=\frac{4c}{\gamma}\tan\left(45°+\frac{\varphi}{2}\right) \tag{6-45}$$

　　若把滑动面再改进一步,使形成对数螺旋面,如图 6-13(c)所示,则可运用同样计算原理。令 BC 为对数螺旋滑动薄面,ABC 为滑动刚体,它以角速度 ω 围绕极点 O 旋转,它所作的外功率 $\dot{W}$ 与对数螺旋塑性区薄层内的内耗能率 $\dot{E}$ 相等,可得到:

$$H=\frac{c}{\gamma}f(\theta_0,\theta_n) \tag{6-46}$$

式中　θ_0,θ_n——确定极点位置的两个角度参数,见图 6-13(c)。

　　对式(6-46)求偏导以求极值:$\frac{\partial H}{\partial\theta_0}=0,\frac{\partial H}{\partial\theta_n}=0$,从这两式可以解出 θ_0 和 θ_n,再代入式(6-46),最后求得土坡的上限高度为

$$H_{cr}=\frac{3.83c}{\gamma}\tan\left(45°+\frac{\varphi}{2}\right) \tag{6-47}$$

上式求得的 H_{cr} 较式(6-45)为小,说明该图式较第一次假定更接近真值。

三、确定地基承载力举例

对于地基土的极限承载力,可以用上述理论定出它的上下限界。为了便于阐述,对地基进行适当简化,假定不计土的自重($\gamma=0$),不考虑超载($q_0=0$)。先研究下限解,设地基应力场由一半无限体的水平极限应力场($R=\dfrac{2c \cdot \cos \varphi}{1-\sin \varphi}$ 为极限应力)和 n 根分布在顶角为 90°的扇形范围内的单向斜应力场组成,如图 6-14(a)所示。斜应力场之间的夹角为 90°/n,每个斜应力场的单向应力分别为 $p_1,p_2 \cdots p_n$。在整个地基中(包括应力叠加区),在应力均应满足屈服条件的情况下,可求出这些单向应力,当 $n \rightarrow \infty$ 时,可以解出 AB 基底下的大主应力(竖向应力 q_v)和小主应力(水平向应力 q_h)。

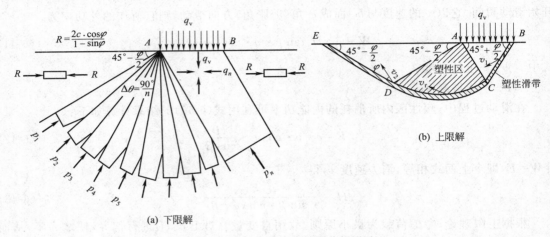

(a) 下限解

(b) 上限解

图 6-14 地基承载力的极限分析图示

$$\left.\begin{array}{l}\sigma_1=q_v=c \cdot \cot \varphi \left[\exp(\pi\tan \varphi) \cdot \tan^2 \left(\dfrac{\pi}{4}+\dfrac{\varphi}{2}\right)-1\right] \\ \sigma_3=q_h=c \cdot \cot \varphi \left[\exp(\pi\tan \varphi)-1\right]\end{array}\right\} \tag{6-48}$$

把上列两式代入摩尔—库仑屈服准则:$\sigma_1-\sigma_3=(\sigma_1+\sigma_3)\sin \varphi+2c\cos \varphi$,正好得到满足。因此式(6-48)中的 q_v 可作为下限承载力。

至于上限解,可假定地基的破坏图形如图 6-14(b)。地基沿 $BCDE$ 线滑动,BC、DE 为直线段,CD 为对数螺旋线,三角形滑体 ABC 和 ADE 为刚体,扇形滑体 ACD 为塑性剪切区。设 ABC 沿 v_1 方向滑动,ADE 沿 v_2 方向滑动,不难证明 $v_2=v_1 \exp \left(\dfrac{\pi}{2}\tan \varphi\right)$,扇形塑性区的内耗能率为 $\overline{AC} \cdot v_1 \cdot \cot \varphi[\exp(\pi\tan \varphi)-1]$,总内耗能率应为 $\overline{BC}$、$\overline{DE}$ 两塑性带和 ACD 扇形塑性区的内耗能率之和。根据外荷载功率与塑性区总内耗能率相等的原则,可以求得上限解:

$$q_v=c\cot \varphi[\exp(\pi\tan \varphi) \cdot \tan^2(45°+\dfrac{\pi}{2})-1] \tag{6-49}$$

与式(6-48)完全相同。既然上限解和下限解完全一致,说明此解也就是极限承载力的真值,而此解正是勃兰特的理论解。

从上面所述可以看出,不论是上限解还是下限解,都要有较正确的应力场和速度场,其准确性主要取决于技术人员的经验判断。该方法是一种近似方法,能适用于具有较复杂边界条件的地基和土工的稳定问题,有一定实用价值。但也要看到,该方法采用了相关联流动法则,

导出土的剪胀角为 φ,而实际上一般土的剪胀角均小于 φ,故有人认为,从理论上讲,该方法用于饱和黏土($\varphi=0$)比较合适,不适合于砂土。但考虑这是一个求上下限的近似方法,作为一种设计计算方法还是具有工程实用价值的。

 复习题

6-1　有一条形基础,宽度 $b=3$ m,埋深 $H=1$ m,地基土的内摩擦角 $\varphi=30°$,黏聚力 $c=20$ kPa,天然重度 $\gamma=18$ kN/m³。试求:

(1)地基临塑荷载;

(2)当塑性区的最大深度达到 $0.3b$ 时的基底均布荷载数值。

6-2　上题中,如令 $\varphi=0$,问地基中的哪些点首先达到极限平衡? 这时的临塑荷载是多少?

6-3　有一纯砂层($c=0$)和一饱和黏土层($\varphi=0$),在表面荷载作用下,问哪一个地基的临塑荷载大一些? 为什么? 如果两个地基的重度不同,但置于地基上的基础具有相同埋深,要使它们的临塑荷载相等,则基础的埋深应为多少?

6-4　某平面形状为矩形的浅基础,埋深为 2 m,平面尺寸为 4 m×6 m,地基为粉质黏土,相应的参数为:$\gamma=18$ kN/m³,$\varphi=20°$,$c=9$ kPa。试考虑基础形状的影响,用勃朗特—维西克公式计算地基的极限承载力。

6-5　试导出饱和软黏土($\varphi=0$)地基的勃朗特—维西克极限承载力公式。对于软黏土地基,你认为加大基础宽度和增加埋深,对地基的极限承载力将产生怎样的影响?

6-6　水塔基础直径 4 m,受中心竖向荷载 5 000 kN 作用,基础埋深 4 m,地基土为中等密实未饱和细砂,$\gamma=18$ kN/m³,$\varphi=32°$,求地基承载力的安全系数(用勃朗特—维西克公式)。

6-7　某地基表层为 4 m 厚的细砂,其下为饱和黏土,地下水面在地表面,如图 6-15。细砂的 $\gamma_s=26.5$ kN/m³,$e=0.7$,而黏土的 $w_L=38\%$,$w_P=20\%$,$w=30\%$,$\gamma_s=27$ kN/m³,现拟建一基础宽 6 m,长 8 m,置放在黏土层表面(假定该土层不透水),试计算该地基的容许承载力 $[\sigma]$。

6-8　某地基由两种土组成。表层厚 7 m 为砾砂层,以下为饱和细砂,地下水面在细砂层顶面。根据试验测定,砾砂的物理指标为:$w=18\%$,$\gamma_s=27$ kN/m³,$e_{max}=1.0$,$e_{min}=0.5$,$e=0.65$。细砂的物性指标为:$\gamma_s=26.8$ kN/m³,$e_{max}=1.0$,$e_{min}=0.45$,$e=0.7$,$S_r=100\%$。现有一宽 4 m 的基础拟置放在地表以下 3 m 或 7 m 处,试从地基承载力的角度来判断,哪一个深度最适于作拟定中的地基(利用《建筑地基规范》或《铁路地基规范》)。地质剖面图如图 6-16。

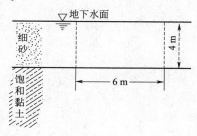

图 6-15　习题 6-7 图

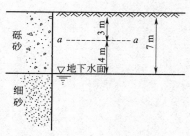

图 6-16　习题 6-8 图

6-9 有一长条形基础,宽 4 m,埋深 3 m,置于均匀的黏性土层中,现已测得地基土的物性指标平均值为:$\gamma = 17$ kN/m³,$w = 25\%$,$w_L = 30\%$,$w_P = 22\%$,$\gamma_s = 27$ kN/m³。不考虑地下水的影响,试按《建筑地基规范》的规定计算地基承载力特征值 f_a:

(1)如强度指标的标准值为:$c_k = 10$ kPa,$\varphi_k = 12°$,由理论公式计算 f_a;

(2)如由载荷试验确定地基的承载力特征值 $f_{ak} = 160$ kPa,利用承载力经验公式计算 f_a。

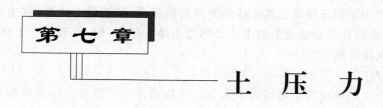

第七章

土 压 力

第一节 概 述

挡土墙是防止土体坍塌下滑的构筑物,在铁路和公路工程、房屋建筑、水利工程、市政工程和山区建设中应用甚广。例如,支撑边坡土体和山区路基的挡土墙、地下室侧墙以及桥台等(图 7-1)。

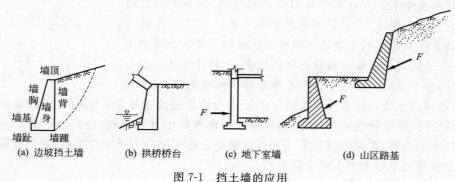

(a) 边坡挡土墙   (b) 拱桥桥台   (c) 地下室墙   (d) 山区路基

图 7-1 挡土墙的应用

挡土墙按其结构形式可分为多种类型,但以重力式较为常见,它可用块石、混凝土等材料修建。

土压力是指挡土墙墙后土体因自重或外荷载作用对墙背产生的侧向压力。由于土压力是挡土墙的主要外荷载,因此,设计挡土墙时首先要确定土压力的性质、大小、方向和作用点。

土压力的计算很复杂。它涉及墙后土体、墙身以及地基三者之间的共同作用。土压力的性质、大小和作用方向与墙体材料、形状、施工方式、墙身位移、墙体高度、墙后土体性质、地下水的情况等有关,其中墙身位移和墙后土体性质尤为重要。

一般的挡土墙长度远大于高度或宽度,属平面问题,故在计算土压力时可沿长度方向取每延米考虑。

一、墙体变位与土压力

挡土墙土压力的大小及其分布规律与墙体可能移动的方向和大小有直接关系。根据墙的移动情况和墙后土体所处的应力状态,作用在挡土墙墙背上的土压力可分为以下三种。

1. 静止土压力

若挡土墙静止不动,墙后土体处于弹性平衡状态时,土对墙的水平压力称为静止土压力,用 E_0 表示。静止土压力可能存在于某些建筑物支撑的土层中,如地下室外墙、地下水池侧壁、涵洞侧墙和船闸边墙等都可近似视为受静止土压力作用。静止土压力可按直线变形体无侧向变形理论求出。

2. 主动土压力

在墙后土体作用下挡土墙向远离土体的方向发生移动,使墙后土体产生"主动滑移"并达到极限平衡状态,此时作用在墙背上的土压力称为主动土压力,用 E_a 表示。土体内相应的应力状态称为主动极限平衡状态。

3. 被动土压力

受外力作用挡土墙被迫发生向墙后土体方向的移动并致使墙后土体达到极限平衡状态,此时作用在挡土墙上的土压力称为被动土压力,用 E_p 表示。土体内相应的应力状态称为被动极限平衡状态。

主动土压力值最小,被动土压力值最大,静止土压力值则介于两者之间。它们与墙身位移之间的关系见图 7-2。

挡土墙所受土压力并不是常数。随着挡土墙位移量的变化,墙后土体的应力应变状态不同,土压力值也在变化。土压力的大小可在主动和被动土压力这两个极限值之间变动,其方向随之改变。现有的土压力理论,主要是研究极限状态的土压力。主动土压力和被动土压力是墙后土体处于两种不同极限平衡状态时的土压力,至于介于这两个极限平衡状态间的情况,除静止土压力这一特殊情况外,由于墙后土体处于弹性或弹塑性平衡状态,是一个超

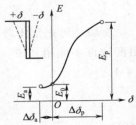

图 7-2 土压力与墙
身位移的关系

静定问题,这种挡土墙在任意位移条件下的土压力计算还比较复杂,涉及挡土墙、墙后土体和地基三者的变形、强度特性和共同作用,目前还不能准确地计算其相应的土压力。不过,随着土工计算技术的发展,在某些情况下还是可以根据土的实际应力—应变关系,利用有限元法来确定墙体位移量与土压力大小的定量关系。

二、墙体刚度与土压力

土压力是土与挡土结构之间相互作用的结果,它不仅与挡土墙体的位移相关,而且还与墙体的刚度密切相关。

用砖、石或混凝土修建的挡土墙,若主要依靠墙身自重抵抗或平衡墙后土体产生的推力,这种墙常称为重力式挡墙。由于其断面尺寸大、刚度也较大,在侧向土压力作用下仅能发生平移或转动,墙身挠曲变形很小可以不计。这种挡墙可视为刚性挡墙,墙背受到的土压力一般近似沿墙高呈上小下大的三角形分布。

若挡土结构物自重相对较轻、断面尺寸小、刚度不大,如基坑工程中常用的板桩墙等轻型支挡,在土压力作用下挡土结构物会发生挠曲变形,从而影响土压力的大小和分布,这类挡土结构物可称为柔性挡墙,墙后土压力不再是直线分布而是较复杂的曲线分布。

工程中有时还采用衬板支撑挡土结构。由于支撑系统的设置是在基坑开挖过程中按照自上而下,边开挖、边铺衬板、边支撑的"逆作法"顺序分层进行,因此,作用于支撑系统上的土压力分布受施工过程和变位条件的影响,与前述两种挡土结构又有所不同,土压力沿支撑结构高度通常呈曲线分布。

三、界限位移

挡土墙的位移大小决定着墙后土体的应力状态和土压力性质。界限位移是指墙后土体将要出现而未出现滑动面时挡土墙位移的临界值。显然,这个临界位移值对于确定墙后土体的

应力状态、确定土压力分布及进行土压力计算都非常重要。

根据大量的试验观测和研究,主动极限平衡状态和被动极限平衡状态的界限位移大小不同,后者比前者大得多,它们与挡土墙的高度、土的类别和墙身移动类型等有关,见表7-1。由于达到被动极限平衡状态所需的界限位移量较大,而这样大的位移在工程上常

表 7-1 产生主、被动土压力所需位移量

土压力状态	土的类别	挡土墙位移形式	所需位移量
主动	砂性土	平移	$0.001H$
		绕墙趾转动	$0.001H$
	黏性土	平移	$0.004H$
		绕墙趾转动	$0.004H$
被动	砂性土	平移	$0.05H$
		绕墙趾转动	$>0.1H$

常不容许发生,因此,设计时应根据情况取被动土压力值的发挥程度(如 30％～50％)来考虑。

第二节 静止土压力

静止土压力是墙体静止不动,墙后土体处于弹性平衡状态时作用于墙背的侧向压力。根据弹性半无限体的应力和变形理论,z 深度处的静止土压力为

$$p_0 = K_0 \gamma z \tag{7-1}$$

式中 γ——土的重度;

K_0——静止土压力系数,可由泊松比 ν 来确定,$K_0 = \dfrac{\nu}{1-\nu}$。

一般土的泊松比值,砂土可取 0.2～0.25,黏性土可取 0.25～0.40,其相应的 K_0 值在 0.25～0.67 之间。对于理想刚体 $\nu=0$,$K_0=0$;对于液体 $\nu=0.5$,$K_0=1$。

土的静止侧压力系数 K_0 也可在室内由三轴仪或在现场由原位自钻式旁压仪等测试手段和方法得到。应该指出,目前测定 K_0 的设备和方法还不够完善,所得结果还不能令人满意。在缺乏试验资料时,可按下述经验公式估算 K_0 值:

砂性土 $K_0 = 1 - \sin \varphi'$

黏性土 $K_0 = 0.95 - \sin \varphi'$

超固结黏土 $K_0 = \sqrt{OCR}(1 - \sin \varphi')$

$$\left.\begin{array}{l}\\\\\\\end{array}\right\} \tag{7-2}$$

式中 φ'——土的有效内摩擦角;

OCR——土的超固结比。

注意到,静止土压力系数 K_0 与土体黏聚力大小无关。这是因为土体静止时无位移,无位移则黏聚力不能发挥出来。另外,静止侧压力系数 K_0 还与坡面是否水平、墙体是否垂直有关。Koettert 提出了静止侧压力系数 K_0 的理论解,但由于公式过于复杂,没有得到广泛的认同。

由式(7-1)可知,在地面水平的均质土中,静止土压力与深度呈三角形分布,对于高度 H 为的竖直挡土墙,作用在单位长度墙后的静止土压力合力 E_0 为

$$E_0 = \frac{1}{2} K_0 \gamma H^2 \tag{7-3}$$

合力 E_0 的方向水平,作用点在距墙底 $H/3$ 高度处。

第三节 朗肯土压力理论

朗肯土压力理论是土压力计算中两个最有名的经典理论之一,由英国学者朗肯

(W. J. M. Rankine)于 1857 年提出。它是根据半空间的应力状态和土的极限平衡条件而得出的土压力计算方法。由于其概念清楚,公式简单,便于记忆,目前在工程中仍得到广泛应用。

一、基本假设和原理

朗肯土压力理论认为作用在垂直墙背上的土压力,相当于达到极限平衡(主动或被动状态)时的半无限体中任一垂直截面上的应力,即作用在挡土墙垂直墙背 AB[图 7-3(a)]上的土压力,也就是达到极限平衡时半无限体中和墙背 AB 方向相符的 AA' 切面上 AB 段[图 7-3(b)]的应力。朗肯认为在满足一定的条件下,可用挡土墙代替半无限土体的一部分,而不影响土体其他部分的应力情况。这样,朗肯土压力理论作为极限问题只取决于一个边界条件,即半无限体的界面情况。对于较简单的界面(挡土墙墙背直立、墙后土体表面水平、墙背光滑)情况的土压力,可采用朗肯土压力理论较方便地求解。

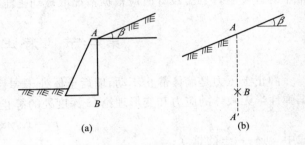

图 7-3　朗肯土压力理论的基本假设

由上述简单的界面条件出发可得,墙背因光滑与土体没有摩擦力;墙后土体表面水平,故土体竖直面和水平面没有剪应力,因此竖直方向和水平方向的应力为主应力,竖直方向的应力即为土的竖向自重应力。根据上述分析,按墙身的移动情况,由墙后土体内任一点处于主动或被动极限平衡状态时大小主应力间的关系求得主动或被动土压力强度及其合力。

当挡土墙不发生偏移,土体处于静止状态时,距地表 z 处 M 点的应力状态见图 7-4(a)和图(d)中应力圆 Ⅰ。此时 M 单元水平截面上的应力等于该处土的自重应力,竖向截面上的法向应力是该点处土的静止土压力。由于该点未达到极限平衡状态,故应力圆 Ⅰ 在强度线以下。

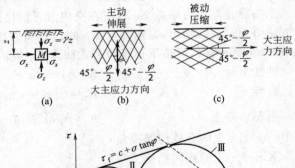

图 7-4　半空间的极限平衡状态
(a)半空间内的单元体;(b)半空间的主动朗肯状态;(c)半空间的被动朗肯状态;(d)用摩尔圆表示主动和被动朗肯状态。

如果由于某种原因使土体在水平方向伸展或压缩,使土体由弹性平衡状态转为塑性平衡状态,土中应力状况将发生变化。

若土体在水平方向伸展,则 M 单元在水平截面上的法向应力不变而在竖直截面上的法向应力却逐渐减少,直至满足极限平衡条件(主动朗肯状态),此时 M 点的水平向应力 σ_x 达到最低极限值 p_a。因此,p_a 是小主应力,竖向应力 σ_z 为大主应力,该点莫尔圆与抗剪强度线相切,如图 7-4(b)和(d)所示。

若土体在水平方向受到压缩,则水平向应力 σ_x 不断增加而竖向应力 σ_z 保持不变,直到满足极限平衡条件(被动朗肯状态)时 σ_x 达最大极限值 p_p,这时 p_p 是大主应力而 σ_z 是小主应力,莫尔圆为图 7-4(d)中的圆 Ⅲ,也与抗剪强度线相切。

土体处在主动朗肯状态时水平截面为大主应力作用面,剪切破裂面与水平面成$(45°+\varphi/2)$角度[图7-4(b)]。当土体处在被动朗肯状态时,水平截面为小主应力作用面,此时剪切破裂面与水平面成$(45°-\varphi/2)$,见图7-4(c)。

二、填土面水平时的朗肯土压力

当地面水平时,土体内任一竖直面都是对称面,因此竖直和水平截面上的剪应力等于零,相应截面上的法向应力σ_z和σ_x都是主应力。当墙后土体达到极限平衡状态时,可应用第五章关于土体处于极限平衡状态时大、小主应力间的关系式来计算作用于墙背上的土压力。

(一)主动土压力

根据前述分析,当墙后填土达到主动极限平衡状态时,作用于任意深度z处土单元的竖直应力$\sigma_z=\gamma h$应是大主应力σ_1,作用于墙背的水平向土压力p_a应是小主应力σ_3。由土的强度理论可知,当土体中某点处于极限平衡状态时,大主应力σ_1和小主应力σ_3间应满足以下关系式:

黏性土
$$\sigma_1=\sigma_3\tan^2\left(45°+\frac{\varphi}{2}\right)+2c\tan\left(45°+\frac{\varphi}{2}\right) \tag{7-4}$$

或
$$\sigma_3=\sigma_1\tan^2\left(45°-\frac{\varphi}{2}\right)-2c\tan\left(45°-\frac{\varphi}{2}\right) \tag{7-5}$$

无黏性土
$$\sigma_1=\sigma_3\tan^2\left(45°+\frac{\varphi}{2}\right) \tag{7-6}$$

或
$$\sigma_3=\sigma_1\tan^2\left(45°-\frac{\varphi}{2}\right) \tag{7-7}$$

以$\sigma_3=p_a$,$\sigma_1=\gamma z$代入式(7-5)和式(7-7),即得朗肯主动土压力计算公式为

黏性土
$$p_a=\gamma z\tan^2\left(45°-\frac{\varphi}{2}\right)-2c\tan\left(45°-\frac{\varphi}{2}\right) \tag{7-8}$$

或
$$p_a=\gamma z K_a-2c\sqrt{K_a} \tag{7-9}$$

无黏性土
$$p_a=\gamma z\tan^2\left(45°-\frac{\varphi}{2}\right) \tag{7-10}$$

或
$$p_a=\gamma z K_a \tag{7-11}$$

上面各式中 K_a——主动土压力系数,$K_a=\tan^2(45°-\varphi/2)$;

γ——墙后填土的重度(kN/m^3),地下水位以下取有效重度;

c——填土的黏聚力(kPa);

φ——填土的内摩擦角;

z——计算点距填土面的深度(m)。

由式(7-11)可知,无黏性土的主动土压力强度与深度z成正比,沿墙高压力分布为三角形,如图7-5(b)所示,作用在墙背上的主动土压力的合力E_a即为p_a分布图形的面积,其作用点位置在分布图形的形心处,土压力作用方向为水平,即

$$E_a=\frac{1}{2}\gamma H^2\tan^2\left(45°-\frac{\varphi}{2}\right) \tag{7-12}$$

或
$$E_a=\frac{1}{2}\gamma H^2 K_a \tag{7-13}$$

由式(7-9)可知,黏性土的朗肯土压力强度包括两部分:一部分是由土自重引起的土压力

$\gamma z K_a$，另一部分是由黏聚力 c 引起的负侧向压力 $2c\sqrt{K_a}$，这两部分压力叠加的结果如图 7-5(c)所示，其中 ade 部分是负侧压力，意为对墙背是拉应力，但实际上墙与土在很小的拉力作用下就会分离，因此在计算土压力时，这部分拉力应略去不计，黏性土的土压力分布仅为 abc 阴影面积部分。

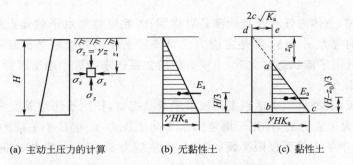

(a) 主动土压力的计算　　(b) 无黏性土　　(c) 黏性土

图 7-5　主动土压力强度分布图

a 点离填土面的距离 z_0 常称为临界深度，可由式(7-9)中令 $p_a=0$ 求得 z_0 值，即令

$$p_a = \gamma z K_a - 2c\sqrt{K_a} = 0$$

得

$$z_0 = \frac{2c}{\gamma\sqrt{K_a}} \tag{7-14}$$

则单位墙长黏性土主动土压力 E_a 为

$$E_a = \frac{1}{2}(H-z_0)(\gamma H K_a - 2c\sqrt{K_a}) = \frac{1}{2}\gamma H^2 K_a - 2cH\sqrt{K_a} + \frac{2c^2}{\gamma} \tag{7-15}$$

主动土压力 E_a 通过三角形压力分布图 abc 的形心，即作用在离墙底 $(H-z_0)/3$ 处，方向水平。

（二）被动土压力

当墙体在外力作用下向土体方向移动并挤压土体时，土中竖向应力 $\sigma_z = \gamma z$ 不变，而水平向应力 σ_x 却逐渐增大，直至出现被动朗肯状态，如图 7-6(a)所示。此时，作用在墙面上的水平压力达到极限 p_p，为大主应力 σ_1，而竖向应力 σ_z 变为小主应力 σ_3。利用式(7-4)和式(7-6)，可得被动土压力强度计算公式

黏性土　　　　　　　　　$p_p = \gamma z K_p + 2c\sqrt{K_p}$　　　　　　　　　　　(7-16)

无黏性土　　　　　　　　$p_p = \gamma z K_p$　　　　　　　　　　　　　　　(7-17)

式中　K_p——被动土压力系数，$K_p = \tan^2\left(45+\dfrac{\varphi}{2}\right)$，其余符号同前。

由上面两式可知，黏性土被动土压力随墙高呈上小下大的梯形分布，如图 7-6(c)；无黏性土的被动土压力强度呈三角形分布，见图 7-6(b)。被动土压力 E_p 的作用点通过梯形压力或三角形压力分布图的形心，作用方向水平。

单位墙长被动土压力合力为：

黏性土　　　　　　　　　$E_p = \dfrac{1}{2}\gamma H^2 K_p + 2cH\sqrt{K_p}$　　　　　　　　(7-18)

无黏性土　　　　　　　　$E_p = \dfrac{1}{2}\gamma H^2 K_p$　　　　　　　　　　　(7-19)

对于具有倾斜土体表面的挡土墙土压力，也可采用朗肯土压力理论进行求解。其推导思

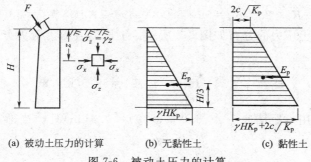

(a) 被动土压力的计算　　(b) 无黏性土　　(c) 黏性土

图 7-6　被动土压力的计算

路与土体表面水平时类似,只是在分析时需要把水平地表面半无限体中一点的应力状态改为分析具有倾斜表面的半无限体中一点的应力状态,求出达到极限平衡状态时的应力条件,即可得出作用于倾斜土体表面、竖直墙背上的土压力:

$$\left.\begin{array}{l} p_a = \gamma z K_a \qquad\quad K_a \\ p_p = \gamma z K_p \qquad\quad K_p \end{array}\right\} = \cos\beta\,\frac{\cos\beta \mp \sqrt{\sin^2\varphi - \sin^2\beta}}{\cos\beta \pm \sqrt{\sin^2\varphi - \sin^2\beta}} \qquad (7\text{-}20)$$

上式中 β 为土体表面倾角。从上式可知,土压力为线性分布,方向与土面平行。

在墙高 H 之墙背上总土压力 E_a 为

$$E_a = \frac{1}{2}\gamma H^2 K_a \qquad (7\text{-}21)$$

其作用点在墙踵上 $H/3$ 处,方向和土面平行。

从上可见,朗肯土压力理论与计算公式相对简单,使用方便。但由于在推导过程中所采取的假定条件和简化,使该理论使用范围受限。例如,由于朗肯理论忽略了墙背与土体之间的摩擦作用,即不计墙土之间的摩擦角影响,从而使计算的主动土压力偏大,被动土压力偏小。

从上述朗肯土压力公式还可看出,只要掌握了黏性土土压力的有关公式,从这些公式容易推出无黏性土的相应公式,即令黏性土土压力公式中的 $c=0$ 就可得出无黏性土公式。

现场填土施工质量也影响土压力的大小。若通过加强工程措施,提高施工质量,使填土的抗剪强度指标 c、φ 值增加,将有助于减小主动土压力和增加被动土压力。

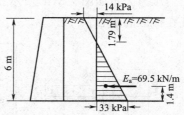

图 7-7　例 7-1 图

【例 7-1】　有一高度为 6 m、墙背光滑、竖直的挡土墙,墙后填土表面水平且与墙同高(图7-7)。填土的物理力学性质指标如下: $\gamma = 16$ kN/m³, $\varphi = 20°$, $c = 10$ kPa。试用朗肯土压力公式求主动土压力 E_a。

【解】　主动土压力系数为

$$K_a = \tan^2\left(45° - \frac{\varphi}{2}\right) = \tan^2 35° = 0.49, \quad \sqrt{K_a} = 0.7$$

墙背拉力范围临界深度为

$$z_0 = \frac{2c}{\gamma\,\sqrt{K_a}} = \frac{2\times 10}{16\times 0.7} = 1.79\,(\text{m})$$

由朗肯主动土压力公式(7-9)和式(7-13),有

墙顶　　$p_a = \gamma z K_a - 2c\,\sqrt{K_a} = -2c\,\sqrt{K_a} = -2\times 10\times 0.7 = -14\,(\text{kPa})$

墙底　　　$p_a = \gamma z K_a - 2c\sqrt{K_a} = 16 \times 6.0 \times 0.49 - 2 \times 10 \times 0.7 = 33\text{(kPa)}$

据此可绘出墙背土压力的分布如图 7-7 所示。土压力合力为应力分布图面积（不计受拉区），即

$$E_a = \frac{1}{2} \times 33 \times (6.0 - 1.79) = 69.5\text{(kN/m)}$$

E_a 作用方向水平，作用点距墙底 $\frac{1}{3} \times (6.0 - 1.79) = 1.4\text{(m)}$ 处。当然 E_a 也可按式（7-15）计算。

三、几种常见情况下的朗肯土压力

工程中经常遇到土面有超载、分层填土、填土中有地下水的情况，当挡土墙满足朗肯土压力简单界面条件时，仍可根据朗肯理论按如下方法分别计算其土压力。

（一）填土面有满布超载

当挡土墙后填土面有连续满布荷载 q 作用时，通常土压力的计算方法是将均布荷载换算成作用在地面上的当量土重（其重度 γ 与填土相同），即设想成一厚度为

$$h = q/\gamma \tag{7-22}$$

的土层作用在填土面上，然后计算填土面处和墙底处的土压力。以无黏性土为例，填土面处的主动土压力为

$$p_{a1} = \gamma h K_a = q K_a \tag{7-23}$$

挡土墙底处土压力为

$$p_{a2} = \gamma h K_a + \gamma H K_a = (q + \gamma H) K_a \tag{7-24}$$

压力分布如图 7-8（a）所示。土压力分布是梯形 $ABCD$ 部分，土压力方向水平，作用点位置在梯形的形心。

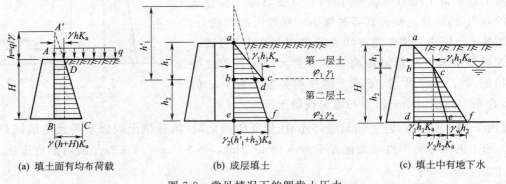

(a) 填土面有均布荷载　　　　(b) 成层填土　　　　(c) 填土中有地下水

图 7-8　常见情况下的朗肯土压力

（二）分层填土

当填土由不同性质的土分层填筑时［图 7-8（b）］，上层土按均匀的土质指标计算土压力。计算第二层土的土压力时，将上层土视为作用在第二层土上的均布荷载，换算成第二层土的性质指标的当量土层，然后按第二层土的指标计算土压力，但只在第二层土层厚度范围内有效。因此在土层的分界面上，计算出的土压力有两个数值，产生突变。其中一个代表第一层底面的压力，而另一个则代表第二层顶面的压力。由于两层土性质不同，土压力系数 K 也不同，计算第一、第二层土的土压力时，应按各自土层性质指标 c、φ 分别计算其土压力系数 K，从而计算

出各层土的土压力。多层土时计算方法相同。

（三）填土中有地下水

挡土墙填土中常因排水不畅而存在地下水。地下水的存在会影响填土的物理力学性质，从而影响土压力的性质。一般来说，地下水使填土含水率增加，抗剪强度降低，土压力变化，此外还需考虑水压力产生的侧向压力。

在地下水位以上的土压力仍按土原来的指标计算。在地下水以下的土取浮重度，抗剪强度指标应采用浸水饱和土的强度指标。若地下水不是长期存在的压力水，在考虑当地类似工程经验并适当放宽安全稳定系数的基础上，可用非浸水饱和土的强度指标。此外还有静水压力作用。总侧压力为土压力和水压力之和，土压力和水压力的合力分别为各自分布图形的面积，它们的合力各自通过其分布图形的形心，方向水平，见图 7-8(c)。

【例 7-2】 某现场有一挡土墙，墙高 7 m，墙背垂直光滑，填土顶面水平并与墙顶同高。填土为黏性土，主要物理力学指标为：$\gamma=17$ kN/m³，$\varphi=20°$，$c=15$ kPa，在填土表面上作用连续均布荷载 $q=15$ kN/m²。试求主动土压力大小及其分布。

【解】 在填土表面处的主动土压力强度 p_a 为

$$p_{a0}=(\gamma z+q)\tan^2\left(45-\frac{\varphi}{2}\right)-2c\cdot\tan\left(45°-\frac{\varphi}{2}\right)$$

$$=(17\times0+15)\tan^2\left(45°-\frac{20°}{2}\right)-2\times15\times\tan\left(45°-\frac{20°}{2}\right)$$

$$=15\times0.49-2\times15\times0.7=-13.65(\text{kPa})$$

临界深度 z_0 可由 $p_a=0$ 条件求出，即

$$p_{az}=(\gamma z_0+q)\tan^2\left(45°-\frac{\varphi}{2}\right)-2c\cdot\tan\left(45°-\frac{\varphi}{2}\right)=0$$

$$(17z_0+15)\times0.49-2\times15\times0.7=0$$

得

$$z_0=1.64(\text{m})$$

墙底处：

$$p_{a7}=(17\times7+15)\times0.49-2\times15\times0.7=65.66-21=44.66(\text{kPa})$$

土压力强度分布如图 7-9 所示。主动土压力的合力 E_a 为土压力强度分布图形中阴影部分的面积，即

$$E_a=\frac{1}{2}(7-1.64)\times44.66=119.69(\text{kN/m})$$

合力作用点距离墙底距离为 $\frac{1}{3}\times(7-1.64)=1.79$ （m）。

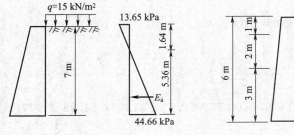

图 7-9 例 7-2 图

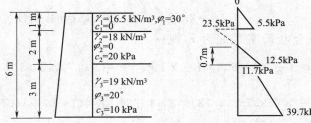

图 7-10 例 7-3 图

【例 7-3】 有一挡土墙高 6 m，墙后填土分为三层，各层土的物理力学性质指标如图 7-10

所示,试求此分层填土的主动土压力及分布。

【解】 分层填土时可分层计算土压力。首先将土层分界面处的土压力值计算出,然后根据同一土层内土压力线性分布的特点,得到土压力沿墙身的分布,土压力合力就是这些土压力分布图形的面积,合力作用位置可按工程力学中求面积矩的原理求得。具体计算土压力时,对任一层的上覆土层的自重压力可近似地视为作用在该层表面上的连续均布荷载。

在墙顶,$z=0$,有

$$p_{a0} = \gamma z \tan^2\left(45° - \frac{\varphi_1}{2}\right) = 0$$

在墙顶下 1 m 处,$z_1 = 1$,有

$$p_{a1}^{\text{上}} = \gamma_1 z_1 \tan^2\left(45° - \frac{\varphi_1}{2}\right) = 16.5 \times 1 \times \tan^2\left(45° - \frac{30°}{2}\right) = 16.5 \times 0.33 = 5.5(\text{kPa})$$

$$p_{a1}^{\text{下}} = \gamma_1 z_1 \tan^2\left(45° - \frac{\varphi_2}{2}\right) - 2c_2 \tan\left(45° - \frac{\varphi_2}{2}\right) = 16.5 \times 1 \times 1 - 2 \times 20 \times 1 = -23.5(\text{kPa})$$

在墙顶下 3m 处,$z_2 = 3$,有

$$p_{a3}^{\text{上}} = (\gamma_1 z_1 + \gamma_2 z_2)\tan^2\left(45° - \frac{\varphi_2}{2}\right) - 2c_2 \tan\left(45° - \frac{\varphi_2}{2}\right)$$

$$= (16.5 \times 1 + 18 \times 2)\tan^2(45° - 0) - 2 \times 20\tan(45° - 0)$$

$$= 52.5 \times 1 - 40 \times 1 = 12.5(\text{kPa})$$

$$p_{a3}^{\text{下}} = (\gamma_1 z_1 + \gamma_2 z_2)\tan^2\left(45° - \frac{\varphi_3}{2}\right) - 2c_3 \tan\left(45° - \frac{\varphi_3}{2}\right)$$

$$= (16.5 \times 1 + 18 \times 2)\tan^2\left(45° - \frac{20°}{2}\right) - 2 \times 20\tan\left(45° - \frac{20°}{2}\right)$$

$$= 52.5 \times 0.49 - 20 \times 0.7 = 11.7(\text{kPa})$$

在墙顶下 6 m 处,$z_3 = 6$,有

$$p_{a6} = (\gamma_1 z_1 + \gamma_2 z_2 + \gamma_3 z_3)\tan^2\left(45° - \frac{\varphi_3}{2}\right) - 2c_3 \tan\left(45° - \frac{\varphi_3}{2}\right)$$

$$= (16.5 \times 1 + 18 \times 2 + 19 \times 3)\tan^2\left(45° - \frac{20°}{2}\right) - 2 \times 10\tan\left(45° - \frac{20°}{2}\right)$$

$$= 109.5 \times 0.49 - 20 \times 0.7 = 39.7(\text{kPa})$$

墙背承受的主动土压力强度分布图形见图 7-10 所示。

不计墙背和填土间的拉应力,则得主动土压力 E_a 为

$$E_a = \frac{1}{2} \times 1 \times 5.5 + \frac{1}{2} \times 0.7 \times 12.5 + \frac{1}{2}(11.73 + 39.7) \times 3$$

$$= 2.75 + 4.38 + 77.15 = 84.28(\text{kN/m})$$

若设合力 E_a 距墙底为 x,则

$$x = \left[\frac{1}{2} \times 1 \times 5.5 \times \left(\frac{1}{3} \times 1 + 5\right) + \frac{1}{2} \times 0.7 \times 12.5 \times \left(\frac{1}{3} \times 0.7 + 3\right) + 11.73 \times 3 \times 1.5 + \right.$$

$$\left. \frac{1}{2} \times (39.7 - 11.73) \times 3 \times 1\right]/84.28 = (14.67 + 14.15 + 52.79 + 41.96)/84.28 = 1.47(\text{m})$$

即 E_a 作用位置距墙底 1.47 m,方向水平。

【例 7-4】 求图 7-11 所示挡土墙的主动土压力。墙后填土因排水不良,地下水位距墙底以上 2 m,填料为砂土,重度 $\gamma = 18$ kN/m³,饱和重度 $\gamma_{\text{sat}} = 20$ kN/m³,内摩擦角 $\varphi = 30°$(假定

其值在水位以下不变）。

【解】 墙后填土有地下水位时，地下水位以上部分按常规方法计算，土压力强度不受地下水影响，但地下水以下的填土需考虑地下水对填土重度的影响。

在墙顶 $p_{a0}=0$

在墙顶下 4 m $\quad p_{a4}=\gamma z\tan^2\left(45°-\dfrac{\varphi}{2}\right)=18\times4\times\tan^2\left(45°-\dfrac{30°}{2}\right)=24(\text{kPa})$

在墙底 $\quad p_{a6}=[18\times4+(20-10)\times2]\tan^2\left(45°-\dfrac{30°}{2}\right)=92\times\dfrac{1}{3}=30.67(\text{kPa})$

主动土压力强度分布见图 7-11，主动土压力合力 E_a 为土压力强度分布图面积之和，即

$$E_a=\frac{1}{2}\times4\times24+\frac{1}{2}\times2(24+30.67)=102.67(\text{kN/m})$$

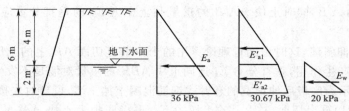

图 7-11 例 7-4 图

作用在墙背上的水压力呈三角形分布，合力为该分布图的面积，即

$$E_w=\frac{1}{2}\times20\times2=20(\text{kN/m})$$

作用在墙上的总侧压力为土压力和水压力之和，即

$$E_a'=E_a+E_w=102.67+20=122.67(\text{kN/m})$$

讨论：若没有地下水，则在墙底：

$$p_{a6}=\gamma z\tan^2\left(45°-\frac{\varphi}{2}\right)=18\times6\times\tan^2\left(45°-\frac{30°}{2}\right)=36(\text{kPa})$$

墙背主动土压力合力：

$$E_a=\frac{1}{2}\gamma H^2 K_a=\frac{1}{2}\times18\times6^2\times\tan^2\left(45°-\frac{30°}{2}\right)=108(\text{kN/m})$$

将此结果与上述有地下水情况对比不难得出：当墙后有地下水时，土压力部分将减小，但计入墙后水压力后，墙背承受的总侧向压力将增大，而且水位越高，总侧压力越大。可见做好墙后填土的排水工作，对减少挡土墙的受力、减少墙后土体软化、保证挡土墙的稳定非常重要。

四、悬臂式挡墙和倾斜墙背的朗肯土压力近似求解方法

以上给出了对于墙背垂直、光滑而填土表面水平且与墙同高时土压力计算的一般公式。实际工程中存在许多倾斜墙背、折线墙背、地面倾斜等情况，另外还有悬臂式挡墙、扶壁式挡墙、卸荷式挡墙等结构，显然这种情况不能满足朗肯土压力理论基本假设，但如果根据情况将问题合理简化，也可近似地应用朗肯土压力公式进行设计计算。

比如在墙背倾斜的情况下，如图 7-12 所示，采用朗肯理论计算通过墙踵或墙顶垂直切面上的土压力，在一定程度上接近于内切面上应力的基本假设；对于地面倾角小于内摩擦角 φ 时，也可假定土压力的作用方向与地面平行。

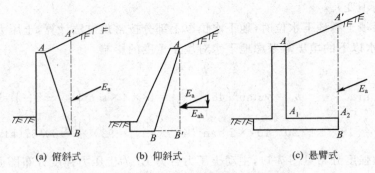

(a) 俯斜式　　　　(b) 仰斜式　　　　(c) 悬臂式

图 7-12　倾斜墙背和钢筋混凝土挡土墙

对于图 7-12(a)所示的俯斜式挡墙,在验算基底压力和挡墙整体稳定时,土压力 E_a 的计算可取土中垂直切面 $A'B$,同时土块 $AA'B$ 的重量和土压力 E_a 的垂直分量应计入在力学分析中。

图 7-12(b)为仰斜墙,这时由朗肯理论算出的土中垂直切面 AB' 上的土压力 E_a 只有其水平分力 E_{ah} 对挡墙产生作用,垂直分力 E_{av} 连同土块 ABB' 的重量对墙是不发生作用的。

图 7-12(c)所示为底板后伸很宽的悬臂式钢筋混凝土挡土墙,设计时先按前述朗肯土压力倾斜土面公式(7-21)算出切面 $A'B$ 上的土压力 E_a,再将底板上土块 AA_1A_2A' 的重量包括在地基压力和稳定的检算中即可。

如前所述,朗肯土压力理论把垂直墙背当作土体半空间中的一个内切面,该切面上作用的应力视为墙背上的土压力,土压力的大小和方向与墙背粗糙程度无关。显然,这种完全忽视墙背与土接触面和土中内切面的区别的考虑是有很大缺陷的。

第四节　库仑土压力理论

库仑土压力理论是库仑在 1773 年提出的计算土压力的经典理论。它是根据墙后所形成的滑动楔体静力平衡条件建立的土压力计算方法。由于它具有计算较简便,能适用于各种复杂情况且计算结果比较接近实际等优点,因而至今仍得到广泛应用。我国土建类规范大多都规定:挡土墙、桥梁墩台所承受的土压力,应按库仑土压力理论计算。

一、基本原理

库仑土压力理论的基本假设:挡土墙为刚性;墙后土体为无黏性砂土;当墙身向前或向后偏移时,墙后滑动土楔体沿着墙背和一个通过墙踵的平面发生滑动;滑动土楔体可视为刚体。

库仑土压力理论不像朗肯土压力理论一样是由应力的极限平衡来求解的,而是从挡土结构背后土体中的滑动土楔体处于极限状态时的静力平衡条件出发,求解主动或被动土压力。应用库仑理论可以计算无黏性土在各种情况时的土压力,如墙背倾斜,墙后土体表面也倾斜,墙面粗糙,墙背与土体间存在摩擦角等。

同理,可把计算原理和方法推广至黏性土。

二、库仑土压力静力平衡解法

(一)主动土压力

如图 7-13 所示,当墙向前移动或转动而使墙后土体沿某一破裂面 AC 滑动破坏时,

土楔 ABC 将沿着墙背 AB 和通过墙踵点 A 的滑动面 AC 向下向前滑动。在这破坏的瞬间，滑动楔体 ABC 处于主动极限平衡状态。取 ABC 为隔离体，作用在其上的力有如下所述的三个。

(1)土楔体自重 G，只要破裂面 AC 的位置确定，G 的大小就已知(等于 $\triangle ABC$ 的面积乘以土的重度)，其方向竖直向下。

(2)破裂面 AC 上的反力 R。从图 7-13 可得，土楔体滑动时，破裂面上的切向摩擦力和法向反力的合力为反力 R，它的方向已知，但大小未知。反力 R 与破裂面 AC 法线之间的夹角等于土的内摩擦角，并位于该法线的下侧。

(3)墙背对土楔体的反力 E。该力是墙背对土楔体的切向摩擦力和法向反力的合力，方向为已知，大小未知。该力的反力即为土楔体作用在墙背上的土压力。反力 E 与墙背的法线方向成 δ 角，δ 角为墙背与墙后土体之间的摩擦角(又称为墙土摩擦角)，土楔体下滑时反力 E 的作用方向在法线的下侧。

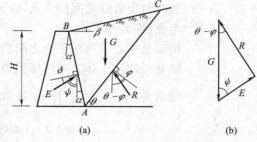

图 7-13 库仑主动土压力计算

土楔体在以上三力作用下处于静力平衡状态，因此必构成一闭合的力矢三角形。如图 7-13 所示，按正弦定律可得：

$$\frac{E}{G}=\frac{\sin(\theta-\varphi)}{\sin[180°-(\theta-\varphi+\psi)]}=\frac{\sin(\theta-\varphi)}{\sin(\theta-\varphi+\psi)}$$

即
$$E=G\frac{\sin(\theta-\varphi)}{\sin(\theta-\varphi+\psi)} \tag{7-25}$$

式中 $\psi=90°-\alpha-\delta$，其余符号如图 7-13 所示。

上式中滑面 AC 的倾角 θ 未知。不同的 θ 值可绘出不同的滑动面，得出不同的 G 和 E 值，因此，E 是 θ 的函数，显然存在下面两种极端情况。

1. 当时 $\theta=\varphi$，R 与 G 重合，$E=0$；
2. 当时 $\theta=90°+\alpha$，滑动面 AC 与墙背重合，$E=0$。

注意到，上述两 θ 角都不是真正的滑面倾角。当 θ 在 φ 至 $90°+\alpha$ 之间变化时，墙背上的土压力将由零增至极值，然后再减小到零，这个极值即为墙上的总主动土压力 E_a，其相应的 AC 面即为墙后土体的滑面，θ 称为破裂滑面倾角。显然，这样的 θ 值是存在的，见图 7-14。

根据上面分析，只有产生最大 E 值的滑动面才是产生库仑主动土压力的滑动面，即总主动土压力达到最大的原理。按微分学求极值的方法，可由式(7-25)按 $dE/d\theta=0$ 的条件求得 E 为最大值(即主动土压力 E_a)时的 θ 角，相应于此时的 θ 角即为最危险的滑动破裂面与水平面的夹角。将求极值得到的 θ 角代入式(7-25)，即可得出作用于墙背上的主动土压力合力 E_a 的大小，经整理后其表达式为：

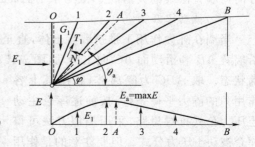

图 7-14 土压力 E 与滑动破裂角 θ 之间的关系

$$E_a=\frac{1}{2}\gamma H^2K_a \tag{7-26}$$

其中
$$K_a = \frac{\cos^2(\varphi-\alpha)}{\cos^2\alpha \cdot \cos(\alpha+\delta)\left[1+\sqrt{\dfrac{\sin(\varphi+\delta)\sin(\varphi-\beta)}{\cos(\alpha+\delta)\cos(\alpha-\beta)}}\right]^2} \qquad (7\text{-}27)$$

式中 K_a——库仑主动土压力系数,K_a 与角 α、β、δ、φ 有关,而与 γ、H 无关;

γ,φ——墙后土体的重度和内摩擦角;

α——墙背与竖直线之间的夹角,以竖直线为准,逆时针方向为正(俯斜),顺时针方向为负(仰斜);

β——墙后土体表面与水平面之间的夹角,水平面以上为正,水平面以下为负;

δ——墙背与墙后土体之间的摩擦角,可由试验确定,无试验资料时,根据墙背粗糙程度取为 $\delta=\left(\dfrac{1}{3}\sim\dfrac{2}{3}\right)\varphi$,也可参考表 7-2 中的数值。

表 7-2　土对挡土墙墙背的摩擦角

挡土墙情况	摩擦角 δ	挡土墙情况	摩擦角 δ
墙背平滑,排水不良	$(0\sim0.33)\varphi$	墙背很粗糙,排水良好	$(0.5\sim0.67)\varphi$
墙背粗糙,排水良好	$(0.33\sim0.5)\varphi$	墙背与填土间不可能滑动	$(0.67\sim1.0)\varphi$

注:φ 为墙背填土的内摩擦角。

由式(7-27)可看出,随着土的内摩擦角 φ 和墙土摩擦角 δ 的增加以及墙背倾角 α 和填土面坡角 β 的减少,K_a 值相应减少,主动土压力随之减少。可见,在工程中注意选取 φ 值较高的填料(如非黏性的砂砾石土),注意填土排水通畅,增大 δ 值,都将对减小作用在挡土墙上的主动土压力有积极意义。

当墙后土面水平,墙背垂直且光滑($\beta=0$,$\alpha=0$,$\delta=0$)时,库仑主动土压力公式与朗肯主动土压力公式完全相同,说明朗肯土压力是库仑土压力的一个特例。在这样特定条件下,两种土压理论所得结果一致。

由式(7-26)可知,主动土压力与墙高的平方成正比,将 E_a 对 z 取导数,可得距墙顶深度 z 处的主动土压力强度 p_a,即

$$p_a = \mathrm{d}E_a/\mathrm{d}z = \mathrm{d}(\tfrac{1}{2}\gamma z^2 K_a)/\mathrm{d}z = \gamma z K_a \qquad (7\text{-}28)$$

由上式可知,主动土压力强度沿墙高成三角形分布。主动土压力的作用点在离墙底 $H/3$ 处,方向与墙背法线的夹角成 δ,或与水平面成 $\alpha+\delta$ 角。

(二)被动土压力

当墙在外力作用下推挤墙后土体,直至墙后土体沿某一破裂面 AC 破坏时,土楔体 ABC 沿墙背 AB 和滑动面 AC 向上滑动(图 7-15)。在破坏瞬间,滑动土楔体 ABC 处于被动极限平衡状态。取 ABC 为隔离体,利用其上各作用力的静力平衡条件,按前述库仑主动土压力公式推导思路,采用类似方法可得库仑被动土压力公式。但要注意的是作用在土楔体上的反力 E 和 R 的方向与求主动土压力时相反,都应位于法线的另一侧。另外,与主动土压力不同之处是相应于被动土压力 E_p 为最小值时的滑动面才是真

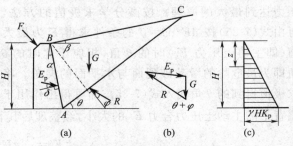

图 7-15　库仑被动土压力计算

正的破坏滑动面,因为这时楔体所受阻力最小,最容易被向上推出。

被动土压力 E_p 的库仑公式为

$$E_p = \frac{1}{2}\gamma H^2 K_p \tag{7-29}$$

其中

$$K_p = \frac{\cos^2(\varphi+\alpha)}{\cos^2\alpha \cdot \cos(\alpha-\delta)\left[1-\sqrt{\frac{\sin(\varphi+\delta)\cdot\sin(\varphi+\beta)}{\cos(\alpha-\delta)\cdot\cos(\alpha-\beta)}}\right]^2} \tag{7-30}$$

式中 K_p 为库仑被动土压力系数,其他符号意义同前,显然 K_p 也与角 α、β、δ、φ 有关。

在墙背直立、光滑、墙后土体表面水平($\beta=0$,$\alpha=0$,$\delta=0$)时,库仑被动土压力公式与朗肯被动土压力公式相同。被动土压力强度可按下式计算:

$$p_p = dE_p/dz = d(\frac{1}{2}\gamma z^2 K_p)/dz = \gamma z K_p \tag{7-31}$$

被动土压力强度沿墙高也呈三角形分布,如图 7-15 所示,被动土压力方向与墙背的法线成 δ 角且在法线上侧,土压力合力作用点在距墙底 $H/3$ 处。

上面叙述的关于库仑土压力的主动最大、被动最小的概念,也被称为库仑土压力理论的最大和最小原理。请注意与前述三种土压力中最大、最小值在概念上的差别,在前面讲述的主动土压力是三种土压力(主动、静止和被动)的最小土压力,被动土压力是三种土压力中的最大土压力,指在三种不同破坏状态下不同土压力之间作比较,参见图 7-2。而这里最大和最小原理是指在相同极限状态下,在众多潜在滑动面所求得的、主动破坏时为最大、被动破坏时为最小原理确定的最不利滑面位置以及相对应作用力为主动、被动土压力,参见图 7-14 和图 7-15。

【例 7-5】 挡土墙高 5 m,墙背俯斜 $\alpha=10°$,填土面坡角 $\beta=25°$,填土重度 $\gamma=17$ kN/m³,内摩擦角 $\varphi=30°$,黏聚力 $c=0$,填土与墙背的摩擦角 $\delta=10°$。试求库仑主动土压力的大小、分布及作用点位置。

【解】 根据 $\alpha=10°$,$\beta=25°$,$\varphi=30°$由式(7-27)得主动土压力系数 $K_a=0.622$,由式(7-28)得主动土压力强度值如下:

在墙顶 $P_a = \gamma z K_a = 0$

在墙底 $P_a = \gamma z K_a = 17 \times 5 \times 0.622 = 52.87$(kPa)

土压力的合力为强度分布图面积,也可按式(7-26)直接求出。

$$E_a = \frac{1}{2}\gamma H^2 K_a = \frac{1}{2} \times 17 \times 5^2 \times 0.622 = 132.18(\text{kN/m})$$

土压力合力作用点位置距墙底为 $H/3 = 5/3 = 1.67$(m),与墙背法线成 $10°$且上倾。土压力强度分布如图 7-16,注意该强度分布图只表示大小,不表示作用方向。

三、库仑土压力图解法

图解法是数解法的辅助手段和补充,有些情况下它比数解法还简便。

土压力图解法较多,各有其优缺点。限于篇幅本节仅介绍目前最常用的图解法——库尔曼(C. Culmann)图解法。

库尔曼图解法的基本原理是利用假定多个不同的破裂滑动面,由相应的滑动土楔体上力的平衡条件,画出力多边形,以求得土压力 E。主动土压力 E_a 是土楔体下滑时力多边形中最大的 E_{max},被

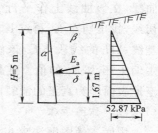

图 7-16 例 7-5 图

动土压力 E_p 则是土楔体上推时力多边形中最小的 E_{min}。

库尔曼图解法应用广泛,特别适合于库仑土压力数值解不能准确求解的荷载或边界条件等情况,如填土表面不规则、土面作用有各种不同的荷载等。

(一)基本原理

设挡土墙及其墙后土体条件如图 7-17 所示。根据数解法已知,若在墙后土体中任选一通过墙踵 A 并与水平面夹角为 θ 的滑动面 AC,可求出土楔体 ABC 重量 G 的大小及方

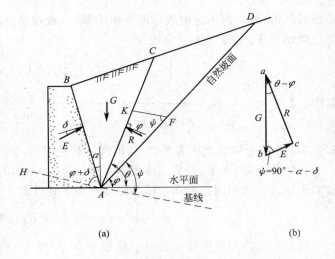

图 7-17 库尔曼图解法求主动土压力的原理

向,以及反力 E 和 R 的方向,从而可绘制闭合的力矢三角形,进而可求得 E 的大小。通过选取多个不同的滑动面,重复上述方法可得到多个不同的土压力 E 值,而其中最大者即为所求主动土压力 E_a,相应于这时的滑动面即为真正滑动面。

在图 7-17(a)所示的几何关系中,AD 面与水平面成 φ 角,称为自然坡面;任选一破裂面 AC,它与水平面成 θ 角,过 A 点作 AH 线与墙背 AB 成 $\varphi+\delta$ 角,此线称为基线。基线 AH 与自然坡面 AD 的夹角为 $\psi=90°-\alpha-\delta$。若在 AC 与 AD 两线之间作一直线 FK 与基线 AH 线平行,则构成一个三角形 AFK,有 $\angle KFA=\psi$,$\angle KAF=\theta-\varphi$。

图 7-17(b)为任选破裂面 AC 时,作用在滑动土楔体 ABC 上的力矢三角形。在该力矢三角形中有:

$$\angle abc=\psi, \quad \angle bac=\theta-\varphi$$

对比三角形 AFK 和力矢三角形 abc,得

$$\triangle AFK \backsim \triangle abc$$

于是

$$\frac{E}{G}=\frac{KF}{AF}$$

因此,若 AF 为按某一比例尺表示的土楔体重量 G,则 KF 为按同样比例尺代表的相应土压力值 E。为了求得真正的滑动面和实际的土压力 E_a,可在墙背 AB 和自然坡面 AD 之间选定若干不同的破裂面 AC_1、$AC_2\cdots$,见图 7-18。按上述方法在自然坡面与破裂面上确定相应的点 F_1、$F_2\cdots$ 和 K_1、$K_2\cdots$,则 F_1K_1、$F_2K_2\cdots$ 分别代表 AC_1、$AC_2\cdots$ 各假设破裂面上的土压力 E_1、$E_2\cdots$。将 K_1、$K_2\cdots$ 各点连成一条光滑曲线,在该曲线上作平行于 AD 线的切线,找出切点 K,再过 K 点作平行于基线 AH 的线段 KF,该线段即表示主动土压力 E_a 的值。连接 AK 延伸至地表面即为真正的滑裂面。

(二)作图步骤

用库尔曼图解法求主动土压力的具体步骤如下:

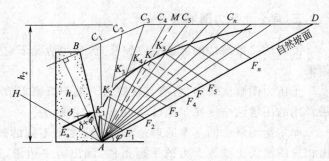

图 7-18 库尔曼图解法

（1）按比例绘出挡土墙与墙后土体表面的剖面图；

（2）通过墙踵点 A 作自然坡面线 AD，使 AD 与水平线成 φ 角；

（3）通过墙踵点 A 作基线 AH，使 AH 与 AD 的夹角为 $\psi=90°-\alpha-\delta$；

（4）在 AB 与 AD 之间任意选定破裂面 AC_1、$AC_2\cdots$，分别求土楔体 ABC_1、$ABC_2\cdots$ 的自重 G_1、$G_2\cdots$，按某一适当的比例尺作 $AF_1=G_1$，$AF_2=G_2\cdots$，过 F_1、$F_2\cdots$ 分别作平行于 AH 线的平行线与试算破裂面 AC_1、$AC_2\cdots$ 交于 K_1、$K_2\cdots$ 各点；

（5）将 K_1、K_2、$K_3\cdots$ 各点连成曲线，称为土压力轨迹线，它表示各不同假想破裂面时墙背 AB 受到的土压力的变化；

（6）作土压力轨迹线的切线，使其平行于 AD 线，切点为 K，过 K 点作 KF 线平行于基线 AH，与 AD 线相交于 F 点，则 KF 线段长度，按重量比例尺的大小，就代表了主动土压力 E_a 的实际值，连接 AK 并延长交墙后土体表面于 M 点，则 AM 面即为所求的真正破裂面。

同理，用库尔曼图解法也可求得被动土压力 E_p，注意到此时 E_p 和反力 R 的偏角都分别在墙背面和破裂面法线的上侧。

库尔曼图解法求得的土压力为合力，作用点位置可近似按以下方法确定：按上述方法找到真正滑裂面后，确定实际滑动土楔体重心，过重心作一直线与真正滑裂面平行，与墙背交于一点，该点即视为土压力合力作用点位置。合力作用方向与墙背法线成 δ 交角。

库尔曼图解法适用面广，还可用于墙后土体表面不规则、有局部荷载、墙背为折线、黏性土填料等情况。比如，墙后土体表面有局部荷载时，确定土压力的基本方法不变，只是在各个假定土楔体自重基础上加入相应土楔体上的地面荷载，然后按以上所述方法作图即可。

四、几种特殊情况下的库仑土压力简介

工程上时常会遇到挡土墙并非直立、光滑，填土面非直线、水平，荷载条件或其他边界条件较为复杂的情况，这时可以采用一些近似处理办法进行分析计算。

（一）填土面有连续均布荷载

当挡土墙后填土面有连续均布荷载 q 作用时，通常土压力的计算方法是将均布荷载换算成当量的土重，即用假想的土重代替均布荷载。

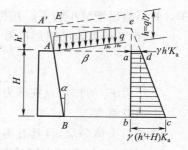

当填土面和墙背面倾斜，填土面作用有连续均布荷载时（图 7-19），当量土层厚度 $h=\dfrac{q}{\gamma}$，假想的填土面与墙背 AB 的延长线交于 A' 点，故以 $A'B$ 为假想墙背计算主动土压力，但由于填土面和墙背面倾斜，假想的墙高应为 $h'+H$，根据 $\triangle A'AE$ 的几何关系可得

图 7-19 填土面有连续均布荷载

$$h'=h\frac{\cos\beta\cdot\cos\alpha}{\cos(\alpha-\beta)} \tag{7-32}$$

然后，以 $A'B$ 为墙背，按填土面无荷载时的情况计算土压力。在实际考虑墙背土压力的分布时，只计墙背高度范围，不计墙顶以上 h' 范围的土压力。这种情况下的主动土压力计算如下：

墙顶土压力 $P_a=\gamma h'K_a$

墙底土压力 $P_a=\gamma(H+h')K_a$

实际墙 AB 上的土压力合力即为 H 高度上压力图的面积,即

$$E_a = \gamma H \left(\frac{1}{2} H + h' \right) K_a \qquad (7\text{-}33)$$

E_a 作用位置在梯形面积形心处,与墙背法线成 δ 角。

(二)条形荷载

若土体表面有水平宽度为 l 的均布条形荷载 q(以单位水平面积计),可以近似求出条形荷载在内的土压力 E_a,见图 7-20。图中 BD_1 为无荷载 q 时的破裂面,BD 为考虑荷载以后的破裂面,主动土压力计算方法如下。

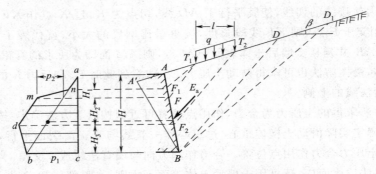

图 7-20   有条形荷载时土压力的近似解法

(1)求无 q 作用时的土压力 E_1 和滑裂面 BD_1,其相应的压力图为三角形 abc。

(2)延长 D_1A 至 A' 点,使 $\gamma \cdot \triangle AA'B = ql$。

(3)求以 $A'B$ 为墙背时的土压力 E_a 和滑裂面 BD。

(4)从 T_1 作 $T_1F_1 /\!/ BD_1$,把 F_1 点作为荷载影响土压力分布的起点,再作 $T_1F /\!/ BD$,把 F 点当作荷载影响最大段的起点。

(5)从 T_2 作 $T_2F_2 /\!/ BD_1$,把 F_2 点作为荷载影响最大段的终点,由该点至墙踵,荷载对土压力的影响逐渐减小到零。其相应的附加压力图为 $nmdb$,相应的三段高为 H_1、H_2 和 H_3。

(6)由 q 所引起的附加压力 p_2 为

$$p_2 = \frac{2(E_a - E_1)}{H_1 + 2H_2 + H_3} \qquad (7\text{-}34)$$

土压力 E_a 的作用点在压力图 $anmdbc$ 的形心位置,方向与墙背法线成 δ 角。

(三)成层填土

当墙后土体分层,且具有不同的物理力学性质时,常用近似方法分层计算土压力。

如图 7-21,假设各层图的分层面与土体表面平行,计算方法是:先将墙后土面上荷载 q 按式(7-32)转变成墙高 h'(其中 $h = q/\gamma$),然后自上而下分层计算土压力。求算下层土层时,可将上层土的重量当作均布荷载对待。现以图 7-21 为例来说明。

第一层土顶面处

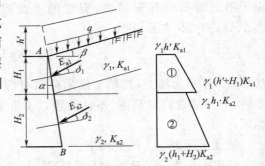

$$P_a = \gamma_1 h' K_{a1}$$

第一层土底面处

图 7-21   分层填土的主动土压力

$$P_a = \gamma_1(h' + H_1)K_{a1}$$

在计算第二层土时,需要将 $\gamma_1(h' + H_1)$ 的土重当作作用在该层上的荷载,按式(7-32)换算成土层的高度 h_1,即

$$h_1 = \frac{\gamma_1(h' + H_1)}{\gamma_2} \frac{\cos\beta \cdot \cos\alpha}{\cos(\alpha - \beta)} \tag{7-35}$$

故可得第二层土顶面处: $P_a = \gamma_2 h_1 K_{a2}$

第二层底面处: $P_a = \gamma_2(h_1 + H_2)K_{a2}$

每层土的土压力合力 E_{ai} 的大小等于该层压力分布图的面积,作用点在各层压力图的形心位置,方向与墙背法线成 δ 角。

在计算分层土压力时,有时也将各层土的重度 γ_i 和内摩擦角 φ_i 值按土层厚度加权平均,即

$$\gamma_m = \frac{\sum \gamma_i H_i}{\sum H_i}, \qquad \varphi_m = \frac{\sum \varphi_i H_i}{\sum H_i}$$

然后近似地把它们当作均质土指标求土压力系数 K_{am} 并计算土压力。这样所得的土压力 E_a 及其作用点和分层计算时是否接近要看具体情况而定。

(四)折线形土面或墙背的主动土压力

1. 土面为折线的主动土压力

实际工程中经常遇到墙后土面为折线的情况,如图 7-22 中 ACF 所示,可以考虑按以下近似方法求解。

(1)延长第二段折线 FC 至 A',使 $S_{\triangle A'BC} = S_{\triangle ABC}$(只需作 $AA' /\!/ BC$ 即可)。

(2)把 A' 当作假想墙顶,$A'B$ 为假想墙背,可求得土压力合力 E_a(基线仍用原墙背的)。

(3)延长第一段折线土面 AC,把它当作假想土面,对原墙背 AB 求土压力合力 E_1,得滑裂面为 BD',并得到压力分布图为 abc。

(4)从土面转折点 C 作 $CJ /\!/ BD'$,在 J 点以上 abc 的压力图是有效的。

(5)在 J 点以下应考虑土面为 CF 而非 CD',压力图应减小一个面积 dbe,其中 be 的长度为 p_2,由下式计算:

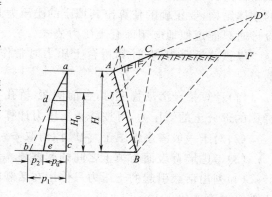

图 7-22 折线土面的土压力

$$p_2 = \frac{2(E_1 - E_a)}{H_0} \tag{7-36}$$

故实际压力图为 $adec$,其面积即为土压力合力 E_a,作用在该压力图的形心位置处,方向与墙背法线成 δ 角。

2. 折线形墙背的土压力

为了适应山区地形的特点和工程的需要,常采用折线形墙背的挡土墙。对于这类挡墙,工程中常以墙背的转折点为界,把墙分为上墙与下墙两部分,如图 7-23 所示。由于库仑土压力是以直线形墙背出发进行推导的,故当墙背有转折点时,不能直接利用库仑公式进行全墙土压力的计算。这时,要将上墙和下墙当作独立的墙背,分别进行计算。

上墙作为独立的墙背计算其土压力时,可以不考虑下墙的存在,按 AB 段墙背的倾角和土

体表面的倾角计算 AB 段沿墙高的主动土压力强度分布图形,如图中 abc 所示。如墙背外摩擦角 $\delta_1 > 0$,则土压力方向与墙背 AB 的法线成 δ_1 角。

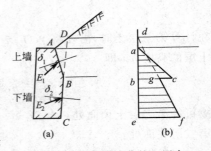

图 7-23 折线形墙背的土压力

下墙土压力的计算目前工程中常采用延长墙背法,即将下墙墙背 CB 延长到土体表面 D,把 CBD 看作是一个假想的墙背,按下墙墙背倾斜角和土体表面倾角求出沿墙高 DC 的主动土压力强度分布图形 def。由于实际的上墙是 BA,而不是 BD,土压力强度分布图形 def 就只对下墙 BC 才有效,因此,在计算沿折线墙背全墙高的主动土压力时,应从上述两个土压力强度分布图形中扣除△dbg,而保留下来的图形 abc 和 befg 之和,即图形 abefgc 就是所要求的折线形墙背上的土压力。

延长墙背法计算简便,在工程上得到了较为广泛的应用。但是由于这种方法所延长的墙背 BD 处在土体中,并非真正的墙背,从而引起了由于忽视土楔体 ABD 的作用所带来的误差。所以,当折线形墙背上、下部分墙背倾斜角相差较大(大于 10°)时,应按有关方法进行校正。

(五)桥台土压力

桥台是连接桥跨结构和路基的重要建筑物,它的一侧承受由支座传来的桥梁荷载,另一侧则支挡着路基的填土,并承受该填土传来的侧向土压力(图 7-24)。桥台形式较多,尤其公路桥台式样变化较大,铁路桥的桥台种类相对较少。桥台是一种构造较为复杂的立体结构,要正确的估算出其填土的土压力是困难的,设计时只能近似地应用库仑土压力公式。

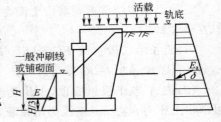

图 7-24 桥台土压力

以铁路桥台为例,计算桥台土压力时常作如下简化假设:

(1)计算桥台滑动稳定时,台前侧面(桥孔方面)不被冲刷的部分土的侧压力,可按静止土压力计算。

(2)对于一般渗水性填土,内摩擦角取 $\varphi = 33°$;对于一般填石或废道砟,取 $\varphi = 40°$。

(3)考虑墙背表面与填土之间的摩擦角 $\delta = \varphi/2$。

(4)列出活载引起的土压力只作用在活载的计算宽度带上(单线者为 2.5 m),该带的宽度不随深度而变化。

1. 均质填土

当桥台背面填土与基底以上地基土性质相近时,可近似地把它们当作同一土层(均质土)看待,此时作用于台背的主动土压力(包括活载在内者)可根据库仑土压力理论按式(7-37)进行计算(图 7-25):

$$E_a = \frac{1}{2}\gamma H^2 K_a \cdot B + \gamma h_0 H \cdot K_a \cdot B_0 \qquad (7\text{-}37)$$

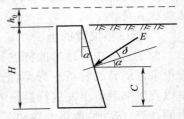

图 7-25 台后均质土计算图式

式中　B——桥台计算宽度(m);

　　　K_a——库仑主动土压力系数,由式(7-27)计算;

　　　B_0——台后活载计算宽度(m),单线时取 $B_0 = 2.5\text{m}$,当 $B < 2.5\text{m}$ 时取 $B_0 = B$;

　　　h_0——活载换算的均质土层的厚度(m)(垂直方向),其

值为 $h_0 = q/\gamma$。其中 γ 为桥台 H 高度内土的平均重度(kN/m^3);q 为单位面积上活载强度,取轨底平面处活载竖向的压力强度。计算时横向分布宽度按 $2.5\ m$ 计;纵向分布宽度:当采用集中轴重时为轴距,当采用每延米荷重时为 $1.0\ m$。

式(7-37)第一项为填土引起的土压力,第二项为活载引起的土压力。

土压力 E_a 的作用方向与台背法线成 δ 角,作用点离计算截面的距离,由土压力分布图根据合力矩原理计算:

$$C = \frac{H}{3}\left(1 + \frac{h_0 B_0}{HB + 2h_0 B_0}\right) \tag{7-38}$$

2. 分层填土

若后台为性质不同的分层填土或受水位影响时,则应分层计算每层的土压力,如图 7-26 所示。每层土的主动土压力(包括活载)按式(7-39)计算:

$$E_a = \frac{1}{2}\gamma h(h + 2h')K_a B + \gamma h_0' h K_a B_0 \tag{7-39}$$

式中　γ——计算土层的重度(kN/m^3);

　　h——计算截面以上计算土层的厚度(m);

　　h_0'——活载按计算土层的重度换算的土层厚度,可按 $h_0' = q/\gamma$ 计算(m);

　　h'——计算土层以上的所有土层(包括道砟的厚度)按该计算土层的重度换算的厚度(m),h' 值按下式进行计算:

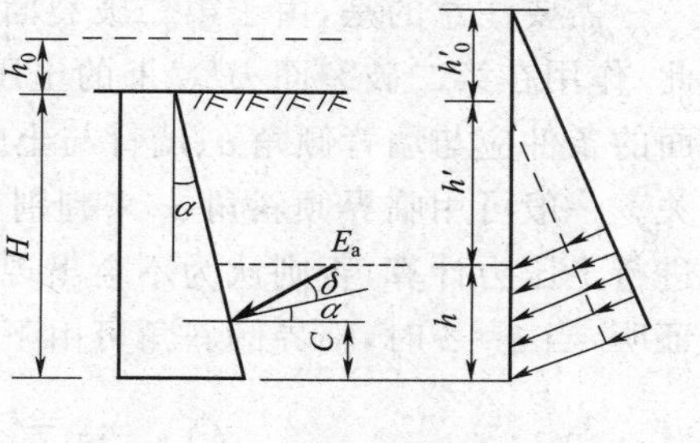

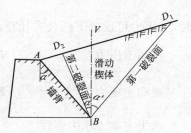

图 7-26　台后分层填土计算图式

$$h' = \frac{\gamma_1 h_1 + \gamma_2 h_2 + \cdots + \gamma_n h_n}{\gamma}$$

土压力 E_a 的方向与墙背法线成 δ 角,作用点离计算截面的距离,根据合力矩原理得:

$$C = \frac{H}{3}\left(1 + \frac{h'B + h_0' B_0}{hB + 2h'B + 2h_0' B_0}\right) \tag{7-40}$$

计算多线桥台活载的土压力时,式(7-37)和式(7-39)中第二项算出的土压力尚需乘上线路数。但考虑到各线活载同时作用的几率较小,故在双线时要乘以系数 0.9,三线及三线以上时要乘以系数 0.8。

3. 台前静止土压力

由图 7-24,台前的静止土压力 E_0 按下式计算:

$$E_0 = \frac{1}{2}\gamma H^2 K_0 B \tag{7-41}$$

E_0 作用方向水平,作用点在压力图形的形心高度处。式中 B 为桥台计算宽度;K_0 为静止土压力系数,$K_0 = \dfrac{\nu}{1-\nu}$ 或按式(7-2)估算,也可近似取 $K_0 = 0.25 \sim 0.5$,在计算墩台的滑动稳定时可取 0.5。

(六)第二破裂面法

在挡土墙设计中,有时会遇到墙背俯斜很缓,即墙背倾角 α 比较大的情况,如衡重式挡土墙的上墙或大俯角墙背挡土墙,如图 7-27 所示。

当墙身向外移动,土体达到主动极限平衡状态,破裂土楔

图 7-27　第二破裂面

体将并不沿墙背滑动,而是沿着出现在土中的相交于墙踵的两个破裂面滑动,即沿图中所示的 BD_1 和 BD_2 破裂面滑动。这时,称远墙的破裂面 BD_1 为第一破裂面,近墙的 BD_2 为第二破裂面,工程上常把出现第二破裂面的挡土墙称为坦墙,把出现第二破裂面时计算土压力的方法称为第二破裂面法。

按照库仑土压力假设,直接采用库仑理论的一般公式来计算坦墙所受的土压力是不合适的。因为虽然滑动土楔体 D_2BD_1 处于极限平衡状态,但位于第二破裂面与墙背之间的土楔体 ABD_2 尚未达到极限平衡状态。在这种情况下,可将它暂时视为墙体的一部分,贴附于墙背 AB 上与墙一起移动,然后首先求出作用于第二滑裂面 BD_2 上的土压力,再计算出三角形土体 ABD_2 的重力,最终作用于墙背 AB 上的主动土压力就是上述两个力的合力(向量和)。

需要注意的是,由于第二破裂面是存在于土中的,土体间的滑动是土与土之间的摩擦,因此,作用在第二破裂面 BD_2 上的土压力与该面法线的夹角是 φ 而不应该是 δ。产生第二破裂面的条件应与墙背倾角 α、墙背与土摩擦角 δ、土的内摩擦角 φ 以及土体表面坡角 β 等因素有关。一般可用临界倾斜角 α_{cr} 来判别:当墙背倾角 $\alpha > \alpha_{cr}$ 时,认为会出现第二破裂面,应按坦墙进行土压力计算,否则认为不会出现第二破裂面。研究表明,临界倾斜角与 δ、φ、β 有关,可以证明,当 $\delta = \varphi$ 时,临界倾斜角可由下式表达:

$$\alpha_{cr} = 45° - \frac{\varphi}{2} + \frac{\beta}{2} - \frac{1}{2}\arcsin\frac{\sin\beta}{\sin\varphi} \qquad (7\text{-}42)$$

若土体表面水平,即 $\beta = 0$,则 $\alpha_{cr} = 45° - \varphi/2$。

产生破裂面 BD_2 的条件证实以后,即可将 BD_2 当作墙背,$\delta = \varphi$,按库仑土压力理论计算其主动土压力了。

(七)土压力在黏性土中的应用

库仑土压力理论只讨论了无黏聚力的砂性土的土压力问题。实际工程中挡土墙填料也常常不得不采用黏聚性填料。此时,土的黏聚力 c 对土压力的大小及其分布将产生显著影响。这个问题至今尚未得到较为满意的解答,它是目前挡土墙土压力计算中的一个重要研究课题。

在工程中常常采用下述近似计算方法。

1. 公式法

Gudehus 提出下列简单明了的土压力计算公式。他认为,当黏性土的黏聚力提供的土压力部分 $E(c)$、地面超载所产生的土压力部分 $E(q)$ 和土体自重产生的土压力部分 $E(\gamma)$(图7-28)满足如下关系

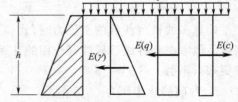

注:对于被动土压力,图中 $E(c)$ 作用方向相反。

图 7-28 土压力各组成部分示意图

$$E(c) + E(q) < E(\gamma)/3 \qquad (7\text{-}43)$$

时,土压力可通过下列公式计算:

主动土压力 $\qquad E_a = \frac{1}{2}\gamma h^2 K_a + qhK_a - 2ch\sqrt{K_a} \qquad (7\text{-}44a)$

被动土压力 $\qquad E_p = \frac{1}{2}\gamma h^2 K_p + qhK_p + 2ch\sqrt{K_p} \qquad (7\text{-}44b)$

水平主动土压力强度 $\qquad e_{ah} = \gamma h K_{ah} + qK_{ah} - 2c\sqrt{K_{ah}} \qquad (7\text{-}44c)$

水平被动土压力强度 $\qquad e_{ph} = \gamma h K_{ph} + qK_{ph} + 2c\sqrt{K_{ph}} \qquad (7\text{-}44d)$

上式中 K_a, K_p——库仑主动、被动土压力系数；

γ——土的重度。

Gudehus 公式把土压力按起因分为三类，即自重、荷载和黏聚力部分，概念明确，图示直观，便于理解和应用。该方法适用于倾斜墙背、倾斜地面、黏性土等情况。当墙土摩擦角 $\delta=0$、墙背垂直角 $\alpha=0$、地面水平角 $\beta=0$ 时，库仑土压力系数完全等同于朗肯土压力系数；若再加上黏聚力 $c=0$，结合摩尔—库仑强度准则，土压力系数有如下关系：

$$K_{ah}=\tan^2\left(45°-\frac{\varphi}{2}\right)=\frac{1-\sin\varphi}{1+\sin\varphi}=\frac{\sigma_3}{\sigma_1} \qquad (7-45a)$$

$$K_{ph}=\tan^2\left(45°+\frac{\varphi}{2}\right)=\frac{1+\sin\varphi}{1-\sin\varphi}=\frac{\sigma_1}{\sigma_3} \qquad (7-45b)$$

$$K_{ah}\cdot K_{ph}=1 \qquad (7-45c)$$

2. 等值内摩擦角法

在工程实践中，有时近似地采用等值内摩擦角 φ_D 来综合考虑黏性填土 c、φ 两者的影响，即通过适当增加内摩擦角 φ 从而把黏聚力 c 的影响也考虑进去，然后再按无黏性土的方法来计算土压力。这样做可大大简化计算工作，但关键是如何合理地确定 φ_D 值。在实践应用中，通常采用如下几种方法。

（1）经验法：一般可塑～硬塑状黏土、粉质黏土在地下水位以上时 φ_D 常采用 $30°\sim35°$，在地下水位以下时 φ_D 常采用 $25°\sim30°$；或黏聚力每增加 10 kPa，φ_D 增加 $3°\sim7°$；可塑状取低值，硬塑状取中等偏高值。

（2）根据土的抗剪强度相等的原则，有：

$$\varphi_D=\arctan\left(\tan\varphi+\frac{c}{\gamma h}\right)$$

式中 γ——填土重度；

h——挡土墙计算高度。

（3）按朗肯公式土压力相等原则，有：

$$\varphi_D=90°-2\arctan\left[\tan\left(45°-\frac{\varphi}{2}\right)-\frac{2c}{\gamma h}\right]$$

式中 γ、h 意义同上。

（4）按朗肯土压力力矩相等原则，有：

$$\varphi_D=90°-2\arctan\left[\tan\left(45°-\frac{\varphi}{2}\right)-\frac{2c}{\gamma h}\sqrt{1-\frac{2c}{\gamma h}\tan\left(45°+\frac{\varphi}{2}\right)}\right]$$

式中 γ、h 意义同上。

应当指出，等值内摩擦角法虽然方便、简单，但这种方法仅仅是为了解决土压力计算中的困难，因而存在很多不合理的地方。

经验法假定等值内摩擦角 φ_D 为一指定范围，这是不合理的，实际上 φ_D 并非定值，它随墙高而变化。通常墙高越小，φ_D 值越大，故经验法假设值对高墙可能偏于不安全而对于低墙则可能偏于保守。

上述几种根据土抗剪强度相等原则换算值都是由某单一条件相等而得出的，不能反映土压力计算中各项复杂因素之间的关系。以抗剪强度相等换算为例（图 7-29），在无黏性土①和黏性土②的摩尔—库仑包线上，该换算实际上只有一点（A 点）的强度相

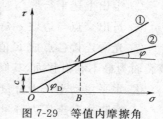

图 7-29 等值内摩擦角

等。当竖向应力小于 B 时,计算强度小于土的实际强度,用等值内摩擦角 φ_D 计算的土压力偏大,对工程来说偏于安全,设计上偏于保守;而当竖向压力大于 B 时,计算强度大于土的实际强度,计算土压力偏小,对工程来说偏于不安全,设计上偏于危险,从而导致低墙保守,高墙危险的情况出现。因此,等值内摩擦角法一般在计算时应对照原位土层和挡墙的具体情况,确定合理的 φ_D 值,不能机械照搬,在计算大于 8 m 以上的高挡土墙时,尤其需慎重。

3. 图解法

(1)扩展库尔曼图解法

Schmidt 提出了适用于黏性土的扩展库尔曼图解法[图 7-30(a)],下面结合算例简要介绍。

【例 7-6】 如图 7-30 所示,已知挡土墙高 10 m,$\alpha=-15°$,坡面条形荷载 $q=5$ kPa,集中荷载 $P=50$ kN/m,土体重度 $\gamma=19$ kN/m³,$\varphi=32.5°$,$\delta_a=\dfrac{2}{3}\varphi=21.7°$。设(1)$c=0$,(2)$c=10$ kPa,按库尔曼图解法试求挡墙每延米主动土压力 E_a。

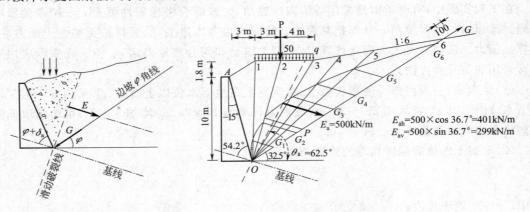

(a) $c=0$ 时库尔曼图解法原理　　　　　(b) $c=0$ 时库尔曼图解法

图 7-30　库尔曼图解法一

【解】　A. $c=0$,库尔曼图解法步骤如下:

① 选取合适比例画出横剖面图,如图 7-30(b)。

② 假定各潜在滑线分别为 O1、O2、O3、O4、O5、O6。

③ 分别求出潜在滑动楔体 OA1、OA12、OA123 等的重量,并在边坡 φ 角线上[图 7-29(a)]以墙踵为起点分别标识为 OG_1、OG_2、OG_3、OG_4、OG_5、OG_6,如图 7-29(b)。

楔体编号	OA1	OA12	OA12+P	OA123	OA1234	OA12345	OA123456
楔体重量 $G/(\text{kN} \cdot \text{m}^{-1})$	308	638	688	1135	1423	1827	2554

④ 通过上述各重量标识点做基线[图 7-30(a)]的平行线。

⑤ 定出上述平行线与对应楔体滑动破裂线的交点。

⑥ 量出交点与边坡 φ 角线之间的长度,即为对应的 E 值。

⑦ 光滑连接各点成 E 值曲线,其上最大的 E 值即为所求主动土压力 $E_a=500$ kN/m,此破裂面为最不利滑移面,其倾角为主动滑面破裂角 θ_a。

⑧ 水平主动土压力分量　　$E_{ah}=E_a\cos(\delta_a-\alpha)$

　　垂直主动土压力分量　　$E_{av}=E_a\sin(\delta_a-\alpha)$

注意:在集中力 P 处 E 值有突变。

B. $c=10$ kPa,库尔曼图解法步骤如下:

① 先按 $c=0$,依照上述(1)步骤求得 $E_a(\gamma+q+P)$ 值和主动滑面破裂角 θ_a。

② 过墙踵做黏聚力线,并使黏聚力线与主动滑面破裂角 θ_a 之间的夹角为 $(90°-\varphi)$,见图 7-31。

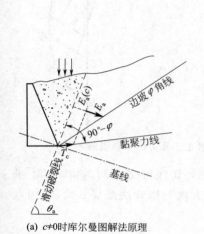

(a) $c\neq0$ 时库尔曼图解法原理

(b) $c=10$ kPa 时库尔曼图解法

图 7-31 库尔曼图解法二

③ 计算黏聚力 $T_c=c \cdot l_c=c \cdot \overline{AF}=110(\text{kN/m})$;若滑动破裂面上黏聚力作用长度 $>\overline{AF}$ 时,应以实际长度计算。

④ 在黏聚力线上,从墙踵处起以相同的比例尺将 T_c 标识出来。

⑤ 过上述 T_c 标识点做破裂面 $\overline{AF}$ 的平行线,在已求得的主动土压力 E_a 上减去 T_c,剩余长度即为 $c\neq0$ 时的主动土压力,这里 $E_a(c\neq0)=E_a(\gamma+q+P)-T_c=500-110=390(\text{kN/m})$。

同理,可得到考虑黏聚力的被动土压力扩展库尔曼图解法。

(2)其他图解法

墙后土体为黏性土时,也可用其他图解法求解主动土压力。此时,墙背与土的接触面上以及破裂面上除了有摩擦力外,还有因土体黏聚性产生的黏聚力的作用,见图 7-32 和图 7-33。与朗肯方法一样,可假设在临界深度 $z_0=2c/\gamma\sqrt{K_a}$ 以上范围,土体出现裂缝,因此墙段 AA' 上既无土压力作用,又无黏聚力作用。假设破裂面发展至该深度处后上接裂缝 DD',这样挡土墙后滑动土体就成为 $ABD'D$ 四边形。由于黏聚力是土体抗剪强度的一部分,在土体滑动时能起抵抗滑动的作用。因此,考虑滑动土楔体的静力平衡时,应将 $A'B$ 和 BD' 面上的黏聚力包括进去,即 $A'B$ 上 $C_w=c_w \cdot A'B$,BD' 面上 $C=c \cdot BD'$。这种情况下力矢多边形由 G、E_a、R、C 和 C_w 五个力组成,其中 G、C 和 C_w 的大小和方向皆已知,E_a 和 R 的方向为已知,由力矢多边形即可求出 E_a 值的大小。通过选取多个滑面,按库仑原理可求出黏性土体挡土墙所受的最大主动土压力。

具体求解 E_a 方法如图 7-33 所示。图中 BD'_1、BD'_2…BD'_i 为多个潜在破裂面,对应的滑动土楔体的重量和土中破裂面上的黏聚力按上述方法即可求出,墙背与土接触面上的黏聚力 C_ω 的大小和方向都不随破裂面而改变,E_a 的方向也始终保持不变。这样,根据滑动土体静力平衡条件,可作出多个闭合的力矢多边形,如图中 $abd_1e_1f_1$ 及 $abd_2e_2f_2$ 等。将图中 e_1、e_2、…、e_i

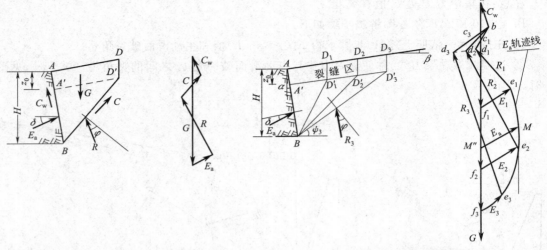

图 7-32　黏性土的库仑土压力　　　　　　图 7-33　黏性土土压力的库仑图解法

各点连成一条光滑的轨迹线,并作该轨迹线上平行于 G 力矢的外切线得交点 M,再作 MM' 平行于各试算得到的 E_i,则 MM' 即为所要求的主动土压力 E_a,方向与墙背法线成 δ 角,作用点通常近似地假设在墙踵以上 $(H-z_0)/3$ 的墙高处。

第五节　朗肯和库仑土压力理论的讨论

挡土墙土压力的计算理论是土力学的重要课题之一。作用于挡土墙上的土压力与许多因素有关。二百多年来,尽管有众多关于影响土压力因素的研究,有关的著作也不少,但总的说来,土压力尚不能准确地计算,在很大程度上是一种估算。其主要原因可归结为天然土体的离散性、不均匀性和多样性,以及朗肯和库仑土压力理论对实际问题作了一些简化和假设。这里就朗肯和库仑土压力理论作简要对比,并对其中一些问题作简单的讨论。

一、朗肯和库仑理论比较

朗肯和库仑两种土压力理论都是研究土压力问题的简单方法,但它们研究的出发点和途径不同,分别根据不同的假设,以不同的分析方法计算土压力,只有在简单情况下($\alpha=0,\beta=0,\delta=0$),两种理论计算结果才一致。

朗肯土压力理论从半无限体中一点的应力状态和极限平衡的角度出发,推导出土压力计算公式。其概念清楚,公式简单,便于记忆,计算公式对黏性或无黏性土均可使用,在工程中得到了广泛应用。但为了使挡土墙墙后土体的应力状态符合半无限体的应力状态,必须假设墙背是光滑、直立的,因而它的应用范围受到了很大限制。此外,朗肯理论忽略了实际墙背并非光滑,存在摩擦力的事实,使计算得到的主动土压力偏大,而计算的被动土压力偏小。最后一点,朗肯理论采用先求土中竖直面上的土压力强度及其分布,再计算出作用在墙背上的土压力合力,这也是与库仑理论的不同之处。

库仑土压力理论是根据挡土墙后滑动土楔体的静力平衡条件推导出土压力计算公式的。推导时考虑了实际墙背与土之间的摩擦力,对墙背倾斜、墙后土体表面倾斜情况没有像朗肯理论那样的限制,因而库仑理论应用更广泛。但库仑理论事先曾假设墙后土体为无黏性土,因而对于黏性土体挡土墙,不能直接采用库仑土压力公式进行计算。此外,库仑理论是由滑动土楔体的静力平衡条件先求出库仑土压力的合力,然后根据土压力合力与墙高的平方成正比的关系,经对计算深度 z 求导,得到土压力沿墙身的压力分布。

总的说来,朗肯理论在理论上较为严密,但只能得到理想简单边界条件下的解答,在应用上受到限制。而库仑理论虽然在推导时作了明显的近似处理,但由于能适用于各种较为复杂的边界条件或荷载条件,且在一定程度上能满足工程上所要求的精度,因而应用更广。

对以上两种土压力理论,Gudehus 公式做了更为广泛的应用扩展。

二、破裂面形状

库仑土压力理论假定墙后土体的破坏是通过墙踵的某一平面滑动的,这一假定虽然大大简化了计算,但是与实际情况有差异。经模型试验观察,破裂面是曲面。只有当墙背倾角较小($\alpha<15°$),墙背与墙后土体间的摩擦角较小($\delta<15°$),考虑主动土压力时,滑动面才接近于平面。对于被动土压力或黏性土体,滑动面呈明显的曲面。由于假定破裂面为平面以及数学推导上不够严谨,给库仑理论结果带来了一定误差。计算主动土压力时,计算得出的结果与曲线滑动面的结果相比要小约 $2\%\sim10\%$,可以认为已经满足工程设计所要求的精确度。当土体内摩擦角 $\varphi=5°\sim45°$,墙土摩擦角 $\delta\leqslant\varphi/3$ 时,朗肯理论值与库仑理论值比较接近,但是当墙土摩擦角 $\delta=2\varphi/3$ 时,朗肯理论值比库仑理论值大约 $5\%\sim21\%$。

土体被动破坏时的实际滑动面为曲面。当内摩擦角 φ 和墙土摩擦角 δ 较大时,采用平面滑动面进行计算则误差较大。图 7-34 给出不同土压力理论的被动土压力系数 K_{ph} 的对比结果。从中可见,朗肯理论为最小,库仑理论为最大,Krey 圆弧滑面理论和 Goldscheider/Gudehus 两折线滑面理论居中。例如 $\varphi=35°$、墙土摩擦角 $\delta=\frac{2}{3}\varphi$ 时,朗肯、库仑、Krey 和 Goldscheider /Gudehus 理论被动土压力系数 K_{ph} 分别为 3.7、9.2、6.9 和 7.6,后三者是朗肯理论的 2.48、1.86 和 2.05 倍。可见,朗肯理论确实过低地给出了被动土压力系数,而此时的库仑理论值又偏高。故工程实践中一般将库仑被动土压力公式限制在 $\varphi\leqslant35°$ 范

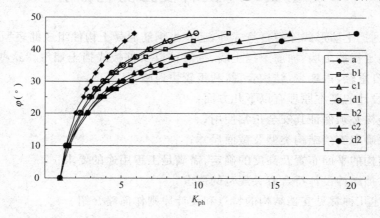

朗肯被动土压系数,a:$\delta_p=0$
库仑被动土压系数,b1:$\delta_p=-\varphi/3$;b2:$\delta_p=-2\varphi/3$
Krey 圆弧滑面被动土压系数,c1:$\delta_p=-\varphi/3$;c2:$\delta_p=-2\varphi/3$
Goldscheider 两折线滑面被动土压系数,d1:$\varphi_p=-\varphi/3$;d2:$\delta_p=-2\varphi/3$

图 7-34 不同理论被动土压系数对比

围内。

比较结果表明,墙土摩擦角 $\delta = \varphi/3$ 时,库仑、Krey 和 Goldscheider/Gudehus 被动土压力系数值比较接近。

此外,由于库仑理论把破裂面假设为平面,使得处于极限平衡的滑动土楔体平衡所必需的力素对于任何一点的力矩之和应等于零的条件难以得到满足。除非挡土墙墙背倾角 α、墙后土体表面倾斜角 β 以及墙背与土体摩擦角 δ 都很小,否则这个误差将随 α、β、和 δ 角的增大而增加,尤其在考虑被动土压力计算时,误差更为明显。

三、土压力强度分布

墙背土压力强度的分布形式与挡土墙移动和变形有很大的关系。朗肯和库仑土压力理论都假定土压力随深度呈线性分布,实际情况并非完全是这样。从一些试验和观测资料来看,挡土墙若绕墙踵转动时,土压力随深度是接近线性分布的;当挡土墙绕墙顶转动时,在填土中将产生土拱作用,因而土压力强度的分布呈曲线分布;如挡土墙为平移或平移与转动的复合变形时,土压力也为曲线分布。如果挡土墙刚度很小,本身较柔,受力过程中会产生自身挠曲变形时,如轻型板桩墙,其墙后土压力分布图形就更为复杂,呈现出不规则的曲线分布,而并非一般经典土压力理论所确定的线性分布。

对于一般刚性挡土墙,一些大尺寸模型试验给出了两个重要的结果:

(1)曲线分布的实测土压力总值与按库仑理论计算的线性分布的土压力总值近似相等;

(2)当墙后土体表面为平面时,曲线分布的土压力的合力作用点距离墙踵高度约为 $0.40H \sim 0.43H$(H 为墙高)。

此外,墙后土体的位移、土的黏聚力、地下水的作用、荷载的性质(静载或动载)、土的膨胀性能等都会对土压力的分布有一定影响。特别是墙后黏性填土的土压力计算问题,仍是目前工程界和科研部门极为关注的重要课题。

☆ 第六节　几种支挡结构简介

工程中常见挡土墙形式除有自重式外,还有由钢筋混凝土构件组成的轻型挡土结构,如锚杆式挡土墙、锚定板挡土墙、加筋土挡土墙、抗滑桩以及桩板式挡土墙等。这些轻型支挡结构的共同特点是自重轻,占地少,结构合理,利于较快地施工。

支挡结构设计的基本原理有以下几方面:

(1)支挡结构必须保证其安全正常使用;

(2)合理地确定支挡结构类型及截面尺寸;

(3)支挡结构的平面布置及高度的确定,需满足工程用途的要求;

(4)保证支挡结构设计符合有关规范的要求。

下面对上述几种常见支挡结构的特点和设计原则作简略介绍。

一、重力式挡土墙

重力式挡土墙是目前工程中用得较多的一种挡土结构,它是依靠自身重力支撑陡坡以保持土体稳定性的建筑物。它所承受的主要荷载是墙后土压力。它的稳定性主要依靠墙身的自重来维持,由于要平衡墙后土体的土压力,因而需要较大的墙身截面,挡土墙较重,故而得名。

这种挡墙所需圬工材料较多,对地基强度有较高要求,当挡墙较高时,墙身经放坡后墙底占地面积较大。这种类型挡墙的最大好处是施工简便,材料易得,适合山区建设。

重力式挡土墙按墙背倾斜情况分为仰斜、垂直式和俯斜三种,如图 7-35 所示。由计算分析知,仰斜式的主动土压力最小,俯斜式的主动土压力最大。从边坡挖填的要求来看,当边坡是挖方时,仰斜式比较合理,因为它的墙背可以和开挖的边坡紧密贴合;填方时如用仰斜式,则墙背填土的夯实工作就比较困难,这时采用俯斜式或垂直式就比较合理。

为了减小作用在挡土墙背上的土压力,增大它的抗倾和抗滑的能力,除采用仰斜式墙外,还可通过改变墙背的形状和构造来实现。如图 7-36 所示的衡重式挡土墙,它也是一种重力式挡墙,由上墙和下墙组成,上下墙间有一平台,称为衡重台。它除墙身自重外,还增加了衡重台以上填土重量来维持墙身的稳定性,节省部分墙身圬工。

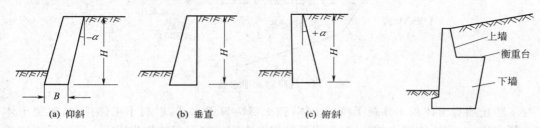

(a) 仰斜　　　　　(b) 垂直　　　　　(c) 俯斜

图 7-35　重力式挡土墙的形式　　　　　　图 7-36　衡重式挡土墙

工程中有时还采用如图 7-37 所示的卸荷式挡土墙。平台把墙背分为上下两部分,上墙所受的主动土压力可按前述方法计算,而下墙背所受的土压力只与平台以下的土体重量有关,因而下墙承受的土压力比同高的一般重力式挡墙下部所受的土压力要小。减压平台一般设置在墙背中部附近,并且向后伸得越远则减压作用越大,以伸到滑动面附近为最好。

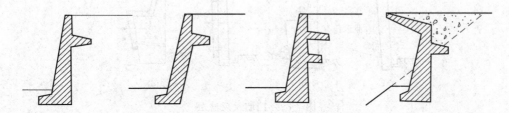

图 7-37　不同形式的卸荷式挡土墙示意图

挡土墙填料的选择对减小土压力也很有效。从填土的内摩擦角 φ 对主动土压力值的影响考虑,主动土压力随 φ 值的增加而减小,故一般应选用 φ 值较大的粗砂或砾砂等作为墙后填料以减小主动土压力,同时这类填料透水性好,不易产生墙后水压力,材料 φ 角受浸水的影响也很小。在施工上应注意将墙后填土分层夯实,保证质量,使填土密实,φ 角增大,从而减小挡土墙所受的主动土压力,增大挡土墙前的被动土压力。

挡土墙各部分的构造应满足强度和稳定性要求,并宜考虑就地取材,截面经济合理,施工及养护方便。浆砌片石挡土墙墙顶宽度一般不应小于 0.5 m,墙较高时胸墙坡度在 1∶0.05～1∶0.2 为宜,墙较矮时可不放坡。墙背根据工程情况可做成仰斜、直立、俯斜或台阶式。要注意当墙背仰斜过大时,施工会非常不便,因此,仰斜墙背不宜陡于 1∶0.25。一般情况下,挡土墙基础的宽度与墙高之比大约为 1/2～1/3。有时为了增加基底的抗滑稳定性,可将基底做成墙趾高、墙踵低的逆坡,坡度一般为 0.1∶1.0(土质地基)或 0.2∶1.0(岩石地基)。

为了避免因地基不均匀沉陷所引起的墙身开裂,须根据地基条件、填土类型和墙高等情况设置沉降缝。同时,为了防止圬工砌体因收缩和温度变化等产生裂缝,也应设置伸缩缝。设计时常将沉降缝和伸缩缝合并设置,沿挡墙纵向每 10~25 m 设置一道,缝宽 2~3 m。缝内可填塞沥青麻筋或沥青木板等柔性材料,见图 7-38 所示。

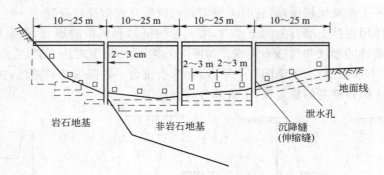

图 7-38　沉降缝和泄水孔

为了防止墙后土体积水并疏干墙后土体,挡土墙应设泄水孔,以利于土体排水,避免土体中产生静水压力,使土体浸水软化、强度降低和因含水率增高引起的膨胀压力。若墙后土体透水性不良,为了防止孔道淤塞,还应在最低一排泄水孔至墙顶以下 0.5 m 高度以内,填筑不小于 0.3 m 厚的砂砾石或无砂混凝土块板或土工织物作反滤层,如图 7-39 所示。

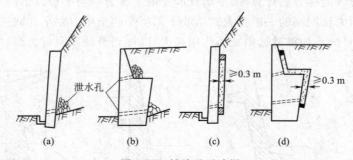

图 7-39　挡墙及反滤层

重力式挡土墙主要靠自重来平衡墙后土体的侧向压力,故它应具有足够的强度和稳定性,以满足工程应用要求。在根据墙后土体性质和墙高等因素初步拟定挡土墙尺寸后,主要检算内容就是挡土墙的强度和稳定性,即挡土墙的设计应保证在自重和外力作用下不发生全墙的滑动和倾覆,并保证墙身每一截面和基底的应力与偏心距不超过容许值。经大量研究和现场调查,墙的稳定性往往是挡土墙设计的控制因素,它分为抗滑稳定性和抗倾覆稳定性两种形式。

1. 抗滑动稳定性检算

挡土墙的抗滑动稳定性是指在挡土墙自重、土压力的竖向分量和其他外力作用下所提供的基底摩擦阻力抵抗滑移的能力,也即作用于挡土墙的最大可能的抗滑力与实际滑动力之比,用抗滑稳定系数 K_c 表示。

$$K_c = \frac{\sum N \cdot f + E'_x}{\sum E_x} \tag{7-46}$$

式中　$\sum N$——作用于基底的总垂向力,浸水时需扣浮力;

　　　E_x'——墙前土压力的水平分力,注意必须保持墙前土体的始终存在;

　　　$\sum E_x$——墙后主动土压力的总水平分力;

　　　f——基底与地基之间的摩擦系数。当缺少实测值时,可采用如下经验值:碎石类土取 0.50;砂类土取 0.40;黏性土取 0.25~0.40。

　　沿基底的抗滑稳定系数 K_c 不应小于 1.3,墙高较大时(超过 12~15 m),尚应注意加大 K_c 值,以保证挡土墙的抗滑稳定性。

　　2. 抗倾覆稳定性检算

　　挡土墙的抗倾覆稳定性是指挡土墙抵抗绕墙趾向外转动倾覆的能力,用抗倾覆稳定系数 K_0 表示。

$$K_0 = \frac{\sum M_y}{\sum M_0} \tag{7-47}$$

式中　$\sum M_y$——稳定力系对墙趾的总力矩;

　　　$\sum M_0$——倾覆力系对墙趾的总力矩。

　　抗倾覆稳定系数 K_0 不应小于 1.5,当墙较高时(超过 12~15 m)应注意加大 K_0 值,以确保挡土墙的抗倾覆稳定性。

　　3. 其他检算

　　(1)挡土墙基底应力及偏心矩的检算同浅基础。

　　(2)当墙高较大时,特别是墙后土体地面倾斜、地面存在建筑物或有较大超载时,应进行整体边坡稳定检算。

二、锚杆挡土墙

　　锚杆挡土墙通常是由肋柱、墙面板和锚杆三部分组成的轻型支挡结构,如图 7-40 所示。它是依靠锚固在稳定岩土中的锚杆所提供的拉力来保证挡土墙的稳定,它适用于承载力较低的地基,而不必进行复杂的地基处理,是一种有效的挡土结构。

　　锚杆挡土墙的墙面板可预制拼装,也可现场浇注,有时也采用直接锚拉整块钢筋混凝土板或挂网喷射混凝土。肋柱多为现浇钢筋混凝土方形或矩形截面构件。锚杆通常由高强钢丝索或热轧钢筋做成。当用钢筋时,一般采用直径为18~32 mm 的螺纹钢筋,但每孔不宜多于 3 根。当拉力较大,长度较长时,宜采用高强度钢丝束。

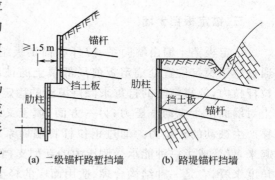

(a) 二级锚杆路堑挡墙　　(b) 路堤锚杆挡墙

图 7-40　锚杆挡墙

　　锚杆挡土墙应用于高边坡支挡结构时,可采用"逆作法",见图 7-41,即自上而下的分级施工法,开挖一级,随即施做该级锚杆挡墙支护结构,避免边坡大开挖出现坍塌,有利于施工安全。在我国多用于岩质、半岩质深路堑和陡坡路堤地段。锚杆挡土墙也可用于坑壁支护,以增大基坑开挖工作面,便于基坑开挖施工。

　　锚杆挡土墙是否需要分级设置或分级高度的划分都需根据地形、地质条件、增高和施工条件等因素来决定。若挡土墙较高或地质条件较差时,可将挡土墙布置为多级,每级墙高不宜大

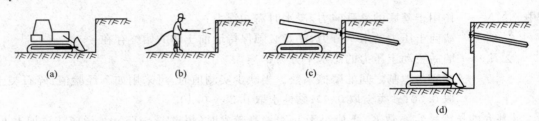

图 7-41　喷射锚杆挡墙"逆作法"示意图

于 8 m,总墙高不宜大于 18 m。各级搭接处应设置宽度不小于 1.5 m 的平台,如图 7-40 所示。为了便于肋柱和挡土板的安装,多采用垂直墙面。肋柱的间距一般应与工地的起吊能力和锚杆的抗拔能力相适应。若太密则锚杆孔数需增加,工期必然延长;若太疏则虽然锚孔数和肋柱数可减少,但单根构件的重量势必增加,使搬运和装吊困难。综合考虑上述两方面因素,肋柱的间距一般以 2.0~2.5 m 为宜,每根肋柱上根据其高度可布置 2~3 根锚杆。锚杆在肋柱上的位置,应尽量使肋柱上的最大正负弯矩值接近。

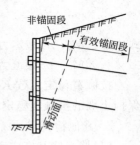

图 7-42　有效锚固段

锚杆式挡土墙的设计计算内容包括土压力的计算,肋柱、挡土板和锚杆的设计计算等项目。墙面系上承受的侧压力目前多用库仑主动土压力公式计算。当墙后为岩层时,土压力的计算方法须根据经验,结合岩体的节理、裂隙、风化程度合理选用。此外,锚杆抗拔力的大小是保证这种挡土墙是否稳定的关键因素。锚杆应穿过挡土墙背后的主动区或潜在滑面,并在稳定地层中保持足够的长度,如图 7-42 所示。伸入稳定地层中的长度称为有效锚杆长度,其长度可根据锚杆的设计拉力、锚固端的抗拔力、砂浆与孔壁的黏结强度、砂浆对锚杆钢筋的握裹力以及地层厚度等计算。按要求应在现场对锚杆或锚索进行拉拔试验,以确定锚杆的极限抗拔力。

三、锚定板挡土墙

锚定板挡土墙由墙面系、拉杆和锚定板组成(图 7-43)。它与锚杆挡土墙受力状态相似,通过位于稳定位置处锚定板前局部填土的被动抗力来平衡拉杆拉力,依靠填土的自重来保持填土的稳定性。一方面填土对墙面产生主动土压力;另一方面,填土又对锚定板的位移产生被动的土抗力。通过钢拉杆将墙面系和锚定板连接起来,就变成了一种能承受侧压力的新型支挡结构。从受力角度来看,它是一种结构合理、适用面广的轻型支挡建筑物。

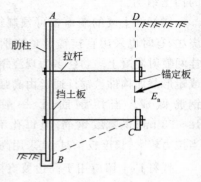

图 7-43　锚定板挡墙

根据地形情况,锚定板挡土墙可以设计为单级或多级墙。单级墙高不宜大于 6 m,分级墙间处宜设平台,平台宽度不宜小于 2.0 m,上、下级墙肋柱相互错开。肋柱的间距应视工地的起吊能力和锚定板的抗拔力而定,一般为 2.0~2.5 m。肋柱截面多为矩形,也可设计为 T 形、I 型。为安放挡土板及设置钢拉杆孔,截面宽度不应小于 24 cm。每级肋柱高采用 3~5 m 左右,每根肋柱按其高度可布置 2~3 层拉杆,其位置尽量使肋柱受力均匀。挡土板一般采用钢筋混凝土槽形板、矩形板或空心板,板厚一般不小于 15 cm,其高度一般用 50 cm。拉杆应选用螺纹钢筋,其直径宜在 22～32 mm 范围。锚定板通常采用方形钢筋混凝土板,面积不宜小于 0.5 m²,一般取 1.0 m² 为宜。拉杆前端与肋柱的连接同锚杆挡土墙,拉杆后端用螺帽、钢垫板与锚定板相连。填料宜采用碎石土、砾石土及细粒土,不得采用膨胀土、盐渍土、有机质土或块石类土。

肋柱式锚定板挡土墙设计的主要内容有:墙背土压力计算,肋柱、锚定板、拉杆、挡土板的内力计算及配筋设计、锚定板挡土墙的整体稳定性验算等。

锚定板挡土墙墙面板受到的侧向土压力是由填料及地面荷载引起的。由于挡土板、拉杆、锚定板及填料的相互作用,土压力受多种因素的影响,计算较为复杂。现场实测和模型试验结果表明:由于填土的侧向变形受到锚定板的约束,作用在墙背上的侧向土压力大于按库仑理论求得的主动土压力。在计算锚定板挡土墙墙背土压力时,仍以库仑主动土压力公式为基础,将库仑主动土压力值乘以 1.2～1.4 的增大系数,或者土压力系数 K 取 $K = k_1 K_a + (1-k_1) K_0$,式中 K_a、K_0 为主动、静止土压力系数,$0 < k_1 < 1$,视挡墙位移情况取值,无经验时可取 0.5。活荷载对墙背的侧压力按库仑主动土压力计算,不乘增大系数。简化后土压力沿墙背的分布规律如图 7-44 所示,土压力在上部 $0.45H$ 范围内为三角形分布,下部 $0.55H$ 范围内为矩形分布,这是根据国内外大量实测土压力为抛物线分布,合力作用点约在墙底以上 $0.4H$ 的规律,结合我国锚定板挡土墙的设计情况而简化的。实际上锚定板的尺寸和位置对侧土压力有一定影响,如板的面积越小,距墙面越近,则侧土压力越接近主动土压力。

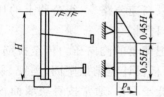

图 7-44 锚定板挡土墙土压力

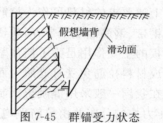

图 7-45 群锚受力状态

肋柱按承受相邻两跨锚定板挡土墙中线至中线面积上的土压力来设计,并假定肋柱与拉杆的连接点为铰支点,把肋柱视为支撑在拉杆和地基上的简支梁或连续梁。相应的拉杆为轴向受力构件,而锚定板为以拉杆中心为支点的受弯板。墙面挡土板可视为两端支承在肋柱上的简支板,其跨度为挡土板两端支座中心的距离,荷载取挡土板位置上最大土压力为均布荷载。

肋柱、挡土板、钢拉杆、锚定板及其间的填料共同形成了组合挡土结构。锚定板挡土墙的设计和计算应保证这个组合结构的整体具有足够的稳定性。

当锚定板布置较密时,墙身位移在填料中形成的潜在滑面明显后移。如图 7-45 所示,它的起始点将由墙面底部上移至最低层锚定板的下缘,即"群锚受力状态",这实际上是将锚定板中心的连线视为假想的墙背,而将锚定板连线与墙面间范围的填料作为整体墙进行受力分析,是一种近似的计算方法。

四、加筋土挡墙

图 7-46 和图 7-47 为面板式(混凝土面板、拉筋、填土)和无面板式(土工布、填土)加筋土挡墙。在这个复合体系中存在填土产生的土压力、拉筋拉力、填土与拉筋间的摩擦力等相互作用的内力。

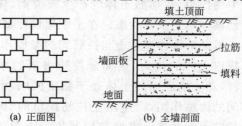

(a) 正面图　　(b) 全墙剖面

图 7-46 面板式加筋土挡墙

这些内力的相互平衡,保证了这个复合结构的内部稳定。同时这一复合结构形成的挡墙,可以抵抗拉筋尾部填土所产生的侧压力,使整个复合结构稳定,即加筋土挡墙的外部稳定。

加筋土填料一般以摩擦性较大、透水性较好的砂性土为宜。若无砂性土时,也可选用黏性土作填料,此时必须注意加筋土结构的排水和分层压实。

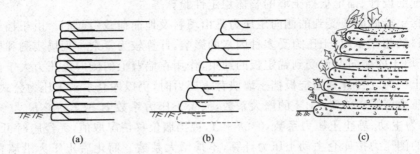

(a)   (b)   (c)

图 7-47　无面板加筋土挡墙应用实例

与填料产生摩擦力并承受水平拉力的拉筋是维持复合结构内部稳定的重要构件。一般要求拉筋应具有如下性能:较高的抗拉强度,受力后变形较小;能与填料产生足够的摩擦力;抗老化、耐腐蚀;加工、接长以及与面板的连接简单。竹条、钢带、钢筋混凝土带、聚丙烯复合材料及其他符合上述要求的材料可作为拉筋。对于要求高的铁路、高速公路、一级公路上的加筋土工程应采用钢带、钢筋混凝土带、高质量高强度人工有机复合材料。

墙面板的主要作用是为了挡住紧靠墙背后面的填土,把填土的侧向压力传至拉筋,也可保护土工合成材料拉筋免受日光照射而影响拉筋寿命。墙面板设计应满足坚固、美观、易于安装等要求。在我国一般采用混凝土预制件,其强度等级不应低于 C18,通常按每块墙面板单独受力,且土压力均匀分布并由拉筋平均承担考虑。对于加筋土挡墙较高的墙面板,厚度可按不同墙高分段设计。墙面板形状有槽形、十字形、六角形、L 形等,其几何尺寸通常为:长 50～200 cm,50～150 cm,厚 8～22 cm。一般情况下混凝土墙面板宜错位排列。面板与拉筋的连续可采用预留孔或预埋件的方法处理。面板四周宜设企口搭接,上下面板的连接宜采用钢筋插销装置。为使填土排水,宜在面板内侧设置反滤层。加筋土挡墙的基础是指墙面板下的条形基础,其主要作用是增强墙面的纵向刚度,也便于安装墙面板,其断面和尺寸视地基地形条件而定,宽度应不小于 0.3 m,高度不小于 0.2 m,若地基为基岩时,可不设基础。

无面板加筋土挡墙不用面板,直接利用可回卷铺设的土工布等有机复合材料做拉筋和面板,拉筋层之间可绿化,如图 7-47(c)所示。

加筋土挡墙设计主要分内部稳定和外部稳定两部分。

加筋土挡墙内部结构分析如图 7-48 所示,由于土压力的作用,在加筋土体内产生破裂面,该破裂面内的滑动楔体达到极限状态。在土中埋设拉筋后,破裂面内趋于滑动的楔体通过土与拉筋间的摩擦作用,产生将拉筋拔出土体的拉力,这部分拉筋表面的摩擦力指向墙板;滑动土楔后面的土体处于稳定区域,由于拉筋和土体间的摩擦作用,产生阻止拉筋拔出的"抗"拉力,这部分拉筋表面摩擦力方向与拉筋拔出方向相反。从拉筋受力角度出发,拉筋表面摩擦力方向变换处即拉筋拉力

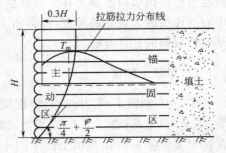

图 7-48　加筋土整体分析

最大位置处。将每层拉筋的最大拉力点 T_m 连接成曲线,则该曲线将加筋土挡墙分为两个区域,各拉筋最大拉力点连线与墙背之间的土体称为主动区或活动区,连线之后的土体称为锚固区或稳定区。

通过大量现场实测和室内模拟试验得知,墙后两个区域分界线(又称潜在破裂面)离墙背的最大距离约为 $0.3H$(图 7-48),H 为墙高。加筋土挡墙的设计计算一般从加筋土体的内部稳定性和加筋土体的外部稳定性两方面进行。加筋土挡墙的内部稳定性是指阻止由于拉筋被拉断或拉筋与土间摩擦力不足,导致加筋土挡墙整体结构遭到破坏的验算。设计时,必须考虑拉筋的强度和锚固长度(也称拉筋的有效长度)。但对拉筋的拉力计算理论国内外尚未取得统一,不同的计算理论其计算结果有所差异。在具体进行加筋土挡墙的设计计算时,可按我国《公路路基施工技术规范》(JTG/T 3610—2019)的计算方法考虑。

加筋土挡墙的外部稳定性是指包括考虑挡土墙地基承载力、基底抗滑稳定性、抗倾覆稳定性和整体抗滑稳定性等的验算。验算时可将拉筋末端的连线与墙面板之间所包括的部分视为整体结构,其计算与一般重力式挡土墙计算方法相同。

五、悬臂式和扶壁式挡土墙

悬臂式和扶壁式挡土墙是钢筋混凝土结构,因自重轻可归属轻型挡土墙。悬臂式挡土墙的一般形式如图 7-49 所示,它由立壁(墙面板)和墙底板(包括墙趾板和墙踵板)组成,具有二至三个悬臂,即立壁、墙趾板和墙踵板。当墙身较高时,沿悬臂式挡墙立壁的纵向,每隔一定距离加设扶肋,故称为扶壁式挡土墙,如图 7-49(c)和 7-50 所示。扶肋起到改善立壁和墙踵板的受力、减小位移、提高结构的刚度和整体性的作用。悬臂式和扶壁式挡土墙宜整体灌注。

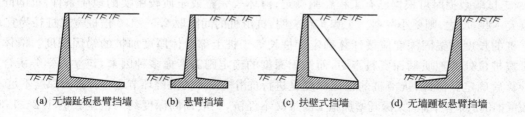

(a) 无墙趾板悬臂挡墙　　(b) 悬臂挡墙　　(c) 扶壁式挡墙　　(d) 无墙踵板悬臂挡墙

图 7-49　悬臂式和扶壁式挡土墙

悬臂式和扶壁式挡土墙的结构稳定性是靠墙身自重和踵板上方填土的重力来保证的,墙趾板也显著地增大了抗倾覆稳定性,减小了基底应力和整体结构的变形沉降。它们的主要特点是构造简单、施工方便,墙身断面较小,自身质量轻,可以较好地发挥混凝土材料的强度性能,能适应承载力较低的地基。但是需耗用一定数量的钢材和水泥,特别是墙较大较高时,钢材用量急剧增加,影响其经济性能。一般情况下,墙高 6 m 以内采用悬臂式,6 m 以上则采用扶壁式。它们适用于缺乏石料及地震地区。由于墙踵板的施工条件,一般用于填方路段作路肩墙或路堤墙使用。

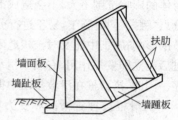

图 7-50　扶壁式挡土墙立体图

悬臂式和扶壁式挡土墙设计的主要内容有:墙背土压力计算,立壁、墙趾板、墙踵板和扶肋的内力计算及配筋设计、挡土墙地基承载力、抗滑、抗倾覆和整体稳定验算等。

六、抗 滑 桩

抗滑桩又称锚固桩,如图 7-51 所示,是近 30 年来获得广泛应用的抗滑支挡结构。

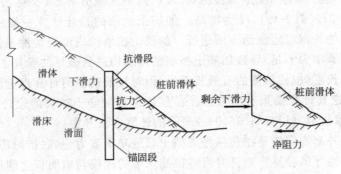

图 7-51 抗滑桩

抗滑桩下部置于稳定的岩土层中,上部承受滑体传来的下滑力,依靠下部锚固段以及上部桩前滑体所产生的抗力来维持桩本身的稳定,并阻止滑坡向下滑动。显然,抗滑桩的作用就是向滑坡提供抗力,阻止滑坡滑动,从而使滑坡达到稳定。

从桩的材料和施工方法来看,抗滑桩与一般用于基础的桩并无不同。由于抗滑桩抗滑能力强,所需截面大,工程上常采用人工挖孔灌注的钢筋混凝土桩。桩截面常为矩形,长边顺滑动方向布置,短边不宜小于 1.5 m,长边通常为 2~4 m。桩间距的布置原则为:不能太疏以避免上方滑体从桩间滑走,但又不致过密造成工程造价增大。有现场滑体试验资料时,应按试验资料确定,缺乏试验数据时可根据已有工程经验确定;滑体较完整或土质较密实的地质条件,桩的间距可以大一些,反之,则要小一些。工程实践表明:抗滑桩的间距取 2.5~4.0 倍桩宽或桩径为宜。

桩的长度和锚固深度应按计算确定。桩长等于桩上部滑体厚度加桩的锚固深度。滑体厚度可按桩位处的地质勘探资料查明,而锚固深度的确定则需考虑多种因素,建立力学分析合理地计算后确定。因此,抗滑桩的锚固深度是进行抗滑桩设计的关键环节之一。锚固深度不足,桩有倾覆推倒的危险,锚固太深既增加施工困难又不经济,一般锚固深度约为桩全长的 1/2~1/3。

与抗滑挡土墙相比,抗滑桩具有较多的优点:它的抗滑能力大,圬工量小;设桩的位置比较灵活,既可集中设置,也可分级设置,还可单独使用,或与其他支挡工程配合使用;合理的桩施工对破坏滑体的影响范围不大,不会造成滑坡稳定状态的改变;施工简便,可分点"跳挖"同时施工,易于进行劳力安排,工期较短,施工可不受季节的影响;施工中能及时校核地质资料,以便决定是否修改设计;成桩后能立即发挥作用,有利于滑坡的稳定,也不需作复杂的排水工序。因此,抗滑桩在滑坡整治中得到了广泛的应用。

抗滑桩按埋置情况和受力状态可分为全埋式(考虑桩前滑体被动抗力)和悬臂式(不计桩前滑体抗力),如图 7-52 所示。抗滑桩的平面位置应根据地形和滑面情况综合考虑布置,无特殊情况时可设置在滑坡前缘或滑面剖面下约 1/3 处,并垂直于滑坡主滑方向成排布置。它的设计计算包括桩的断面尺寸、桩间距、悬臂和锚固长度、作用在桩上的滑坡推力的确定。滑坡

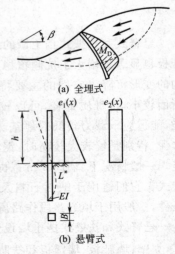

(a) 全埋式

(b) 悬臂式

图 7-52 抗滑桩受力和变形示意图

推力的分布形式与滑体性质有关。抗滑桩受力和变形如图 7-52 所示。当滑体为黏土、土夹石或较完整的岩层时,滑体会较均匀地整体向下移动,推力可按矩形分布考虑;当滑体为松散体或堆积层,推力可按三角形分布考虑;若滑体的土质介于上述两种情况之间,推力可按抛物线或简化的梯形分布考虑。应当指出,实际上推力在桩上的分布形式并非像上述那样简单,而是比较复杂的,受多种因素影响。如推力分布还与抗滑桩本身的刚度大小、桩前滑体产生抗力情况、滑面形式与倾角以及滑动的速度等因素有关。对此有待于进一步的研究和完善。

作用于抗滑桩上的力除了滑坡推力外,还有地基抗力,它是维持抗滑桩稳定的支撑力,它能抵消或平衡滑坡推力的大部分,不能平衡的少量滑体推力通过桩传递给桩前滑体,即所谓剩余下滑力由桩前滑体被动抗力所平衡。地基抗力是一个未知量,影响它的大小与分布的因素很多,如地基土的性质、桩的刚度和变形量大小等都对地基抗力有重要影响。地基抗力的计算方法与桩周土在荷载作用下的变形大小紧密相关。当桩周地基土变形较小并处于弹性阶段时,抗力应按弹性抗力计算;当变形较大处于塑性阶段时,抗力应按地基侧向允许承载力计算;假如桩周地基土在很大范围都处于塑性阶段时,则应采用极限平衡法计算地基抗力值。在通常情况下,若不出现塑性变形时,均可按弹性抗力考虑。目前工程计算中常根据地基抗力与桩的位移量成正比的假定,计算地基的弹性抗力,即

$$\sigma = K \cdot \Delta \tag{7-48}$$

式中　σ——地基抗力,kPa 或 MPa;

K——地基系数,kPa/m 或 MPa/m;

Δ——桩在 σ 方向的位移量。

地基系数 K 是地基土重要的力学指标,其物理意义是指单位面积土层在产生单位变形时所需施加的力。地基系数与土的性质、桩的变形、桩的埋深等因素有关。由于土的复杂多变性,使得 K 是深度的非线性函数。目前工程中常将地基系数 K 简化为随深度成线性变化。

在有了滑体推力和地基抗力的分布形式后,就可根据桩的变形条件按刚性桩(桩的挠曲变形可忽略)或弹性桩(桩自身挠曲变形较大不能忽略)的有关公式求解桩的四阶微分方程,从而得到桩在不同深度处的变位和内力,再据此进行桩的配筋设计计算。这种计算方法和程序,在一般桩基的设计计算手册和参考书中都可查到。

七、桩板式挡土墙

桩板式挡土墙系抗滑桩与挡板的组合结构,由桩及桩间挡土板两部分组成,如图 7-53 所示。利用桩深埋部分的锚固段的锚固作用和被动土抗力,维护挡土墙的稳定,挡板可为钢筋混凝土板、喷射混凝土、钢板等,临时性结构可采用木板。挡板可做成弧形等曲线形状。桩板式挡土墙适宜于土压力大,墙高超过一般挡土墙限制的情况。地基强度的不足可由桩的埋深得到补偿。桩板式挡土墙可作为路堑、路肩和路堤挡土墙使用,也可用于治理中小型滑坡。

当桩的刚度不够大、桩间距过大、悬臂段过高时,桩顶处可能产生较大的水平位移或转动,此时,可在悬臂段设置预应力锚索或锚杆,以减小桩上部的位移和转动,提高挡土墙的稳定性。

桩板式挡土墙作路堑墙时,可先设置桩,然后开挖路基,挡土板可以自上而下安装,这样既保证了施工安全,又减少了开挖工程量。

八、土钉式挡土墙

土钉墙由被加固土体、土钉和护面板组成见图 7-54。天然土体通过钻孔实施的土钉+水

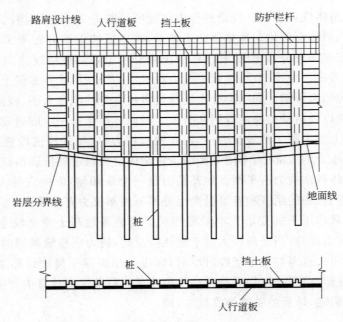

图 7-53 桩板式挡土墙实例

泥砂浆加固并与挂网喷射混凝土护面板相结合,形成加固土体重力式挡墙,以此抵抗墙后传来的土压力和其他作用力,保障开挖坡面的稳定。依靠孔内壁与土体接触界面上水泥砂浆黏结力、摩阻力和土钉周围土体形成复合土体。土钉间土体的变形则由护面板予以约束和保护。

与其他挡土墙相比,土钉墙有如下优点:能合理利用土体的自身稳定能力,将土体加固成为挡土墙体的一部分;施工设备轻便、操作方法简单,施工速度快;结构轻巧,柔性大,有较好的抗震性能和延性;材料用量和工程量少,工程造价低。

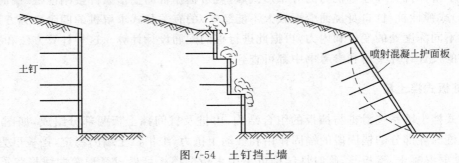

图 7-54 土钉挡土墙

虽然土钉技术具有许多优点,但也有缺点和局限性:墙体变形相对较大;在软土、松散砂土中施工难度较大;土钉在软土中的抗拔力低,此时使用受到一定限制。

土钉墙可用于边坡的稳定,特别适合于有一定黏性的砂土和硬黏土。作为土体开挖的临时支护和永久性挡土结构,高度一般不大于 15 m,也可用于挡土结构的维修、改建与加固。

土钉墙的设计检算主要分外部稳定和内部稳定检算两部分,具体检算方法详见相关书籍。

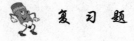 复 习 题

7-1 什么是静止土压力、主动土压力和被动土压力?三者的大小关系以及挡土墙位移大

小和方向的关系怎样?

7-2　朗肯土压力理论的出发点和基本假设是什么?朗肯土压力公式的推导原理是什么?

7-3　库仑土压力理论的出发点和基本假设是什么?库仑土压力公式的推导原理和推导过程是怎样的?

7-4　简述库尔曼图解法的作图步骤。

7-5　朗肯土压力理论和库仑土压力理论的适用性怎样?存在哪些问题?

7-6　重力式挡土墙有何特点,如何对其设计?

7-7　加筋土挡墙的工作机理是什么?有何优点?需进行哪些内容的设计计算?

7-8　锚杆式挡土墙与锚定板式挡土墙在结构、构造上有何区别?

7-9　抗滑桩是怎样维持滑体稳定的?如何确定抗滑桩的截面尺寸、桩间距和桩全长?

7-10　已知某挡土墙高为 H,墙后为均质填土,其重度为 γ,试求下列情况下的库仑主动土压力 E_a 和被动土压力 E_p:

(1) $\alpha=0$,$\beta=+\beta$,$\varphi=\varphi$,$\delta=0$;

(2) $\alpha=0$,$\beta=0$,$\varphi=\delta$;

(3) $\alpha=0$,$\beta=\delta$,$\varphi=\varphi$;

(4) $\alpha=0$,$\beta=\varphi=\delta$;

(5) $\alpha=\beta=\varphi=\delta$

(6) α 取 $-\alpha$,β 取 $-\beta$,$\varphi=\varphi$,$\delta=0$

7-11　某一挡土墙高为 H,墙背垂直,填土面水平,土面上作用有均布荷载 q。墙后填土为黏性土,单位黏聚力为 c,重度为 γ,内摩擦角为 φ_0。试用朗肯方法求作用于墙背上的主动土压力,并讨论 q 为何值时墙背处将不出现裂缝?

7-12　如图 7-55 所示挡土墙,墙背垂直,填土面水平,墙后按力学性质分为三层土,每层土的厚度及其物理力学指标见图,土面上作用有满布的均匀荷载 $q=50$ kPa,地下水位在第三层土的层面上。试用朗肯理论计算作用在墙背 AB 上的主动土压力 p_a 和合力 E_a 以及作用在墙背上的水压力 p_w。

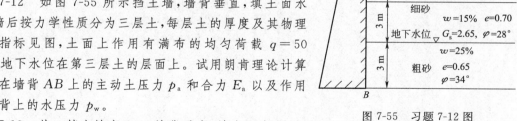

图 7-55　习题 7-12 图

7-13　某一挡土墙高 6 m,墙背垂直,填土面水平,如图 7-56 所示。墙后填土分为三层,其主要物理力学指标已在图中标注,试用朗肯土压力理论求各层土的主动土压力 p_a 及合力 E_a。

7-14　某挡土墙高 6 m,墙背垂直、光滑,填土面水平,土面上作用有连续均布荷载 $q=30$ kPa,墙后填土为两层性质不同的土层,其他物理力学指标见图 7-57 所示。试计算作用于该挡土墙上的被动土压力及其分布。

7-15　某挡土墙墙背直立、光滑,高 6 m,填土面水平,墙后填土为透水的砂土,其天然重度 $\gamma=16.8$ kN/m³,内摩擦角 $\varphi=35°$,原来地下水位在基底以下,后由于其他原因使地下水位突然升至距墙顶 2 m 处。水中砂土重度 $\gamma'=9.3$ kN/m³,φ 假定不受水位的影响仍为 $35°$,试求墙背侧向水平力的变化。

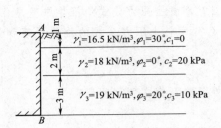

图 7-56 习题 7-13 图

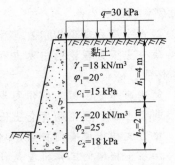

图 7-57 习题 7-14 图

7-16 某挡土墙墙背光滑、垂直,填土面水平,墙后填土分为三层,各层填土高度、黏聚力和内摩擦角由上往下分别为 H_1、c_1、φ_1;H_2、c_2、φ_2;H_3、c_3、φ_3。挡土墙总高为 H,γ_i 为各分层土重度,试用朗肯土压力理论绘出下列情况下主动土压力随墙高的分布形式:

(1)$\varphi_1=\varphi_2=\varphi_3$,$\gamma_1<\gamma_2<\gamma_3$;

(2)$\varphi_1=\varphi_2=\varphi_3$,$\gamma_1>\gamma_2>\gamma_3$;

(3)$\varphi_1<\varphi_2<\varphi_3$,$\gamma_1=\gamma_2=\gamma_3$;

(4)$\varphi_1>\varphi_2>\varphi_3$,$\gamma_1=\gamma_2=\gamma_3$。

土坡稳定分析

第一节 概 述

土坡通常指具有倾斜坡面的土体,如天然土坡、人工修建的堤坝,公路、铁路的路堤和路堑等。当由于自然或人为因素的作用破坏了原有稳定土坡的力学平衡时,土体将沿着坡内某一滑面发生滑动,工程中称这一现象为滑坡。土坡的稳定分析,就是用土力学的理论来研究发生滑坡时滑面可能的位置和形式、滑面上的剪应力和抗剪强度的大小等问题,以评价土坡的安全性并决定是否需要治理。图 8-1 和图 8-2 是两类典型滑坡的示意图和土坡几何要素名称。

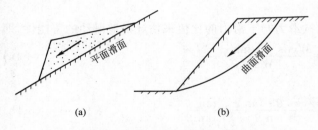

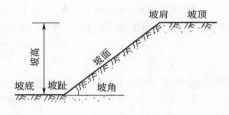

图 8-1 两类典型滑坡的示意图   图 8-2 土坡几何要素名称

一般来说,导致土坡滑动失稳的主要原因有以下三种:

(1)由于土坡环境变化、几何尺寸改变、荷载作用等导致坡体内部剪应力增大至极限值。如在坡脚处人工切割开挖或河流、雨水冲刷,坡顶堆积重物、修筑建筑物或筑路行车使坡顶荷载增大,降雨导致土体重度增加和土裂缝中静水压增大,地下水渗流引起的渗透力,地下水位快速大幅下降导致土体内有效应力增大,地震、打桩、爆破等引起的动荷载等可使土坡内部的剪应力增大。

(2)由于外界因素的不利影响导致土体抗剪强度降低。气候变化引起土体干裂和冻融,土坡土体结构因雨水的浸水而软化或波浪冲击拍打而破坏,地震、爆破等引发的土振动液化、沉陷和超孔隙水压大幅度升高,膨胀土的反复胀缩,黏性土的蠕变等都会导致土体的抗剪强度降低。

(3)由于外界不利荷载的作用打破了土坡原有的静力平衡。如在地震、爆破等巨大外力作用下产生不利的水平力作用,导致土坡原有静力平衡被打破。

土坡稳定分析是土力学和岩土工程学中的重要组成部分。在公路、铁路、地铁、建筑基坑、露天采矿和土(石)坝等土木工程的建设和使用阶段中都会涉及土坡的稳定性问题。如果土坡失去稳定,轻者影响工程进度或建筑物正常使用,重者将会危及人员的生命安全,造成工程事故和重大经济损失。因此,土木工程师必须掌握土坡稳定分析的基本原理和方法。

大量观察资料表明,黏性土坡的滑动面近似于圆柱面,在横断面上近似于圆弧线;砂性土坡的滑动面近似于平面,在横断面上近似于直线。这个规律为土坡的稳定性分析提供了一条简捷的途径,它使滑坡的分析可近似地当作一个平面应变问题来处理,即分析时可取单位厚度的坡体作为计算单元,计算图示中的滑面即成为一条圆弧线或一条直线。

第二节 滑面为平面时的土坡稳定分析

当土坡由均匀、分层均匀砂性土或黏聚力小的透水土等构成时,可采用平面滑面法进行土坡的稳定性分析。

设具有平面滑面的土坡如图 8-3 所示,图中 β 为滑面的倾角,φ 为土的内摩擦角(注意此时 $c=0$),W 为滑动土体 ABC 的重力,l 为滑面 AB 的长度,则沿滑面向下的滑动力为重力 W 沿滑动方向的分量,即

$$T = W\sin\beta$$

阻止滑坡下滑的力为滑面上的摩擦力和黏聚力,即

$$T' = N\tan\varphi + cl = W\cos\beta \cdot \tan\varphi + cl$$

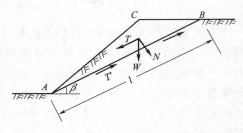

图 8-3 滑面为平面时的滑坡稳定分析图示

工程中称 T 为下滑力,称 T' 为抗滑力,以抗滑力与下滑力的比值来估计滑坡滑动的可能性,即

$$K = \frac{T'}{T} = \frac{W\cos\beta \cdot \tan\varphi + cl}{W\sin\beta} \tag{8-1a}$$

对无黏性土土坡,$c=0$,上式将简化成:

$$K = \frac{T'}{T} = \frac{W\cos\beta \cdot \tan\varphi}{W\sin\beta} = \frac{\tan\varphi}{\tan\beta} \tag{8-1b}$$

式中 K——稳定安全系数。

为了保证土坡的稳定,土坡抗滑力 T' 应大于下滑力 T,即 K 值应大于1。由上可见,对于均质无黏性土坡,理论上土坡的稳定性与坡高无关,只要坡角小于土的内摩擦角,则 $K>1$,土体就可稳定。当坡角与土的内摩擦角相等时,稳定安全系数 $K=1$,此时抗滑力等于滑动力,土坡处于极限平衡状态,相应的坡角等于无黏性土的内摩擦角,通常称为自然休止角。

为了保证土坡具有足够的安全储备,也考虑到天然土体具有不均匀性和不确定性,相关规范要求 $K \geqslant 1.20 \sim 1.35$。对地质条件很复杂、破坏后果极为严重的边坡工程,其稳定安全系数宜适当提高。

第三节 滑面为圆弧时的条分法分析

黏性土土坡的滑面成曲面,常接近于一个圆弧面,特别是强黏性土边坡滑面更是如此。为此工程计算中常假设其滑面为圆弧面。

用圆弧滑面进行土坡稳定分析的方法较多,常见的有瑞典人弗兰纽斯(W. Fellenius, 1936)提出的圆弧滑面法和毕肖普法(A. W. Bishop, 1955)。这两种分析方法都是将滑面以上的滑动土体划分为竖向土条后进行分析与检算的,故工程中将其称为条分法。

一、瑞典圆弧滑面法

瑞典圆弧滑面法(常简称瑞典条分法或瑞典法)是土坡稳定分析中的一种基本方法。它可

用于各类条件复杂的土坡(如不均匀土的土坡、分层土的土坡、有渗流的土坡和坡顶有荷载作用的土坡等)。瑞典法在工程中的应用十分广泛。

1. 基本原理及假定

(1)边坡滑面为圆弧面;

(2)边坡滑体可分成若干有限宽度的竖向单元,单元间竖向分界线仅为虚拟的垂直剖面线,不是破裂面;

(3)破坏时整个圆弧滑面同时达到极限强度,土体强度破坏准则满足库仑强度理论;

(4)各条条间力大小相等,作用在同一条直线上;

(5)各条圆弧滑面的稳定安全系数相等,即整个滑面只有同一个稳定安全系数;

(6)圆弧滑面稳定安全系数 K 定义为对圆心 O 的抗滑力矩 M_r 和滑动力矩 M_s 之比值,即

$$K = \frac{抗滑力矩}{滑动力矩} = \frac{M_r}{M_s} \tag{8-2}$$

2. 计算公式

图 8-4 为瑞典法的分析简图。其中 $ABCD$ 为滑动土体,CD 为圆弧形滑面。滑坡发生时,滑动土体 $ABCD$ 同时整体地沿 CD 弧向下滑动。对圆心 O 来说,相当于整个滑动土体沿 CD 弧绕圆心 O 转动。

在具体计算中,弗兰纽斯将滑动土体 $ABCD$ 分成 n 个竖向土条,土条的宽度宜根据边坡大小而定,一般可取2～4 m,对于专业计算软件,则可取得更小些,如 1～2 m。若用 i 表示土条的编号,则作用在第 i 土条上的力如图 8-4(b)所示。

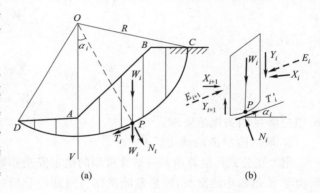

图 8-4　瑞典法的分析图标

(1)土条自重 W_i

这个力作用在通过土条重心的铅垂线上,它与滑面的交点为 P,可将 W_i 在 P 点沿滑面的切线和法线方向分解,相应的两个分力为

$$N_i = W_i \cos \alpha_i$$
$$T_i = W_i \sin \alpha_i$$

式中　α_i——P 点处的铅垂线与滑面半径 OP 的夹角(或 P 点处圆弧的切线与水平线的夹角);

$\quad N_i$——W_i 在滑面 P 点处的有效法向分量,它通过滑面的圆心 O,对滑动圆圆心取力矩时这个力的力矩为零,即对土坡不起滑动作用,但却是决定滑面摩擦力大小的重要因素;

$\quad T_i$——W_i 在滑面 P 点处的切向分量,它是滑动土体的下滑力,如图 8-4(a)所示。

应当注意,如以图 8-4(a)中通过圆心的铅垂线 OV 为界,则 OV 线右侧各土条的 T_i 值对滑动土体起下滑的作用,计算时应取正值;OV 线左侧各土条的 T_i 值对滑动土体具有抗滑稳定作用,计算时应取负值。

(2)滑面上的抗滑力 T_i'

这个力作用于滑面 P 点处并与滑面相切,其方向与滑动的方向相反。按库仑抗剪强度公

式,其值为

$$T'_i = N_i \tan\varphi + cl_i$$

式中 l_i——第 i 个土条的弧长,计算中可近似地取为弦长。

(3)条间作用力 X_i、Y_i、X_{i+1} 和 Y_{i+1}

这些力作用在土条两侧的竖直面上,如图 8-4(b)所示,它们的合力为图中虚线表示的 E_i 和 E_{i+1}。根据瑞典圆弧法基本假定(4),这是一组平衡内力,在土条的稳定分析中不予考虑。

将上述各力对滑面的圆心 O 取矩,可得滑动力矩 M_s 和抗滑力矩 M_r 分别为

$$M_s = R \sum_1^n T_i$$

$$M_r = R \sum_1^n (cl_i + W_i \cos\alpha_i \tan\varphi)$$

故稳定安全系数 K 为

$$K = \frac{M_r}{M_s} = \frac{\sum_{i=1}^n (W_i \cos\alpha_i \tan\varphi + cl_i)}{\sum_{i=1}^n W_i \sin\alpha_i} \tag{8-3a}$$

当 $\varphi = 0$ 时

$$K = \frac{M_r}{M_s} = \frac{\sum_{i=1}^n cl_i}{\sum_{i=1}^n W_i \sin\alpha_i} \tag{8-3b}$$

K 值应满足相关规范要求。

3. 最危险滑面的确定

用上述公式可以算出某一试算滑面的稳定安全系数 K。对于工程而言,土坡稳定性分析必须确定 K 值最小的滑面,即最危险滑面。因此在分析过程中,要求在滑面可能存在的区域假定一系列滑面进行试算。工程中把最危险的滑面称之为临界圆弧,其相应的圆心为临界圆心。

确定临界圆弧的计算工作量比较大,一般宜编制程序进行计算。弗兰纽斯通过大量的试算工作总结出下面两条经验:

(1)对 $\varphi = 0$ 的均质黏土,直线土坡的临界圆弧一般通过坡脚,其圆心位置可用表 8-1 给出的数值用图解法确定。图 8-5 中 a 和 b 两角的交点 O 即为临界圆心的位置。

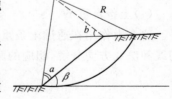

图 8-5 $\varphi = 0$ 时的滑面位置

(2)$\varphi \neq 0$ 时,随着 φ 角的增大,滑面的圆心位置将从 $\varphi = 0$ 时的圆心 O 沿 OE 线向上方移动,OE 线可用来表示圆心移动的轨迹线。

表 8-1 确定临界圆弧圆心的 a、b 角

坡度高：宽	坡角 β	角 a	角 b	坡度高：宽	坡角 β	角 a	角 b
1：0.5	63°26′	29°30′	40°	1：1.75	29°45′	26°	35°
1：0.75	53°18′	29°	39°	1：2	26°34′	25°	35°
1：1	45°	28°	37°	1：3	18°26′	25°	35°
1：1.25	48°30′	27°	35°30′	1：5	11°19′	25°	37°
1：1.5	33°47′	26°	35°				

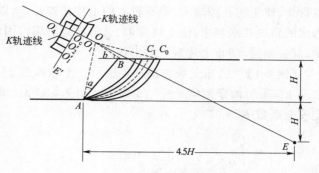

E 点的确定方法如图 8-6 所示。E 点离坡脚 A 的水平距离为 $4.5H$,垂直距离为 H,H 为土坡的高度。

具体试算时,可在 OE 线上 O 点以外选择适当的点 O_1、O_2、$\cdots$、O_n,将其作为可能的滑面圆心,从这些圆心作通过坡脚 A 的圆弧 C_1、C_2、$\cdots$、C_n,然后按式(8-2)计算相应于各圆弧滑面的稳定系数 K_1、K_2、$\cdots$、K_n 值,并在它们的圆心处垂直于 OE 线按比例画

图 8-6　$\varphi \neq 0$ 时最危险滑面的确定方法

出相应于各 K_i 值的线段,然后将各线段的顶点连接成一条光滑的曲线即为 K 的轨迹线,其中最小的 K 所对应的圆心 O_c 可以作为临界圆心。

有的文献还介绍了进行第二轮滑面试算的方法:通过前述 O_c 点作 OE 的垂线 O_cE',再在 O_cE' 线上选择适当的 O_1'、O_2'、$\cdots$、O_n' 点,作为可能滑面的圆心,重复前述求 K 的步骤,求得相应的稳定系数 K_1'、K_2'、$\cdots$、K_n',连接各顶点得到轨迹线,选最小的 K' 点作为临界圆心 O_c'。但一般认为 O_c' 和 O_c 很接近,故也有文献认为不必进行第二轮滑面试算。

有关最不利滑面确定的一些方法可参见下面相关章节。

4. 当土坡有渗流时的计算方法

如图 8-7,当土坡内部有稳定的地下水渗流作用时,渗流将对滑动土体产生渗透压力,它对土坡的稳定将产生一定的影响。图中 AC 为渗流水面或浸润线,它与滑面之间围成一个棱镜状的渗流土体。这时在土坡稳定分析时要考虑下面的一些问题:

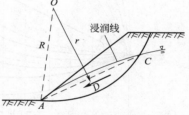

图 8-7　渗流力的近似计算

(1)在计算土的自重时,渗流水面以上的土体应取天然重度,渗流水面以下部分应取浮重度。

(2)计算动水作用力 D 所产生的滑动力矩 $D \cdot r$。动水作用力 D 可用近似的方法计算,即以 A、C 两点连线(AC 线)的斜率作为渗流土体中水流的平均水力梯度 i_A,则作用在浸润线以下滑动土体中的动水作用力 D 为渗透力与渗流面积的乘积,即

$$D = \gamma_w i_A F \tag{8-4}$$

式中　γ_w——水的重度;

F——浸润线以下滑动土体的截面积。

动水作用力 D 可认为作用在面积 F 的形心,方向与 AC 线平行。考虑该力产生的滑动力矩后,土坡的稳定系数应为

$$K = \frac{\sum_{i=1}^{n}(W_i \cos\alpha_i \tan\varphi + cl_i)}{\sum_{i=1}^{n} W_i \sin\alpha_i + Dr/R} \tag{8-5}$$

式中　r——D 对滑动圆圆心的力臂。

应当指出,土坡中的渗流除前述动水作用力对边坡稳定产生不利影响外,地下水渗流还将使黏性土的抗剪强度大大降低,土体有效自重减小。渗流速度较大时,土坡内的微粒可能被水

流带走,使土的孔隙增大,继而较大的土粒又被冲走,以致形成管涌现象。管涌有时产生在可透水的路堤和水坝中,使土坡变形、沉陷甚至坍塌。因此,施工中一定要严格控制填土的压实度,保证质量,防止上述现象的出现。

【例 8-1】 已知土坡如图 8-8 所示。土坡高度 $H=13.5$ m,坡率为 $1:2$,土的重度 $\gamma=17.3$ kN/m³,内摩擦角 $\varphi=7°$,黏聚力 $c=57.5$ kPa。试估计临界滑面的位置,并计算土坡的稳定安全系数 K。

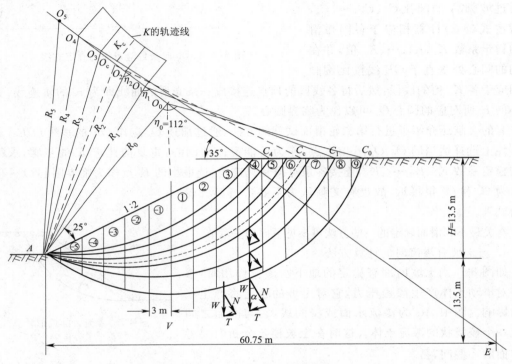

图 8-8 瑞典圆弧法试算滑面

【解】 (1)先按表 8-1 求 $\varphi=0$ 时的临界圆心 O_0,并按图 8-6 介绍的方法求 $\varphi=7°$ 时临界圆心的近似轨迹线 O_0E,如图 8-8 所示。

(2)作 $\varphi=0$ 时的临界圆弧 AC_0,并从圆心 O_0 作垂线 O_0V,以 O_0V 为界线,向右把滑动土体按等宽分成 9 条,向左把滑动土体按等宽分成 6 条(两端的分条可以是不等宽的)。按前述条宽 $2\sim4$ m 的原则,本算例的条宽取为 3 m。

(3)在 EO_0 的延长线上向左上方再选取若干个试算滑面的圆心 O_1、O_2、$\cdots$、O_5。为了利用 AC_0 圆弧的已有分条,选取圆心时要使 $O_1O_2=O_2O_3=\cdots=O_4O_5$,它们的水平投影等于分条的条宽 3 m。分别以 O_1、O_2、$\cdots$、O_5 为圆心作通过坡脚 A 的试算圆弧滑面 AC_1、AC_2、$\cdots$、AC_5。

(4)量取相应于各试算滑面的半径 R_0、R_1、$\cdots$、R_5 及它们的圆心角 η_1、η_2、$\cdots\eta_5$(在计算过程中发现 AC_5 滑面不为控制滑面故不考虑),然后计算各个圆弧的长度:

$$AC_1=\pi R_i \frac{\eta_i}{180} \quad (i=0,1,\cdots 4)$$

(5)将各 η_i 角和 AC_1 弧的长度填入表 8-2 中相关的栏目内。

(6)求算各试算滑面中每一个土条的面积 A_{ji},并量取它们的偏角 α_{ji},然后按下述两式计算该面积的法向分量 n_{ji} 和切向分量 t_{ji}(它们是表示法向力 N_{ji} 和切向力 T_{ji} 大小的参数):

$$n_{ji}=A_{ji}\cos\alpha_{ji}$$

$$t_{ji}=A_{ji}\sin\alpha_{ji}$$

将计算结果填入表 8-2 的有关栏目中。上述标识符的下标 j 代表土条的编号(对各圆弧是不同的,以 $\widehat{AC_0}$ 圆弧为例,j 为 1,2…,9;-1,-2,…-6),i 代表试算滑面的编号,本算例共 6 个,从 0 到 5。

(7)按式(8-2)计算各个试算滑面 $\widehat{AC_i}$ 的稳定系数 K_i,其中黏聚力项为

$$\sum cl_{ji}=c\widehat{AC}$$

故

$$K_i=\frac{c\widehat{AC_i}+\gamma\tan\varphi\sum n_{ji}}{\gamma\sum t_{ji}}$$

式中　γ——土的重度。

将各已知值代入上式后即可得各 K_i 值,并将它们填入表 8-2 的相关栏目中。

在图 8-8 中画出 K 的轨迹线,近似求得临界圆心在 O_2 与 O_3 之间,定为 O_c 点。

表 8-2　圆弧滑面试算

试算圆心	O_0		O_1		O_2		O_3		O_4		O_c	
弧长	54.0		46.8		42.4		38.4		35.4		39.6	
n 和 t 分条	n	t	n	t	n	t	n	t	n	t	n	t
(1)	(2)	(3)	(4)	(5)	(6)	(7)	(8)	(9)	(10)	(11)	(12)	(13)
-6	1.15	-0.95	0.62	-0.36	0.63	-0.28	0.70	-0.19	0.45	-0.09	0.83	-0.29
-5	9.65	-5.67	7.92	-3.52	6.26	-1.85	5.36	-0.86	4.93	-0.25	6.44	-1.46
-4	18.54	-7.97	15.12	-4.39	13.05	-2.21	11.16	-0.59	10.34	0.45	12.60	-1.40
											8.53	-0.23
-3	25.65	-7.61	23.04	-3.88	20.16	-1.12	15.66	0.83	13.41	2.03	9.81	0.27
-2	32.76	-5.71	28.98	-1.63	24.84	1.36	20.16	3.20	15.75	4.05	21.78	2.43
-1	38.07	-3.53	33.12	1.86	27.63	4.57	21.96	5.91	16.47	6.15	24.39	5.54
1	42.12	2.50	36.36	6.20	29.16	8.26	22.32	8.78	16.63	8.29	25.83	8.81
2	45.90	7.98	38.07	11.07	29.16	12.10	22.50	10.85	15.26	9.90	25.56	12.13
3	46.98	13.95	35.68	15.84	27.81	15.58	20.07	13.55	11.43	10.24	23.31	14.90
4	45.77	19.67	35.46	20.52	24.12	18.18	15.21	14.13	8.33	9.18	19.08	16.16
5	40.23	23.67	26.82	21.06	15.93	16.02	6.75	8.51	0.53	0.74	16.83	13.61
6	30.07	24.57	17.55	18.90	6.44	9.27	0.34	0.50	—	—	9.69	4.46
7	21.28	23.04	7.77	4.53	0.75	1.49						
8	10.04	16.74	0.37	1.24	—	—						
9	0.77	2.09										
$\sum n$ 和 $\sum t$	408.97	106.83	305.89	82.58	225.93	81.36	162.20	64.63	113.53	50.68	204.68	74.93
K	2.15		2.15		2.11		2.22		2.52		2.09	
η	112°00′		99°00′		86°00′		76°00′		66°00′		82°00′	

(8)求临界圆 O_c 的稳定系数 K_c

量得弦 $AC_c=27.7\ \mathrm{m}$,$\eta_c=82°$,故得

$$\widehat{AC_c}=\pi\times27.7\times\frac{82}{180}=39.6(\mathrm{m})$$

$\sum n_{ji}$ 和 $\sum t_{ji}$ 已由表 8-2 中算得,故

$$K_c = \frac{57.5 \times 39.6 + 17.3 \times 0.1228 \times 204.68}{17.3 \times 74.93} = 2.09$$

二、简化毕肖普法

上述瑞典圆弧法将滑坡稳定安全系数定义为抗滑力矩 M_r 和滑动力矩 M_s 之比值。实际上,早期人们还提出了不同的稳定安全系数定义,比如边坡最大高度与现有高度之比、边坡最大坡度与现有坡度之比等等。这些定义都因存在明显的不足而难以被接受和应用推广。

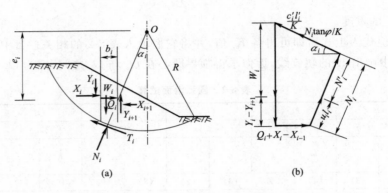

图 8-9   毕肖普法计算图示

弗兰纽斯 1927 年提出了一种稳定安全系数的建议:稳定安全系数等于土体能提供的抗剪强度最大值与维持边坡稳定所需要的土体剪应力值之比。若采用库仑强度准则,则该稳定安全系数与土体中各点的抗剪强度、有效应力水平以及维持稳定所需的剪应力水平相关。该定义被称为弗兰纽斯稳定安全系数准则。

基于该准则,毕肖普于 1955 年提出了一个考虑条间力作用的求算稳定安全系数 K 的方法。他认为,当土坡处于稳定状态时(即 $K>1$),任一土条 i(图 8-9)在滑弧面上的剪应力 τ_i 应小于其抗剪强度 S_i,其稳定安全系数 K 为 S_i 与 τ_i 的比值,即

$$K = \frac{S_i}{\tau_i} = \frac{(\sigma_i - u_i)\tan \varphi_i' + c_i'}{\tau_i} \tag{8-6}$$

式中 c_i',φ_i'——土的有效黏聚力和有效内摩擦角;

$\quad\quad\sigma_i$——第 i 土条圆弧滑面处的法向应力;

$\quad\quad u_i$——第 i 土条圆弧滑面处的孔隙水压。

当该土条处于平衡状态时,τ_i 应等于土条滑面处的切向力 T_i 除以土条滑面圆弧的长度 l_i,即 T_i/l_i,法向应力 σ_i 应等于法向压力 N_i 除以 l_i,即 N_i/l_i。将上述 T_i 和 N_i 的值代入式(8-6)后得

$$T_i = \frac{c_i' l_i}{K} + \frac{(N_i - u_i l_i)\tan \varphi_i'}{K} \tag{8-7}$$

由该土条中竖向力的平衡可得

$$W_i + Y_i - Y_{i+1} - T_i \sin \alpha_i - N_i \cos \alpha_i = 0$$

或

$$N_i \cos\alpha_i = W_i + Y_i - Y_{i+1} - T_i \sin\alpha_i \tag{8-8}$$

将式(8-7)代入式(8-8)，则有

$$N_i = \frac{1}{m_i}\left[W_i + (Y_i - Y_{i+1}) - \frac{c_i l_i \sin\alpha_i}{K} + \frac{u_i l_i \tan\varphi_i' \cdot \sin\alpha_i}{K}\right] \tag{8-9}$$

式中

$$m_i = \cos\alpha_i + \frac{\tan\varphi_i' \cdot \sin\alpha_i}{K} \tag{8-10}$$

当滑动土体处于整体平衡时，各土条所受的力对滑面圆心的力矩代数和应等于 0，此时条间力 X_i、Y_i、X_{i+1} 和 Y_{i+1} 作为内力，其力矩将出现正负各一次而抵消，因此得

$$\sum W_i R \sin\alpha_i - \sum T_i R + \sum Q_i e_i = 0$$

故得

$$\sum T_i = \sum W_i \sin\alpha_i + \sum Q_i \frac{e_i}{R} \tag{8-11}$$

式中　Q_i——土条受到的横向力；

e_i——横向力对圆心 O 的力臂。

将式(8-7)代入上式可得

$$\frac{1}{K}\sum\left[c_i' l_i + (N_i - u_i l_i)\tan\varphi_i'\right] = \sum W_i \sin\alpha_i + \sum Q_i \frac{e_i}{R}$$

故得

$$K = \frac{\sum c_i' l_i + \sum(N_i - u_i l_i)\tan\varphi_i'}{\sum W_i \sin\alpha_i + \sum Q_i \frac{e_i}{R}} \tag{8-12}$$

将式(8-9)的 N_i 代入上式，并令 $b_i \approx l_i \cos\alpha_i$，经整理可得

$$K = \frac{\sum\frac{1}{m_i}\left[c_i' b_i + (W_i - u_i b_i)\tan\varphi_i' + (Y_i - Y_{i+1})\tan\varphi_i'\right]}{\sum W_i \sin\alpha_i + \sum Q_i \frac{e_i}{R}} \tag{8-13}$$

式(8-13)是毕肖普法求稳定安全系数 K 的基本公式。但因条间力 $Y_i - Y_{i+1}$ 是未知的，K 值无法求得。考虑到 $(Y_i - Y_{i+1})\tan\varphi_i'$ 项一般很小，略去后影响不大（但偏于安全），故上式可简化为

$$K = \frac{\sum\frac{1}{m_i}\left[c_i' b_i + (W_i - u_i b_i)\tan\varphi_i'\right]}{\sum W_i \sin\alpha_i + \sum Q_i \frac{e_i}{R}} \tag{8-14}$$

这个公式称为简化的毕肖普公式。它是根据有效应力法推导的。当采用总应力的强度指标 c、φ 时，其推导步骤与上式相同，只需将该式中的 $W_i - u_i b_i$ 转换为 W_i，φ_i' 转换为 φ_i，c_i' 转换为 c_i 即可。转换后的公式为

$$K = \frac{\sum\frac{1}{m_i}\left[c_i b_i + W_i \tan\varphi_i\right]}{\sum W_i \sin\alpha_i + \sum Q_i \frac{e_i}{R}} \tag{8-15a}$$

而
$$m_i = \cos\alpha_i + \frac{\tan\varphi_i \sin\alpha_i}{K} \qquad (8\text{-}15b)$$

应当指出,由于式(8-10)和式(8-15b)所表达的系数 m_i 内也有 K 这个因子,所以求 K 时要采用迭代计算法。为了计算方便,工程中已预先制成了 $m_i = f\left(\alpha_i, \dfrac{\tan\varphi_i'}{K}\right)$ 曲线图(见图 8-10)供查用。试算时可由所假设的 K 及各土条的 α_i 和 $\tan\varphi_i$ 直接在图上查 m_i 值。通常可先假定 $K=1$,求出 m_i 后再用公式(8-15)求 K 值。如此时 $K\neq1$,则用新的 K 值求下一个 m_i 和 K 值,如此反复迭代,直至假定的 K 和计算的 K 非常接近为止。根据经验,一般迭代 3～4 次就可满足精度的要求,迭代通常是收敛的。

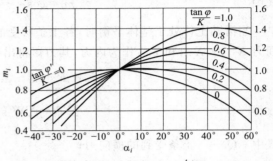

还应指出,对于 α_i 为负值的那些土条,见图 8-9(a),应注意是否会出现 m_i 值趋于零的问题。如果发生这种情况,式(8-15)将无效。根据一些学者的意见,当任一土条的 $m_i \leqslant 0.2$

图 8-10　$m_i = f(\alpha_i, \tan\varphi_i'/K)$

时,就会使求出的 K 值产生较大的误差,这时应考虑采用别的稳定分析方法。

三、几种常用圆弧条分法的对比分析

随时间发展,具有代表性的圆弧法有太沙基(Terzaghi,1936),Krey(1932),Breth(1956),毕肖普(Bishop,1954),简布(Janbu,1954),Morgenstern/Price(1965),Spencer(1973),古斯曼(Gussmann,1978)等方法。

图 8-11 给出了圆弧条分法各作用力相关关系的体系。图中 E_{i-1} 与 E_i 为第 i 土条两侧条间力;G_i 为第 i 条土重力;T_i 为第 i 土条滑面中心处切向反力;N_i 为第 i 土条滑面中心处法向反力;U_i 为第 i 土条滑面中心处水平作用力;α_i 为第 i 土条滑面中心处切线与水平线夹角;b_i 为第 i 土条宽度;l_i 为第 i 土条沿坡面长度;δ_{i-1} 与 δ_i 为条间力作用方向与水平面的夹角。由于该体系的待求未知数多于可支配的方程数,使得该体系不能唯一求解。因此,必须对该体系进行简化。在对条间力进行不同的简化后推导出了上述各种圆弧法。

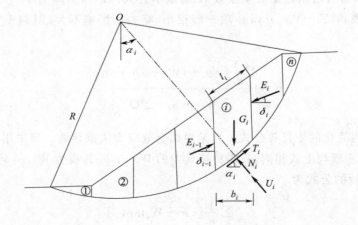

图 8-11　圆弧条分法各作用力相关关系的图示

下面给出了上述几种方法的主要特点。

表 8-3　几种常用圆弧条分法特点与不足的对比

土条受力简化模式	有特殊荷载作用/无特殊荷载作用公式	主要特点与不足
太沙基公式	$$\eta = \frac{\sum (G \cdot \cos\alpha \cdot \tan\varphi + c \cdot l) \cdot r}{\sum G \cdot \sin\alpha \cdot r + \sum M(SK)}$$ $$\eta = \frac{\sum (G \cdot \cos\alpha \cdot \tan\varphi + c \cdot l)}{\sum G \cdot \sin\alpha}$$	1) 遵循弗兰纽斯稳定安全系数准则； 2) 条间力作用方向与土条滑面中心处相同（$\alpha_i = \delta_i \neq$ 常数）； 3) 不满足力系多边形的平衡条件（力作用方向误差）； 4) 需要迭代求解
Krey/Breth 公式	$$\eta = \frac{\sum \left(\dfrac{G \cdot \tan\varphi + c \cdot b}{\sin\alpha \cdot \tan\varphi + \cos\alpha}\right) \cdot r}{\sum G \cdot \sin\alpha \cdot r + \sum M(SK)}$$ $$\eta = \frac{\sum \dfrac{G \cdot \tan\varphi + c \cdot b}{\sin\alpha \cdot \tan\varphi + \cos\alpha}}{\sum G \cdot \sin\alpha}$$	1) 不遵循弗兰纽斯稳定安全系数准则； 2) 土条滑面处抗滑力 T 为土体抗剪强度值； 3) 条间力方向为水平方向（$\delta_i = 0 =$ 常数）； 4) 不满足力平衡条件，特别是当 α 较大时更为明显； 5) 无需迭代求解
简化毕肖普公式	$$\eta = \frac{\sum \left(\dfrac{G \cdot \tan\varphi + c \cdot b}{\dfrac{1}{\eta} \cdot \sin\alpha \cdot \tan\varphi + \cos\alpha}\right) \cdot r}{\sum G \cdot \sin\alpha \cdot r + \sum M(SK)}$$ $$\eta = \frac{\sum \dfrac{G \cdot \tan\varphi + c \cdot b}{\dfrac{1}{\eta} \cdot \sin\alpha \cdot \tan\varphi + \cos\alpha}}{\sum G \cdot \sin\alpha}$$	1) 遵循弗兰纽斯稳定安全系数准则； 2) 条间力方向为水平方向（$\delta_i = 0 =$ 常数）； 3) 不满足水平方向力的平衡条件； 4) 需要迭代求解
Spencer 公式	$$\eta = \frac{\sum \left[\dfrac{G \cdot \cos\delta \cdot \tan\varphi + c \cdot b \cdot \dfrac{\cos(\alpha-\delta)}{\cos\alpha}}{\dfrac{1}{\eta} \cdot \sin(\alpha-\delta) \cdot \tan\varphi + \cos(\alpha-\delta)}\right] \cdot r}{\sum G \cdot \sin\alpha \cdot r + \sum M(SK)}$$ $$\eta = \frac{\sum \dfrac{G \cdot \cos\delta \cdot \tan\varphi + c \cdot b \cdot \dfrac{\cos(\alpha-\delta)}{\cos\alpha}}{\dfrac{1}{\eta} \cdot \sin(\alpha-\delta) \cdot \tan\varphi + \cos(\alpha-\delta)}}{\sum G \cdot \sin\alpha}$$	1) 遵循弗兰纽斯稳定安全系数准则； 2) 条间力方向为倾斜方向（$\delta_i > 0$ 且为常数）； 3) 不满足力系的平衡条件； 4) 通过优化计算可将 $\delta_i > 0$ 且为常数的误差降至可接受范围； 5) 需要迭代求解

注：η——稳定安全系数；

　　r——滑动圆半径；

$\sum M(SK)$——由特殊荷载（如地震水平力、活动荷载离心力、水压力、外部荷载等）产生的滑动力矩。

简布（Janbu）法同太沙基法，但滑动面为任意滑面，也就是说简布法滑面可为直线、折线、曲线等已知滑面。简布法可满足整个系统的水平、垂直力系平衡条件，但不考虑力矩平衡条件。

Morgenstern/Price(1965) 和 Spencer(1973) 方法可满足力和力矩的平衡条件。

古斯曼（1978）将上述各方法进行了统一，得出了下述古斯曼统一公式：

$$A_i = \frac{(G_i \cos\alpha_i - u_i b_i / \cos\alpha_i)\tan\varphi_i + c_i b_i / \cos\alpha_i}{\cos(\alpha_i - \delta) + \sin(\alpha_i - \delta)\tan\varphi_i / \eta} \tag{8-16a}$$

$$B_i = \frac{G_i \sin\alpha_i}{\cos(\alpha_i - \delta) + \sin(\alpha_i - \delta)\tan\varphi_i / \eta} \tag{8-16b}$$

式中　δ——条间力作用方向与水平向间的夹角。

当满足水平方向力的平衡条件 $\sum F_\text{h}=0$ 和垂直方向力的平衡条件 $\sum F_\text{v}=0$ 时,稳定安全系数为

$$\eta=\frac{\sum A_i}{\sum B_i} \qquad\qquad (8\text{-}16\text{c})$$

上式简称 H 公式。

对于满足力矩平衡条件 $\sum M_0=0$ 和垂直方向力的平衡条件 $\sum F_\text{v}=0$ 而言,稳定安全系数为

$$\eta=\frac{\sum A_i\cos(\alpha_i-\delta)}{\sum B_i\cos(\alpha_i-\delta)} \qquad\qquad (8\text{-}16\text{d})$$

上式简称 M 公式。

在上式中,若取条间力作用方向 $\delta=0$,则可由 H 公式得出简化简布公式,或可由 M 公式得出毕肖普简化公式结果。若利用 H 公式和 M 公式对稳定安全系数 η 和条间力作用方向 δ 进行迭代优化求解,可获得 Morgenstern/Price(1965) 和 Spencer(1973) 公式结果。

从滑动破坏时各土条间及土条与滑面间的几何界面满足运动协调性角度出发,无论考虑土体剪胀与否,滑面采用直线和圆弧曲线滑面都是可行的,对于对数螺旋曲线滑面只在考虑土体剪胀条件下可行。

对于圆弧条分法,由于选择了垂直界面的土条,使得推导公式和计算方便,但也增加了对滑体的人为限制,这样可能使计算得出的稳定安全系数大于实际值,故在实际工作中应加以重视。

Krey/Breth 法和简化毕肖普法只考虑力矩平衡而不计水平力平衡,相比较存在较大理论缺陷。但通过大量实践发现稳定安全系数 η 对 M 公式的求解不敏感,但对 H 公式却很敏感,使得仅通过 M 公式求解的 η 值和通过 H 公式或通过 H 公式和 M 公式联合求解的 η 值相差不大,误差在可接受范围。所以,简化毕肖普法仍然能在工程中得到广泛应用。

应当注意到,当坡顶地面无较大荷载作用时,用 M 公式可得到比较合理的解答。当坡顶有较大荷载时,特别是存在较大集中荷载时,条间力的作用将凸显出来,此时宜用 H 公式和 M 公式联合求解,或通过诸如有限元法等方法求解。这也就是为什么上述条分法一般不能用于类似于荷载作用下地基极限承载力等问题求解的原因。

四、最不利滑面位置的确定

影响最不利滑面位置的因素较多,实际工程中常根据具体情况确定滑面的一个控制点,这样能快速准确地确定最不利滑面位置,如图 8-12 所示。

当边坡坡趾处有挖方切角或筑沟修槽时,最不利滑面可能通过挖方脚趾或沟槽底部处,见图 8-12(a)和(b)。

当坡顶有局部荷载时,最不利滑面可能通过局部荷载右侧边缘处和坡趾处,见图 8-12(c)。当集中荷载较大时,最不利滑面可能通过集中荷载右侧边缘处。

对于一般土质边坡($\varphi\neq0,c\neq0$),最不利滑面可能通过坡趾处,见图 8-12(a)～(e)。

当边坡土质趋向于非黏性土时,坡顶最不利滑面靠近坡肩,滑坡土体相对较小,见图 8-12(d);当边坡土质趋向于强黏性土时,坡顶最不利滑面远离坡肩,滑坡土体相对较大,见图 8-12(e)。

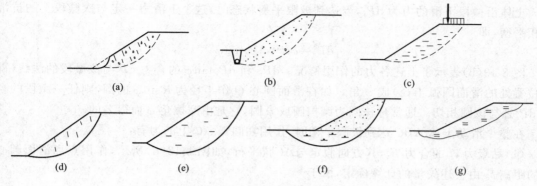

图 8-12　滑面控制点及变化

当边坡土质为软黏土或有机质黏土,特别是边坡地基土为软黏土或有机质黏土时,最不利滑面可能切入软黏土地基,并从坡趾下面穿过,见图 8-12(f)。

当边坡土质为塑性强的软黏土或接近流塑状的软塑～极软塑状黏土时,最不利滑面可能相对较缓,滑体呈长条形,滑面切入软黏土地基,并从坡趾下面穿过,见图 8-12(g)。

一般的,在寻找稳定安全系数最小值时,应在滑动圆圆心和滑动圆半径可能的存在范围内进行全面搜索。采取优化计算方法可加快搜索进程。

用计算软件搜索最不利滑面时,可在滑动圆圆心所在区域内以网格状给出圆心搜索变化范围,加上上述给出的可能的滑面控制点,能较为准确、快速地求得最不利滑面,并计算出相应滑动稳定安全系数。

第四节　摩 擦 圆 法

一、计算原理

摩擦圆法由泰勒(D. W. Taylar)于 1937 年提出。当土坡为均质土构成的简单土坡(指坡面为平面,坡顶为水平面的土坡),其物理指标 γ 和强度指标 c、φ 等均可视为常数时,可应用此法进行计算。图 8-13 是摩擦圆法的计算图式。其中 $\overset{\frown}{AC}$ 为进行计算的圆弧滑面,$\overset{\frown}{ab}$ 则为 $\overset{\frown}{AC}$ 滑面上的一个微段,其长度为 $\mathrm{d}l$,则作用在微段 $\overset{\frown}{ab}$ 上的力[见图 8-13(b)]有黏聚力 $c \cdot \mathrm{d}l$,法向反力 $\mathrm{d}P_n$,摩擦力 $\mathrm{d}P_n \tan\varphi$。

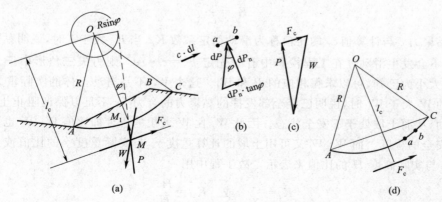

图 8-13　摩擦圆法的计算图示

土体沿微段下滑的力为 dP_t，当达到极限平衡状态时，这个下滑力一定与次微段上的抗滑力相平衡，即

$$dP_t = cdl + dP_n \tan\varphi$$

图 8-13(b)表示了上述各力的作用情况。dP_n 和 $dP_n\tan\varphi$ 的合力 dP 与该微段的法线(即该位置处的滑面圆弧半径)成 φ 角。如在滑面圆心 O 作半径为 $R\sin\varphi$ 的圆，则任一微段的合力 dP 必与该圆相切。通常称该圆为摩擦圆或 φ 圆，它是由摩擦角 φ 而得名的。

在整个滑动土体 ABC 达到极限平衡时，作用在圆弧 AC 上的力有：

(1)黏聚力 c_r 的合力 F_c，其方向假定与 $\overline{AC}$ 弦平行，如图 8-13(d)所示，作用点离滑面圆心 O 的距离 l_c 由下述矢量的计算确定，由于

$$F_c = c_r \cdot \int_{AC} dl$$

而

$$\int_{AC} dl = \overline{AC}$$

故

$$F_c = c_r \cdot \overline{AC}$$

由合力矩原理可得：

$$F_c \cdot l_c = c_r \cdot \overparen{AC} \cdot R$$

故得

$$l_c = \frac{\overparen{AC}}{\overline{AC}} \cdot R \tag{8-17}$$

(2)重力 W，其作用线与 F_c 交于 M 点，如图 8-13(a)所示。

(3)圆弧上的摩擦力与法向反力的合力 P 亦应通过 M 点，其作用方向与摩擦圆相切。

由于滑动土体 ABC 处于平衡状态，W、P 和 F_c 三个力应组成一个闭合的力矢三角形，如图 8-13(c)所示。已知上述三个力的方向和 W 的大小，即可求得 P 和 F_c 的大小。

二、滑动稳定系数 K

应当指出，上述黏聚力写成 c_r 而不用 c，是因为考虑到 $\overparen{AC}$ 为假想的滑面，不一定已达到极限平衡状态，故力矢三角形中的 $F_c = c_r \cdot \overline{AC}$ 也不一定正好等于 $c \cdot \overline{AC}$ 值，一般 $c_r < c$。其中 c_r 是未知的，要从假想滑面的平衡条件，由力矢三角形求得 F_c 后推出，即

$$c_r = \frac{F_c}{\overline{AC}} \tag{8-18a}$$

$$K_c = \frac{c}{c_r} \tag{8-18b}$$

土的黏聚力 c 与计算值 c_r 的比值称为滑动稳定系数 K_c，当 K_c 大于 1 时，说明黏聚力还有储备，土坡不会发生滑动。在工程检算中有时先定 $F_c = c \cdot \overline{AC}$，则力矢三角形中三个力的方向及 F_c 的大小为已知，可以求得相应的 P 和 W_r。这个 W_r 不是滑动土体的实际重力 W。当实际土体的 W 大于 W_r 时，说明已经全部发挥的黏聚力的合力 F_c 不足以保证阻止土体沿 AC 滑面的滑动，从而土坡处于不安全状态。因此 W_r 比 W 大出的程度即比值 W_r/W 也可以反映土坡稳定安全的程度。而 W_r/W 又可用土坡的计算重度 γ_r 与实际重度 γ 的比值或土坡的计算高度 H_r 与实际高度 H 的比值来表示。故工程中用

$$K_r = \frac{\gamma_r}{\gamma} \quad 或 \quad K_H = \frac{H_r}{H} \tag{8-19}$$

来表示土坡稳定安全的程度，并要求它们都大于 1。

三、稳定参数 N_s 及其计算图

上面所作的滑面是任意假定的,因此需要进行多次试算,以求得 K 值为最小的滑面或最危险滑面。对于实际存在的土坡,c、γ、H、φ 及坡角 β 都为已知,如图 8-14 所示。对某一假定的滑面,如假定 c_r、γ_r 和 H_r 中任意两个与实际值相同,则可推算出另一个来,即

$$K_c K_r K_H = \frac{c}{\gamma H} \cdot \frac{\gamma_r H_r}{c_r}$$

将上式用一综合安全系数 K 来表示,即

$$K = \frac{c}{\gamma H} \cdot \frac{\gamma_r H_r}{c_r} \tag{8-20}$$

式中,$\frac{\gamma_r H_r}{c_r}$ 综合代表了土坡维持稳定的能力,通常用符号 N_s 来表示,工程中称之为稳定参数。由式(8-20),N_s 值可以表示为

$$N_s = K \cdot \frac{\gamma H}{c} \tag{8-21}$$

应当指出,在具体进行计算时,上述 K 值乃是 K_c、K_r 或 K_H 三者中的一个,其余的两个此时等于1。当土坡的 c、γ 和 H 已知时,N_s 仅为内摩擦角 φ 和坡角 β 的函数。从这点可以看出,该稳定安全系数与弗兰纽斯稳定安全系数准则之间的差别。前者只是对土的抗剪强度指标中的一个(c 或者 φ)指标进行折减后求出安全系数的,另一个保持不变;而后者却是对两者同时进行相同折减来求算稳定安全系数的。

图 8-15 表达了 N_s 与坡角 β 和各种 φ 角之间的对应关系。可以从三者中的两个确定另一个的值。例如已知 N_s 和 φ 时,即可从图上确定土坡所容许的最大坡角 β,土坡的实际坡角应小于此值,才能维持其稳定。

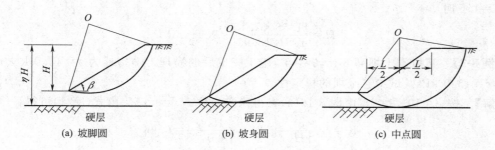

图 8-15　摩擦圆法滑动面类型

从图 8-15 可以看出稳定参数 N_s 的直观意义:当坡角 β 确定时,N_s 随 φ 角的增大而增大;当 N_s 确定时,β 随 φ 的减小而减小;当 φ 确定时,β 随 N_s 的减小而增大。

均质土坡的滑面一般通过土坡的坡趾。但对 $\varphi < 3°$ 的黏性土,当坡顶下一定深度处存在有较硬的土层时,需要考虑此硬层对滑面位置所产生的影响。概括地说,根据此硬层所处的深度与土坡高度的比值 η 的不同,土坡滑面可能为坡脚圆(滑面圆弧穿过坡脚)、坡身圆(滑面圆弧穿过坡身)或中点圆(滑面圆弧经过坡脚之外,圆弧的圆心位于通过土坡中心的垂线上),如图 8-15 所示。

图 8-16 中,$\varphi = 0$ 的曲线在 $\beta = 53°$ 处分出了 $\eta = 1, 1.5, 2, 4$ 及 ∞ 等 5 条支线,并且还标出了

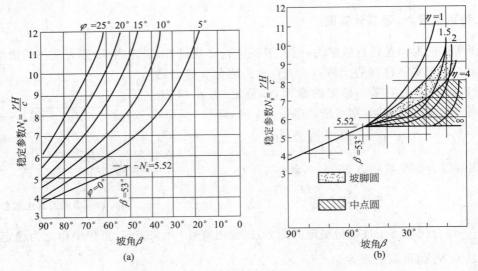

图 8-16 摩擦圆法稳定参数 N_s 图

属于不同滑面位置的区间。$\beta > 53°$ 时,最危险的滑面为坡脚圆;$\beta < 53°$ 时,在图 8-16(b)中的阴影线区为中心圆区,散点区为坡脚圆区,与散点区相邻的空白区为坡身圆区。

根据大量的计算结果表明,当土的 φ 角大于 $3°$ 时,最危险的滑面皆属坡脚圆。

【例 8-2】 已知一挖方土坡,土的物理力学指标为:$\gamma = 18.91 \text{ kN/m}^3$,$c = 11.56 \text{ kPa}$,$\varphi = 10°$,$\beta = 60°$。试求:当稳定安全系数 $K_H = 1.0$ 和 1.5 时,土坡能维持稳定的最大高度 H。

【解】 由 $\varphi = 10°$,$\beta = 60°$,从图 8-16(a)中查得稳定参数 $N_s = 7.15$。由式(8-21),当 $K_H = 1.0$ 时

$$H = \frac{cN_s}{K\gamma} = \frac{11.56 \times 7.15}{1.0 \times 18.91} = 4.37 \text{(m)}$$

当 $K_H = 1.5$ 时

$$H = \frac{11.56 \times 7.15}{1.5 \times 18.91} = 2.91 \text{(m)}$$

【例 8-3】 某拟建土坝高 8 m,$\beta = 45°$,施工完成后的物理力学指标为 $\gamma = 18.0 \text{ kN/m}^3$,$\varphi = 10°$,$c = 15.0 \text{ kPa}$。试检算土坝的稳定性。

【解】 按 $\varphi = 10°$,$\beta = 45°$ 由图 8-16(a)查得稳定参数 $N_s = 9.25$。由式(8-21)可得:

$$K = N_s \frac{c}{\gamma H} = 9.25 \times \frac{15.0}{18.0 \times 8} = 0.96$$

因 K 小于 1,该土坝将处于不安全状态。可考虑采取下列措施增加土坡的稳定性:

(1)适当减小坡角,令 $\beta = 42°$,则 $N_s = 10.0$,此时

$$K = 10.0 \times \frac{15.0}{18.0 \times 8} = 1.04 > 1.0 \text{(安全)}$$

(2)因为 $K = 0.96$,接近于 1,故可适当移去坡顶处的部分土体,使土坡成台阶形以减小下滑力。

第五节　传递系数法

传递系数法是我国铁路部门创建的边坡稳定及滑坡推力计算方法,适用于任意已知滑面

的土坡稳定性分析。

一、计算原理

对于已知滑面的土坡,将滑动土体按滑面的几何特征分为若干垂直土条,如图8-17所示。

传递系数法的基本假定大都同前。不同点在于,传递系数法假定土条条间力的合力与该土条底滑面平行,即条间力 E_i 的作用方向与该土条滑面倾角 α_i 平行,同理 E_{i-1} 平行于 α_{i-1} ,且作用点在条间高度的中点处;而前述各方法中条间力作用点一般取在条间高度的下 1/3 处。

计算考虑力的平衡条件,即水平向 $\sum F_h = 0$ 和垂直向 $\sum F_v = 0$ 。

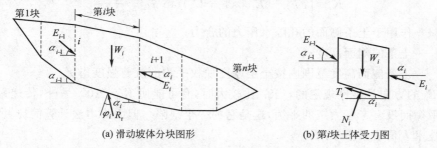

(a) 滑动坡体分块图形　　　　　　(b) 第 i 块土体受力图

图 8-17　传递系数法分析计算图示

二、计算方法

将图8-17中第 i 土条的所有力素分别向土条底面的反力 N_i 和 T_i 两个方向投影,根据力的平衡条件,可以得到下面两个方程:

$$N_i - W_i \cos \alpha_i - E_{i-1} \sin(\alpha_{i-1} - \alpha_i) = 0$$

$$T_i + E_i - W_i \sin \alpha_i - E_{i-1} \cos(\alpha_{i-1} - \alpha_i) = 0$$

上式中的 T_i 又可用下式表示

$$T_i = \frac{1}{K} [c_i' l_i + (N_i - u_i l_i) \tan \varphi_i']$$

上述方程中各符号的意义同式(8-7)。

设上一土条的条间力 E_{i-1} 为已知(对于第1块土体,条间力 E_{i-1} 取零,为已知),联合求解上面的三个方程,可以解得三个未知数 N_i 、 T_i 和 E_i ,消去 N_i 和 T_i 后可得

$$E_i = W_i \sin \alpha_i - \frac{1}{K} [c_i' l_i + (W_i \cos \alpha_i - u_i l_i) \tan \varphi_i'] + E_{i-1} \psi_i \tag{8-22}$$

式中　K——稳定安全系数;

　　　ψ_i——传递系数,计算式为

$$\psi_i = \cos(\alpha_{i-1} - \alpha_i) - \frac{\tan \varphi_i'}{K} \sin(\alpha_{i-1} - \alpha_i) \tag{8-23}$$

ψ_i 的力学意义可以理解为,通过该系数的作用后,上一土条的条间力 E_{i-1} 转换成为下一土条的条间力 E_i 的一部分,即条间力可从上而下"传递"。

在计算时先假定 K (如 $K = 1.00$),然后从第一条开始逐条向下推求,直至求出最后一条的推力 E_n 。 E_n 必须接近于零,否则要重新假设 K 再进行试算。计算工作宜编制程序借助计算机分析。设计中,稳定安全系数 K 值应满足相关规范的要求。

由于土条之间不能承受拉力,所以计算中当出现土条的推力 E_i 为负值或零时,则该 E_i 就不再向下传递,此时取 $E_i = 0$。

计算中,若最后一块土体的条间力 E_n 为正,说明在给定的稳定安全系数 K 值下,滑坡在此处需要外加支撑力($= \overline{E_n}$)才能稳定;也就是说,此时边坡是不稳定的(即不满足 K 值要求)。若 E_n 为零或为负,说明在给定的稳定安全系数 K 值下滑坡是稳定的,满足设计要求。

对于需要进行稳定加固的边坡,在设计中,常将支挡结构所处位置处的条间力 $E_i(E_i>0)$ 作为作用于支挡结构上的滑坡推力,再进行支挡结构的设计计算。

土条分界面上的推力 E_i 求出之后,该分界面上的抗剪安全系数也能求得,即

$$K_i = [c'_i h_i + (E_i \cos \alpha_i - U_i) \tan \varphi'_i] \frac{1}{E_i \sin \alpha_i} \tag{8-24}$$

式中 U_i——作用于土条侧面的孔隙水压力的合力;

h_i——土条的侧面高度;

c'_i, φ'_i——土条侧面高度范围内按土层厚度加权平均的抗剪强度指标。

因为 E_i 的方向是硬性规定的,当 α_i 比较大时,有可能使 $K_{vi}<10$。另外,传递系数法只考虑了力的平衡而没有考虑力矩的平衡,这是它的一个缺陷。但因为本法计算简捷,所以还是为广大工程技术人员所乐于采用。

第六节　抗剪强度指标及稳定安全系数的选用

一、土坡稳定性分析中土体抗剪强度指标的选用

对于黏性土土坡的稳定性分析计算,关键因素之一是如何测定与选用土的抗剪强度指标。如前所述,对于同种土样采用不同的试验仪器和试验方法得到的抗剪强度指标相差较大;对同一土坡选用不同的排水条件得到土的抗剪强度指标也有较大差异。因此,在进行土坡稳定分析时,必须针对土坡的实际情况、填土性质、排水条件和上部荷载等,选用合适的抗剪强度指标。对于软黏土土坡,这一点尤为重要。

在验算土坡施工结束时的稳定情况时,若土坡施工速度较快,填土的渗透性较差,排水措施不好,则土中孔隙水压力不易消散,这时宜采用快剪或三轴不排水剪试验指标,用总应力法分析。若验算土坡长期稳定性时,应采用固结排水剪试验强度指标,用有效应力法分析。

二、土坡稳定安全系数的选用

如何确定土坡稳定安全系数,关系到对设计或评价土坡安全储备要求的高低,对此不同行业根据自身的工程特点作出了不同的规定。《建筑地基基础设计规范》(GB 50007—2011)规定由传递系数法计算的滑坡推力安全系数:甲级建筑物为 1.25,乙级建筑物为 1.15,丙级建筑物为 1.05。《建筑基坑支护技术规程》(JGJ 120—2012)规定在进行整体抗滑稳定性验算时,取安全系数≥1.30。《公路路基设计规范》(JTG D30—2015)规定,土坡稳定的安全系数要求≥1.25。《铁路路基支挡结构设计规范》(TB 10025—2019)规定,路基挡土墙抗滑动稳定安全系数要求≥1.30。然而,从上可以看到,允许安全系数与选用的抗剪强度指标有关,同一个土坡稳定分析采用不同试验方法得到的强度指标,会得到不同的安全系数。我国《港口工程地基规范》(JTS 147—1—2010)中给出了抗滑稳定安全系数和土的强度指标配合应用的规定,见表 8-4。这些都是从实践中总结出来的经验,可参照使用。

表 8-4 抗滑稳定安全系数 K 及相应的强度指标

抗剪强度指标	最小抗力分项系数 γ_R		说　　明
固结快剪	黏性土坡	1.2～1.4	土坡上超载 q 引起的抗滑力矩可全部采用或部分采用,视土体在 q 作
	其他土坡	1.3～1.5	用下固结程度而定;q 引起的滑动力矩应全部计入
有效剪	1.30～1.50		孔隙水压力采用与计算情况相应的数值
十字板剪	1.10～1.30		应考虑因土体固结引起的强度增长
快剪	按经验取值		应考虑因土体固结引起的强度增长;考虑土体的固结作用,可将计算得 到的安全系数提高 10%

第七节　增加土坡稳定性的工程措施

经检算土坡稳定系数小于相关规范要求时,需采取必要的工程措施以防止滑坡。有关的方法在防止滑坡的专门书籍中有详细的叙述,在本书第七章也已给出了一些介绍。这里,只针对工程常用的刷方减载和排水措施作简要介绍,以便读者有一个基本概念。

一、减载与加重

这是从滑坡检算的基本原理出发的。减载的目的是为了减小下滑力和滑动力矩,加重的目的的使为了增加抗滑力和抗滑力矩,从而提高土坡的稳定性。

值得注意的是应当正确选择减载和加重的位置。图 8-18 为推移式滑坡,滑面上陡下缓,其前缘有较长的抗滑地段。如在滑体后部减重(如图中影线 A 区),可以减小推力,有利于滑坡的稳定。如将削除的土石填到滑坡前缘加压,则可增加前缘抗滑段的抗滑力,由此可增加坡体的稳定性。相反,

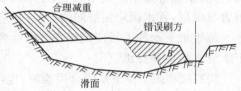

图 8-18　减载与加重增加边坡稳定

如在抗滑地段刷方(如图 8-18 中的 B 区),或在主滑段加载(如弃渣、填筑路堤等)就将加剧滑坡的滑动。可见减压与加重是有条件的。而且还应注意,在滑坡后部减压时,应保证不危及滑坡范围以外山体的稳定性。开挖的顺序应从上到下,开挖后的坡面和平台须整平,并作好排水和防渗工程。在前缘加压时,须防止基底软层的滑动,而且不能堵塞原有的渗水通道,以免因积水而软化土体。

图 8-19 为减压(刷方)与加重措施在具体土坡中的应用情况,图中的(a)、(b)、(c)表示移去(刷去)部分土体来减小下滑力,图(d)则表示在坡底加压以增加抗滑力矩。

二、排水措施

水对土坡稳定性的影响极大。观察资料表明,绝大部分滑坡皆因雨水时受到侵蚀和排水不良所引起,它们一般都发生在暴雨或长时间降雨的季节。因此,良好的排水措施对保持土坡的稳定具有积极的作用。

排水分两个方面。一是调节和排除地表水,防止水流对土坡的侵蚀和冲刷。这种排水措施要适应地形和地质条件以及雨量的情况,在滑坡区外修建截水沟,以防水流进入;在滑坡区内,要疏通、加固和铺砌自然沟谷等,以防积水下渗。另一方面要排除地下水。地下水的浸入

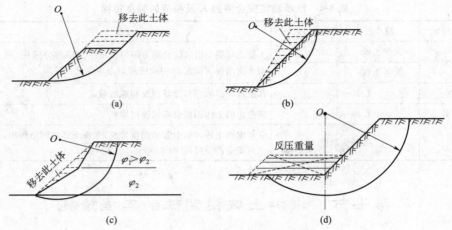

图 8-19　增加边坡稳定的刷方减载措施

使滑动土体抗剪强度大大减低,因而抗滑能力大大降低。例如,滑动土体内的流动水将产生动水下滑力,且使含水层的土发生潜蚀,甚至产生管涌现象;地下水对软夹层的长期作用还能引起其中不稳定矿物质发生物理化学变化而降低其力学指标。处理地下水的措施按其作用可分为拦截、疏干和降低地下水位等。

拦截地下水的工程应设置在滑坡范围以外,如渗水暗沟等(图 8-20),应垂直于地下水流设置,其基础应置于不透水层上,迎水面处为防止水流携入细颗粒和杂物而堵塞水流通道,应设置反滤层,背水面应做好防渗层。

疏干地下水的工程应设置在滑坡区内,如土坡渗沟等,它的每侧都需设置反滤层,以便地下水进入渗沟并排出。

当拦截和疏干地下水皆有困难时,也可根据需要把地下水降低到对土坡稳定无害的部位。图 8-21 是边坡内插斜置带孔排水管的示意图,在滑动土体的含水层内接近水平地钻孔并插入带孔的钢管或塑料管,用以疏干或降低地下水。钻孔的方向原则上与滑动的方向一致。这种方法布孔灵活,不需开挖滑坡,施工安全,工期快,造价较低。但对施工技术要求较高。

排水层应布置在地下水位以下,且应位于隔水层的顶板以上,分单层或多层布置,间距一般可为 5~15 m。

除以上两种防护措施外,还可采用防止冲刷和雨水的护面措施和修筑支挡工程等以维护土坡的稳定性。

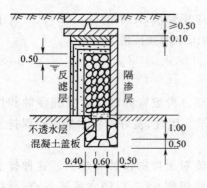

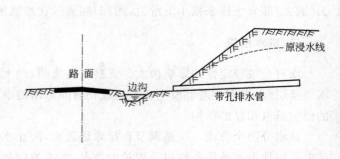

图 8-20　边坡渗水暗沟(单位:m)　　　　　图 8-21　边坡内插斜置地下排水管

复 习 题

8-1 已知土坡高度 $H=15$ m,黏聚力 $c=45.0$ kPa,坡率为 $1:1.5$,$\gamma=18.5$ kN/m³,$\varphi=0$。试用瑞典圆弧法确定滑面位置,并列表计算此土坡的稳定安全系数 K。

8-2 图 8-22 所示土坡的高度为 13.5 m,坡度为 $1:2$,测得 $\varphi'=5°$,$c'=40$ kPa,土的颗粒重度 $\gamma=26.5$ kN/m³,$e=0.57$,$S_r=0.6$。设 $u=0$,试用简化毕肖普法检算此土坡的稳定性。

8-3 有一简单土坡,高度 $H=15$ m,$\varphi=15°$,$c=10$ kPa,$\gamma=18$ kN/m³。按泰勒提出的稳定参数法求此土坡的容许最大坡角 β。

8-4 在软黏土中有一挖方,拟挖至地面以下

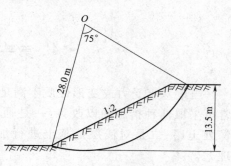

图 8-22 习题 8-2 图

9.15 m,已知 $\gamma=19.3$ kN/m³,$c=29.3$ kPa,且有一硬层位于地面以下 13.7 m 处。试求挖方的土坡坡度 β 为多大时,土坡将产生失稳现象。

8-5 已知某土坡 $\beta=30°$,土的物理力学性质为:$\gamma=16$ kN/m³,$c=20$ kPa,$\varphi=5°$,试求此土坡的临界高度。

8-6 已知土坡倾角 $\beta=60°$,$\gamma=18.2$ kN/m³,$\varphi=0$,当坡高达 6 m 时该土坡失稳。试求该土体的黏聚力 c。

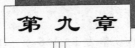

地 基 处 理

第一节 概　　述

当地基土受力或变形性质不满足工程结构要求时,比如承载力低,沉降变形过大,通常可采取两种措施加以改善:一是通过深基础将上部结构荷载引入承载力较好的地基深处土层;二是对浅层地基土进行加固处理,使之满足工程要求,这就是所谓"地基处理"。

地基处理主要包括以下四个方面的技术问题:

(1)换填类,即把不适合的浅层地基土换成满足要求的土工材料;

(2)夯实、挤密类,即对孔隙率较大、松散、不均匀的土层进行夯实挤密加固;

(3)加筋类,即对易沉降变形的不良土层在不同方向加不同刚度的各类"加强筋"进行加固处理;

(4)胶结、固化、电、化学加固类,即对易沉降变形的不良土层通过各类物理、化学、电等方法进行强化处理。

地基处理的目的主要是改善地基土的性质,满足建筑物对地基稳定和变形的要求,包括改善地基土承载力、变形特性和渗透性,提高抗剪强度,减小和控制沉降变形,尤其是不均匀沉降和抗震动液化能力。

对于新建工程,原则上首先应该考虑采用天然地基。当其承载力、变形或者渗透性不能满足要求,或者通过技术经济比较得出采用加固办法更为合理时,才进行加固处理。地基处理也作为事后补救措施用于已经建成的工程,例如建筑物建成后出现过大的地基变形以及房屋、土工建筑的加层扩建等地基加固处理。

需要处理的地基一般为软弱地基或不良地基。工程中常见的软弱土有软黏土、松散土、杂填土、冲填土及密实度低的粉细砂和粉土等。不良地基土主要有湿陷性黄土、膨胀土、有机质土/泥炭土、冻土、岩溶等。除此之外,不良地基还包括地质条件复杂及可能发生滑坡、崩塌和泥石流等不良地质现象或可能受其危害的山区地基。本章主要介绍软弱地基的处理。

对于软弱地基,施工处理的主要目的可归纳如下:①提高土的抗剪强度,以防止土体剪切破坏或产生过大的剪切变形,提高地基承载力。②降低土的压缩性,减小垂直荷载引起的地基变形,尤其是减小不均匀沉降变形。③提高或降低土的渗透性。前者主要针对类似于饱和软黏土的排水固结问题,需要通过各类工程措施提高饱和软黏土的排水通道,加速固结过程,以减少建筑物营运期间的沉降和不均匀沉降;后者则是为了防止地下水渗流引起地基破坏或影响开挖施工的顺利进行。④改善土的动力特性,防止地基土振动液化或减轻土的振动反应。不良地基处理的目的更是因地基不同而异,例如湿陷性黄土地基和膨胀土地基,处理的目的分别为消除或减轻土的湿陷性和胀缩性对工程的影响;在山区常常遇到软硬不均的地基,应以防止不均匀沉降为处理的主要目的。

地基处理的方法很多。表 9-1 给出了常用处理方法的分类情况。从表中可知,许多地基处理方法具有多重功能和作用。

表 9-1　常用地基处理方法分类简表

类别	方法	原 理 简 述	适 用 土 类
置换	换填	挖去浅层的软弱土,用砂、砾石、碎石或卵石等材料回填,分层夯实后作为基础的垫层	各种软弱土及湿陷性黄土地基的浅层处理
	设桩置换	用砂、砾石、碎石、卵石等材料填筑成群桩,与桩间土形成复合地基	不排水抗剪强度不小于 20 kPa 的黏性土、粉土、饱和黄土和人工填土
排水固结	预压排水通道	采用预压的办法促使土层排水固结。常在土层内设置排水通道(砂井、砂层、塑料排水板等),然后预压,加速土层排水固结	淤泥、淤泥质土、软黏土、黏土质冲填土
	降低地下水位	通过降低地下水位加大原水位以下部分土层的自重有效应力,使土层固结	渗透性较强的软弱土
灌注胶结物	渗入性灌浆	把水泥浆液或化学溶液灌入土中,借助压力或电渗使其渗入土孔隙并胶结、固化土颗粒,改善土的物理力学性质	借助于压力可用于中砂或颗粒更粗的土,采用化学溶液和电渗可用于黏性土
	劈裂灌浆	灌入水泥浆或化学溶液,用较大的灌浆压力使地基内原有的孔隙和裂隙扩张,或者形成新的裂隙,由浆液填充,以提高地基承载力	砂土、砂砾土、黏性土及含有节理裂隙的岩石
	压密灌浆	向钻孔内压入稠度较大的水泥浆或水泥砂浆,挤压灌浆点周围土体,胶结并固化松散、软弱土体,改善土的物理力学性质	砂土及排水条件较好的黏性土
	深层搅拌桩/高压旋喷桩	灌入水泥浆,用机械搅拌的方法或利用浆液的高压脉冲射流冲击破坏土体,使胶结物与土混合,结硬后形成水泥土桩,与桩间土形成复合地基	淤泥、淤泥质土、粉土及含水率较高且承载力标准值不大于 120 kPa 的黏性土,高压旋喷桩还可用于松散砂土类土层
加密	夯压	通过机械的重复碾压或夯锤的重复夯击使土的密度提高,压缩性趋于均匀。有低能量的一般夯压与高能量的强夯之分	杂填土、松散无黏性土、饱和度低的粉土和黏性土及湿陷性黄土,一般夯压用于浅层处理,强夯用于相对较深的土层处理
	振密	借助于机械振动使土颗粒重新排列,减小孔隙比,土变密实	黏粒含量小于 10% 的粗砂和中砂
	挤密	在地基内设置砂桩、土桩、水泥土桩、灰土桩等群桩,挤密、置换桩间土,形成复合地基	砂桩可用于松散砂土、杂填土和非饱和黏性土,土桩、水泥土桩和灰土桩可用于地下水位以上的湿陷性黄土、素填土和杂填土
	爆破	在地基内通过钻孔爆破,对土体进行冲击震爆挤密,必要时可在爆破形成的空腔内再回填砂石料等	可用于松散砂土、杂填土和非饱和黏性土、地下水位以上的湿陷性黄土、素填土和杂填土

续上表

类别	方 法	原 理 简 述	适 用 土 类
加筋	加筋土	在土中铺设土工织物、土工格栅或金属条,形成加筋土	除软塑状黏土外的其他土
	树根桩微型桩锚杆土钉	在土中沿不同方向设置短而细(直径 70~250mm)的灌注桩,形成层状、排状、树根状等状的群桩,提高土体的稳定性	各种土,软黏土中慎用
	CFG 桩	通过长螺旋等成桩设备成孔,灌入水泥+粉煤灰+碎石,结硬后形成 CFG 桩或水泥土桩,与桩间土形成复合地基	淤泥、淤泥质土、粉土及含水率较高且承载力标准值不大于 120 kPa 的黏性土
	管桩	将预制钢筋混凝土管桩打入或在置入预钻小孔处压/打入土层中形成群桩结构	淤泥、淤泥质土、粉土及含水率较高的黏性土,以及松散细砂土/粉砂土
托换		对已建成的建筑物,通过加大基地面积、在原基础下设置桩或改良原地基土性质等进行处理	
纠偏		对发生倾斜的建筑物,采用加载、顶升或掏土等方法纠正或调整地基不均匀沉降引起的建筑物倾斜	

对于实际工程,应在了解地基处理方法的原理和作用的基础上,根据工程的要求和建筑场地的地质情况、施工机器设备、材料来源、工期要求及加固费用,并结合以往的经验,进行必要的比较分析,合理选用处理方法。同一场地可以采用单一的处理方法,也可以采用多种方法的综合处理。

第二节　换　　填

一、施工方法及适用范围

换填也称为开挖置换或换土垫层,是最常用的简单方法。其施工方法是将地基上部一定深度范围内的软弱或不良土挖除,用性质较好的土料或无污染的工业弃渣、建筑废料等分层填筑并夯压密实,作为建筑物基础的垫层。当软弱或不良土层较薄时,可全部换填;若该土层较厚,则宜采用部分换填(图 9-1)。从便于施工及经济合理考虑,换填深度不宜大于 3 m,故一般只用于地基的浅层处理。平面上可以局部换填,也可以采用大面积的整片置换,把建筑物完全建造在垫层上。

换填法可用于处理淤泥、淤泥质土、杂填土、素填土、湿陷性黄土和膨胀土地基以及地基内的暗沟或暗塘。对于上述各种地基的浅层处理方法,换填是较为经济合理的处理方法。

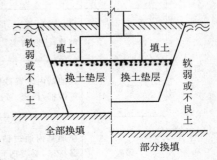

图 9-1　换填示例

二、垫层的作用

对不同的地基和填料，垫层所起的作用是有差别的。就各种软弱地基来讲，垫层可以使其承载力明显提高，沉降量减小。这是因为浅基础地基如果发生剪切破坏，一般是从基础底面边缘处开始，逐渐向深处和四周发展，破坏区主要在地基上部浅层范围内；在总沉降量中，浅层地基的沉降量也占较大比例。例如在条形基础下，地基剪切破坏的主要部位是在基底以下大致相当于基底宽度的深度范围内，同时该深度内发生的沉降量可达地基总沉降量的一半左右。所以，用抗剪强度较高、压缩性较低的垫层置换地基上部的软弱土，可以提高承载力，防止地基破坏和减小沉降量。另外，基底压力通过垫层向下扩散，可在一定程度上减小垫层以下土层所受的附加荷载应力，从而使地基沉降量也有所减小。如渗透性低的软弱地基用砂、碎石等渗透性高的材料作部分换填处理，则垫层作为透水面可以起到加速下卧软弱土层固结的作用，但其固结效果常常限于下卧土层的上部，对深处的影响就不显著了。

对于湿陷性黄土地基，用黏性土或灰土换填，可以消除垫层厚度内原有地基土湿陷性的影响，并能防止地表水透过垫层浸湿下卧的湿陷性黄土。对膨胀土地基，垫层的作用则在于消除或减轻地基土胀缩性的影响。

三、设计原则

为使换填处理达到预期效果，应保证垫层本身的强度和变形满足设计要求，同时垫层下地基所受压力和地基变形应在容许范围内。这就要求采用合适的填料，并使垫层具有足够的断面，必要时尚需验算地基变形。因此，换土垫层的设计内容原则上应包括选择填料、确定垫层断面和验算地基变形。

（一）垫层填料

垫层填料应易于夯压密实，形成垫层后抗剪强度较高，压缩性较低，并具有良好的水稳定性，在发生震害的情况下还应符合抗震要求，砂土、圆砾、角砾、卵石、碎石、黏性土、粉土、灰土及工业废渣（如矿渣、钢渣等）均可用作垫层填料。选用时应注意以下原则：

（1）砂石填料应具有良好的颗粒级配，最大粒径不宜大于50 mm，不含植物残体和垃圾等杂质。当用砂土作填料时，宜采用中砂、粗砂或砾砂，如果采用粉细砂，则应掺入20%～30%的卵石或碎石。对湿陷性黄土地基的换填处理，不得采用砂石及其他渗水材料作为填料，以防止水透过垫层浸湿其下的土层。

（2）用作填料的黏性土和粉土通常称之为素土，其中有机物含量应不超过5%，且不得含有膨胀土或冻土等不良土；如果夹有石块，其粒径不宜超过50 mm，对湿陷性黄土地基则不得采用夹有石块或砖瓦块等粗颗粒的土料。

（3）灰土是用石灰与素土拌合而成的，在我国土建工程中有着悠久的应用历史。用作垫层填料时，素土宜采用黏性土或塑性指数大于4的粉土，其中应不含松软杂质及粒径大于15 mm的颗粒；石灰最好采用新鲜的消石灰，其颗粒不得大于5 mm。石灰与土的体积配合比常为2∶8或3∶7。

（4）用作垫层填料的工业废渣应质地坚硬、性能稳定且无工业污染，其最大粒径及合适的级配宜通过试验确定。

除上述外，选用垫层填料应尽可能就地取材，因地制宜。

（二）垫层断面设计

垫层断面设计主要是确定垫层厚度和底面尺寸,这两者确定后,根据垫层侧面土质按开挖施工的要求放坡,同时注意垫层顶面周边超出基底的宽度最好不小于 300 mm,下面分述垫层厚度和底面尺寸的确定。

1. 垫层厚度的确定

如图 9-2 所示,在埋深为 d 的基础下有厚为 h 的垫层。现将垫层看作基础的一部分,于是垫层底面相当于新的基础底面,而新的基底压力为垫层底面处土层自重压力 q_z 与附加压力 σ_z 之和。显然,该压力不得超过垫层底面处的地基承载力设计值 f,即

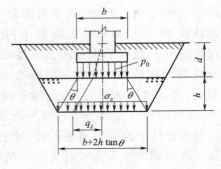

图 9-2 垫层的计算

$$q_z + \sigma_z \leqslant f \tag{9-1}$$

若垫层厚度 h 一定,则 q_z、σ_z 和 f 皆为定值,故式 (9-1) 也是 h 应满足的条件,可以根据该条件确定 h。设计时先根据垫层的承载力确定基底尺寸,然后初步拟定 h,算出 q_z 和 σ_z,并按埋深为 $d+h$ 对垫层底面处地基土的承载力考虑深度修正,得到 f 值,验算能否满足式(9-1);如果不能满足或地基承载力 f 富余过多,则修改 h,重新计算,直至 h 符合要求为止。

垫层底面的附加压力 σ_z 可按下述简化计算,即认为基底附加压力 p_0 在垫层内以 θ 角均匀地向下扩散(图 9-2),由垫层底与基底两平面上总附加压力相等的条件求 σ_z。

对底面宽度为 b 的条形基础,有

$$\sigma_z = \frac{p_0 b}{b + 2h\tan\theta} \tag{9-2}$$

对底面宽度为 l、宽度为 b 的矩形基础,有

$$\sigma_z = \frac{p_0 lb}{(l + 2h\tan\theta)(b + 2h\tan\theta)} \tag{9-3}$$

式中的压力扩散角 θ 与垫层的材料及其相对厚度 h/b 有关,可由表 9-2 查用。

表 9-2 压力扩散角 θ(°)

h/b 换填材料	中砂、粗砂、砾砂、圆砾、角砾、碎石、卵石	黏性土和粉土($8 < I_P < 14$)	灰土
0.25	20	6	30
$\geqslant 0.50$	30	23	

注:①当 $h/b < 0.25$ 时,除灰土外,其余材料均取 $\theta = 0°$;
②当 $0.25 < h/b < 0.50$ 时,θ 值可内插求得。

垫层的承载力宜通过压板试验或其他原位试验方法确定,或参考当地经验。对于一般工程,也可以由表 9-3 查用。表中压实系数为填筑时填料的控制干密度与其最大干密度的比值。碎石和卵石的最大干密度可采用 $2.0 \sim 2.2$ t/m³,其他土料可以通过击实试验确定。

一般情况下垫层厚度宜选在 0.5 m$\leqslant h \leqslant 3.0$ m 之间。垫层过薄,其作用不明显,会影响换填处理效果;过厚则可能因开挖和回填的工程量大而影响换填的经济合理性,如果地下水位

表 9-3　各种垫层的承载力标准制

施工方法	换填材料类别	压实系数	承载力标准值/kPa
碾压或振密	碎石、卵石	0.94～0.97	200～300
	砂夹石(其中碎石、卵石占全部质量的30%～50%)		200～250
	土夹石(其中碎石、卵石占全部质量的30%～50%)		150～200
	中砂、粗砂、砾砂		150～200
	黏性土和粉土($8 < I_P < 14$)		130～180
	灰土	0.93～0.95	200～250
重锤劣实	土或灰土	0.93～0.95	150～200

注：①压实系数小的垫层,承载力标准值取低值,反之取高值;
　　②重锤夯实土的承载力标准值取低值,灰土的承载力标准值取高值。

较高,还会加大施工难度。

2. **垫层底面尺寸的确定**

垫层底面尺寸应符合下述要求：①应满足基底压力扩散的需要;②应能防止或减小垫层侧面膨胀变形带来的不利影响。前者从式(9-2)和式(9-3)σ_z的计算中容易理解;后者是因为垫层在基础荷载作用下有侧面膨胀的趋势,如果其平面尺寸较小而侧面土层又比较软弱,部分填料就有可能随垫层侧向膨胀变形的发展而被挤入侧面土层,使基础沉降加大。但目前尚无满足上述要求而又可靠的计算方法,实际上可以根据当地经验确定,也可以从基底压力扩散的需要考虑,按垫层底面周边超出基底周边的宽度不小于 $h\tan\theta$ 的条件确定。例如底宽为 b 的条形基础,其下的垫层底面宽度 b' 应为

$$b' \geqslant b + 2h\tan\theta$$

此时 θ 仍如表 9-2 所列,但当 $h/b < 0.25$ 时,采用 $h/b = 0.25$ 时的 θ 值。

(三)地基变形和软弱下卧层验算

对于重要的建筑物或当垫层下有软弱下卧层时,应进行地基变形和软弱下卧层检算。

第三节　预　　压

一、原理及实用范围

预压法是使受压土层在预压力作用下加快排水固结过程,孔隙比降低,强度回升,从而提高地基承载力和提前消除地基过大沉降的方法。通常要在拟进行处理的土层内设置若干竖向排水通道,并与铺设在地面的砂垫层连通,形成排水系统。图9-3是以砂井作为竖向排水通道的预压法,谓之砂井预压,也称为砂井排水法或砂井法,用这种方法处理的地基常称之为砂井地基。从固结理论可知,饱和黏性土固结所需时间与排水距离的平方成正比,而竖向排水通道的设置使土层的排水距离大为缩短,所以它可以有效地起到加快土层排水固结的作用。

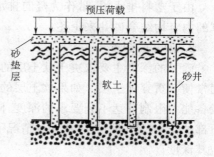

图 9-3　砂井预压

预压法适用于处理淤泥质土、淤泥和冲填土等饱和黏性土地基,已在路堤、土坝、房屋、码头及油罐等许多工程的地基处理中得到应用,效果良好。其主要缺点是需要较长的预压时间才能使土层的固结度达到要求,因而所需工期较长。

按照加压方法来分,预压法可分为加载预压和真空预压两种,前者较为常用。

二、加载预压

加载预压是在地面加载来实施预压,其设计内容包括:设计排水系统;确定加载范围、大小和速率及预压时间;计算地基的固结度、强度增长、稳定性和变形。

(一)排水系统

前已指出,预压法排水系统一般由地表的排水砂垫层和土层内的竖向排水通道组成。若加固的软土层不厚或其中夹有较多薄砂层,预计土层的固结速率能满足工期要求时,也可不设置竖向排水通道,而只在地表铺设排水砂垫层。

1. 竖向排水通道的类型

竖向排水通道可采用砂井或塑料排水板/带等。

早期的砂井是就地打孔灌砂填筑而成,称普通砂井或就地灌筑砂井。当土体接近流塑状时,土体承载力极差,可能无法筑井和稳固填砂,此时,宜采用强度足够且韧性和透水性良好的土工织物、土工格栅制成管状袋,在袋内灌满砂或卵石,将其置入静压钢管内,将钢管压入设计深度后提管,将砂、石袋留于土中,即形成袋装砂、石井。砂井的砂料均宜采用粗砂,含泥量应小于 3%。

砂井的截面积以能够满足地基及时排水固结的要求即可。理论上其直径 d_w 可以很小(有的研究者认为可以小到 30 mm)。但直径太小的砂井不容易施工,质量也难保证。从工程实用情况来看,普通砂井可以取 $d_w = 300 \sim 500$ mm,大多采用 400 mm;袋装砂井可按 $d_w = 70 \sim 100$ mm 选取,多采用 70 mm;袋装石井可取 $d_w = 400 \sim 600$ mm。

塑料排水板/带由塑料带芯外裹滤膜构成,在工厂制造,用机械插入土中,渗流水透过滤膜经由带芯上贯通全长的许多沟槽或孔洞排出。设计时把塑料排水板/带看成具有当量换算直径 d_p 的圆柱形排水通道,同砂井一样进行设计和计算。直径 d_p 可按下面的经验公式计算:

$$d_p = \alpha \frac{2(b+\delta)}{\pi} \tag{9-4}$$

式中 α 为换算系数,可采用 $0.75 \sim 1.0$;b 和 δ 分别为塑料排水板/带带芯的宽度和厚度。国内外塑料排水板/带的 $b \approx 90 \sim 100$ mm,$\delta \approx 3 \sim 6$ mm,按上式计算的 $d_p \approx 45 \sim 68$ mm。

袋装砂井和塑料排水板/带的效果与普通砂井基本相同,但其施工则要比普通砂井方便得多,也较为经济。

由于塑料排水板/带作为竖向排水通道在设计计算上与砂井相同,后面关于预压法设计计算的内容均结合砂井来论述。

2. 砂井的深度

砂井的深度主要取决于软土层的厚度及工程对地基的要求。若软土层不厚,设置砂井时通常使其贯穿该土层。如果软土层的厚度大,贯穿该土层会给砂井的施工带来困难,还可能因设备能力限制而达不到要求的深度,同时由于预加压力的影响随深度而减小,深度大的砂井其下部的作用已不明显,故在这种情况下不宜使砂井贯穿软土层,而应根据工程对地基的要求确定其深度。

(1)对于以地基稳定性为控制条件的工程,例如路堤、土坝等,砂井应伸至最危险滑动面以下一定长度。我国有关行业标准规定该长度应不小于 2 m。

(2)当地基沉降对工程起控制作用时,砂井最好能贯穿地基压缩层,使这部分土层通过预压得到良好的固结,有效地减小建筑物建成后的地基沉降。但这种做法只宜在压缩层厚度不大的情况下采用。若压缩层较厚,需根据预压后应消除的沉降量,通过试算确定砂井深度。设计时应先拟定排水系统和加压系统的方案,反复计算和修改方案,直至预压后应消除的沉降量符合要求为止。

3. 砂井的平面布置

平面上可以按正方形或等边三角形布置砂井(图 9-4)。当按正方形布置时,一个砂井的影响区假设为正四棱柱体,其截面边长等于相邻二砂井的中心距 s;按等边三角形布置时假设该影响区为正六棱柱体,其截面边长为 $s/\sqrt{3}$。按截面积相等的原则由上述正棱柱体换算而得到的圆柱体,是砂井的有效影响区,其截面直径称为砂井的有效排水直径,用 d_e 表

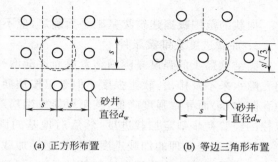

(a) 正方形布置　　　　(b) 等边三角形布置

图 9-4　砂井的平面布置

示。前述两种平面布置形式的 d_e 分别为:

正方形布置 $\qquad\qquad\qquad d_e = 1.13s$

等边三角形布置 $\qquad\qquad d_e = 1.05s$

在 d_w(或 d_p)及 s 均相同的情况下,d_e 较小者更有利于加快土层排水固结,因而等边三角形的平面布置方式较为常用。

d_e 与 d_w(或 d_p)之比称为井径比,用 n 表示:

$$n = \frac{d_e}{d_w} \quad \text{或} \quad n = \frac{d_e}{d_p}$$

根据以往的经验,普通砂井的 n 可按 6～8 选用,袋装砂井和塑料排水板/带的 n 可取为 15～20。

设计时先按上述经验选用井径比 n,再根据砂井的平面布置方式确定中心距 s。

4. 排水砂垫层

采用预压法处理地基必须在地表铺设排水砂垫层,厚度不宜小于 400 mm,干密度应大于 1.5 t/m³。砂料最好采用中粗砂或砾石砂,含泥量应控制在 5% 以内。

为使排水通畅,可在预压区设置与砂垫层连通的排水盲沟,以便将地基中渗出的水排出预压区。

(二)预压荷载

1. 加载方法

加载方法应根据建筑物类型、加载材料来源及施工条件等因素确定。对于路堤、土坝等填土工程,可采用分期填筑的方式以其自重作为预压荷载。对于房屋、码头等的地基,一般用土石堆载预压,也可在预压区四周筑堤围成临时性水库,内铺不透水薄膜防止渗漏,或者利用结构物本身(例如建成后的空油罐)的蓄水能力,充水预压。在缺少加载材料、预压后弃土场地难以解决或运输能力不足的情况下,充水预压有其优越性。

2. 荷载大小及加载范围

预压荷载应不小于建筑物基础底面的设计压力,一般情况下可以取二者相等;如果预压荷

载超过基底设计压力,则称为超载预压。对于要求严格限制地基沉降的建筑物,用预压法处理地基时应采用超载预压,其超载的数量需根据预定时间内要求消除的地基变形量通过计算确定,最好使受压土层各点由预压荷载引起的有效竖向压力不小于建筑物荷载引起的附加压力。超载预压也可作为缩短预压工期的措施而采用。通常可以取超载预压荷载为基底设计压力的1.2～1.5 倍。

加载的范围根据建筑物基础平面确定,应不小于基础外缘所包围的面积。

3. 加载进度及卸载条件

固结软黏土的强度是随固结发展而逐渐增长的,因此加载速率应与之相适应。加载过快,超孔隙水来不及排出,软土强度不但难以按预期提高,还可能因其结构受到扰动或破坏(过大超孔隙水压)而导致强度降低,甚至可能发生局部或整体剪切破坏。设计时先根据施工条件和以往的经验初步拟定加载进度,然后对地基的固结度和强度增长、稳定性及沉降进行计算分析,以确定安全合理的加载进度计划来指导加载施工。

完成预压并经检验符合卸载条件后,方可卸载。当建筑物对地基的要求以控制沉降为主时,卸载条件是预压应消除的地基变形量以满足设计要求,且受压土层的平均固结度应达到 80% 以上;若主要控制因素为地基的承载力或稳定性,则卸载条件为地基土的强度增长要达到设计要求。

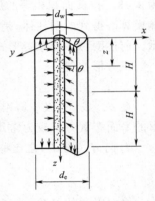

图 9-5 双面排水时砂井地基的渗流方向和柱坐标

(三)砂井地基固结度的计算

1. 固结微分方程及其解

在一定的压力作用下,砂井影响区内土中水的渗流可分为竖向和径向两个分量,当砂井地基上下两面均可排水时,两个分量如图 9-5 所示。从实用考虑,一般可以认为土层在水平面上各方向具有相同的渗透性,因而可把砂井地基的渗透固结视为轴对称三维固结问题。这种情况下,固结过程中任一时刻 t 时,在深度 z 处以砂井轴心为圆心、半径为 r 的圆周上各点的孔隙水压力 u 相等,换句话讲,此时的 $u=u(r,z,t)$。按照太沙基一维固结理论的假设和方法,采用柱坐标时可以建立轴对称三维固结的微分方程如下:

$$\frac{\partial u}{\partial t}=c_r\left(\frac{\partial^2 u}{\partial r^2}+\frac{1}{r}\frac{\partial u}{\partial t}\right)+c_z\frac{\partial^2 u}{\partial z^2} \tag{9-5}$$

式中 c_r,c_z——土层在径向(或水平方向)和竖向的固结系数。

用 u_0 表示初始孔隙水压力,令

$$u(r,z,t)=\frac{1}{u_0}u_r(r,t)\cdot u_z(z,t) \tag{9-6}$$

则式(9-5)可以分离为下列两个方程:

$$\frac{\partial u_r}{\partial t}=c_r\left(\frac{\partial^2 u_r}{\partial r^2}+\frac{1}{r}\frac{\partial u_r}{\partial r}\right) \tag{9-7}$$

$$\frac{\partial u_z}{\partial t}=c_z\frac{\partial^2 u_z}{\partial z^2} \tag{9-8}$$

二者分别为径向排水固结和竖向排水固结的微分方程。其中 u_r 和 u_z 即式(9-6)中的 $u_r(r,t)$ 和 $u_z(z,t)$,分别为径向和竖向排水固结的孔隙水压力。这样,轴对称三维固结微分方程(9-5)的解 $u(r,z,t)$,可以通过解方程式(9-7)和式(9-8)两个单向排水固结问题求得。

对于径向排水固结问题,忽略砂井施工中井壁受到涂抹作用而使水平方向渗透性降低的影响，根据下列初始条件和边界条件：

$t=0$ 时， $\qquad\qquad\qquad\qquad u_r(r,0)=0$

$t>0$ 时， $\qquad\qquad$ 在 $r=r_w=\dfrac{d_w}{2}$ 处，$u_r(r,t)=0$

$\qquad\qquad\qquad\qquad$ 在 $r=r_e=\dfrac{d_e}{2}$ 处，$\dfrac{\partial u_r}{\partial r}=0$

式中 r_w——砂井半径；

$\qquad r_e$——砂井有效排水半径。

R·A·巴隆(Barran)等求得了自由应变和等应变(或者说柔性荷载和刚性荷载)两种情况的解。从二者在同样条件下的平均固结度计算结果来看，在固结初期，等应变的平均固结度比自由应变的小，且相差较大，但随着固结的发展两种解答趋于一致。由于等应变的解较为简单，故常被采用。该解如下：

$$u_r(r,t)=\frac{4u_0}{d_e^2 F}\Big[r_e^2\ln\Big(\frac{r}{r_w}\Big)-\frac{r^2-r_w^2}{2}\Big]\exp\Big(-\frac{8T_r}{F}\Big) \qquad (9\text{-}9)$$

式中 T_r 为径向排水固结的时间因数，F 是决定于井径比 n 的变量，分别按下列公式计算：

$$T_r=\frac{c_r t}{d_e^2} \qquad (9\text{-}10)$$

$$F=\frac{n^2}{n^2-1}\ln n-\frac{3n^2-1}{4n^2} \qquad (9\text{-}11)$$

至于式(9-8)，实际上即一维固结微分方程式(4-38)，它的解已在第四章第六节叙述，不再重复。

2. 平均固结度的计算

设孔隙水压力 $u(r,z,t)$、$u_r(r,t)$ 和 $u_z(z,t)$ 在 t 时刻的平均值分别为 $u(t)$、$u_r(t)$ 和 $u_z(t)$，则砂井地基在该时刻的平均固结度 $U(t)$、径向排水平均固结度 $U_r(t)$ 和竖向排水平均固结度 $U_z(t)$ 分别为：

$$U(t)=1-\frac{u(t)}{u_0}; \quad U_r(t)=1-\frac{u_r(t)}{u_0}; \quad U_z(t)=1-\frac{u_z(t)}{u_0} \qquad (9\text{-}12)$$

在任一时刻 t，平均孔隙水压力 $u(t)$ 与 $u_r(t)$ 和 $u_z(t)$ 之间也存在类似于式(9-6)的关系：

$$u(t)=\frac{1}{u_0}u_r(t)u_z(t)$$

于是从式(9-12)可得 $U(t)$ 的计算公式如下：

$$U(t)=1-[1-U_r(t)][1-U_z(t)] \qquad (9\text{-}13)$$

固结度 $U_z(t)$ 即第四章第六节的固结度 U，按该节所述方法计算。对于固结度 $U_r(t)$，当径向排水固结问题的解 $u_r(r,t)$ 如式(9-9)时，可得 $U_r(t)$ 的计算公式如下：

$$U_r(t)=1-\exp\Big(-\frac{8T_r}{F}\Big) \qquad (9\text{-}14)$$

对于常用的井径比 n，$U_r(t)$ 与 T_r 的关系曲线如图9-6所示。

按上述算出 $U_r(t)$ 和 $U_z(t)$，代入式(9-13)即可求得 $U(t)$。计算结果表明，在总的固结度 $U(t)$ 中，$U_r(t)$ 所占比例一般要比 $U_z(t)$ 大。所以，砂井地基主要靠径向排水固结。如果砂井深度较大，或者当土层在水平方向的渗透系数大于竖向渗透系数的 2 倍时，实际应用中可以忽略竖向排水固结度 $U_z(t)$ 而取 $U(t)\approx U_r(t)$。此外，从 $U_r(t)$ 的计算公式可以看出，在砂井直径 d_w 一定的情况下，有效排水直径 d_e 对 $U_r(t)$ 有显著影响：d_e 愈小，一定时间内达到的径向排

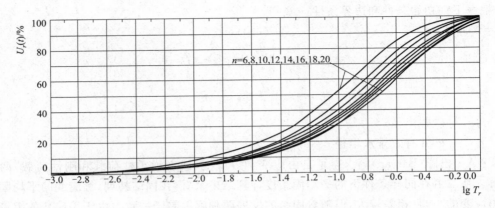

图 9-6　$U_r(t)$—$\lg T_r$ 关系曲线

水固结度 $U_r(t)$ 愈大,反之则 $U_r(t)$ 愈小。由于 d_e 愈小则砂井间距 s 也愈小,加之径向排水固结又起着重要作用,故采用较小的 s 是加快砂井地基排水固结的有效措施。

如果砂井未贯穿整个软土层(见图 9-7),则地基的平均固结度 $U(t)$ 包括两部分:一是砂井深度内的平均固结度 $U_1(t)$,按轴对称三维固结理论计算;另一是砂井底面以下的平均固结度 $U_2(t)$,把砂井底面视为排水面而按一维固结理论计算。平均固结度 $U(t)$ 一般取为 $U_1(t)$ 和 $U_2(t)$ 的加权平均值:

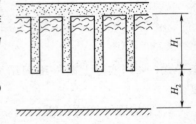

$$U(t)=\frac{U_1(t)H_1+U_2(t)H_2}{H_1+H_2} \qquad (9-15)$$

3. 平均固结度的修正计算

固结理论假定荷载是瞬间一次加上的,而预压荷载通常

图 9-7　砂井未贯穿软土层的情况

是分级施加,且每级荷载均有一加载过程,因此应根据加载进度对平均固结度的理论计算结果进行修正。施工中荷载的增加难免时快时慢,计算时按等速加载考虑一般不会引起大的误差。

平均固结度 $U(t)$ 的修正值 $U'(t)$ 有不同的计算方法,在第四章第八节已初步介绍了太沙基的修正方法。这种方法认为(图 9-8),对任意的第 m 级荷载,在等速加载过程中任一时刻 t 的固结状态,与该时刻的荷载增量 Δp_{mt} 在 t'_m 时刻瞬间一次施加,经过时间 $(t-t'_m)/2$ 的固结状态相同,加载达预定值 Δp_m 后任一时刻 t 的固结状态,与 Δp_m 在加载起迄时间中点 $(t'_m+t''_m)/2$ 瞬间一次施加,经过时间 $t-(t'_m+t''_m)/2$ 的固结状态一样。每级荷载的平均固结度按上述修正,$U'(t)$ 等于 t 时刻及其以前各级荷载下平均固结度修正值之和。由此得 $U'(t)$ 的计算公式如下:

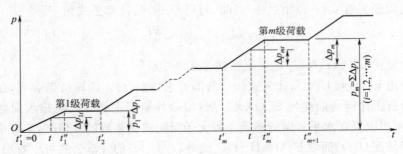

图 9-8　分级等速加载进度

当 $t'_m < t < t''_m$ 时，

$$U'(t) = \sum_{i=1}^{m-1} U(t_i) \frac{\Delta p_i}{p_m} + U(t_m) \frac{\Delta p_{mt}}{p_m} \qquad (9\text{-}16)$$

当 $t''_m \leqslant t < t'_{m+1}$ 时，

$$U'(t) = \sum_{i=1}^{m} U(t_i) \frac{\Delta p_i}{p_m} \qquad (9\text{-}17)$$

式中 t_i 和 t_m 按下列公式计算：

$$t_i = t - \frac{t'_i + t''_i}{2}; \quad t_m = \frac{t - t'_m}{2} \qquad (9\text{-}18)$$

如图 9-8 所示，Δp_{mt} 为 t 时刻第 m 级荷载的增量，p_m 为第 m 级荷载加至预定值后，全部 m 级荷载的总和。

应注意，砂井施工中对井壁的涂抹作用，及深径比大、井料渗透性较低的袋装砂井或塑料排水板的井阻作用，都会延缓地基固结的发展而使其实际固结度低于理论计算值，在上面的修正计算中未考虑这些因素的影响。

【例 9-1】　某大型油罐建在软土地基上，层厚 17 m，其下为中砂层。软土层水平方向的固结系数为 2.80×10^{-2} m²/d，竖向固结系数 9.49×10^{-3} m²/d。现采用砂井预压法加固该地基，砂井直径 400 mm，深 18 m，平面上砂井按等边三角形布置，间距 2.4 m。加载进度计划如表 9-4 所列，试计算加载后的第 82 d 和 170 d 砂井地基的平均固结度（不考虑井壁涂抹作用的影响）。

表 9-4　加载进度计划

荷　载　分　级	1	2	3	4	5
各级加载量/kPa	50.7	50.0	40.0	30.0	20.7
加载起讫时间/d	0～30	50～64	74～90	110～124	140～160

【解】　先计算 d_e、n、F、T_r 和 T_v。

$$d_e = 1.05 \times 2.4 = 2.52 \text{ (m)}; \quad n = \frac{2.52}{0.4} = 6.3$$

$$F = \frac{6.3^2}{6.3^2 - 1} \times \ln 6.3 - \frac{3 \times 6.3^2 - 1}{4 \times 6.3^2} = 1.14$$

$$T_r = \frac{2.8 \times 10^{-2}}{2.52^2} t = 4.408 \times 10^{-3} t; \quad T_v = \frac{9.49 \times 10^{-3}}{8.5^2} t = 1.313 \times 10^{-4} t$$

（1）计算 $t = 82$ d 的平均固结度 $U'(82)$

此时 $t'_3 < t < t''_3$，故 $U'(t)$ 应按式（9-16）计算。其中 $m = 3$，t_1、t_2 和 t_3 按式（9-18）计算。

$$t_1 = 82 - \frac{30}{2} = 67 \text{ (d)}; \quad t_2 = 82 - \frac{50 + 64}{2} = 25 \text{ (d)}; \quad t_3 = \frac{82 - 74}{2} = 4 \text{ (d)}$$

$U(t_1)$ 的计算如下：

$$T_r = 4.408 \times 10^{-3} \times 67 = 0.295$$

$$T_v = 1.313 \times 10^{-4} \times 67 = 8.80 \times 10^{-3}$$

按式（9-14）计算或根据 $\lg T_r = -0.53$ 查图 9-6 得：

$$U_r(t_1) = U_r(67) = 87.4\%$$

按式（4-46）计算或查图 4-24 得：

$$U_z(t_1) = U_z(67) = 10.6\%$$

将 $U_r(t_1)$ 和 $U_z(t_1)$ 代入式(9-13)得:

$$U(t_1) = U(67) = 1 - (1 - 0.874)(1 - 0.106) = 88.7\%$$

类似地得 $U(t_2)$ 和 $U(t_3)$

$$U(t_2) = U(25) = 56.8\%; \quad U(t_3) = U(4) = 13.7\%$$

又 Δp_{3t} 和 p_3 分别为

$$\Delta p_{3t} = \frac{40.0}{2} = 20.0 \text{ (kPa)}; \quad p_3 = 50.7 + 50.0 + 40.0 = 140.7 \text{ (kPa)}$$

故得

$$U'(82) = 0.887 \times \frac{50.7}{140.7} + 0.568 \times \frac{50.0}{140.7} + 0.137 \times \frac{20.0}{140.7} = 54.1\%$$

(2)计算 $t = 170$ d 的平均固结度 $U'(170)$

此时 $t > t_5''$,$U'(t)$ 应按式(9-17)计算:

$$U'(t) = U'(170) = \sum_{i=1}^{5} U(t_i) \frac{\Delta p_i}{p_5}$$

等号右边各项的计算见表 9-5 所列,其中 $p_5 = 191.4$ kPa。从表列计算结果得:

$$U'(170) = (26.3 + 25.4 + 19.7 + 12.9 + 4.3)\% = 88.6\%$$

表 9-5 $U'(170)$ 的计算

荷 载 级 数	1	2	3	4	5
Δp_i/kPa	50.7	50.0	40.0	30.0	20.7
t_i/d	155	113	88	53	15
T_r	0.683	0.498	0.388	0.234	0.0661
$U_r(t_i)$/%	99.2	97.0	93.4	80.6	37.1
$1 - U_r(t_i)$	0.008	0.030	0.066	0.194	0.629
T_v	2.04×10^{-2}	1.48×10^{-2}	1.16×10^{-2}	6.96×10^{-3}	1.97×10^{-3}
$U_z(t_i)$/%	16.1	13.7	12.2	9.4	5.0
$1 - U_z(t_i)$	0.839	0.863	0.878	0.906	0.950
$U(t_i)$/%	99.3	97.4	94.2	82.4	40.2
$U(t_i) \cdot \Delta p_i \cdot p_5^{-1}$/%	26.3	25.4	19.7	12.9	4.3

(四)地基土强度增大的预测

在预压荷载作用下,地基土的抗剪强度一方面由于排水固结而随时间增长,另一方面则可能因荷载长时间作用引起剪切蠕变而衰减。但总的讲,强度是逐渐提高的。

设地基土原来的抗剪强度为 τ_{f0},在 t 时刻由固结引起的强度增长量和由蠕变引起的强度减少量分别为 $\Delta \tau_{fc}$ 和 $\Delta \tau_{fr}$,则该时刻地基土的抗剪强度 τ_{ft} 为

$$\tau_{ft} = \tau_{f0} + \Delta \tau_{fc} - \Delta \tau_{fr} \tag{9-19}$$

由于 $\Delta \tau_{fr}$ 难以推算,将上式改写为

$$\tau_{ft} = \eta(\tau_{f0} + \Delta \tau_{fc}) \tag{9-20}$$

式中 η 为强度折减系数,用以反应蠕变对抗剪强度的影响,可采用 0.75~0.90,剪应力大时取低值,反之则取高值。

抗剪强度增量 $\Delta\tau_{fc}$ 有不同的计算方法,这里只介绍所谓有效应力法。对于正常固结的饱和软土,用有效应力表示抗剪强度 τ_f,即

$$\tau_f = \sigma' \tan \varphi' \qquad (9\text{-}21)$$

设地基内任一点的有效最大主应力为 σ_1',从极限平衡原理可知,过该点的剪切破坏面上的法向应力 σ' 与 σ_1' 有如下关系:

$$\sigma' = \frac{\cos^2 \varphi'}{1 + \sin \varphi'} \sigma_1'$$

将上式代入式(9-21),并令

$$K = \frac{\sin \varphi' \cos \varphi'}{1 + \sin \varphi'} \qquad (9\text{-}22)$$

则抗剪强度 τ_f 可表示为

$$\tau_f = K\sigma_1' \qquad (9\text{-}23)$$

在预压过程中,σ_1' 随孔隙水压力消散而增大,τ_f 随之上升,其增长量即为固结引起的强度增量 $\Delta\tau_{fc}$。如果地基内某点的 σ_1' 在时间 t 内增大 $\Delta\sigma_1'$,从式(9-23)可知相应的 $\Delta\tau_{fc}$ 则为

$$\Delta\tau_{fc} = K\Delta\sigma_1'$$

设与 σ_1' 相应的总应力增量和孔隙水压力增量分别为 $\Delta\sigma_1$ 和 Δu,则

$$\Delta\tau_{fc} = K(\Delta\sigma_1 - \Delta u) = K\Delta\sigma_1 \left(1 - \frac{\Delta u}{\Delta\sigma_1}\right) \qquad (9\text{-}24)$$

其中 $\left(1 - \dfrac{\Delta u}{\Delta\sigma_1}\right)$ 为该点在 t 时刻的固结度,用 U 表示,则上式可改写为

$$\Delta\tau_{fc} = K\Delta\sigma_1 U \qquad (9\text{-}25)$$

分别将式(9-24)和式(9-25)代入式(9-20),得地基内某点在 t 时刻的抗剪强度计算公式如下:

$$\tau_f = \eta[\tau_{f0} + K(\Delta\sigma_1 - \Delta u)] \qquad (9\text{-}26)$$

或

$$\tau_f = \eta(\tau_{f0} + K\Delta\sigma_1 U) \qquad (9\text{-}27)$$

实用上,τ_{f0} 采用不排水抗剪强度,可用十字板剪切试验测定;计算 K 所用的有效内摩擦角 φ' 可由三轴固结不排水试验测定;$\Delta\sigma_1$ 按弹性理论计算,为了简便,可用预压荷载引起的竖向应力 $\Delta\sigma_z$ 代替。若有 Δu 的原位测试数据,则可按式(9-26)计算 τ_f,否则 τ_f 应按式(9-27)计算,其中固结度 U 根据三维固结理论确定,并按分级等速加载进行修正。工程中常用修正的平均固结度 $U'(t)$ 代替 U,这在固结后期尚不致引起太大误差。

(五)地基稳定分析和沉降计算原则

为防止地基在预压荷载作用下失稳破坏,设计时应通过地基稳定性分析校核加载进度,使之与地基土强度的增长相适应。分析时应采用同一时间的荷载和地基土强度指标,通常假定地基的滑动面为圆弧形,用第八章分析边坡稳定性的方法进行检算。

在预压期间地基沉降较大,但由于受工期限制,地基在预压荷载下一般不能充分固结,建筑物建成后仍会有沉降。就房屋等对地基变形有一定要求的建筑物来讲,设计砂井地基时应验算建筑物建成后的沉降和不均匀沉降,如不满足要求则采取加大预压荷载、延长预压时间或减小砂井间距等措施,以增大地基在预压期间的固结度。对于路堤等填方工程,填方工期也就是预压期,根据砂井地基在此期间的沉降量可以估算由于沉降而增加的土方数量,建成后的沉降量则是路堤顶面加宽的依据。

砂井地基沉降量的计算方法较多,一般都考虑了地基的侧向变形和固结,常用且较为简便的方法是按下式计算最终沉降量 S:

$$S=\alpha S_c \qquad (9\text{-}28)$$

式中 α 为考虑地基侧向变形对沉降影响的经验系数,对正常固结和轻度超固结黏性土地基可采用 $1.1\sim1.4$,荷载较大、地基土较软弱时取较大值;S_c 为地基固结引起的最终沉降量,可按单向压缩的分层总和法计算。

为了计算地基在 t 时刻的沉降量 S_t,将式(9-28)改写为

$$S=(\alpha-1)S_c+S_c$$

式右第一项相当于地基侧向变形引起的沉降,计算时假定其是在加载后立即产生的。由于加载后经过时间 t 的固结沉降为 $U(t)S_c$,故 S_t 为

$$S_t=(\alpha-1)S_c+U(t)S_c \qquad (9\text{-}29)$$

上式的 S_t 是瞬间一次加载引起的,按分级等速加载修正后为 S_t':

$$S_t'=\left[(\alpha-1)\frac{p_{mt}}{p_m}+U'(t)\right]S_c \qquad (9\text{-}30)$$

式中 p_{mt} 如下(图 9-8):

当 $t_m'<t<t_m''$ 时, $p_{mt}=\sum\limits_{i=1}^{m-1}\Delta p_i+\Delta p_{mt}$

当 $t_m''\leqslant t<t_{m+1}'$ 时, $p_{mt}=p_m=\sum\limits_{i=1}^{m}\Delta p_i$

设计时根据预期达到的固结度并经过稳定性和沉降验算,最后确定预压处理的排水系统和加载进度计划。但由于理论分析与实际情况会有出入,一般还应在预压中根据现场观测数据调整加载进度。

(六)现场观测

现场观测是保证预压顺利进行、检验处理效果和确定卸载时间的最有效保障。观测项目应包括地面沉降、水平位移及土中孔隙水压力,如有条件则可同时观测地面以下深处的沉降和位移水平。

地面沉降测点可布置在加载面积的纵横轴线上,以观测沉降变形最大的截面。除观测加载面积以内的地面沉降外,还可通过该面积以外的测点观测周边地面隆起情况。地面水平位移测点常设为位移观测桩,一般沿加载面积边缘布置,并在该面积以外靠近其边缘再平行地布置 $2\sim3$ 排。孔隙水压力测点常布置在荷载中心线和边线附近地基的不同深度处。

在加载期间每天均应进行观测。沉降速率允许值应依据相关规范要求或根据当地经验确定。无规范要求和经验时,可取沉降速率不超过 10 mm/d,边桩水平位移速率不超过 4 mm/d。否则应及时放慢加载速度,必要时应卸除部分荷载,以确保施工安全。为进行施工阶段的动态监测,宜采用自动监测和记录装置进行监测。

三、真空预压法

真空预压法是以大气压力作为预压荷载。

1. 真空预压加固机理和方法

该方法需要先在加固的软土地基表面铺设透水砂垫层或砂砾层,再在其上覆盖一层不透气的塑料薄膜或橡胶布,四周密封,与大气隔绝,在砂垫层内埋设渗水管道,然后与真空泵连通

进行抽气,使透水材料保持较高的真空度,借此在土的孔隙水中产生负的孔隙水压力,将土中孔隙水和空气逐渐吸出,从而使土体固结。对于渗透系数小的软黏土,为加速孔隙水的排出,也可在加固部位设置砂井、袋装砂井或塑料排水板等竖向排水系统。

真空预压在抽气前,薄膜内外均承受一个大气压 P_a 的作用,抽气后薄膜内外形成压力差(称为真空度),使薄膜紧贴砂垫层。在该压力差作用下,砂垫层和砂井中的气压逐渐降到 P_v,由于土体与砂垫层和砂井之间的压力差,发生渗流,使孔隙水沿着砂井或塑料排水板上升而流入砂垫层内,再被排出塑料薄膜外;随着孔隙水的抽出,土中的孔隙水压力不断下降,地基有效应力不断增加,从而使土体得以固结。土体和砂井间的压差,开始时为 P_a-P_v,随着抽气时间的增长,压差逐渐变小,最终趋向于零,此时渗流停止,土体固结完成。所以真空预压过程,实质为利用大气压力差作为预压荷载(当膜内外真空度达到 600 mmHg 时,相当于预压荷载80 kPa),使土体逐渐排水固结的过程。

2. 特点及适用范围

真空预压法的特点为:

(1)不需要堆载,可省去加载和卸载工序,节省大量原材料、能源和运输能力,在一定情况下可缩短预压时间。

(2)真空法产生的负压可使地基土孔隙水加速排出,缩短固结时间;同时由于孔隙水排出,地下水位降低,由渗流力和降低水位引起的附加应力也随之增大,提高加固效果;负压可通过管路送到任何场地,适应性强。

(3)孔隙渗流水的流向及渗流力引起的附加应力均指向被加固土体,土体在加固过程中的侧向变形很小,真空预压可一次加足,地基不会发生剪切破坏而引起地基失稳,可有效缩短总的排水固结时间。

(4)适用于超软黏性土以及边坡、码头等地基稳定性要求较高的地基加固,土愈软,加固效果愈明显。

(5)所用设备和施工工艺比较简单,无需大量的大型设备,便于大面积使用;但需要长时间的稳定电源。

(6)无噪声、无振动、无污染,可做到文明施工。

真空预压法适用于饱和均质黏性土及含薄层砂夹层的黏性土,尤其适合于新吹填土、超软黏性土地基加固;但不适用于有足够的水源补给的透水土层、倾斜地面和施工场地狭窄的地方。

3. 真空预压的设计要点

(1)膜内真空度。当采用合理的施工工艺和设备时,膜内真空度可维持在 80 kPa 左右,此值可作为最大膜内设计真空度。

(2)加固区要求达到的平均固结度,一般可取 80%,如工期许可,也可采用更大一些的固结度作为设计要求达到的固结度。

(3)竖向排水体的尺寸。竖向排水体可采用袋装砂井、普通砂井或塑料排水板。砂井的间距应根据土的透水性质、上部结构要求和工期通过计算确定,对直径 7 cm 的袋装砂井,间距一般可在 1.2~1.8 m 范围内选用;砂井深度应根据设计要求在预压期间完成的沉降量和拟建建筑物地基稳定性的要求,通过计算确定。

(4)现场监测。应根据具体工程情况进行沉降、变形、孔隙水压等方面的监测。

(5)剩余沉降计算和预测。先计算加固前建筑物荷载下天然地基的沉降量,后计算真空预压期间所完成的沉降量,两者之差即为预压后在建筑物使用荷载下可能发生的沉降。

第四节　桩土复合地基

复合地基是指由两种或两种以上刚度（或模量）不同的材料（如桩体和桩间土）组成的、共同承受上部荷载并协调变形的人工加固地基。它具有能较好地发挥桩和桩间土各自承载特性、复合承载力较高、变形沉降相对较小、加固土体整体性较强的特点。

复合地基中作为"桩"的种类很多，通常根据所用材料或设置方法来命名。复合地基常用的散体材料有砂桩、碎石桩、矿渣桩等，胶结体材料有石灰桩、干水泥粉桩、水泥搅拌桩、高压旋喷桩和 CFG 桩等。其中散体材料桩（如砂土桩）对地基的加固作用可分为置换和置换＋挤密两种，前者指砂石桩用于置换原地基的部分土体（如先钻孔再置入砂石置换料），而对桩间土没有侧向挤密作用；后者则指砂石桩用于置换、同时挤密桩间土，改善其工程性质。复合地基中的砂石桩起置换作用，或者以置换作用为主。胶结材料桩也存在这样两种作用的区分。

上述各种桩土复合地基的计算原理基本相同。下面主要介绍目前工程中较为常用的砂石桩和水泥土桩/CFG 桩复合地基。

一、桩的设置

（一）砂石桩

凡用砂石填筑而成的桩，均可称为砂石桩，如砂桩、碎石桩、砂土袋桩、卵石/碎石袋桩等。其施工方法有多种，常采用沉管法和振冲法。

1. 沉管法

沉管法有不同的施工工艺，一种较简便的工艺流程如图 9-9 所示。其中钢套管下端带有活瓣桩尖，套管下沉时活瓣合拢，上拔时张开；也可采用预制混凝土桩尖，随套管一起下沉，上拔套管时与之脱开而留在土层内。用锤击或振动下沉的方法将套管沉至设计深度，把砂石料灌入管内，然后缓慢地上拔套管，砂石料随即从其钢管下端挤出填充桩孔，套管全部拔出后即形成砂石桩。拔管时通常采用振动或在管内夯击等措施，使桩身填料密实和桩径扩大。

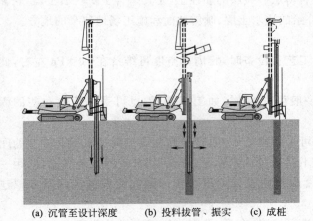

(a) 沉管至设计深度　(b) 投料拔管、振实　(c) 成桩

图 9-9　沉管砂石桩施工顺序图

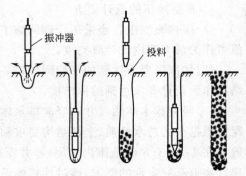

(a) 就位　(b) 成孔　(c) 填料　(d) 振密　(e) 成桩

图 9-10　振冲碎石桩施工顺序图

桩的填料宜采用碎石、卵石或砾石，砂料宜用砾砂、粗砂或中砂。填料中不宜含有粒径大

于 50 mm 的颗粒,含泥量应不超过 5%。有时为提高桩身强度,可在填料中拌入适量水泥干粉或水泥砂浆。此时,应注意到固化后胶结物对排水固结可能产生不利影响。

沉管砂石桩可用于松散土、一般固结黏土和饱和黏性土地基的置换处理,但若建筑物对地基变形比较敏感时,不宜采用此法。

2. 振冲法

振冲法的关键设备是振冲器,它可以在高频振动的同时从下端喷出压力水流。在振冲砂石桩(或简称为振冲桩)的施工中,利用振冲器的振动和压力水流的冲切作用成孔,经分段回填砂石料和反复振密成桩,如图 9-10 所示。

振冲桩的材料可采用含泥量不高的碎石、卵石或砾石,但最大粒径不宜大于 80 mm。根据工程经验,振冲置换可用于处理不排水抗剪强度不小于 20 kPa 的黏性土、粉土、饱和黄土和人工填土等软弱或不良地基。

(二) 水泥土桩

在土中掺入水泥并拌合均匀即成水泥土,由于土与水泥间的物理化学作用,经过一定时间,会形成具有一定强度的水泥土固结体。水泥土桩即是利用水泥土的这种性质,通过特制的设备把水泥浆或水泥粉灌入土中,就地拌和后结硬而成的。其施工方法有旋喷法和深层搅拌法,形成的桩分别称为旋喷桩和深层搅拌桩。

1. 旋喷法

旋喷法也称为旋喷注浆,是高压喷射注浆的一种形式。高压喷射注浆是利用高压泵通过特制的注浆管和喷头产生高压喷射流,不断冲击切割破坏土体,并使破坏区内的土与固化剂浆液均匀混合,经过凝结固化后而在土层内形成胶结固体。通过采用合适的浆液和施工工艺,使胶结固体的形状、尺寸和力学性质合乎设计要求,从而达到地基加固处理的目的。

固化剂浆液一般采用水泥浆,水灰比可取 1.0~1.5,常用 1.0。为改善浆液性能,可掺入适量外加剂。例如,用氯化钙和三乙醇胺促进凝结和提高固结体早期强度;用膨润土改善浆液的稳定性;用粉煤灰等工业废料作填充剂,以节省水泥,降低工程造价。

我国目前采用的高压喷射注浆有单管(喷浆)、双重管(喷浆和空气)和三重管(喷浆、气和水)三种,三者的注浆管和喷头各不相同,如图 9-11 和表 9-6 所示。在喷头上装有特制的喷嘴。单管法只从喷嘴喷射固化剂浆液;二重管法的喷头装有同轴的内喷嘴和外喷嘴,分别喷射浆液和空气;三重管法的喷头也有同轴的内、外喷嘴,分别喷射水和空气;国内多为成孔和喷浆机械分开的两套装置,比较先进的机械为自钻喷浆一体式(图 9-11)。

表 9-6　喷射的介质和压力(MPa)

注浆方法＼喷射介质	水	空气	浆液
单管法	—	—	>20.0
二重管法	—	0.7	>20.0
三重管法	>20.0	0.7	>1.0

对于二重管法和三重管法,浆液或水与空气同轴喷射,形成两种介质的复合射液,其中气流速度保持等于或稍大于浆液或水的射流速度。当复合射流冲击破坏土体时,气流可以使破坏面上的土颗粒迅速剥离,即使暴露新的冲击面,从而扩大破坏范围。在气流速度稍大的情况下,由于两种介质间的黏滞作用,浆液或水流速度会有所提高,使喷射流的冲击破坏能力相应增强。三重管法用水替换浆液作为高压射流介质与空气同轴喷射,是考虑水在管路中流动的阻力比浆液小,在同样的压力下可以获得更大的冲击破坏能力,同时高压管路系统特别是喷嘴

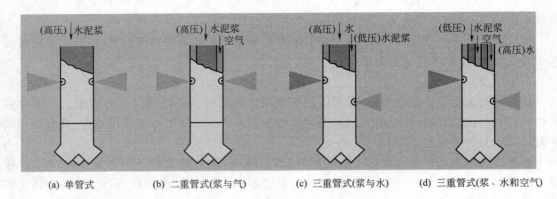

(a) 单管式　　(b) 二重管式(浆与气)　　(c) 三重管式(浆与水)　　(d) 三重管式(浆、水和空气)

图 9-11　自钻式高压旋喷管方式

受到的磨损也可以减轻。

在高压喷射注浆的工程应用中,旋喷桩是主要形式之一。其施工流程如图 9-12 所示,一般先钻孔至设计深度,再将下端装有喷头的注浆管插至孔底,然后开始喷射注浆,并以一定的速度旋转和提升注浆管,直至将喷头提升到设计标高。

旋喷桩直径与注浆方法、喷射压力及土的性质等因素有关。一般来讲,单管法旋喷桩直径为 0.3～0.8 m,三重管法可达 1.0～2.0 m,二重管法在上述两者之间。砂土中旋喷桩抗压强度在 6～16 MPa,黏性土中为2～8 MPa。

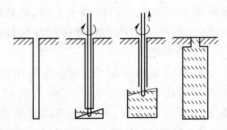

(a)钻孔　(b)开始旋喷　(c)边旋喷边提升　(d)成桩

图 9-12　高压旋喷桩施工顺序

旋喷桩可用于处理淤泥、淤泥质土、黏性土、粉土、砂土、碎石土、黄土和人工填土等地基,但若土中含有较多的大粒径块石或大量植物根茎,或者有机质含量过高时,其适用性应通过现场试验确定。高压旋喷注浆不仅可以在新建工程的地基处理中采用,也可用于加固现有建筑物地基。

高压喷射注浆方式除旋喷外,还有注浆管只提升不转动的定喷方法,提升注浆管的同时使其只在某一小角度内转动的摆喷及注浆管水平的水平旋喷等方法。因而这是一种应用上较为灵活、用途多样的地基处理方法。

高压旋喷法与其他高压注浆法的适用范围对比见图 9-13。

2. 深层搅拌法

用特制的螺旋搅拌机械,就地自钻入土,强制灌入水泥浆、水泥粉、砂等材料并在就地拌和(可上下反复搅拌),结硬后形成的水泥柱状固结体即为深层搅拌的水泥土桩。直接用水泥粉或其他粉状固化剂与土拌和者,常称为粉喷搅拌桩,或简称粉喷桩。

搅拌机械可分单轴、双轴和多轴。图 9-14 为以水泥浆作为固化剂的双轴式深层搅拌桩施工流程。该机械有两根搅拌轴,各连接一个装有叶片的搅拌头。水泥浆用灰浆泵压入输浆管,从其下端压入土中,通过搅拌头的旋转和升降使其与土拌和均匀。深层搅拌机还有单轴式的,它只有一根搅拌轴,连接一个搅拌头,水泥浆经由搅拌轴内的输浆管从搅拌头压出。两种深层搅拌机的主要技术参数见表 9-7。

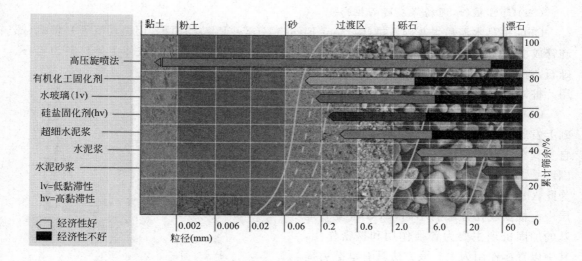

图 9-13　高压选喷法和其他高压注浆法适用范围对比

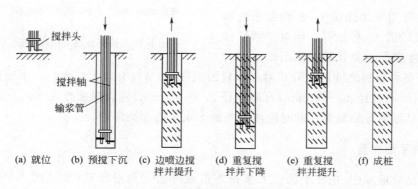

(a) 就位　(b) 预搅下沉　(c) 边喷边搅拌并提升　(d) 重复搅拌并下降　(e) 重复搅拌并提升　(f) 成桩

图 9-14　深层搅拌桩施工示意图

表 9-7　深层搅拌机的主要技术参数

型　号	搅拌叶片外径/mm	最大加固深度/m	一次加固面积/m²	桩截面形状
SJB-1(双轴)	700~800	10	0.71~0.88	∞
GZB-600(单轴)	600	10~15	0.28	圆形

粉喷桩采用粉体喷射搅拌钻机施工,它具有正转钻进、反转提升的功能。水泥粉用空气压缩机压入空心钻杆,从钻头喷入土中。国内生产的这种钻机钻头直径一般为 500 mm,加固深度可达 15~18 m。

在深层搅拌法中,水泥的掺入量常用掺入比 a_w 控制。a_w 定义为掺入水泥质量与被加固的土质量的百分比,工程中常取之为 7%~25%。外加剂可根据工程需要选用具有早强、缓凝、减水及节省水泥等作用的材料,但应避免污染环境。

深层搅拌桩可用于处理淤泥、淤泥质土、粉土及含水率较高且承载力标准值不大于 120 kPa 的黏性土等地基。对泥炭土或当地下水具有侵蚀性时,最好通过试验确定其适用性。此外,冬季施工时应注意负温对其处理效果的影响。深层搅拌法也和旋喷法一样有多种用途,详见有关手册或专著。

（三）CFG 桩（水泥粉煤灰碎石桩）法

CFG 桩是水泥粉煤灰碎石桩（Cement-Flyash-Gravel Pile）的简称，用振动沉管打桩机、螺旋管成桩机（见图 9-15）或其他成桩机具制成，具有较高的黏结强度。桩体主体材料为碎石、砾石，粉煤灰可起细骨料和低强度水泥的作用。桩体强度可在 C5～C20。

CFG 桩是在碎石桩和深层搅拌桩的基础上发展起来的，属复合地基刚性桩。由于自身具有一定的黏结性，CFG 桩可在全长范围内受力，能充分发挥桩周摩阻力和端阻力，为此，CFG 桩应置于承载力相对较好的持力层中。根据成孔方法的不同，CFG 桩复合地基的加固机理主要为置换作用和挤密作用，其中以置换作用为主。该方法具有承载力提高幅度较大、沉降小、稳定快、施工速度较快等特点。

CFG 桩可用于加固填土、饱和及非饱和黏性土、松散的砂土、粉土等。但对于塑性指数高和灵敏度高的饱和软黏土慎用。

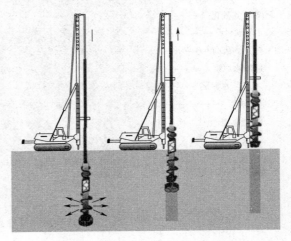

(a) 螺旋管旋转到位　　(b) 压浆,旋转提升　　(c) 成桩

图 9-15　长螺旋法 CFG 桩施工顺序

CFG 桩各种材料之间的配合比对混合料的强度、和易性有很大的影响。水泥可采用 42.5 级普通水泥，碎石粒径 20～50 mm，石屑粒径 2.5～10 mm，混合料密度 2.1～2.2 g/cm² 。必要时可添加早强剂等添加剂。此时应注意对地下水土的污染问题。

二、桩的平面布置

在桩土复合地基中，桩在平面上大多按方形或等边三角形布置（参见图 9-4）。对这两种平面布置而言，一根桩分担的处理面积相应的为边长 s 的正方形和边长为 $s/\sqrt{3}$ 的正六边形。设计时通常将上述面积换算为大小不变的等效圆面积 A，其直径 d 在计算上与本章第三节砂井的有效排水直径 d_e 相同，即当桩按正方形布置时 $d = 1.13s$，按等边三角形布置时 $d = 1.05s$。这里 s 为相邻桩的中心距。

工程上常用面积置换率 μ 来表征桩土复合地基中桩的间距，μ 定义为

$$\mu = \frac{A_p}{A} = \frac{d_p^2}{d^2} \tag{9-31}$$

式中 A_p 和 d_p 分别为桩的截面积和直径。例如，对于 $d_p = 1.0$ m 的桩，若 $\mu = 0.25$，当按正方形布置时 $s = 1.77$ m，按等边三角形布置时 $s = 1.90$ m。

从后述可以看到，桩土复合地基的承载力和变形与面积置换率 μ 有关。一般来讲 μ 大则复合地基的承载力高，变形小；反之则复合地基承载力低，变形大。但 μ 值增大，地基处理的成本会因桩数增加而上升，这是设计时应该注意的。同时，桩间距的确定应以在满足设计要求前提下，最大限度发挥桩和桩间土允许承载力来共同承担上部荷载为目标。

三、桩土复合地基承载力的确定

工程中确定桩土复合地基的承载力一般采用下述两种方法：一是通过复合地基荷载试验

确定;二是根据桩和桩间土的承载力,按照一定的原则计算复合地基的承载力。

(一)复合地基荷载试验

桩土复合地基的荷载试验有单桩和多桩两种,可根据加载设备能力及工期要求等条件选用。试验装置与第四章第三节所述载荷试验相同,参见图4-5。试验点数量不应少于3个。

单桩复合地基载荷试验可以采用圆形或方形压板,其面积应等于单桩所承担的处理面积;多桩者压板可为方形或矩形,其尺寸应根据实际桩数承担的处理面积确定。

荷载分级施加,每级荷载均维持至压板下沉量达到相对稳定,最大荷载不宜小于设计要求值的2倍。

根据试验测得的各级荷载作用下压板的沉降量,绘制荷载 p 与压板沉降量 S 之间的关系曲线,然后按照下面所述方法从每个试验点的 $p—S$ 曲线中确定复合地基承载力基本值 f_0:

(1)若 $p—S$ 曲线有明显的比例极限时,则可以取其对应的荷载 p_0 为 f_0;

(2)若 $p—S$ 曲线有比例极限,并能确定极限荷载 p_u,且 $p_u < 1.5 p_0$ 时,则可取 $f_0 = p_u/2$;

(3)当 p_0 和 p_u 均不能确定时,可以根据压板的相对沉降,即压板沉降 S 与其直径或宽度 d 的比值 S/d,按照下述方法确定 f_0:对振冲法或沉管法施工的砂石桩复合地基,当原地基主要为黏性土时,可以取 $S/d = 0.02$ 对应的荷载为 f_0;当原地基主要为粉土或砂土时,可以取 $S/d = 0.015$ 对应的荷载为 f_0。对深层搅拌法或旋喷法施工的水泥土桩复合地基,f_0 可以取为 $S/d = 0.004 \sim 0.010$ 对应的荷载。

当各试验点之 f_0 的极差不超过其平均值的30%时,可取 f_0 的平均值为复合地基承载力标准值。

(二)根据桩和桩间土承载力计算桩土复合地基承载力

在桩土复合地基中,单桩竖向受压承载力标准值 R_k 和桩间土承载力标准值 f_{sk} 均可通过载荷试验确定。利用 R_k 和 f_{sk},考虑复合地基单桩承担的处理面积 A 上竖向力的平衡和桩土间受荷变形协调,可得

$$A f_k = R_k + \beta A_s f_{sk} \qquad (9-32)$$

式中 f_k——桩土复合地基承载力标准值;

     A_s——面积 A 中桩间土的面积,即 $A_s = A - A_p$;

     β——桩间土承载力折减系数,可通过试验确定,如无试验资料时也可按表9-8采用。

表 9-8   桩间土承载力折减系数 β

桩 型	振冲或沉管砂石桩	深层搅拌水泥土桩			旋喷水泥土桩	
		忽略桩间土的承载作用	桩底为硬土	桩底为软土	忽略桩间土的承载作用	—
β	1.0	0.0	0.1~0.4	0.5~1.0	0.0	0.2~0.6

从式(9-32)得 f_k 为

$$f_k = \frac{1}{A}\left[R_k + \beta(A - A_p) f_{sk}\right] \qquad (9-33)$$

因 $A_p/A = \mu$,故上式可改写为

$$f_k = \mu \frac{R_k}{A_p} + \beta(1-\mu) f_{sk} \qquad (9-34)$$

其中 R_k/A_p 为桩单位面积上的承载力标准,用 f_{pk} 表示,则上式又可改写如下:

$$f_k = \mu f_{pk} + \beta(1-\mu) f_{sk} \qquad (9-35)$$

由此可见,式(9-33)～式(9-35)虽然形式有别,但实质上却是相同的。目前工程中计算旋喷桩和深层搅拌桩复合地基的 f_k 分别采用式(9-33)和式(9-34),式(9-35)则用于计算振冲砂石桩和沉管砂石桩复合地基的 f_k。

对于旋喷桩和深层搅拌桩,设计时也可分别根据桩身水泥土强度和桩周土的阻力(包括侧阻和端阻)计算 R_k,采用其中较小者,施工后再通过载荷试验或其他原位测试方法(例如动力触探)进行检验。上述 R_k 的计算方法可查阅有关规范。

四、桩土复合地基沉降计算

通常认为桩土复合地基的沉降 S 由两部分组成:

$$S = S_1 + S_2 \tag{9-36}$$

式中 S_1——桩长范围内(加固区)由桩与桩间土组成的复合土层的沉降量;

S_2——桩底平面以下土层的沉降量。

S_1 有不同的计算方法,以复合模量法较为常用。这种方法是采用桩土复合模量 E_{ps},按分层总和法计算 S_1。若桩长范围内有 E_{ps} 不同的 n 种复合土层,则

$$S_1 = \sum_{i=1}^{n} \frac{\Delta p_i}{E_{psi}} h_i$$

式中 Δp_i——第 i 层复合土顶面的附加压力增量;

E_{psi}——第 i 层复合土的复合模量;

h_i——第 i 层复合土的厚度。

复合模量 E_{ps} 可按下式计算:

$$E_{ps} = \mu E_p + (1 - \mu) E_s \tag{9-37}$$

式中 E_p、E_s——桩和桩间土的压缩模量。

S_2 的计算与天然地基沉降量的计算相同。作用在桩底平面的附加压力可按压力扩散法计算,即认为桩顶平面的附加压力以某一扩散角向下扩散,由桩底与桩顶两平面上总附加压力相等的条件确定桩底平面的附加压力。

【例 9-2】 有一黏性土地基,其表层是承载力标准值为 110 kPa,厚度较大的软弱土。现采用 GZB-600 型深层搅拌机设置水泥土桩,对该地基进行处理。桩穿过表层的软弱土,支承于较硬的下卧土层上。若水泥土桩单桩竖向受压承载力标准值为 250 kN,要求处理后桩土复合地基的承载力标准值为 210 kPa,试求:

(1)确定桩的平面布置;

(2)如基底面积为 8.0 m²,问至少应设置多少根桩?(注:只在基底范围内布桩)

【解】 从表 9-7 知,$A_p = 0.28$ m²。因桩底土较硬,根据表 9-8,取 $\beta = 0.25$。已知 $f_k = 210$ kPa,$R_k = 250$ kN,$f_{sk} = 110$ kPa,按式(9-34)可求得 μ 为

$$\mu = \frac{f_k - \beta f_{sk}}{\dfrac{R_k}{A_p} - \beta f_{sk}} = \frac{210 - 0.25 \times 110}{\dfrac{250}{0.28} - 0.25 \times 110} = 0.21$$

单桩承担的处理面积 A 及其等效圆直径 d 分别为

$$A = \frac{0.28}{0.21} = 1.33 \text{ (m}^2\text{)}; \quad d = \sqrt{\frac{4 \times 1.33}{\pi}} = 1.30 \text{ (m)}$$

按正方形布桩,相邻中心距 s 为

$$s = \frac{1.30}{1.13} = 1.15 \text{ (mm)}$$

如基底面积 $A_f = 8.0 \text{ m}^2$ ，则所需的桩数 n 为

$$n \geqslant \frac{A_f}{A} = \frac{8.0}{1.33} = 6.0$$

或

$$n \geqslant \frac{\mu A_f}{A_p} = \frac{0.21 \times 8.0}{0.28} = 6.0$$

故该基础下至少应设置 6 根水泥土搅拌桩。

第五节 夯实及挤密桩

一、夯 实

夯实是常用的施工方法，但一般夯锤的质量小，夯实的影响深度很浅。为此发展了重锤夯实，夯击能量成倍增大，可用于加固浅层地基。20 世纪 60 年代末又出现了夯击能量更大的强夯，可以使浅层和深层地基土都得到不同程度的加固。

（一）重锤夯实

1. 设备与作法

重锤夯实所用机具主要是夯锤和起重机。夯锤形状通常为截头的圆锥体，可以用钢筋混凝土制作，也可以用钢板焊制外壳，内灌铁砂等密度大的散体材料制成。锤的重力通常不小于 15 kN，底面直径一般为 0.5～1.5 m，二者间的关系应协调，原则上应使锤底的静压力约为 15～20 kPa。

夯击时用起重机提升夯锤，让其自由下落击实地基。锤的落距一般为 2.5～4.5 m。经反复夯击后，地表下一定深度内土的密实度提高，强度增大，压缩性降低。

2. 有效加固深度及土的密实度

夯击达到的有效影响深度和土的密实度，是评价重锤夯实效果的重要指标。

实践证明，重锤夯实的有效加固深度主要取决于夯锤的质量和底面尺寸、锤的落距、土质条件。通常，有效加固深度大致与锤底直径相当。

夯击后土的密实度主要与夯锤的质量和落距、夯击遍数及土的含水率有关。锤重及其落距决定了夯击能量，当其增大时一般可以使土的密实度提高，但夯实到一定程度后再加大夯击能，往往难以取得更佳效果，甚至可能使土的密实度降低。夯击遍数的影响也是这样，每遍夯击引起的地基下沉量先是随夯击遍数增加而减小，当夯实到一定程度后再继续夯击，地基下沉量就几乎不再变化，说明土的密实度不再因增加夯击遍数而提高。因此，应在保证土的密实度满足相关要求的前提下采用最少的夯击遍数。根据以往的经验，一般宜夯击 6～8 遍。至于土的含水率的影响，从填土压实原理可以知道，欲使土夯实到理想的密实度，其含水率应保持最优。在地基处理中虽不能严格控制土的含水率，但应以最优含水率为目标，选择有利的施工时机。一般不宜在雨季施工，特别在下透雨之后应有足够的时间让水分蒸发，然后进行夯实。

工程中一般应进行现场试夯，根据试夯结果和预期的夯实效果选定夯锤的质量、底面尺寸和落距以及夯击遍数。

3. 适用范围

重锤夯实可用于稍湿黏性土、砂土、杂填土及湿陷性黄土地基的浅层处理。当夯击影响深度内有饱和软黏土层时，由于其渗透性低，孔隙水不易排出，而土的结构却有可能被夯击时的

震动和冲击力所破坏,导致承载力降低,故这种情况下不宜采用此法。如果夯击影响深度距地下水位较近时,应采取降水措施,否则也不宜采用这种处理方法。

（二）强　　夯

1. 原理

强夯是用起重设备将很重的夯锤提升到高处,让其自由下落,使地基在高能量的冲击和震动下得到加固。目前常用夯锤的重力为 $10\sim600$ kN,落距从 6 m 至 40 m 不等,原则上锤的质量大则落距小,反之则落距大。夯锤最好是铸钢制造,也可用钢板焊制外壳,内灌混凝土制成。为防止夯击时夯锤嵌入土层,锤底面积不宜过小,一般可根据地基土质采用 $2\sim6$ m^2。

许多研究者论述过强夯加固机理,看法尚不一致。多数意见认为,强夯时地基在极短的时间内受到夯锤的高能量冲击,激发压缩波、剪切波和瑞利波等应力波传向地基深处和夯点周围。其中压缩波可以使土受压或受拉,能引起瞬间的孔隙水汇集,导致土的抗剪强度大为降低,紧随其后的剪切波进而使土的结构受到破坏,瑞利波的传播则在夯点附近引发土的隆起。在此过程中,土颗粒重新排列而趋于更加稳定、密实的状态。

2. 有效加固深度

强夯的有效加固深度 D 主要取决于单击夯击能 WH（其中 W 和 H 分别为夯锤的重力和落距）,也与地基土的性质及其在夯实过程中的变化有关。D 与 WH 之间有如下的经验关系：

$$D = \alpha\sqrt{\frac{WH}{10}} \tag{9-38}$$

式中 α 为经验系数,与地基土性质有关,一般大于 0.35 而小于 1.0;W 以 kN 计。H 和 D 均以 m 计。

按式(9-38)计算 D,能否得到符合实际情况的计算结果,取决于采用的 α 值,故最好通过现场试夯或根据当地经验确定该系数。我国有的行业标准规定,当缺少试验资料或经验时,可按表 9-9 预估有效加固深度。

3. 强夯参数

强夯设计应确定夯击范围、夯点布置、单击夯击能、夯点的夯击次数、夯击遍数及前后两遍夯击之间的停歇时间等参数。通常应在初步确定夯击参数后,提出强夯试验方案,在现场试夯,通过试夯场地夯前和夯后测试数据的分析和对比,检验强夯效果,然后确定工程采用的强夯参数。下面分别介绍这些参数及其确定原则。

表 9-9　强夯的有效加固深度（m）

单击夯击能 /kN·m	碎石土、砂土等	粉土、黏性土、 湿陷性黄土等
1 000	5.0～6.0	4.0～5.0
2 000	6.0～7.0	5.0～6.0
3 000	7.0～8.0	6.0～7.0
4 000	8.0～9.0	7.0～8.0
5 000	9.0～9.5	8.0～8.5
6 000	9.5～10.0	8.5～9.0

注:有效加固深度自起夯面起算。

（1）夯击范围及夯点布置

夯击范围即平面上强夯处理的范围,其大小应超过基础底面积。每边超出基底边缘的宽度最好取为设计处理深度的 $1/2\sim2/3$,且不宜小于 3 m。

夯点可按三角形或正方形布置,如图 9-16 所示。图中数字表示各夯击点夯击次数。相邻夯击点的中心距,第一遍夯击时可取 $5\sim9$ m,以后各遍可与第一遍相同,也可适当减小。如设计处理深度较大或单击夯击能较高,第一遍夯击时的夯击点间距宜适当增大。

（2）单击夯击能及夯点的夯击次数

单击夯击能应根据地基土类别、建筑物类型、荷载大小及要求处理的深度等综合考虑,并通过现场试夯确定。

在现场试夯中,可以测得夯击次数对应的夯沉量,根据二者间的关系可以确定夯点的夯击次数。但工程中常常采用更为简便的方法,即以最后一击或二击的夯沉量不超过某一规定值作为确定夯击次数的标准。例如我国有的行业标准规定,最后两击的平均夯沉量应不大于 50 mm,当单击夯击能较大时应不大于 100 mm。

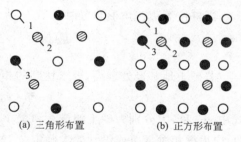

(a) 三角形布置   (b) 正方形布置

图 9-16 夯点布置图

(3)夯击遍数及停歇时间

夯击遍数应根据地基土的性质确定,一般可夯 2～3 遍,最后再以低能量满夯一遍。对于渗透性低的细粒土,必要时夯击遍数可适当增加。

前后两遍夯击之间的停歇时间是为了使强夯在土中引起的超静孔隙水压力消散,因此停歇时间的长短取决于孔隙水压力消散的快慢。当缺少实测资料时,可根据土的渗透性确定。对于渗透性较低的黏性土地基,停歇时间应不少于 3～4 周;渗透性高的地基可以连续夯击而无需停歇。但每遍夯击完成后,应将夯坑填平,然后进行下一遍夯击。

4. 适用范围

强夯法可用于处理碎石土、砂土、低饱和度的粉土和黏性土、湿陷性黄土、杂填土及素填土等地基。对于软黏土,强夯的实用性还有争议,应慎用。

实践证明,对于适用的土类,强夯法不仅效果好,而且处理的成本比较低,工期往往也比较短。除用于夯实地基土外,还可进行强夯置换,即在夯坑内回填块石、碎石或其他粗颗粒材料,通过夯击将其挤入土中,对强夯土体进行加固,即所谓的"强夯置换法"。

应注意,强夯将产生较强烈的震动效应,强夯引起的地基震动可能对周边建筑物造成危害,因此夯击点与现有建筑物及地下管线等设施之间必须有足够的距离。此外,强夯施工会对环境带来噪声污染。

二、挤 密 桩

挤密桩是用散体材料在地基中填筑而成的,它通过桩孔施工中及填筑填料时的侧向挤压作用,并同时伴之以振动,挤密桩间土。由于其作用是挤密桩间土或以之为主,故称为挤密桩。按材料分,常用的有砂石挤密桩、素土挤密桩、灰土挤密桩和水泥土挤密桩等。

(一)砂石挤密桩

砂石挤密桩的施工与本章第四节所述的砂石桩一样,可采用沉管法或振冲法施工。

1. 沉管砂石挤密桩

沉管法施工的砂石挤密桩可用于挤密松散砂土、素填土及杂填土地基。

桩的直径根据地基土质情况和成桩设备条件等因素确定,但不宜小于 300 mm。桩在平面上宜按正方形或等边三角形布置,相邻桩的中心距 s 应通过现场试验确定。当用于挤密松散砂土地基时,s 可根据砂土处理前的孔隙比 e_0、处理后要求达到的孔隙比 e_1 和桩的直径 d_p,按下述公式计算。

当桩按正方形布置时:

$$s = 0.90 d_p \sqrt{\frac{1+e_0}{e_0-e_1}}$$

(9-39)

当桩按等边三角形布置时：

$$s = 0.95d_p \sqrt{\frac{1+e_0}{e_0-e_1}} \tag{9-40}$$

若砂土地基经处理后，要求达到的相对密实度为 D_r，则相应的孔隙比 e_1 为

$$e_1 = e_{max} - D_r(e_{max} - e_{min}) \tag{9-41}$$

式中 e_{max} 和 e_{min} 分别为砂土的最大和最小孔隙比，可通过砂样的室内试验求得，而相对密实度 D_r 应根据相关规范或设计要求确定。

如果用砂桩挤密砂土地基，可根据挤密后砂土的密实状态，按一般砂土地基确定其承载力和变形。其他情况下处理后的地基承载力和沉降可按本章第四节所述方法确定。

2. 振冲砂石挤密桩

振冲砂石挤密桩可用于挤密砂土和粉土地基。桩的材料可为碎石、卵石、砾石、砾砂、粗砂和中砂。此外，振冲法还可对地基进行不加填料的振冲密实处理，但只适用于黏粒含量小于 10% 的粗砂和中砂地基。处理后的地基承载力和沉降也按本章第四节所述方法确定。

（二）素土、灰土、水泥土挤密桩

素土、灰土、水泥土挤密桩属于同类挤密桩，其桩身材料分别为素土（粉砂土、粉细砂土）、素土＋石灰和素土＋水泥粉，填料含水率以最佳密实度试验确定。

施做时可采用沉管、冲击或爆扩等方法成孔，孔内填筑填料击实成桩。填料的质量要求与本章第二节垫层填料基本相同。桩身填筑质量用压实系数 λ_c 控制：当填料为素土时，λ_c 应不小于 0.95；当填料为灰土时，且灰与土的体积配合比为 2∶8 或 3∶7 时，λ_c 应不小于 0.97；当填料为水泥土时，水泥与土的体积配合比应通过试验确定或参照当地经验，不能进行试验时可取为 1∶8～1∶12，λ_c 应不小于 0.97。

素土、灰土和水泥土挤密桩可用于处理地下水位以上的湿陷性黄土、素填土和杂填土地基。当以消除地基土的湿陷性为主要目的时，宜采用素土挤密桩；若主要目的是提高地基承载力，或者为了增强水稳性，则宜采用灰土或水泥土挤密桩。当地基土的含水率大于 25% 及饱和度大于 65% 时，不宜采用这种处理方法。

桩的直径与桩孔施工方法有关，一般不宜大于 300 mm。桩在平面上最好按等边三角形布置，相邻桩的中心距 s 可按下式计算：

$$s = 0.95d_p \sqrt{\frac{\bar{\lambda}_c \rho_{d,max}}{\bar{\lambda}_c \rho_{d,max} - \bar{\rho}_d}} \tag{9-42}$$

式中　$\bar{\lambda}_c$——地基挤密后桩间土的平均压实系数，应根据相关规范或设计要求确定，或取 0.93；

　　　$\rho_{d,max}$——桩间土的最大干密度；

　　　$\bar{\rho}_d$——处理前地基土的平均干密度。

对于挤密桩处理的地基，其承载力应通过荷载试验或根据当地经验确定。我国有的行业标准规定，当无试验资料时，对于素土挤密桩加固的地基，承载力标准值应不大于处理前的 1.4 倍，且不应大于 180 kPa；用灰土挤密桩加固的地基，承载力标准值应不大于处理前的 2.0 倍，且应不大于 250 kPa；水泥土挤密桩加固的地基承载力应不小于灰土挤密桩。

处理后地基的沉降量可按本章第四节所述的方法计算。其中复合模量 E_{ps} 应通过试验或根据当地经验确定。

第六节 灌浆及加筋补强

一、灌 浆

灌浆是用液压、气压或电化学原理,把能固化加固土体的浆液注入岩土的裂隙或孔隙,以改善地基或岩土体的物理力学性质,达到加固、防渗、堵漏或纠正建筑物偏斜的目的(图9-17)。

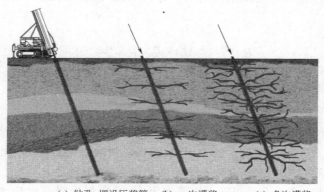

(a) 钻孔,埋设压浆管 (b) 一次灌浆 (c) 多次灌浆

图 9-17 灌浆加固地基及施工流程示意图

根据灌浆的机理,灌浆可分为压力灌浆(或称渗入性灌浆)、劈裂灌浆、压密灌浆和电动化学灌浆。

(一) 灌浆材料

灌浆所用浆液由灌浆材料(主剂)、溶剂(水或其他溶剂)及各种外加剂混合而成。灌浆材料可分为两大类:

(1)水泥基浆材,如水泥浆、水泥砂浆、黏土水泥浆及粉煤灰水泥浆等;

(2)化学浆材,如聚氨酯类、丙烯酰胺类(丙凝)、硅酸盐类及水泥水玻璃浆等。选用此类材料时应注意对地下水土的污染问题。

工程中可根据处理的对象、目的、环境及成本等多种因素综合考虑,选用合适的浆材。广泛使用的是水泥浆,其优点是能形成强度较高、渗透性较低的固化区域,既可用于加固地基,又可用于防渗,而且原材料成本较低、无毒、不会污染环境。但普通水泥颗粒较粗,一般只能灌注砾石等粗粒土或直径为 2 mm 左右的孔隙,参见图9-13。为扩大其应用范围,国内外已研制出超细水泥,其平均粒径仅为 $3\sim4~\mu m$,比普通水泥细得多,可灌性大为提高,但尚需降低成本,以利推广采用。化学浆液一般具有良好的可灌性,选用时应注意其环保特性,避免造成环境污染。

(二)压力灌浆

压力灌浆是采用流动性很好的浆液,通过预先设置的管路用压浆泵将其压入土中,借助于压力渗入土的孔隙或裂隙并胶结土颗粒,从而达到加固处理的目的。灌浆过程中,土的结构基本上不受扰动和破坏。

灌浆孔可为竖直的,也可根据需要设置成倾斜或水平的。可根据处理的范围和目的设置单排、双排或多排灌浆孔,当为双排或多排时,可按等边三角形或正方形布置;孔的间距 s 应不超过单孔浆液扩散半径 r 的 2 倍,即应使 $s \leqslant 2r$。浆液扩散范围是不规则的,r 只是平均意义的半径,其大小与浆液性能、土的渗透性及灌浆压力等多种因素有关,可通过现场灌浆试验确定,设计时可利用现有的灌浆理论估算。

灌浆压力原则上应以灌注过程中不使土层上抬,邻近建筑物和地下设施的安全和正常使用不受影响为控制指标。有的根据经验取容许灌浆压力为灌浆部位土层自重压力的 2 倍,在处理现有建筑物地基时则取为土层自重压力与上部结构荷载压力之和。

当采用水泥基浆材时,压力灌浆的适用性通常根据可灌比 R 来判断。R 的定义及判断标准如下:

$$R = \frac{d_{15}}{D_{85}} \geqslant 15 \quad \text{或} \quad R = \frac{d_{10}}{D_{95}} \geqslant 8$$

式中　d_{15}——土的颗粒级配曲线上含量为 15% 的颗粒粒径;

　　　d_{10}——土的有效粒径;

　D_{85},D_{95}——浆液的颗粒级配曲线上百分含量等于 80% 和 95% 的颗粒粒径。

R 越大,土与浆液在粒度成分上的差别就越显著,浆液对土的可灌性也就越好。当可灌比 R 满足上述条件时,可以采用水泥基浆材进行压力灌浆,否则该法不适用。

基岩的裂隙和破碎带也可采用压力灌浆加固,此时根据裂隙宽度和破碎程度采用水泥浆或水泥砂浆。

(三)劈裂灌浆

在相对较高的灌浆压力作用下,浆液克服地层的初始应力或岩土的抗拉强度,使岩土体的结构受到破坏和扰动,引发劈裂现象。其表现是地层中原有的孔隙或裂隙扩张,或同时形成新的裂隙或孔隙。从而大大提高地层的可灌性,顺利实现灌浆,且可增大浆液扩散范围。这种灌浆法即为劈裂灌浆。

当灌浆压力足以使土发生劈开拉裂破坏时,便会引发新鲜劈裂缝,但劈裂缝的走向和发展难以估计和控制。对于土体既有的裂缝,浆液进入其中后可使其扩散和延伸。灌浆压力还可引起超静水压力而使土的有效压力减小。在岩层中,目前工程中所用的灌浆压力尚不能使新鲜岩体劈裂,但仅用较小的灌浆压力就可以使原有裂隙扩张。

劈裂灌浆有较为明显的上抬土体效应。

(四)压密灌浆

此法也称为扩孔灌浆,它是采用稠度较高的水泥浆或水泥砂浆,用高压泵将其压入预先钻好的孔内,浆液在较高压力作用下向周围扩张,挤压土体并使其发生位移。在适当布置的灌浆孔浆液压力作用下,可以使地基各部位按需要发生不同程度的上抬,从而消除或减小现有建筑物的不均匀沉降。对软弱黏性土地基,用压密灌浆消除或调整建筑物的不均匀沉降一般能取得良好效果。在有的工程中,灌浆引起的基础上抬量可达 100~300 mm。当地基内有大孔隙或土洞时也可用此法灌浆填充。对于无黏性土,压密灌浆虽有挤密作用,但不明显,在配合采取一定措施时,仍然能取得较为满意的效果。

事实上,劈裂压浆和挤密压浆常常同时存在。对于抬升建筑物、消除不均匀沉降的灌浆,其灌浆设计、施工机械和工艺、施工人员的实际经验尤为重要。

灌浆孔在平面上一般按等边三角形布置,孔位和间距应根据建筑物不均匀沉降的分布及土质在水平方向的变化等条件确定。常用间距为 1.5~4.5 m,对于重要工程应通过现场灌浆试验确定。必要时可采用斜孔灌注,使灌浆部位位于基底之下。

钻孔至设计标高后,可按自上而下或自下而上的顺序灌浆。一般来说,前一种方式效果较好,但费用要高一些。灌浆压力应随深度增加而加大,当深度减小时压力也相应减小。在以往的一些工程中,当灌浆深度从 1.5 m 增加到 6.0 m 时,灌浆压力大致从 0.35 MPa 增至 3.5 MPa;高于 4.0 MPa 的压力很少采用,但在较难扩张的个别部位,压力偶尔也高达 7.0 MPa。

(五)电动化学灌浆

黏性土孔隙通常微小,仅靠压力很难把浆液灌入其中,但采用化学浆液,在加压灌浆的同时借助于电渗,可以使浆液随孔隙水渗流而进入土的孔隙。这种灌浆法称为电动化学灌浆。此法是第一章第四节所述电渗原理在灌浆工程中的应用。

例如以含水硅酸钠(水玻璃)为主剂,用氯化钙作胶凝剂(外加剂),灌注时以灌浆管为阳极,另外打入滤水管或金属棒作为阴极,如图 9-18 所示,从灌浆管的不同通道依次压入硅酸钠和氯化钙溶液,与此同时在两极通以直流电,孔隙水随即因电渗作用而流向阴极,把溶液带入土的孔隙。两种溶液在土孔隙中相遇并发生化学反应,生成硅胶等物质。由于硅胶对土颗粒的胶结作用而使土的强度提高,渗透性降低。在此过程中,电渗还加速硅胶脱水,使其胶结能力增强。同时,由于孔隙水向阴极集中,还可以在阴极抽水,加快土层固结。

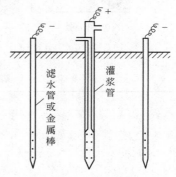

图 9-18 电动化学灌浆

电动化学灌浆用于地基加固、截水防渗及防止土的液化时均能获得良好效果,而且见效快。但由于成本较高,一般只在重要工程或特殊情况下采用。

注意,出于对地下水土的保护,某些地方限制使用水玻璃类的化学浆液,特别是在饮用水保护区域。

二、土的加筋补强

在土中铺设加筋材料,以增强土的整体性或改善土的力学性能,称为土的加筋补强。最早采用的加筋材料是天然纤维材料,如芦苇、木材和竹材等,后来改用金属带或金属网。20 世纪 50 年代末开始采用土工聚合物(土工格栅、土工加肋板、土工隔离板、土工织物、土工纤维、土工过滤板等,见图 9-19),随后逐渐在许多国家和地区推广,应用范围非常广泛,见表 9-10。

土工合成材料由高分子聚合物制成,它具有强度高、弹性好、耐磨、耐化学腐蚀、不霉烂、不缩水、不怕虫蛀等良好性能。其造价低廉,施工简便,整体性好,能明显改善和增强岩土工程性质,给岩土工程的设计和施工带来了很大变化。

土工合成材料在铁路、水利、城建、公路、林业、国防等领域应用广泛。土工合成材料在岩土工程中主要有反滤、排水、隔离和加固强化以及防护等作用。

1. 反滤作用

在渗流处铺设一定规格的土工合成材料作为反滤层,可起到一般粒状材料滤层的反滤作用,提高被保护土的抗渗能力;反滤层的目的是保护土骨架不发生过量流失且保持排水通畅,从而防止发生掏空、流砂、管涌和堵塞等对工程不利的情况。

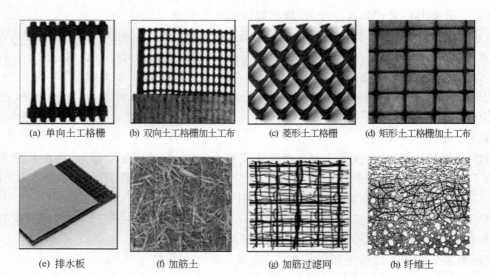

(a) 单向土工格栅　　(b) 双向土工格栅加土工布　　(c) 菱形土工格栅　　(d) 矩形土工格栅加土工布

(e) 排水板　　　　　　(f) 加筋土　　　　　　(g) 加筋过滤网　　　　　　(h) 纤维土

图 9-19　不同形式的土工合成材料、纤维土、排水板、过滤层

表 9-10　土工聚合物主要适用范围及要求

主要功能及要求	渗水隔离、排水管道密封	边坡护面、垃圾场密封	地基路面支撑、抗拉增强	边坡、地基加筋、稳定增强
密封、隔离作用要求	非常重要	非常重要	重要	重要
抗拉强度要求	不重要	重要	重要	非常重要
延伸能力要求	一般	重要	非常重要	非常重要
徐变能力要求	不重要	重要	非常重要	非常重要
不平整度适应性的要求	不重要	非常重要	非常重要	重要
抗冲击、抗压能力要求	一般	非常重要	非常重要	重要
土工合成材料与填土间摩擦力要求	一般	非常重要	重要	非常重要
耐久性、抗老化要求	非常重要	非常重要	非常重要	非常重要
耐腐蚀要求	非常重要	非常重要	视土性而定	视土性而定
对环保、尤其是无污染要求	重要	重要	重要	重要
对绿化要求	不重要	重要	不重要	重要

　　2. 排水作用

　　地基处理中,往往需要排除地基土、岩基和工程结构本身的渗流和地下水,故需采取适当排水措施。一些土工合成材料具有良好的三维透水性,利用这种排水板除了可以透水反滤外,还可使水经过土工合成材料迅速排走,形成水平排水通道。

　　3. 隔离作用

对两层具有不同性质的土或材料,可用土工合成材料将其隔离,避免混杂产生不良效果。如道路和铁道工程中常用土工合成材料防止软弱土层挤入路面碎石层,避免引起翻浆冒泥。

为了发挥土工合成材料的隔离作用,要求其渗透性大于所隔离的土的渗透性并不被堵塞;在荷载作用下,还要有足够的耐磨性。

4. 加固和补强作用

这是土工合成材料最常用的特性。利用土工合成材料的抗拉强度和韧性等力学性质与填土构成加筋土以及各类复合土工构筑物。

在基础底面换填土中铺设延伸至基础侧面的土工格栅等土工材料,可减小或阻止侧面土体的挤出位移和破坏,减小土的变形沉降,提高地基承载力。特别是对于软土地基,利用土工合成材料与土的摩擦作用,可减小土的沉降变形,增大地基整体稳定性。

土工合成材料加固地基的有效性随地基强度的减小而显著提高。

对于路堤、边坡等土工构筑物,通过土与拉筋的共同作用使加筋土整体性加强,稳定性提高,沉降变形减小。

对于路堤、边坡、垃圾场密封层等土工构筑物,通过就地土与土工纤维混合物的共同作用使土体抗拉强度提高,土体整体性加强,稳定性提高,沉降变形减小。

5. 其他作用

土工合成材料还具有其他作用,例如隔水,防止水进入土体或土工构筑物;保湿防冻,减缓土内湿度的变化;做成袋子用于堆填和防护以及防止裂隙扩大,减小压力集中现象等。

 复习题

9-1　某建筑物的条形基础底宽 5.1 m,埋置深度 1.5 m,承受中心荷载,基底压力为 190 kPa。基底以上土的天然重度为 18.0 kN/m³,地基持力层为厚度较大的软塑黏土层,其天然重度为 19.0 kN/m³,承载力标准值为 150 kPa。拟采用开挖置换法对该地基进行换填处理,垫层填料为中砂,试设计砂垫层断面。

9-2　饱和黏土层厚 6 m,其上下均为透水土层。无砂井时的计算结果表明,在均布荷载作用下,黏土层最终沉降量为 250 mm。若在该黏土层内设置砂井,其直径为 400 mm,按等边三角形布置,中心距为 3 m,又知黏土层竖向与水平向的渗流系数相等,竖向固结系数为 5.11×10^{-3} m²/d。试求黏土层在同样的均布荷载加上一年后的沉降量(计算时设荷载是瞬间一次加上的)。

9-3　厚度为 8 m 的饱和黏土层下为不透水层,用砂井预压法加快黏土层固结。砂井直径 300 mm,间距 3 m,按等边三角形布置。设预压荷载是瞬间一次加上的,黏土层水平方向渗透系数为竖向渗透系数的 1.5 倍,在无砂井的情况下黏土层在某时刻 t 的平均固结度为 25%。试求按上述设置砂井后黏土层在同一时刻的平均固结度。

9-4　砂井地基软土层厚 10 m,其竖向固结系数为 1.29×10^{-2} m²/d,水平方向固结系数为 2.16×10^{-2} m²/d,软土层下为不透水层。如果预压荷载是瞬间一次加上的,要求加载后 6 个月软土层平均固结度达 85%,砂井直径为 400 mm,按正方形布置。试求符合要求的砂井间距。(提示:先通过试算确定井径比 n,再求间距 s)

9-5　在习题 9-4 中,如果预压荷载在 100 d 内等速加载至 200 kPa,试求 $t = 50$、100 和 180 d 时软土层的平均固结度。

9-6 某地基表层为厚度较大的粉质黏土层,其承载力标准值为 120 kPa。现用振冲卵石桩进行处理,要求处理后地基承载力标准值达 250 kPa。若振冲卵石桩直径为 0.8 m,单位截面积的承载力可达 700 kPa,桩按正方形布置。试求相邻桩的最大中心距。

9-7 用旋喷桩处理承载力标准值为 100 kPa 的软弱地基,要求处理后地基承载力标准值达 200 kPa。若旋喷桩直径为 0.5 m,按正方形布置,间距 1.4 m,桩间土承载力折减系数可采用 0.35。问旋喷桩单桩竖向受压承载力标准值至少应为多少?

9-8 某场地长 100 m,宽 50 m,底面下为厚度较大且基本上均匀的砂土层,其天然孔隙比为 0.75,最大和最小孔隙比分别为 0.85 和 0.55。现用直径为 300 mm 的沉管砂桩加固该砂土层,要求加固后砂土的相对密实度达 0.80。试问:

(1)至少需要设置多少根砂桩?

(2)若砂桩按等边三角形布置,相邻桩的中心距不得超过多少?

9-9 强夯参数有哪些? 简述各参数的确定原则。

9-10 简述各种灌浆法的加固机理。

第 十 章

土的动力及地震特性

第一节 概　　述

一、动载荷的类型及特点

土体在动荷载作用下的力学性质和变形特征与静荷载存在显著差异。

所谓动荷载是指荷载的大小、方向或作用位置随时间不断发生变化,而这种变化在土体中产生的加速度作用不容忽视时的变化荷载。与此相反,静荷载是不随时间变化或变化很缓慢的荷载,其对土体的动力效应可以忽略不计。工程上判断动荷效应能否忽略,主要看由该加速度带来的惯性力效应与静荷载效应相比是否能忽略来决定。

作用在地基土上的动荷载,有的由上部结构通过建筑物基础传给地基土,如人、车辆、风、临时堆放货物等,有的则由邻近振源通过地基土传递过来的振动所产生。实际上地基土同时受到静荷载和动荷载的作用,所以土的动力性质是动、静荷载组合作用下的性质。当然在不同的静荷载条件下土的动力性质存在差异。当动荷载起主要作用时,土的动力特性就显现出来。

动荷载的基本要素是:荷载的幅值(力幅)、频率和持续时间(作用次数或循环次数等)。不同原因引起的动荷载幅值、频率和持续时间有很大差异。实际工程中,地基土所受的主要动荷载类型如下:①循环动荷载。如重型机器运转时产生的循环荷载,因机器的类型和工作状态不同,其力幅和频率的变化范围较大,具有随时间变化的多样性和作用时间的长期性。②冲击荷载。如重物坠落产生的动荷载,飞机的起降,火箭发射时的反冲作用等,作用时间短促,引起的动荷载为一次性冲击荷载。③地震。地震引起的动荷载振幅大、频率低(1~5 Hz),历时短(通常只有几十秒),振动荷载和变化周期复杂,没有规律,属于随机振动荷载。④车辆运行产生的动荷载。道路运营动荷载与道路的平整度、车辆密度、载重量、车速和车型等有关,力幅可时大时小,频率也时高时低,是长期循环作用的动荷载。⑤浪击动荷载。波浪产生的动荷载作用周期长(4~20 s),持续时间长(长达几昼夜),循环次数多。⑥风力动荷载。风力荷载力幅和频率的变化都很大,时增时减,也是极不规则的随机振动荷载。⑦爆炸动荷载。爆炸引起的动荷载为大压力幅的单脉冲,持续时间很短,压力上升很快(如几毫秒或几十毫秒内就达到峰值),其特性类似于冲击产生的动荷载。

实际工程中,在动荷载作用下地基土会产生有别于静力荷载作用下的力学效应,严重时地基土会产生过大变形沉降、破坏或失稳,导致建筑物和构筑物不能正常使用或破坏。如地震动荷载作用下饱和砂性地基土液化和软弱地基土震沉等,使地基土失效。我国 1976 年 7 月 28 日唐山大地震和 1966 年邢台大地震,日本 1923 年 9 月 1 日关东大地震和 1995 年 1 月 17 日阪神大地震,都引发了大范围粉细砂地基土液化失效,导致许多建筑物和构筑物破坏。重型机器产生的动荷载也会使地基土产生过大变形导致建筑物(构筑物)以及相关的大型机器设备不能正常使用,如某重型机器厂锻压地基因机器冲压动荷载的长期作用,地基土产生过大变形而不能使用,不得不处理地基,重新浇筑基础和安装及调试机器。车辆运行产生的动荷载会引起周围地面震沉,影响上部或周围建筑物的安全,如城市地铁长期运行产生的震动荷载会导致饱和粉、细砂土及软弱地基土震沉,使周围建筑物及其地基产生过大变形,影响建筑物使用和安全。因此,对于有动荷载作用特别是动荷载长期作用的工程,当其地基土为容易产生震沉的土体时,地基和基础形式的论证和设计必须考虑土体的动力特性。

由于存在上述种种复杂多变的动荷载以及研究上的困难,土的动力性质的研究显然不像在静力作用下那么单一。不同类型的动荷载作用,土的动力性质就有不同的特征。目前,关于土的动力性质研究主要针对下列三种动荷载。

（一）周期荷载

以相同振幅和周期循环往复作用的荷载为周期性荷载,如匀速转动的重型机器对地基土的动力作用。其中最简单的周期荷载是以正弦或余弦函数表达的简谐荷载,如图 10-1 和下式所示。

$$p(t) = q_0 + p_0 \sin(\omega t + \theta) \qquad (10\text{-}1)$$

式中　　q_0——地基土体中原有的不变荷载;

　　　　p_0——简谐荷载的单幅值;

　　　　ω——圆频率(rad/s);

　　　　θ——初相位角。

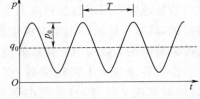

图 10-1　简谐荷载特征

该动荷载的频率 $f = \dfrac{\omega}{2\pi}$,即每秒时间内动荷载的循环次数,单位为赫兹(Hz)。其周期 $T = \dfrac{1}{f} = \dfrac{2\pi}{\omega}$,即动荷载循环一次所需的时间(s)。

由数学可知,一般的周期荷载皆可通过富氏级数展开分解成若干简谐荷载的叠加。所以,简谐荷载是研究土的动力性质中最常用的动荷载,可以模拟往复式和旋转式机器产生的动荷载和波浪荷载等。

（二）冲击荷载

迅速加载和卸载的动荷载,如图 10-2 所示。一般用来模拟爆破荷载,用以研究瞬间荷载作用下土的强度和变形特性,图中 t_1 为加载时间。

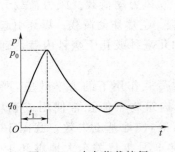

图 10-2　冲击荷载特征

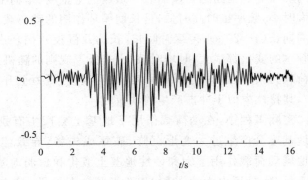

图 10-3　地震随机荷载特征

（三）不规则随机荷载

随时间发展无变化规律可循的荷载,如地震荷载,如图 10-3 所示。

二、土的动力性质与其应变的相关性

由于不同动荷载的力幅量级及变化规律不同，土体在不同动荷载作用下所产生的应变量级及发展规律有很大差别。例如，在核爆炸作用下，土中产生的应力波所引起的应变量级在考虑防护的范围内可以达到 10^{-2}；而在合理设计的机器基础下，地基土的应变量级约为 10^{-5} 或更小；地震引起的应变量级则介于二者之间。经研究，土的应变量级小于 10^{-4} 时，土处于弹性阶段；应变量级大于 10^{-4}、小于 10^{-2} 时，土处于弹塑性阶段；当应变量级大于 10^{-2} 时，土体进入破坏状态。

通常在小应变范围内主要研究土的变形参数，如动模量、动泊松比和阻尼比；在大应变范围内主要研究土的动强度，包括振动液化问题以及土体的动力稳定问题。本章简要阐明土体动力分析中常用的几种主要动力特性指标的概念、测试方法和影响因素等。

三、土的动力特性问题

和静力问题相比较，土的动力问题有以下两个主要特点：

（1）所考虑的应变量级不同。在静力问题中两个最关心的问题是土体的破坏和过度沉降。土体破坏时一般伴有百分之几的变形，发生过度沉降的变形量级一般只限于 10^{-3} 以上的应变水平。换句话说，在静力问题中，当应变量级小于 10^{-3} 时，一般工程结构物的安全和正常使用不会有问题。但在考虑土结构物的振动或地基土的波动作用时，如以简谐振动为例，这时的惯性力与频率的二次方成正比，因此即使土中的应变幅值不大，但只要振动频率足够高，由此产生的惯性力的影响将不容忽略。所以土在动力作用下，即使具有比静力问题中认为安全的应变量（10^{-3}）还小很多的 10^{-6} 量级时，有时也要考虑。这是两者不同的一点。

（2）要考虑动荷载的两种效应：①加载的速度效应，即加载在很短的时间内以很高的速率施加于土体所引起的效应。通过试验研究已经肯定，土的强度和变形特性由于加载速率的不同有时有很大的区别。②循环效应，即反复多次地循环加、卸载引起土体的强度和变形特性发生变化的效应。试验已经证明，即使循环荷载的幅值远低于土的静强度时，只要循环次数足够多，也会使一些土体破坏。土体在动荷载作用下的循环效应显著是因为土是由空气、水和土粒骨架组成的三相体，其结构在荷载的循环作用下非常容易发生变化所致。循环效应的效果有两种：一种是使松散的干砂孔隙比减小，密度增大，强度提高；另一种情况是使饱和砂或软黏土中的孔隙水压逐步上升，有效应力下降，强度下降。在工程实用中常用前一种作用来加固松散地基，后一种效应对地基土的稳定不利，应特别注意。

第二节　土的动力性质试验简介

因地震或工程活动振动产生的动荷载对地基土体或地下结构的作用与静力作用有显著区别，在进行地基和地下结构动力作用分析时需要土体的动力特性及参数。土的动力特性需要通过试验进行测试，描述土体动力性质的参数由动力试验测试成果资料分析确定，试验测试方法分现场试验和室内试验。

野外现场试验是利用地球物理原理及探测方法，测试压缩应力波和剪切应力波在土层中的传播速度，计算确定土层的动力特性参数，方法主要有物探波速法和脉动观测法。室内试验是利用力学原理模拟动力作用条件下对土体的动力性质进行试验测试。地基土一般在承受动载荷之前存在原有静应力(如地基土的自重应力和建筑物静荷载的附加应力等),因此在测试土的动强度时,需先对试样施加模拟振前应力状态的静应力,然后施加试验要求的周期荷载。在试验过程中需测出土样中的动应力、动应变和孔隙水压的时程曲线。为了满足上述要求,土的动力试验仪器通常有三个组成部分:①能模拟振前土的实际静应力状态的试样压力室。②施加周期荷载的激振设备。通常在动三轴试验中只施加轴向周期荷载,有时也可同时在侧向施加周期荷载。③量测系统。由传感器(压力、应变和孔压传感器)、放大器和记录器组成。过去,量测系统将被检测量(压力、应变和孔压)转换成电量,然后加以放大,再把它们记录在纸带或胶卷上。现在量测系统可直接将被检测量(压力、应变和孔压)转换成数字量,储存于数字存储器中。

　　根据试验原理和设备的差异试验,设备主要分为动单剪试验仪、动三轴试验仪、动扭剪试验仪、共振轴旋转剪切试验仪和冲击剪切试验仪。各种试验测定土体应变的范围见图10-4。本节介绍常用的土体动力性质的试验方法、原理和土体动力变形特性参数的确定方法。土体在动力荷载作用下的强度特性及其影响因素等将在第四节中介绍。

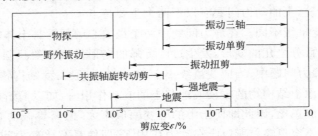

图 10-4　各种试验方法测定应变的范围

一、现场波速测试试验

　　现场波速法有上孔法、下孔法和跨孔法,前两者只需一个钻孔,在地面激发或在孔内激发,接收应力波则在孔内或地面用拾波传感器实现。跨孔法就是在待测的土体两侧钻孔,孔距为l,在某个孔中置入压缩波和剪切波波源发射探头,在另一个孔中置入接收探头,测定压缩应力波(P 波)和剪切应力波(S 波)在待测土体中的旅行时间 t_p 和 t_s。因应力波的作用速度较快,可以认为土体受到的是动荷载。现场物探跨孔法的试验原理见图10-5。

　　测得 t_p 和 t_s 后,由式(10-2)计算纵波和横波在待测土体中的波速 v_p 和 v_s,再利用式(10-3)至式(10-5)计算土体的动弹性模量 E_d 和动泊松比 ν_d。

$$v_p = \frac{l}{t_p}, \quad v_s = \frac{l}{t_s} \tag{10-2}$$

$$\nu_d = \frac{v_p^2 - 2v_s^2}{2(v_p^2 - v_s^2)} \tag{10-3}$$

$$E_d = 2\rho v_s^2 (1 + \nu_d) \tag{10-4}$$

$$G_d = 10^{-3} \rho v_s^2 \tag{10-5}$$

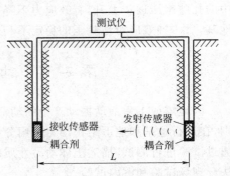

图 10-5　物探跨孔测试法原理

式中　ρ——土体密度(g/cm^3);

　E_d、G_d——土体动弹性模量和动剪切模量(MPa);

　ν_d——土体动泊松比。

二、室内动单剪试验

土体动单剪试验是在单剪试验仪上进行的,单剪试验仪分刚性式、柔性式和叠环式三大类,叠环式单剪仪应用较为广泛,其结构见图 10-6。其中,土样室由多个环形叠环组成,其厚度可由叠环数目来调整。在试样帽顶部可施加垂直压力 P_v,模拟上覆荷载。通过水平加荷架在叠环和试样顶部施加循环水平力,模拟地震产生的周期性循环荷载。

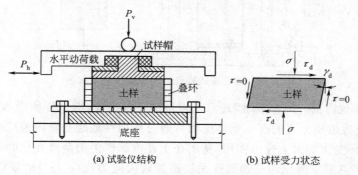

图 10-6　单剪试验仪结构

动单剪试验时,先使土样在上覆自重及工程荷载产生的垂直应力 σ_0 作用下固结,因土样的侧向变形受到土样室侧壁的限制,所以侧压力等于 $K_0\sigma_0$。土样固结后开始施加周期性循环水平力,使土样受到反复循环的水平剪应力 τ_d 的作用,土样也随之发生反复的剪应变变形。显然,土样的这种受力和变形状况与地震期间现场土单元体的应力状态和变形情况基本一致,其特征见图 10-6。在施加第 i 循环水平剪应力 τ_{di} 时,可测得土样对应的剪切应变 γ_{di},在 γ_d — τ_d 坐标中可绘制土体的剪切应力应变曲线,剪应力与剪应变关系若为线性的则可由式(10-6)和式(10-7)分别计算土样第 i 振次的动剪切模量 G_{di} 和综合动剪切模量 G_d。

$$G_{di} = \frac{\tau_{di}}{\gamma_{di}} \tag{10-6}$$

$$G_d = \frac{\tau_{dm}}{\gamma_{dm}} \tag{10-7}$$

式中,τ_{dm} 和 γ_{dm} 分别为最大剪应力及相应的剪应变。

三、室内动三轴试验

土体动力三轴试验是在动三轴试验仪上进行的,土体动三轴试验仪是从静三轴试验仪发展而来的。按动力激振方式有机械式、气动式、电磁式和电磁伺服式。按试验类型有单向激振试验和双向激振试验。无论是何种动三轴试验仪,其核心部分都大同小异,其结构见图 10-7。

在动三轴试验仪上通过对试样施加模拟的动主应力,同时测试及分析计算试样在动荷载作用时的动态反应。这种反应表现在不同的方面,其中最主要的是动应力或动主应力比与相应的动应变之间的关系(σ_d — ε_d 或 σ_1/σ_3 — ε_d)、动应力与相应的孔隙水压力之间的变化关系、动变形参数和动强度与动力荷载特性(振幅及频率)及作用次数之间的关系等。根据动应力、动应变和孔隙水压力三种指标的相对关系,可以推求出土体的各项动弹性参数和黏弹性参数,以及土体在模拟实际的动应力作用下所表现出的性状。

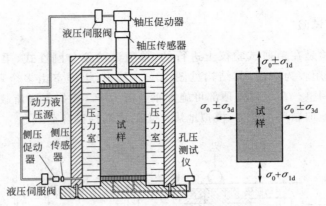

图 10-7 动三轴试验仪结构及试样受力状态

20 世纪 70 年代以前,动三轴试验还只是常规动三轴试验,即试样所受水平向应力保持静态恒定(水平向应力由压力室的有压水体施加),通过周期性地改变竖向轴压的大小,使土样在轴向经受一个循环变化的大主应力作用,从而在土样内部产生周期性变化的正应力和剪应力。70 年代以来,为了克服常侧压动三轴试验无法施加较大应力比(σ_1/σ_3)的缺陷,研制出了变侧压动三轴试验仪,并开展了大量的试验研究。目前较为先进的动三轴试验仪,对试样施加的轴向循环周期荷载与侧向循环周期荷载的频率、振幅和初始相位都可以任意变化,即变侧压动三轴试验或双向动荷载三轴试验。该试验可以同时向试样施加两个轴向的并且作用方向相互交变的动荷载,从而既可以在较高应力比情况下进行试验,又可进一步模拟土体实际的动荷载条件。恒侧压和变侧压动三轴试验过程中,土样内部的受力机理见图 10-8。在试验过程中,施加的侧向和轴向动应力可以由相应的传感器测得,轴向应变可以通过轴向传力轴的位移测量计算求得,侧向应变可通过测量压力室排水量(压力室水体压缩量极小,可忽略或进行修正)计算求得。

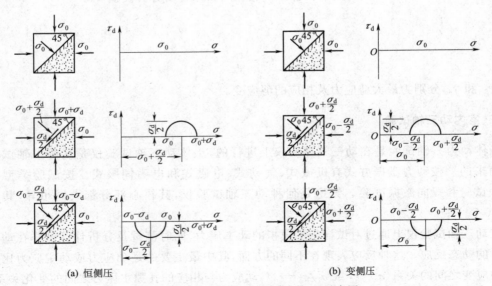

(a) 恒侧压   (b) 变侧压

图 10-8 动三轴试验时的剪切机理示意图

动三轴试验的简要操作步骤为:采用圆柱体土样,装入压力室内,先加周围应力 σ_3 和轴向应力 σ_1 进行固结,以模拟土在受动荷前的应力状态。振前应力状态通常以 σ_3 和固结应

力比 $K_c = \sigma_1/\sigma_3$ 表示。固结完成后,由激振设备对土样施加周期应力,常用的是简谐应力:$\sigma_d = \sigma_{d0} \sin \omega t$。$\sigma_{d0}$ 为动应力幅值,ω 为简谐应力的圆频率。然后在试验过程中用量测系统记录土样的动应力、动应变和孔隙水压力的时程曲线。

利用动三轴试验仪可以测试或求得土样的动弹性模量、动泊松比和阻尼比。土体的动泊松比可以由式(10-8)计算,土体的动弹性模量和阻尼比将在第三节介绍。

$$\nu_d = \frac{\varepsilon_{dc}}{\varepsilon_{dz}} \tag{10-8}$$

式中　ν_d——土样动泊松比;

ε_{dz}——土样轴向应变;

ε_{dc}——土样对应于 ε_{dz} 的侧向应变。

四、室内冲击试验

第二次世界大战中,为了研究炸弹爆破作用对巴拿马运河堤岸稳定性的影响,需要有关土体在快速加荷和卸荷情况下的应力应变的强度特性方面的知识。为此,卡萨格兰德(A. Cassagrande)和香农(W. L. Shannon)设计了几个装置来测定冲击荷载作用下土的动力特性。下面介绍其中的摆式加荷装置,如图10-9所示。这个装置的加荷时间(即荷载为零上升到峰值所需的时间)为 0.05~0.1 s,已被证明最适合于快速瞬态加荷试验。它利用摆锤从选定的高度下落时的能量,撞击连在液压缸活塞上的弹簧给土样施加冲击荷载。其加荷时间与摆锤重量的平方根成正比,并与弹簧常数的平方根成反比。最大作用力与摆锤拉离原位的距离的一次方、弹簧常数的平方根以及摆锤重量的平方根成正比。

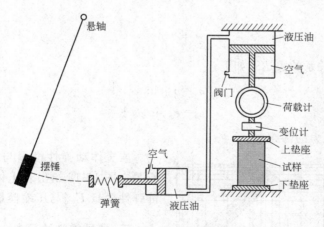

图 10-9　摆式冲击加荷装置示意图

第三节　土的动应力—应变关系

进行土体或土体与结构的动力反应分析时,需要知道土在动荷载作用下的动应力和相应动应变的关系,即土的动应力—应变关系以及相关的动模量和阻尼特性。本节介绍土在循环荷载作用下的应力应变特性及土的动模量和阻尼特性的分析方法。

在动三轴试验(详见本章第二节)中,对土样施加简谐荷载,测出土样的动应力和动应变的时程曲线,如图 10-10 所示。

如前所述,土在动荷载作用下,应变幅值不同时土的动应力—应变关系表现出不同的特性。当应变幅值由小到大变化时,其应力—应变呈现弹性、滞后弹性和非线性的关系。

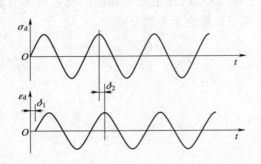

图 10-10　动应力—动应变时程曲线

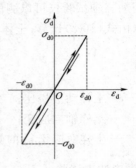

图 10-11　弹性动应力—动应变关系

一、弹性动应力—应变关系

理论上纯弹性的动应力—应变关系是指在动荷载作用下每一瞬间的应力和应变始终按比例同步变化,即在加荷过程中应变能够及时产生,卸荷过程中应变能及时恢复。故当动应力 σ_d 为零时应变 ε_d 也为零;当动应力达到峰值 σ_{d0} 时,应变也达到峰值 ε_{d0},呈现一一对应关系,没有滞后现象。若取一个应力—应变循环,在 ε_d—σ_d 坐标上绘图可得到如图 10-11 所示的一根直线,即弹性动应力—应变沿着单一的直线变化,该直线的斜率 E_d 为土的动弹性模量:

$$E_d = \frac{\sigma_{d0}}{\varepsilon_{d0}} \tag{10-9}$$

弹性动应力—应变关系的表达式如下:

$$\left.\begin{array}{l} \sigma_d = \sigma_{d0} \sin \omega t \\ \varepsilon_d = \varepsilon_{d0} \sin \omega t \end{array}\right\} \tag{10-10}$$

式中　ω——循环应力的圆频率。

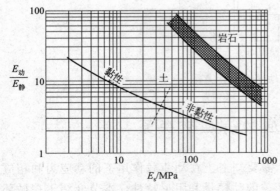

图 10-12　岩土体动弹性模量/静弹性模量比值与
压缩模量之间的相关关系曲线(I. Alpan)

岩土体动弹性模量与相应的静弹性模量有关。图 10-12 给出岩土体动弹性模量 E_d 与静弹性模量 E_{stat} 与压缩模量之间的关系曲线。

二、滞后弹性动应力—应变关系

由于土体为三相体,在动荷作用下具有显著的黏滞阻尼,一般被看做为黏弹性体,或叫做滞后弹性体。如上所述,只有当动应变幅值很小($<10^{-6}$)时,土才近似呈现弹性性质。一般情况下如图 10-13(a)所示,土在动荷载作用下的动应变滞后于动应力,即瞬时的应变与应力之间存在一个相位滞后现象。

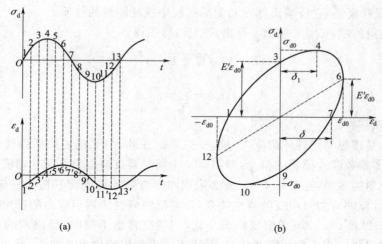

图 10-13 滞后弹性动应力—动应变关系

若取一个应力循环，并在 $\varepsilon_d - \sigma_d$ 坐标上绘制这一循环内的动应力—应变曲线，将得到一个近似椭圆形的封闭曲线，如图 10-13(b) 所示，叫作滞回圈。这种动应力—应变关系的特点是：当循环应力达到幅值 σ_{d0} 时，循环应变尚低于幅值 ε_{d0}；当循环应变达到幅值时，循环应力已低于 σ_{d0}；当循环应力为 0 时，循环应变不为 0；当循环应变为 0 时，循环应力不为 0，动应力作用方向发生了变化。其动应力—应变关系可表达如下：

$$\left.\begin{array}{l}\sigma_d = \sigma_{d0}\sin\omega t \\ \varepsilon_d = \varepsilon_{d0}\sin(\omega t - \delta)\end{array}\right\} \tag{10-11}$$

式中 δ——应变滞后相位角。

从以上两式可知，在已知动应力 σ_d，要求相应的动应变 ε_d 时，不仅要知道 σ_d/ε_d 的比例常数，还要知道应变滞后相位角。这种动应力—应变关系，数学上以指数形式的复数表达式最为简便。设 $\bar\sigma_d$ 和 $\bar\varepsilon_d$ 为复数动应力和动应变，则

$$\bar\sigma_d = \sigma_{d0}e^{i\omega t} = \sigma_{d0}\cos\omega t + i\sigma_{d0}\sin\omega t \tag{10-12}$$

$$\bar\varepsilon_d = \varepsilon_{d0}e^{i(\omega t - \delta)} = \varepsilon_{d0}\cos(\omega t - \delta) + i\varepsilon_{d0}\sin(\omega t - \delta) \tag{10-13}$$

由以上两式可得：

$$\frac{\bar\sigma_d}{\bar\varepsilon_d} = \frac{\sigma_{d0}}{\varepsilon_{d0}}e^{i\delta} = \frac{\sigma_{d0}}{\varepsilon_{d0}}(\cos\delta + i\sin\delta) \tag{10-14}$$

令

$$\left.\begin{array}{l}E = \dfrac{\sigma_{d0}}{\varepsilon_{d0}}\cos\delta \\[2mm] E' = \dfrac{\sigma_{d0}}{\varepsilon_{d0}}\sin\delta \\[2mm] E^* = E + iE'\end{array}\right\} \tag{10-15}$$

则

$$\frac{\bar\sigma_d}{\bar\varepsilon_d} = E + iE' = E^* \tag{10-16}$$

式中 E^*——复数弹性模量，是表达滞后弹性体应力—应变关系的函数；

E——弹性模量，它是反映土的弹性性质或瞬间变形特性的参数；

E'——损耗模量,它反映土体在动变形过程中损耗能量的性质。

复数弹性模量的模 $|E^*|$ 和幅角 δ 可由式(10-15)求得:

$$|E^*| = \sqrt{E^2 + E'^2} = \frac{\sigma_{d0}}{\varepsilon_{d0}} \tag{10-17}$$

$$\tan \delta = \frac{E'}{E} = \eta \tag{10-18}$$

式中　η——损耗系数。

上面所述的是理想黏弹性体的应力—应变关系。在此,为了描述滞后弹性体的动应力—应变关系,建立了复数弹性模量的概念,即需要一个同时能反映应力和应变幅值关系及应变滞后于应力的相位角的参数,这就是 E^*。或必须用两个参数才能确定其应力—应变关系,即 E 和 E'(或 η),前者反映应力—应变的线性关系,后者反映应变滞后于应力的现象。理想的滞后弹性体的参数 E 和 E'(或 η)不随应变幅值变化,当应变幅值不变时,滞回圈的形状和大小也不随振次增加而变化。当应变幅值变化时,其滞回圈作相似的放大或缩小,形状保持不变。式(10-11)给出的滞回圈为一椭圆,因为当应变幅值变化时,该椭圆的离心率并不变化,应变幅值点沿通过原点的一条直线上、下移动,该直线的斜率为 E,即为土的弹性模量,参看图 10-13(b)中的虚线所示。

由式(10-17)及式(10-15)可知:

$$\frac{\sigma_{d0}}{\varepsilon_{d0}} = |E^*| = \frac{E}{\cos \delta} \tag{10-19}$$

当 δ 不太大时,即 σ_d 和 ε_d 的相位差很小时,可用 σ_{d0} 和 ε_{d0} 的比值近似当作土的动模量 E_d。试验实测结果表明,当土体的应变量级小于 10^{-4} 时,土体近似为黏弹性体,可用试验所得的滞回圈两顶点连线的斜率作为平均动模量 E_d。滞回圈的面积为应力和应变循环一周时单位体积土体中因土颗粒间的相对滑动变形所消耗的能量,它反映了土体黏滞阻尼的大小。若设应力和应变循环一周时土体内所损耗的能量为 ΔW,则

$$\Delta W = \int_{-\varepsilon_{d0}}^{\varepsilon_{d0}} \sigma_d(t) \, d\varepsilon_d(t) \tag{10-20}$$

上式可改写为:

$$\Delta W = \int_0^{\frac{2\pi}{\omega} = T} \sigma_d \frac{d\varepsilon_d}{dt} dt \tag{10-21}$$

将式(10-11)代入上式,并利用式(10-15)关系积分后,即得:

$$\Delta W = E' \pi \varepsilon_{d0}^2 \tag{10-22}$$

实际上,ΔW 即为图 10-13(b)中滞回圈椭圆的面积。在上述循环加载一周中,土体内贮存的应变能的最大值通常可用下式计算:

$$W = \frac{1}{2} E \varepsilon_{d0}^2 \tag{10-23}$$

W 也是图 10-14 中阴影线三角形的面积。

由式(10-22)和式(10-10)可得到式(10-18)定义的损耗系数 η 的另一表达式如下:

$$\eta = \frac{E'}{E} = \frac{1}{2\pi} \frac{\Delta W}{W} = \tan \delta \tag{10-24}$$

根据式(10-24)，可以利用试验所得的滞回圈计算出土的损耗系数 η 值，如图 10-14 所示。

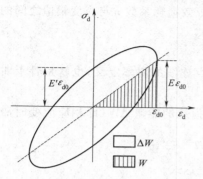

图 10-14　损耗系数计算图示

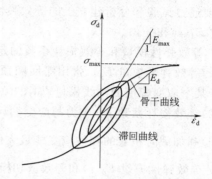

图 10-15　非线性动应力—动应变曲线

图 10-15 所示的滞回曲线表明土的黏滞性对土体动应力、应变关系的影响。这种影响的大小可以从滞回圈的形状来衡量，土体黏滞性越强，滞回的形状越趋于宽胖，似椭圆的两个轴长度差距就越小，反之则趋于扁瘦。土体的这种黏滞性实质上是土体结构所决定的一种阻尼作用，试验资料表明，其大小与动力作用的速率成正比，因此它是一种速度阻尼。根据 Hardin 等人的研究，土体的上述阻尼特性可以用等效滞回阻尼比 λ 来表征，λ 的定义如下：

$$\lambda = \frac{\Delta W}{4\pi W} \tag{10-25}$$

式中　ΔW——图 10-14 所示滞回圈的面积；

　　　W——图 10-14 所示阴影线三角形的面积。

显然，应力应变循环一周时的能量损耗系数是相应阻尼比的 2 倍。如前所述，土的动应力—应变关系是随振次及动应变幅值而变化的。因此，根据应力—应变滞回曲线确定的阻尼比 λ 与动弹性模量相对应，也是随应变幅值变化的。

三、非线性动应力—应变关系

试验实测结果进一步表明，当土的应变幅值较大（一般大于 10^{-4} 左右）时，土的动应力—应变关系已明显不再保持线性关系，随着应力幅值的增大，应变幅值增加得越来越快，应力应变滞回圈越来越倾向于应变轴，且越来越宽胖，如图 10-15 所示。其滞回圈的特点是：①不同应变幅值的滞回圈顶点的连线为一曲线，称为应力—应变骨干曲线。应变幅值增加时滞回圈顶点和原点的连线斜率变小，且土的割线动模量渐渐变小。②滞回圈的形状随应变幅值的变化发生变化，滞回圈宽度变大的比例不断增大，即土中的黏滞阻尼随应变幅值的增加而增加，也即应变滞后于应力的相位逐渐增大。换言之，此时土的动模量、损耗系数和阻尼比是随应变变化的函数：$E(\varepsilon)$ 和 $\eta(\varepsilon)$ 不再是常数，$\lambda(\varepsilon)$ 也如此。

当土体在动荷载作用下表现为非线性关系时，对其进行动力分析的方法目前有很多，其中得到广泛应用的是等效线性分析法。这一方法的优点是概念明确，应用方便。该法的计算过程简要如下：首先根据预估应变幅值的大小假定 E、η 的初始值，按滞后弹性体进行分析，求出土在相关时段内的平均应变值 ε，然后由已知的 $E(\varepsilon)$ 和 $\eta(\varepsilon)$ 计算出相应的 E'、η' 值，与初始值进行比较，若两者相差过大，则用 E'、η' 重复上述计算。如此反复迭代，直到某次计算前后的 E 和 η 值的误差在规定的误差以内时为止。

可见上述方法的基本假设是：在计算过程中，当应变预设为某个值后，把土的非线性应力—应变关系简化为力学等效的滞后弹性体,它具有某个等效弹性模量和等效损耗系数。因此,需要通过试验和分析建立土的等效弹性模量 E_d 及等效损耗系数 η 与应变幅值之间的关系表达式 $E_d(\varepsilon)$ 和 $\eta(\varepsilon)$。

1. 等效弹性模量和等效损耗系数的定义

(1)等效弹性模量 E_d。常用滞回圈顶点和坐标原点连线的斜率定义,也就是骨干曲线上相应于某个应变幅值的割线模量,如图 10-15 中的 $E_d = \sigma_d / \varepsilon_d$。

(2)等效损耗系数 η。应力与应变循环一周土体中损耗的能量 ΔW(即相应应变时滞回圈的面积)和加载时积蓄的弹性应变能最大值 W 的比值:$\eta = \dfrac{1}{2\pi} \dfrac{\Delta W}{W}$。

2. 等效弹性模量 $E_d(\varepsilon)$ 和等效剪切模量 $G_d(\gamma)$ 的表达式

一般根据试验获得的骨干曲线,用数学拟合方法可求出骨干曲线方程。常用的有双直线模型、Ramberg-Osgood 模型和双曲线模型等。

(1)双直线模型

双直线模型如图 10-16 所示。骨干曲线从原点 O 到屈服应变 γ_y 为弹性范围,应力与应变是以 G_0 为斜率的直线关系;超过屈服应变 γ_y 时应力与应变是以 G_f 为斜率的直线关系,$G_f < G_0$。这种模型有 G_0、G_f 和 γ_y 三个参数。滞回圈为平行四边形,任意剪应变幅值 γ_a 对应的剪切模量 G 等于滞回圈两端顶点连线的斜率,G 由式(10-26)计算:

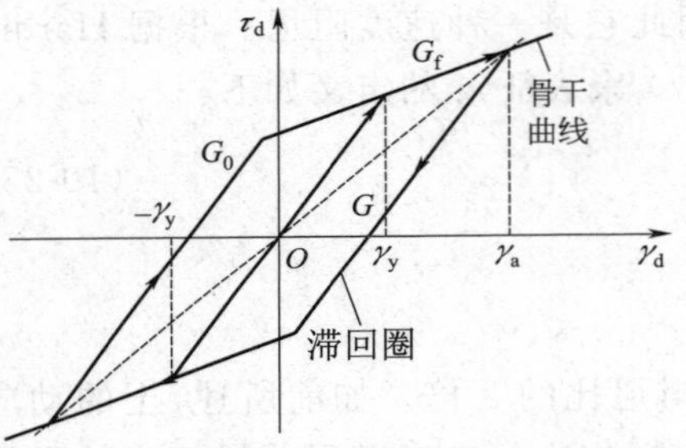

图 10-16 应力应变关系曲线双直线模型

$$\left. \begin{array}{l} \gamma_a \leqslant \gamma_y, \quad \dfrac{G}{G_0} = 1 \\[3mm] \gamma_a > \gamma_y, \quad \dfrac{G}{G_0} = \dfrac{\gamma_y}{\gamma_a} + \dfrac{G_f}{G_0}\left(1 - \dfrac{\gamma_y}{\gamma_a}\right) \end{array} \right\} \quad (10\text{-}26)$$

上式表明,当剪应变幅值超过屈服应变之后,剪切模量随着应变幅值的增大而减小。当剪应变幅值为 γ_a 时,土体内部的应变能近似为:

$$W = \frac{1}{2} G \gamma_a^2 \tag{10-27}$$

动荷载循环一周损耗的能量 ΔW 等于滞回圈的面积,即:

$$\Delta W = 4 \frac{G - G_0}{G_f - G_0} (G - G_f) \gamma_a^2 \tag{10-28}$$

由式(10-26)至式(10-28)计算的等效阻尼比为:

$$\left. \begin{array}{l} \gamma_a \leqslant \gamma_y, \quad \lambda = 0 \\[3mm] \gamma_a > \gamma_y, \quad \lambda = \dfrac{2}{\pi} \dfrac{(1 - G_f/G_0)(\gamma_a/\gamma_y - 1)\gamma_y/\gamma_a}{G_f/G_0(\gamma_a/\gamma_y - 1) + 1} \end{array} \right\} \quad (10\text{-}29)$$

(2)Ramberg-Osgood 模型

这种模型的应力与应变的关系如图 10-17 所示,剪应变的幅值 γ_a 在屈服应变 γ_y 以前与上述双直线模型一样,骨干曲线是以 G_0 为斜率的直线,剪应变 γ 超过 γ_y 后需增加修正项,因此骨干曲线可用式(10-30)表示:

$$G_0 \gamma = \tau + \frac{a \tau^R}{(G_0 \gamma_y)^{R-1}} \tag{10-30}$$

式中 a 是正数,R 是大于 1 的奇数,都是表示剪应变大于 γ_y 以后的非线性程度参数。当 $R=1$

时表示线弹性。这种模型的滞回曲线的加荷只是将式(10-30)所表示的骨干曲线的原点移到($-\tau_a$，$-\gamma_a$)，卸荷只是将骨干曲线的原点移至(τ_a，γ_a)，曲线旋转180°。τ_a是剪应力幅值。

这种模型需用γ_y，G_0、a，R四个参数表示，等效剪切模量G可由式(10-31)计算，即：

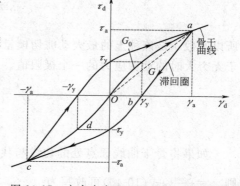

$$\frac{G}{G_0}=\frac{1}{1+a(\tau_a/\tau_y)^{R-1}} \tag{10-31}$$

加荷循环一周内损失的能量为：

$$\Delta W=4\tau_y\gamma_y a\left(\frac{R-1}{R+1}\right)\left(\frac{\gamma_a}{\gamma_y}\right)^{R+1} \tag{10-32}$$

图 10-17　应力应变 Ramberg-Osgood 模型

式中 $\tau_y=G_0\gamma_y$，相当于屈服应力。

当剪应变为γ_a时，土体内部的应变能近似为式(10-27)所示的数值。由式(10-32)和式(10-27)可得到等效阻尼比为：

$$\lambda=\frac{2(R-1)}{\pi(R+1)}\left(1-\frac{G}{G_0}\right) \tag{10-33}$$

由式(10-31)和式(10-33)可见，当$\gamma_a\to\infty$时，G收敛于零，λ达到最大值$2(R-1)/[\pi(R+1)]$。

（3）Hardin-Drnevich 双曲线模型

美国学者 Hardin 和 Drnevich 在 1972 年提出了双曲线模型。大量试验资料表明，土在周期荷载作用下的应力应变骨干曲线大体上为双曲线，如图 10-15 所示，其表达式可写为

$$\sigma_d=\frac{\varepsilon_d}{a+b\varepsilon_d} \tag{10-34}$$

式中 σ_d 和 ε_d 都是指周期应力和周期应变的幅值，即为 σ_{d0} 和 ε_{d0} 的简写。于是等效弹性模量 E_d 为

$$E_d=\frac{\sigma_d}{\varepsilon_d}=\frac{1}{a+b\varepsilon_d} \tag{10-35}$$

在抗震工程中，地基土主要承受自基岩向地表传播的剪切波，因此可用在动力分析中计算得到的土体动剪应力 τ_d 和动剪应变 γ_d 求解等效剪切模量 G_d：

$$G_d=\frac{\tau_d}{\gamma_d}=\frac{1}{a+b\gamma_d} \tag{10-36}$$

上式中的常数 a 和 b 取决于土的性质，关于它们的物理概念说明如下。根据式(10-36)可得到下式：

$$\frac{\gamma_d}{\tau_d}=a+b\gamma_d \tag{10-37}$$

若以骨干曲线上各点的 γ_d/τ_d 值为纵坐标，以相应的 γ_d 值为横坐标绘图，必然为一直线，该线的斜率就是 b，直线的截距就是 a。当 $\gamma_d=0$ 时，有

$$a=\left|\frac{\gamma_d}{\tau_d}\right|_{\gamma_d=0}=\frac{1}{G_{max}} \tag{10-38}$$

G_{max}就是骨干曲线在原点处的切线斜率，也就是最大的动剪切模量。

把式(10-37)改写成$\frac{1}{\tau_d}=\frac{a}{\gamma_d}+b$，当 $\gamma_d\to\infty$ 时：

$$b=\left(\frac{1}{\tau_{\mathrm{d}}}\right)_{\gamma_{\mathrm{d}}\to\infty}=\frac{1}{\tau_{\max}} \tag{10-39}$$

所以常数 a 是该种土的最大动剪切模量 $G_{\max}$ 的倒数，而常数 b 则是 $\tau_{\max}$ 的倒数，$\tau_{\max}$ 为应变趋向于无穷大时的动剪应力的一个极限值。这样式(10-36)可写成：

$$G_{\mathrm{d}}=\frac{1}{\dfrac{1}{G_{\max}}+\dfrac{\gamma_{\mathrm{d}}}{\tau_{\max}}} \tag{10-40}$$

如果将骨干曲线原点处的切线与代表 $\tau_{\max}$ 的水平线的交点处的横坐标称为参考应变 γ_{r}，则 $\gamma_{\mathrm{r}}=\dfrac{\tau_{\max}}{G_{\max}}$，式(10-40)可改写为

$$G_{\mathrm{d}}=\frac{1}{1+\dfrac{\gamma_{\mathrm{d}}}{\gamma_{\mathrm{r}}}}G_{\max} \tag{10-41}$$

式(10-40)和式(10-41)即为双曲线模型 $G_{\mathrm{d}}(\gamma_{\mathrm{d}})$ 的表达式。类似地可得到关于 $E_{\mathrm{d}}(\varepsilon_{\mathrm{d}})$ 的表达式。

由此可见当试验确定 $G_{\max}$ 和 $\tau_{\max}$ 后，等效剪切模量 G_{d} 就是动剪应变的单值函数。计算中可根据实际的值选择相应的等效剪切模量。骨干曲线一般通过动三轴试验(详见本章第二节)求得。在试验中，通过对土样施加轴向循环应力 $\sigma_{\mathrm{d}}(t)$，测定轴向循环应变 $\varepsilon_{\mathrm{d}}(t)$，即可作出每一周的滞回曲线，如图 10-13 所示。改变循环应力幅值，再重复试验，可获得一系列滞回曲线，连接各滞回曲线顶点，即为 $\sigma_{\mathrm{d}}-\varepsilon_{\mathrm{d}}$ 骨干曲线。若要获得 $\tau_{\mathrm{d}}-\gamma_{\mathrm{d}}$ 骨干曲线，可采用试样 45°斜面上的循环剪应力，即 $\tau_{\mathrm{d}}=\dfrac{1}{2}\sigma_{\mathrm{d}}$，该面上的循环剪应变为 $\gamma_{\mathrm{d}}=(1+\upsilon)\varepsilon_{\mathrm{d}}$，其中 υ 为土的泊松比。大量试验证明，$\sigma_{\mathrm{d}}-\varepsilon_{\mathrm{d}}$ 和 $\tau_{\mathrm{d}}-\gamma_{\mathrm{d}}$ 具有相同的变化规律，并有下述关系：

$$G_{\mathrm{d}}=\frac{E_{\mathrm{d}}}{2(1+\upsilon)} \tag{10-42}$$

上述最大动剪切模量 $G_{\max}$ 需要在很小动剪应变的条件下测定，动三轴试验在小应变时测得的精度很差，不适用于测定 $G_{\max}$ 值。$G_{\max}$ 值通常用波速法或共振柱法测定，限于篇幅这里不介绍了。根据 Hardin 和 Black 的研究，$G_{\max}$ 与土体内平均有效主应力、动荷载频率、土体孔隙比、颗粒特征、剪切应变幅值、土的结构、次固结时间效应、土体内八面体剪应力、受荷历史、饱和度和温度有关。当剪应变幅值小于 10^{-4} 时，对于无黏性土来说，除平均有效主应力和孔隙比外，其他因素的影响很小。此时，可根据经验公式估算 $G_{\max}$ 值：

对于圆粒干净砂土($e<0.8$)

$$G_{\max}=6\ 934\ \frac{(2.17-e)^2}{1+e}(\sigma_0')^{0.5}\quad(\mathrm{kPa}) \tag{10-43}$$

对于角粒干净砂土

$$G_{\max}=3\ 229\ \frac{(2.97-e)^2}{1+e}(\sigma_0')^{0.5}\quad(\mathrm{kPa}) \tag{10-44}$$

对于黏性土，还应考虑超固结比 OCR 的影响，此时有：

$$G_{max} = 3\ 229 \frac{(2.97-e)^2}{1+e}(OCR)^k(\sigma_0')^{0.5} \quad (kPa) \tag{10-45}$$

式中　e——土的孔隙比；

　　　σ_0'——土的平均有效主应力(kPa)；

　OCR——土的超固结比；

　　　k——与黏性土塑性指数 I_P 有关的常数，见表 10-1。

表 10-1　常数 k 值

塑性指数 I_P	0	20	40	60	80	≥100
k	0	0.18	0.30	0.41	0.48	0.50

3. 等效阻尼比 $\lambda(\gamma_d)$ 的表达式

在土体的动力反应分析中，土的阻尼常用等效阻尼比 $\lambda(\gamma_d)$ 表示，替代等效损耗系数 η。阻尼比 λ 为土的实际阻尼系数 c 与临界阻尼系数 c_{cr} 之比。它和损耗系数 η 之间的关系为：

$$\lambda = \frac{\eta}{2} = \frac{1}{4\pi}\frac{\Delta W}{W} \tag{10-46}$$

试验证明，土的阻尼比也与动剪应变成双曲线关系，可表示为

$$\lambda = \lambda_{max}\frac{\gamma_d/\gamma_r}{1+\gamma_d/\gamma_r} \tag{10-47}$$

式中　λ_{max}——土在变形时的最大阻尼比，由试验测定。其他符号同前。

土的阻尼特性目前研究资料较少。在没有实测资料时，Hardin 等人建议采用下列公式估算 λ_{max} 的值：

对于洁净干砂　　　　$\lambda_{max}(\%) = (33-1.5\lg N)\%$ $\tag{10-48}$

对于洁净饱和砂　　　$\lambda_{max}(\%) = (28-1.5\lg N)\%$ $\tag{10-49}$

对于饱和黏性土　$\lambda_{max}(\%) = 31-(0.3+0.003f)(\sigma_0')^{0.5}+1.5f^{0.5}-1.5\lg N$ $\tag{10-50}$

式中　N——循环加载次数；

　　　f——周期荷载频率(Hz)；

　　　σ_0'——振前土的平均有效主应力(kPa)。

第四节　土的动强度

本节分三部分分别讲述土在周期荷载、冲击荷载和地震荷载作用下土的动强度特性。

一、周期荷载作用下土的动强度

20 世纪 60 年代以来，出于对地震灾害的预测和预防的目的，国内外学者系统地开展了土在周期荷载作用下的强度研究。尽管地震荷载是一种不规则荷载，但为了简化试验方法，一般将其等价成某种均匀周期荷载(详见后述)来研究。另外，由于开发近海石油和天然气资源，需修建很多大型的海上结构物和海底管线，为此要研究海洋地基土在波浪荷载作用下的动强度，波浪荷载是一种典型的周期荷载。

(一)临界循环应力和临界循环弹性应变

由图 10-18 和图 10-19 可见，在动应力幅值为 σ_{d0} 的周期荷载作用下，在循环振动次数 N

不多时,土的动应变和孔压都不大,但当 N 达到或超过某个值后,动应变和孔压开始急剧上升,土样接近或到达"破坏"。显然以上情况只发生在 σ_{d0} 超过某个"极值"时,否则土的动应变和孔压会逐渐趋于稳定,不发生破坏。

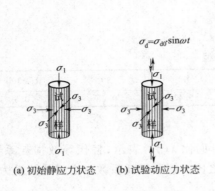

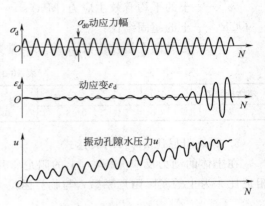

图 10-18　土样动三轴应力状态

图 10-19　动三轴试验实测曲线

英国学者 Heath 在 1972 年的一篇研究报告中提供了两组试验结果,如图 10-20 所示,一组试验中变形逐渐发展,直至破坏;另一组变形率逐渐减小并达到稳定状态。这两组试验资料说明它们之间存在一个"临界循环应力"(或称之为临界强度),即当循环应力水平不超过这一界限时,试样的动应变和孔隙水压逐渐趋于稳定。临界循环应力的大小取决于土的性质和状态,一些试验资料表明它约为土的静强度的 30% 左右。Heath 又将以上试验资料整理成图10-21,该图纵坐标为作用在土样上的弹性应变,横坐标为土样累积应变达到 10%(一种常用的应变破坏标准)时的荷载循环次数 N 的对数。图左部分为累积应变达到 10% 的试验点,图右部分为未达到 10% 累积应变的试验点,由此可见它们之间存在一个限界——可称之为"临界循环弹性应变",如图中虚线所示,当土中的弹性应变超过它时,土中累积应变将持续增长;反之,土中的变形将渐渐停止增加并趋于稳定。一些试验数据表明,临界弹性应变约为 0.4% ~0.6%。

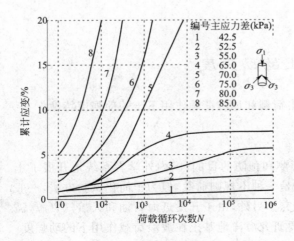

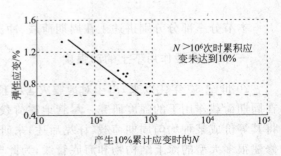

图 10-20　累计应变与荷载循环次数的关系

图 10-21　弹性应变与荷载循环次数的关系

临界循环应力和临界循环弹性应变,在控制铁路路基由于列车荷载长期反复作用下的永久变形时有实用意义。

(二)土的动力失稳特性和破坏标准

当动荷作用较小(力幅小或持续时间短)时,土的结构没有或只有轻微的破坏,土的变形主要表现为振动压密变形。当动应力幅值较大,例如超过上述临界循环应力时,土的变形将以剪切变形为主,并导致土的变形和孔压逐渐增大,直至破坏。这时即使动应力幅值不变,也会随着振动次数的增加,出现以孔压急剧上升,变形迅速增大或强度突然丧失为标志的完全失稳状态。周期荷载作用下土的动强度通常理解为在一定动荷载作用次数下达到某一破坏标准所需的动应力值。故动强度明显与破坏标准有关,并和动荷作用次数密切相关。在试验时,欲使试样达到破坏,可以采用较少循环次数的高动应力幅值,或采用需较多循环次数才能达到破坏的低动应力幅值。根据不同动应力幅值 σ_d 时土样达到某一破坏标准所需的循环次数 N,在 $\sigma_d - N$ 坐标上作图即可得到一条强度曲线,可参看图 10-26。

关于破坏标准目前常用的有以下几种:

(1)孔压标准

对于饱和土的不排水试验,常以土中孔隙水压力的某种发展程度作为其破坏标准,其中尤以"液化标准"最为常用。土在周期荷载作用下的累积孔隙水压力 $u = \sigma_3$,即土中有效应力为零时,土的强度完全丧失并处于液化状态,以这种状态作为土的破坏标准,即为液化标准。通常只有饱和松散的砂或粉土,在固结应力比 $K_c = 1.0$ 时,才会出现上述情况。有关土的液化问题,将在下节中详述。

(2)破坏应变标准

对于不出现液化破坏的土,其试验结果显示:随着荷载循环次数的增加,土中累积孔隙水压力增长的速率将逐渐减小并趋向于一个小于 σ_3 的值,但其变形却一直不断增长。这时一般规定一个限制应变作为破坏标准。当 $K_c = 1$ 时常用双幅轴向动应变等于 5% 或 10% 为其破坏应变;当 $K_c > 1$ 时,则常用总应变的 5% 或 10% 为其破坏应变。

(3)瞬态极限平衡标准

在动三轴试验中,试样在循环荷载作用下,其动应力圆在某瞬间和其摩尔-库仑强度线(一般假定动荷作用下的摩尔-库仑强度线和静荷作用时的强度线相同)相切时,可认为土样处于瞬态极限平衡状态。由于 $\sigma_d = \sigma_{d0} \sin \omega t$,如图 10-22(a)图所示,土达到瞬态极限平衡时土的应力圆的大、小主应力取决于试样的固结应力 σ_1、σ_3 和动应力的幅值 σ_{d0}(通常 $\sigma_{d0} < \sigma_1$)及其时程过程。若将周期荷载一周的加、卸载分为四个时段,前两个时段为动荷载的压半周,后两个时段为拉半周,则在等压固结($K_c = 1$)条件下,其动态应力圆在试验过程中由小到大和由大到小的发展过程如图 10-22(b)所示。在动荷载达到③时段(在拉半周中)末期,即 $\sigma_d = -\sigma_{d0}$ 时,动应力圆和强度线相切,土样处于瞬态极限平衡状态,过后动应力圆又变小,所以试样若在此瞬间不破坏,则将脱离瞬态极限平衡状态,保持其稳定状态,这和静载试验时有显著不同。若试验时的动荷幅值小于上述 σ_{d0} 值,则理论上讲其动应力圆将不会和强度线相切,不出现瞬态极限平衡状态。但对饱和松砂而言,当荷载循环次数增加时,土中孔隙水压上升,有效应力下降,图中动态应力圆逐渐向左移(此时应力圆的大小不变);当应力圆和强度线相切时,也可达到瞬态极限平衡状态。根据相关的几何条件,可以计算此时的临界孔隙水压力 u_{cr}。算得 u_{cr} 后,在试验所记录孔隙水压力发展曲线上找到孔隙水压力值等于 u_{cr} 时的振次,它就是动应力幅值为 σ_{d0} 时的破坏振次 N_f。对于饱和松砂,$K_c = 1.0$ 时,按这一标准,土样确实已接近破坏。

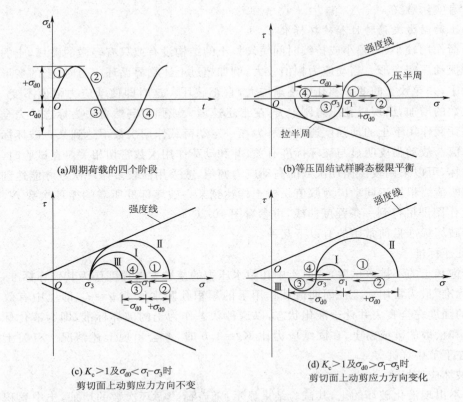

(a)周期荷载的四个阶段

(b)等压固结试样瞬态极限平衡

(c) $K_c > 1$ 及 $\sigma_{d0} < \sigma_1 - \sigma_3$ 时
剪切面上动剪应力方向不变

(d) $K_c > 1$ 及 $\sigma_{d0} > \sigma_1 - \sigma_3$ 时
剪切面上动剪应力方向变化

图 10-22 周期荷载作用瞬态极限平衡状态

当时 $K_c > 1$ 时,动应力圆的变化过程有两种情况,如图 10-22(c)、(d)中所示。图中应力圆 I 为固结状态应力圆(即动试验前的应力圆),应力圆 II 为当 $\sigma_d = \sigma_{d0}$ 时的动应力圆,应力圆 III 为 $\sigma_d = -\sigma_{d0}$ 时的应力圆。由图可见,在 $\sigma_d < (\sigma_1 - \sigma_3)$ 时,试样的瞬态极限平衡状态发生在动荷的压半周。当 $\sigma_d > (\sigma_1 - \sigma_3)$ 时,试样的瞬态极限平衡状态在动荷的拉、压半周都有可能发生。一般情况下,如果土的密度较大,固结应力比 $K_c > 1$ 时,即使达到瞬态极限平衡状态,土样仍能继续承受荷载,距破坏尚远,采用这种破坏标准将过低估计土的动强度。

(三)土的动强度和循环效应

土在循环荷载作用下的动强度和循环效应可通过以下试验方法来说明。试样先在均匀围压 σ_3 下固结,然后在排水条件下施加静压力至 σ_s($\sigma_s > \sigma_3$,但小于土的静破坏强度 σ_f),测得相应应变,最后施加 N 次循环应力,其幅值为 σ_{d0}^1,测得最后的应变。然后重复以上试验,保持其他条件相同,只是每次试验的循环应力幅值逐渐增加为 σ_{d0}^2、σ_{d0}^3……,则可获得如图 10-23 所示的应力—应变曲线。在应力—应变曲线斜率急剧变化处的动应力值即为初始静应力为 σ_s 和荷载循环次数为 N 时的动强度 σ_{df}。

如果控制 σ_s 及其他条件不变,改变 N 值重复以上试验,可得到如图 10-24(a)所示的一组同类型、但不同 N 值的应力—应变曲线。由图可见当初始静应力相同时,动强度随着振次的增

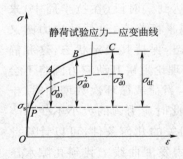

图 10-23 应力循环 N 次时的
应力—应变曲线

大而减小，逐渐接近或小于静强度。图 10-24(b)为 N 相同，但初始静应力不同时的应力—应变曲线。所以振次相同时，动强度随初始静应力的增大而减小。

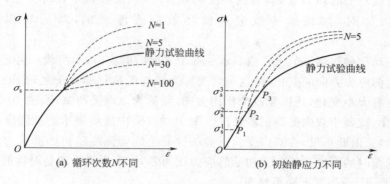

图 10-24　循环动荷载作用下的应力—应变曲线

若以($\sigma_s + \sigma_{df}$)和静强度 σ_f 之比为纵坐标，以初始静应力 σ_s 和静强度 σ_f 之比为横坐标作图，可得到如图 10-25 所示的曲线。该图(a)为压实非饱和土的试验结果，图(b)为饱和土的试验结果。由图可知：

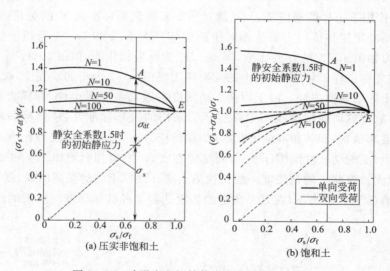

图 10-25　动强度和初始静应力的关系($T=1$ s)

（1）土在循环荷载下的动强度，既取决于荷载的循环次数，也取决于初始静应力 σ_s 的大小，较之土的静强度的概念要复杂得多。

（2）土的动强度随循环次数的增加而下降。图 10-25(a)的资料表明，当 $N \approx 100$ 次时，($\sigma_s + \sigma_{df}$)$\approx \sigma_f$，当 $N > 100$ 次时，($\sigma_s + \sigma_{df}$)将小于 σ_f，此即动荷载循环次数对土的强度的影响，称为动荷载的"循环效应"。由图 10-25(b)可知，饱和土的循环效应较不饱和土更为显著，当 $N = 50$ 时，($\sigma_s + \sigma_{df}$)已近似等于 σ_f。不同土循环效应不同。

（3）在图 10-25(a)和(b)中，当 $N < 100$ 次和 $N < 50$ 次时，($\sigma_s + \sigma_{df}$)$> \sigma_f$，这是因为周期荷载也是一种急速荷载，在急速荷载作用下土的强度随加载速率的增加而显著增加的现象，称为加载速度效应。图 10-25(a)中显示周期荷载的周期为 1 s(其加载时间为 $\frac{1}{4}$ s)时，其加载速度

效应约为土静强度 σ_f 的 1.4 倍。图中 10-25(b)中饱和土的加载速度效应更高,约为土静强度 σ_f 的 1.55 倍。可见饱和土的加载速率效应较不饱和土更显著。

(4)周期荷载对土的动力效应,当循环次数较少时,以加载速率效应为主,$(\sigma_s+\sigma_{df})>\sigma_f$。当循环次数增加时,加载速率效应被循环效应逐渐抵消,最后将以循环效应为主,$(\sigma_s+\sigma_{df})<\sigma_f$。

(5)如果在动荷载作用下的土样内只承受一个方向的剪应力,动荷载只引起剪应力大小的变化,而不引起剪应力方向的变化,则这种情况称为单向受荷试验。反之,如果在动荷载作用下,剪应力不仅有大小变化,还反复改变作用方向,则称为双向受荷试验,图 10-22(b)及(d)中动应力圆的变化,就属于双向受荷试验情况。图 10-25(b)中虚线表示的动强度曲线代表双向受荷试验的资料。由此可见,在双向受荷试验条件下土的动强度随初始静应力比减少而明显下降,比单向受荷时的强度要低。当初始静应力比为零时,土样经受的是对称的正、反向剪切,如图 10-22(b)所示,动强度下降更显著。

(6)当 $\sigma_s/\sigma_f=0.67$ 时,即相当于静力设计中的安全系数为 1.5,在不同循环次数 N 时,$(\sigma_s+\sigma_{df})/\sigma_f$ 的比值可由图中的直线和各自相应的强度曲线的交点读出。

(四)土的动强度曲线

取土质相同的一组土样,在相同的 σ_1 和 σ_3 下固结稳定后,施加幅值 σ_{d0} 不同的周期荷载,测得在不同 σ_{d0} 作用下土样的动应变 ε_d、孔隙水压 u 和荷载循环次数 N 的关系曲线。然后,根据选定的破坏标准确定与该应力幅值相对应的破坏振次 N_f。以 $\lg N_f$ 为横坐标,以试样 45°面上的动剪应力幅值 $\sigma_{d0}/2$ 和 σ_3 的比值,即 $\sigma_{d0}/2\sigma_3$ 为纵坐标作图,如图 10-26 所示。由于在动三轴试验中,通常称试样破坏时 45°面上的动剪应力幅值 $\sigma_{d0}/2$ 为土的动强度,故图 10-26 中所示的曲线称为土的动强度曲线。由于影响土动强度的因素主要有土性、静应力状态和动应力特性三个方面,故土的动强度曲线图中除应标明采用的破坏标准外,还需标明它的土性条件(如密度、饱和度和结构)和初始静应力状态(如固结应力 σ_1、σ_3 或固结应力比 K_c 等)。一般土的试验结果显示,土的动强度随围压 σ_3 和固结应力比 K_c 的增加而增加。土的密度愈大,颗粒愈粗,动强度愈大。原状土的动强度一般比扰动土高。根据土的动强度曲线,就可确定土样在某种先期静应力(σ_1、σ_3)状态下,在某一预定的振次达到某种破坏标准时所需的动应力幅值。

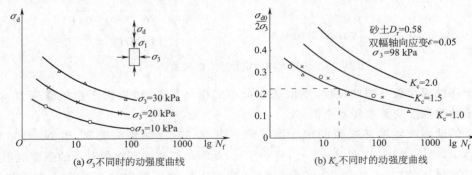

(a) σ_3 不同时的动强度曲线　　　　　　　(b) K_c 不同时的动强度曲线

图 10-26　土的动强度曲线

(五)土的动强度指标 φ_d 和 c_d

判别土体在动力作用下的整体稳定性,最简便实用的方法仍然是圆弧法或滑动楔体法。这就需要知道土的动抗剪强度指标:动内摩擦角 φ_d 和动黏聚力 c_d。它们可利用上述动强度曲线,按下述方法进行整理而得到。

先根据固结应力比 K_c 相同但围压 σ_3 不同的若干个试样的动力试验结果,作出如图 10-26(a)的动力强度曲线。然后根据作用在试样上的固结应力比 K_c 和 σ_3,算出相应的 σ_1,再从强度曲线上查出相应于某一规定振次 N_f 的动应力幅值 σ_{d0},即可得到动力破坏条件下的主应力 $\sigma_{1d}=\sigma_1+\sigma_{d0}$ 和 $\sigma_{3d}=\sigma_3$,据此在 $\tau-\sigma$ 坐标上作出相应的破坏应力圆,如图 10-27 中的圆①。当对不同的 σ_3 作出各自相应的破坏应力圆后,这些破坏应力圆的包线即为动强度包线,如图 10-27 所示,由该包线的斜率和纵截距即可定出上述土的动强度指标 φ_d 和 c_d。但应该注意的是,上述每个动强度指标是对应于某一规定的破坏振次 N_f 和振前的固结应力比 K_c 的。图 10-28 为某种砂的 $N_f-K_c-\varphi_d$ 的关系曲线。由图可见,φ_d 随 K_c 的增加或 N_f 的减小而增大。以上获得的 φ_d 和 c_d 是总应力法指标,也即振动产生的孔隙水压力对强度的影响已在指标中得到反映。

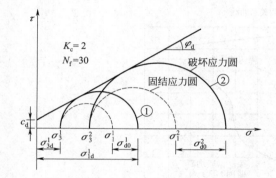

图 10-27　动强度包线

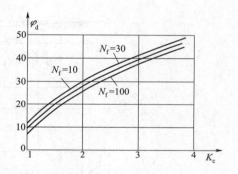

图 10-28　$N_f-K_c-\varphi_d$ 关系曲线

若要求得土的有效应力动强度指标,必须在试验时测出土破坏时的孔隙水压力 u_f,则可得到动力破坏条件下有效主应力 $\sigma_d'=\sigma_1+\sigma_{d0}-u_f$ 和 $\sigma_{3d}'=\sigma_3-u_f$,并作出破坏时的有效应力圆。多个有效应力圆的公切线即为有效应力动强度线,该强度线的斜率和纵截距即为有效应力法的动强度指标 φ_d' 和 c_d'。动三轴试验的许多研究资料表明周期荷载作用下饱和砂土的有效应力动强度指标 φ_d' 和有效应力静强度指标 φ' 十分相近。在实际计算中可用静力指标代替动力指标,误差不会过大。

二、冲击荷载作用下土的动强度

冲击荷载作用下不同土性的动强度特性有明显差异,一些代表性的试验结果如下。

1. 黏性土

图 10-29 为卡萨格兰德和香农对剑桥黏土进行无侧限瞬态(加荷时间 0.02 s)压缩试验的结果。图(a)为测得的应力和应变的时程曲线,图(b)为根据上图数据绘出的应力—应变曲线,并附有加荷时间 465 s 的静力试验结果。由图可见,与静载试验相比,冲击荷载下土的动强度和动模量均有很大的提高。加载时间为 0.02 s 的动强度约为加载时间为 8 min 时的静强度的 1.5~2.0 倍。以应力—应变曲线的原点与应力等于 1/2 强度点的连线斜率定义的瞬态加载变形模量,约为静力试验的 2 倍。

2. 砂土

某干砂的应力—应变典型曲线如图 10-30 所示。破坏时的主应力比 $(\sigma_1/\sigma_3)_{max}$ 和加荷时间的关系如图 10-31 所示。这些曲线表明加荷时间对干砂动强度的影响约增加 10% 左右,而对

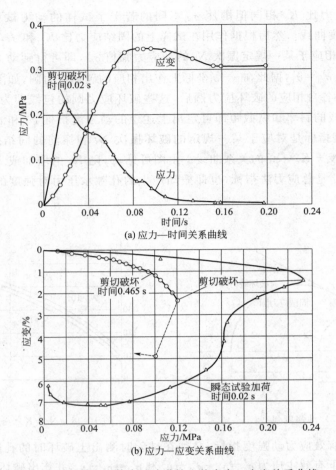

(a) 应力—时间关系曲线

(b) 应力—应变关系曲线

图 10-29　瞬态和静力试验黏性土的应力—应变关系曲线

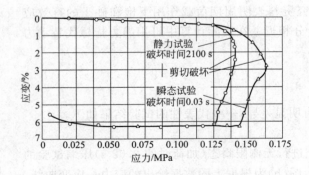

图 10-30　瞬态及静力干砂试验
应力—应变关系

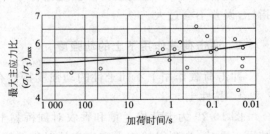

图 10-31　瞬态干砂试验最大主
应力比与加荷时间的关系

变形模量的影响则更小。

　　图 10-32 为某种饱和砂的排水静力、不排水静力和排水与不排水快速瞬态试验中的最大偏应力与孔隙比的关系曲线。此图表明,在快速瞬态试验中,由于加载时间短促,即使在排水条件下,水也来不及排出,所以在排水和不排水的快速试验中,强度没有实质性的差别。但是,

由于在冲击荷载作用下,土处于相当于不排水的条件,因此密砂和松砂表现出不同的特性:密砂中因剪胀而产生负孔隙水压力,其强度较排水静力试验强度高很多。松砂则相反,因剪缩趋势产生正孔隙水压力,其强度较静强度有所降低。这种差异当 $e \approx 0.8$ 时消失,即这时的动强度和静强度相近。$e \approx 0.8$ 相当于该试验砂样的临界孔隙比,即此时砂土剪切破坏时体积不发生变化,既没有剪胀也没有剪缩。

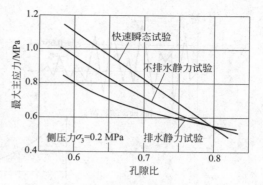

图 10-32　饱和砂土最大偏应力与孔隙比的关系曲线

综上所述,加荷速率效应对土的动强度的影响对于干砂来说不是很大的,但对黏性土则有成倍的差异。

三、地震荷载的等效均匀周期荷载和土的抗震强度

关于不规则荷载作用下土的动强度主要常用在抗震设计中。在室内试验技术方面,现在已经具有模拟各种不规则荷载以研究土的动力性质的技术,但试验过程要复杂些。对于地震不规则荷载,由于地震波的随机性,无法预料某地将要发生的地震会在土层内引起什么样的动力时程曲线,因此直接研究地震荷载作用下土的动强度只能借用以往的地震波记录,或人工合成的具有某种特性的地震波曲线,不可能是将来实际发生的地震荷载。故为了简化试验,供工程上实用方便,通常把不同震级的地震荷载——作用次数有限但变化极不规则的动荷载,简化为等效的均匀周期荷载,即简化为具有等效循环应力幅值为 τ_{eq},等效循环周数为 N_{eq} 的均匀周期荷载。这里的等效是指,如果用上述均匀周期荷载和它所代表的地震荷载分别施加到土样上,最终都能使土样达到相同的破坏效果,即达到相同的破坏应变或其他破坏标准。因此,可利用前述周期荷载试验所得的动强度曲线或 $N_f - K_c - \varphi_d$ 曲线,根据地震震级的等效循环周数(参看表 10-2)确定土的动强度或动强度指标,它们就是土的抗震强度。

以上等价处理方法是基于以下假设:在每一应力循环中所具有的能量对材料都有一种积累的破坏作用,这种破坏作用与该循环中能量的大小成正比,而与应力循环的先后顺序无关。根据这种假设,就可以直接利用动强度曲线[图 10-33(c)]将一条最大动剪应力为 τ_{max} 的地震剪应力时程曲线[图 10-33(a)]等价为应力幅值为 $\tau_{ep} = R\tau_{max}$,且循环周数为 N_{eq} 的均匀周期荷载,如图 10-33(b)所示。其中 R 是任意小于 1 的数值。目前,在抗震设计中采用 $R = 0.65$。关于等效周期荷载的具体求法如下。

由于动强度曲线上任意两点都是互相等效的,即都达到相同的破坏效果(相同的破坏应变或其他破坏标准),因此,图 10-33(c)动强度曲线上 $a (\tau_{eq}, N_{ef})$ 和 b 点 (τ_i, N_{if}) 是相互等效的。若设每一应力循环的能量与应力幅值成正比,则 $\tau_{eq} N_{ef} = \tau_i N_{if}$,即应力幅值为 τ_i 时振动一周的破坏效果相当于应力幅值为 τ_{eq} 时振动 N_{ef}/N_{if} 周的破坏效果,若地震剪应力时程曲线中共有 n_i 个幅值为 τ_i 的振动,则它们相当于幅值为 τ_{eq} 的等效循环周数为

$$n_{eqi} = n_i \frac{N_{ef}}{N_{if}} \tag{10-51}$$

又若地震剪应力时程曲线中应力幅值的大小共有 k 种,则 $i = 1, 2, 3 \cdots k$,整个地震剪应力时程

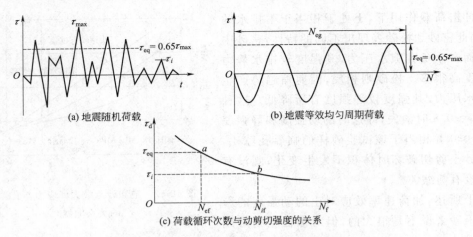

图 10-33　地震荷载的等效均匀周期荷载特征

曲线等价为幅值为 τ_{eq} 的均匀周期荷载,其等效循环周数 N_{eq} 为

$$N_{eq} = \sum_1^k n_{eqi} = N_{ef} \sum_1^k \frac{n_i}{N_{if}} \tag{10-52}$$

　　根据上式,即可计算出任意不规则荷载其幅值为 $\tau_{eq} = R\tau_{max}$ 的均匀周期荷载的等效循环周数。西特(H. B. Seed)和伊德利斯(I. M. Idriss)等人在 $\tau_{eq} = 0.65\tau_{max}$ 的条件下,对一系列强震记录进行分析和计算,得到等效循环周数与地震震级的关系曲线如图 10-34 所示。然后,参照大型振动台的液化试验结果,并取 $1\sim1.5$ 的安全系数,进一步得出了表 10-2 的地震等效循环周数。应注意表中所确定的等效循环周数是以震级为依据而不是以烈度为依据的。

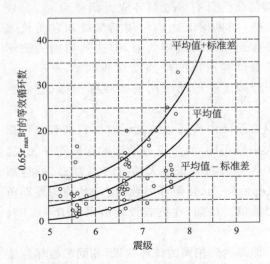

图 10-34　震级与等效循环周数关系曲线

表 10-2　地震等效循环周数

震级	等效循环周期数 N_{eq}	震动持续时间/s
5.5~6	5.5~6	8
6.5	6.5	14
7.0	7.0	20
7.5	7.5	40
8.0	8.0	60

第五节　饱和砂土的振动液化

　　饱和松散的砂土在动荷作用下丧失其原有强度而急剧转变为液体状态,此即所谓振动液化现象。这种振动液化现象是一种特殊的强度问题,它以强度的大幅度骤然丧失为特征。这

种现象在施加周期循环荷载的动三轴试验中已得到证实,所以提出了液化破坏标准。我国人民很早就注意到这种地震引起液化的现象,在历史文献中有大量记载。如 1668 年山东郯城地震(8.5 级,震中烈度 12 度)纪录中有"城内四乡遍地裂缝……裂处皆翻土扬沙,涌流黄水","城东北,井三口,喷水高三四尺"。"5.12"汶川地震,也引起了都江堰市和彭州市局部地区出现了砂土液化现象。

1966 年邢台地震(7.2 级,震中烈度 10 度),1975 年海城地震(7.3 级,震中烈度 9 度)和 1976 年唐山地震(7.8 级,震中烈度 11 度)都引发了大范围的砂土液化,见到了大量喷水冒砂现象。在液化区域内由于地基丧失承载力,城乡建筑物大量沉陷和倒塌。因此,预防和预测地震液化造成的危害,是当今国内外土动力学研究中一个重要课题。

一、振动液化的机理

饱和砂土是由砂和水组成的两相复合体系——砂粒堆积成土的骨架,而砂粒孔隙间充满了水。为了浅显地说明问题,简单地假设振前砂土骨架是一些均匀圆颗粒砂堆积成的松散结构,如图 10-35(a)所示。当受到水平方向的动剪应力作用后,土骨架将发生由不稳定的堆积状态向较为稳定的堆积状态变化的运动,砂粒排列发生变化,砂粒靠紧,体积缩小,如图 10-35(d)所示。在地震作用下砂土颗粒间发生相对滑动,上部颗粒向侧移及向下移,砂土由疏松变为相对密实,土体孔隙体积降低,孔隙间的孔隙水受颗粒挤压,瞬间内无法排出,孔隙水压力上升,使颗粒间接触压力(有效应力)减小,以致部分砂粒间互相脱离接触。此时在超静孔隙水压力作用下这部分砂粒处于悬浮状态,即为砂土初始液化状态,如图 10-35(b)。然后,受压的孔隙水会突破其上部砂粒阻碍从孔隙中排出,砂粒与向上排出的孔隙水发生相对运动,使砂粒既受超静水压力也受向上排出的孔隙水的动力作用,先前由相互接触或部分相互接触的砂粒骨架与孔隙水构成的复合体系,变为由相互分离的砂粒与孔隙水构成的复合体系,或称弥散悬液体系,如图 10-35(c)。随着振动荷载消失和多余孔隙水的排出,砂粒下沉相互接触形成更密实的颗粒骨架,如图10-35(d)。

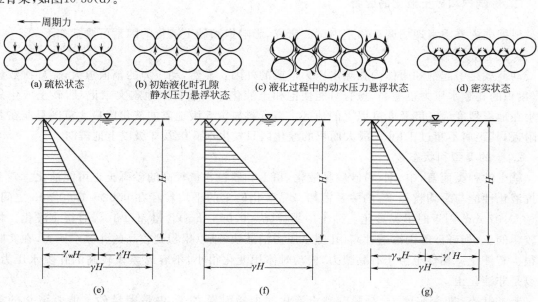

(a) 疏松状态　　(b) 初始液化时孔隙　　(c) 液化过程中的动水压力悬浮状态　　(d) 密实状态
　　　　　　　　静水压力悬浮状态

图 10-35　饱和砂土液化机理和过程

图 10-35(e)、(f)和(g)给出了饱和砂土液化前后孔隙压力和颗粒自重应力的变化过程。图(e)为饱和砂层在液化前随深度分布的静水压力和原来疏松砂土浮重度应力场,图(f)为液化时静水压力和超静水压力,图(g)为液化后静水压力及密实砂土浮重度应力场。其中 γ_w 为水的重度,γ' 为液化前砂土浮重度,γ'' 为液化后砂土浮重度,γ_s 为砂土饱和重度,H 为液化前饱和砂层厚度,H' 为液化后饱和砂层厚度。

根据有效应力原理,土的抗剪强度为:

$$S=[\sigma-(u+u_1)]\tan\varphi+c \qquad (10\text{-}53)$$

式中　S——土的抗剪强度;

　　　σ——切面上的法向总应力;

　　　u——静止孔隙水压力;

　　　u_1——超静孔隙水压力。

在振动前,饱和砂土的 $u_1=0$,$c=0$,所以其抗剪强度 $S=(\sigma-u)\tan\varphi$,遭受地震剪应力反复作用时,如上所述,孔隙水压力瞬间增大而又消散不了,当孔隙水压力 $u+u_1=\sigma$ 时,导致 $S=0$,此时饱和砂土的抗剪强度等于零并处于液体状态,这就是液化现象,又称为"完全液化"。广义的液化还包括振动时孔隙水升高而使砂土丧失部分强度的现象,称为"部分液化"。

以上所述往往还不是天然饱和砂土层的液化全过程。地震时,通常地基内部的砂层首先发生液化,随之在砂层内产生很高的超静水压力,在此超静水压作用下,孔隙水在一定条件下就会出现自下向上的压力渗流。当水在上覆土层中的渗流水力梯度超过该处的临界水力梯度时,原来在振动中没有液化的上覆土层,在渗透水流作用下也会发生浮扬现象,即"液化",上涌的水带着砂粒冒出地面,即"喷水冒砂"现象。这种现象一般发生在地震震动已结束时,并会持续一段时间,这是因为液化砂层中的超静水压力通过渗流消散需要一段时间的缘故。

二、影响饱和砂土液化的因素

根据国内外震害现场调查和室内试验研究,影响饱和砂土液化的因素可概括如下。

1. 地震的动强度

动荷载是引起饱和土体内孔隙水压力形成的外因。显然,动应力的幅值愈大,循环次数愈多,累积的孔隙水压力也愈高,愈有可能使饱和土液化。根据我国地震文献记录,砂土液化只发生在地震烈度为 6 度及 6 度以上的地区。有资料显示 5 级地震的液化区最大范围只能在震中附近,其距离不超过 1 km。故大面积的液化区只发生在 6 级及 6 级以上地震时。

2. 土的类型和状态

就土的种类而言,中、细、粉砂较易液化,粉土和砂粒含量较高的砂砾土也可能液化。砂土的抗液化性能与平均粒径 d_{50} 的关系密切。易液化砂土的平均粒径在 $0.02\sim1.00$ mm 之间,d_{50} 在 0.07 mm 附近时最易液化。砂土中黏粒($d<0.005$ mm)含量超过 16% 时很难液化。粒径较粗的土,如砾砂等因渗透性高,孔隙水压力消散快,难以累积到较高的孔隙水压力,在实际中很少有液化。黏性土由于有黏聚力,振动时体积变化很小,不容易累积较高的孔隙水压力,所以是非液化土。

土的状态,即密实度 D_r 是影响砂土液化的主要因素之一,也是衡量砂土能否液化的重要指标。砂越松散越容易液化,1964 年日本新潟地震的现场调查资料表明,$D_r\leqslant 50\%$ 的砂层普遍发生液化，D_r＞70％的地区，则没有发生液化。海城地震现场调查资料显示砂土液化的 D_r 限界值如下：地震烈度 7 度区 D_r＜55％，8 度区 D_r＜70％，9 度区 D_r＜80％。由于很难取得原状砂样，砂土的 D_r 不易测定，工程中更多地用标准贯入试验来测定砂土的密实度。调查资料表明：砂层中当标贯锤击数 N＜20，尤其是 N＜10 时，地震时易发生液化。

　　通常认为级配良好的砂较级配不好的砂不易液化，即不均匀系数（美、日书刊中称为均匀系数）C_u＜10，尤其是 C_u＜5 时易液化。但试验结果表明，在其他条件相同时，级配的好坏影响不大，见图 10-36。人们所以有上述印象是因为级配良好的砂一般结构比较密实，故不易液化；级配不好的砂比较疏松，易液化。

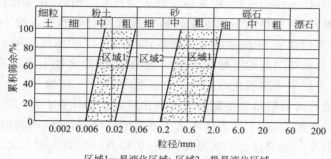

区域1—易液化区域；区域2—极易液化区域。

图 10-36　易发生饱和砂土液化的砂土级配区域（Richart）

　　另外，地质形成年代对饱和砂层的抗液化能力有很大影响，年代老的砂层不易液化，新近沉积的则容易液化。

　　3. 初始应力状态

　　地震发生时土的初始应力状态，对土的抗液化能力有十分显著的影响。在室内动三轴试验中，一般土的测试结果表明饱和砂的抗液化强度随围压 σ_3 和固结应力比 K_c 的增加而增加。天然土层的初始应力状态主要以有效自重应力 $\bar{\sigma}_v$ 为指标，许多调查资料表明，饱和砂层上的有效覆盖压力 $\bar{\sigma}_v$ 具有很好的抗液化作用。砂层埋藏愈深愈不易液化。故增加饱和砂层上的压重是提高饱和砂层抗液化稳定的有效措施之一。

　　三、液化可能性的判别方法

　　地震区建筑物的工程设计中需要判别地基土是否会液化，液化的范围和液化的后果。根据现在对地震以及砂土液化原因的认识，对某一天然饱和砂层地震时是否会液化的判别只能是近似的估计，故通常对这种判别称为"液化可能性的估计"或"液化势的估计"。多年来国内外的学者为了解决这个问题进行了大量的研究，提出了很多方法。其中最常用的方法基本上可分为两类：①剪应力对比法，即估算出的饱和地基土层中的地震剪应力和试验室内试验测定的土的抗液化剪应力强度进行对比的方法；②经验判别法，即根据以往地震液化调查资料建立的经验判别方法。它们中有一些比较简便实用并判别准确度较高的方法已列入各类规范中。下面简要介绍剪应力对比法。有关经验判别法的介绍将在基础工程课程中讲述。剪应力对比法由西特和伊德里斯在 1967 年和 1971 年所建议。其主要思路是把地震作用看成一个由基岩垂直向上传播的水平剪切波，剪切波在土层中引起地震剪应力。另一方面，取地基土试样进行振动液化试验，测出引起液化所需的动剪应力，称为抗液化剪应力强度，简称抗液化强度。地层中的地震剪应力大于土的抗液化强度时，则发生液化；反之，则不液化。故这一方法的要点在于估算地层中的地震剪应力和测定地基土的抗液化强度。

剪应力对比法的判别步骤如下：

(1)根据该地区可能发生的地震震级及场地土层条件，通过某种分析方法(常用动力有限元方法)，计算出基岩的地震剪应力波(可选用场地附近地震震级相近的地震波纪录，并加以适当修正)向上传播时，通过土层不同深度处所引起的地震剪应力时程曲线。

(2)将这些不规则的地震剪应力时程曲线，按前述方法，转换为等效均匀周期荷载，求出 $\tau_{eq}=0.65\tau_{max}$ 与之相应的 N_{eq}，并绘出等效循环剪应力幅值 τ_{eq} 随深度变化的曲线，如图10-37 中曲线①所示。

(3)在土层中取有代表性的土样，按其原位静应力状态固结后，作振动液化试验，测得土的液化强度曲线。根据(2)中求得的不同深度处地震等效均匀周期荷载的 N_{eq} 确定不同深度处土的抗液化强度 τ_d，并绘出 τ_d 随深度的变化曲线，如图10-37 中曲线②所示。

(4)将每一深度处地震引起的等效循环剪应力幅值 τ_{eq} 与该处土的抗液化强度 τ_d 进行对比，即可确定该场地土层中可能液化($\tau_{eq}>\tau_d$)的范围，如图10-37 所示。

上述方法要求进行大量的试验室试验工作和比较复杂的计算工作，其中还作了一些假设，作为液化现象定量分析的方法，上述方法考虑了地震的强度、持续时间和剪应力随深度的变化以及根据试验所得的不同深度处土的抗液化强度，所以有一定的实用意义。

为了更便于实用，西特提出了估计地震剪应力和土的抗液化强度的简化方法，称为西特简化法。一般认为该法对多数实用目的已足够精确。采用此法，只需知道场地的最大地面加速度、地震震级、地下水位、砂的平均粒径和密实度即可应用以下各式和图10-38 及图10-39 计算出图10-37 中的地震剪应力和土的抗液化强度沿深度变化的曲线，并确定饱和砂层内可能液化的区域。

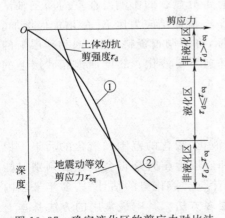

图10-37　确定液化区的剪应力对比法

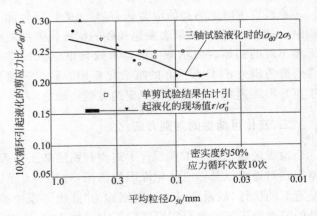

图10-38　应力循环10次引起砂液化的应力比

1. 估计地震剪应力的简化方法

土层深度为 h 处的等效地震剪应力幅值 τ_{eq} 可用下式估算：

$$\tau_{eq}=0.65\,\frac{\gamma h}{g}\cdot a_{max}\cdot r_d \tag{10-54}$$

式中　a_{max}——最大地面加速度(m/s^2)；

g——重力加速度(m/s^2)；

γ——土的重度(水下用饱和重度)(kN/m^3)；

h——土层深度（m）；

r_d——小于 1 的应力随深度的折减系数，可近似按 $r_d = 1-0.01h$ 计算。

其等效循环周数 N_{eq}，可根据地震震级查表 10-2。

2. 估计饱和砂土抗液化强度的简化方法

饱和砂土的抗液化强度可用下式估算：

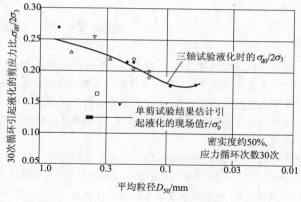

图 10-39　应力循环 30 次引起砂液化的应力比

$$\tau_d = C_r \left(\frac{\sigma_{d0}}{2\sigma_3} \right)_{50} \frac{D_r}{50} \cdot \gamma' h \quad (10\text{-}55)$$

式中　C_r——修正系数，过去的资料显示 C_r 值与 D_r 有关，最近的试验资料显示与 D_r 无关，而与初始液化的振动周数有关，C_r 可在 0.55～0.59 之间选用，振次多时用低值，少时用高值；

$\left(\dfrac{\sigma_{d0}}{2\sigma_3} \right)_{50}$——根据砂的平均粒径 D_{50} 和引起液化的等效循环周数 N_{eq}，可从图 10-38 或图10-39 中查取，当 N_{eq} 不为 10 和 30 时，可用插值法计算；

D_r——砂的密实度（%）；

γ'——土的浮重度（kN/m³）。

此法概念简明，易于计算，可用于判别地面水平的饱和砂层中的液化区，在国内外得到比较广泛的应用。

 复习题

10-1　土在动力作用下应考虑哪些在静力作用下未予考虑的问题？

10-2　试问土在循环应力 $\sigma_d = \sigma_{d0} \sin \omega t$ 作用下，在不同应变水平时的动应变反应 ε_d 为多少，并说明其相应的应力—应变曲线特性和相关的变形参数。

10-3　试说明等效线性分析法的概念。写出 Hardin 和 Drnevich 等效线性模型的骨干曲线方程，并导出其等效弹性模量和等效阻尼比的表达式。

10-4　请解释下列各词：周期荷载作用下土的动强度、土的动力破坏标准和土的动强度曲线。

10-5　用摩尔应力圆说明当初始应力为 σ_1 和 σ_3 时，在轴向循环应力 $\sigma_{d0} \sin \omega t$ 作用下的动三轴试验中，土样内产生单向循环剪应力和双向循环剪应力的条件是什么？

10-6　说明加载速率效应和循环效应对黏土、干砂和饱和砂土的动剪切模量和动强度的影响。

10-7　等效循环周数的概念是什么？如何确定一列不规则荷载的等效均匀周期荷载。

10-8　饱和砂土发生液化的机理是什么？为什么松砂容易液化而密砂不容易液化？

10-9　某建筑场地自地面起至基岩为 20 m 厚的砂层，该砂层土的有关物理性质指标如下：$\gamma_{sat} = 19$ kN/m³，$D_{50} = 0.3$ mm，$e = 0.62$ mm，$e_{min} = 0.50$，$e_{max} = 0.70$。地下水位位于地面下 1 m 处。该地区为 7 级地震区，最大地面加速度为 0.1 g。试用西特剪应力对比简化法估算砂层内可能液化的区域。

参 考 文 献

[1]中华人民共和国建设部.土的工程分类标准(GB/T 50145—2007).北京:中国计划出版社,2008.

[2]中华人民共和国住房和城乡建设部.土工试验方法标准:GB/T 50123—2019[S].北京:中国计划出版社,2019.

[3]中华人民共和国建设部.岩土工程勘察规范:GB 50021—2011[S].北京:中国建筑工业出版社,2011.

[4]中华人民共和国住房和城乡建设部.建筑地基基础设计规范:GB 50007—2011[S].北京:中国建筑工业出版社,2011.

[5]中华人民共和国铁道部.铁路工程土工试验规程:TB 10102—2010[S].北京:中国铁道出版社,2010.

[6]中华人民共和国住房和城乡建设部.建筑地基处理技术规范:JGJ 79—2012[S].北京:中国建筑工业出版社,2012.

[7]国家铁路局.铁路桥涵地基与基础设计规范:TB 10093—2017[S].北京:中国铁道出版社,2017.

[8]中华人民共和国住房和城乡建设部.建筑桩基技术规范:JGJ 94—2008.北京:中国建筑工业出版社,2008.

[9]国家铁路局.铁路路基设计规范:TB 10001—2016[S].北京:中国铁道出版社,2017.

[10]黄文熙.土的工程性质.北京:水利电力出版社,1984.

[11]钱家欢,殷宗泽.土工原理与计算[M].2版.北京:中国水利水电出版社,1994.

[12]陈西哲.土力学地基基础[M].4版.北京:清华大学出版社,2004.

[13]H F 温特科恩,方晓阳.基础工程手册.钱鸿缙,叶书麟,等译校.北京:中国建筑工业出版社,1983.

[14]洪毓康.土质学与土力学[M].2版.北京:人民交通出版社,1987.

[15]D G 弗里德隆德,H 拉哈尔佐.非饱和土土力学.陈仲颐,等译.北京:中国建筑工业出版社,1997.

[16]郑大同.地基极限承载力计算.北京:中国建筑工业出版社,1979.

[17]高大钊.土力学可靠性原理.北京:中国建筑工业出版社,1989.

[18]赵善锐.旁压试验及其工程应用.成都:西南交通大学出版社,1989.

[19]唐显强.地基工程原位测试技术.北京:中国铁道出版社,1993.

[20]孟高头.土体原位测试机理、方法及其工程应用.北京:地质出版社,1997.

[21]《地基处理手册》编写委员会.地基处理手册.北京:中国建筑工业出版社,1988.

[22]龚晓南.地基处理新技术.西安:陕西科学技术出版社,1997.

[23]顾晓鲁,钱洪缙,刘慧珊.地基与基础.北京:中国建筑工业出版社,1993.

[24]华南理工大学,东南大学,浙江大学.地基及基础.北京:中国建筑工业出版社,1997.

[25]U Smoltczyk. Geotechnical Engineering Handbook. Ersnt&Sohn,2002.

[26]S L Kramer. Geotechnical Earthquake Engineering. Simon & Schuster/A Viacom Company,1996.

[27]Jost A. Studer. Bodendynamik. Springer-Verlag. 1997.

[28]Wu T H. Soil Mechanics. 2nd ed. Allyn and Bacon. Inc. ,1977.

[29]Scott R F. Principles of Soil Mechanics. Addison-Wesley Publishing Company,Inc. ,1963.

[30]Sowers G F. Introductory Soil Mechanics and Foundations-Geotechnical Engineering. Macmillan Publishing Co. ,1979.

[31]Craig R F. Soil Mechanics(3rd ed),Van Nostrand Reinhold(UK)Co. ,1983.

[32]Atkinson I M,Bransby P L. The Mechanics of Soils-An Introduction to Critical State Soil Mechanics. McGraw-Hill Book Company(UK)Limited,1978.

[33]Chen W F. Limit Analysis and Soil Plasticity. Elsevier Scientific Publishing Company,1975.

[34]Braja Das M. Advanced Soil Mechanics. New York:McGraw-Hill,1983.

[35]Prakash S. Soil Dynamics. McGraw-Hill,inc. ,1981.

[36]ЦЫТОВИЦ Н А. МехаНИКа грНТОВ. МОСКВа:гОССТРОйизДАТ,1963.

[37]石原研而.土质动力学的基础.鹿岛出版会,1978.